"十三五"国家重点出版物出版规划项目

面向可持续发展的土建类工程教育丛书

21世纪高等教育给排水科学与工程系列教材

给水排水工程 CAD

第 3 版

主　编　赵星明

副主编　余海静　姜瑞雪　王　萱

参　编　张　丽　贾广印　苏　瑛

主　审　黄廷林

机械工业出版社

本书在第2版的基础上，根据近年来在教学实践中积累的经验和学科的发展、软件的更新，并吸取了部分学校反馈的意见和建议修订而成。

本书共15章，主要内容包括AutoCAD 2020的基本功能、基本概念、基本操作和使用技巧，涉及二维绘图，二维图形编辑，文字和尺寸标注，图形的打印输出，填充图案，块与动态块及属性，精确绘图工具，图形的显示控制，线型、颜色和图层设置，三维图形的绘制，参数化绘图，并附有大量实例。在专业软件方面，主要介绍给水排水工程图的绘制方法及特点，详细叙述了天正建筑、天正给排水和鸿业市政管线软件的操作命令和使用方法。第1~10章章后增加了练习题，还附加了10个上机实验项目。

本书既可作为高等院校给水科学与工程、环境工程和土木类相关专业的教材，又可作为工程设计人员及AutoCAD爱好者的参考书。

为了方便教师教学，本书赠送配套教学课件和学习资料。需要者可与作者联系（邮箱：xmzhao@163.com），也可登录机械工业出版社教育服务网（www.cmpedu.com）注册后下载。读者在学习过程中若遇到疑问，可以加入QQ群（150371871），进行交流和探讨。

图书在版编目（CIP）数据

给水排水工程CAD/赵星明主编. —3版. —北京：机械工业出版社，2021.3（2025.1重印）

（面向可持续发展的土建类工程教育丛书）

"十三五"国家重点出版物出版规划项目　21世纪高等教育给排水科学与工程系列教材

ISBN 978-7-111-67495-5

Ⅰ.①给…　Ⅱ.①赵…　Ⅲ.①给排水系统-计算机辅助设计-AutoCAD软件-高等学校-教材　Ⅳ.①TU991.02-39

中国版本图书馆CIP数据核字（2021）第025524号

机械工业出版社（北京市百万庄大街22号　邮政编码100037）
策划编辑：刘　涛　责任编辑：刘　涛　于伟蓉
责任校对：张　征　封面设计：陈　沛
责任印制：单爱军
北京虎彩文化传播有限公司印刷
2025年1月第3版第5次印刷
184mm×260mm·27.5印张·683千字
标准书号：ISBN 978-7-111-67495-5
定价：79.80元

电话服务　　　　　　　　　　网络服务
客服电话：010-88361066　　　机　工　官　网：www.cmpbook.com
　　　　　010-88379833　　　机　工　官　博：weibo.com/cmp1952
　　　　　010-68326294　　　金　书　网：www.golden-book.com
封底无防伪标均为盗版　　　　机工教育服务网：www.cmpedu.com

第3版前言

自《给水排水工程CAD》第2版于2014年9月出版以来，受到了广大读者的欢迎，多次重印。但是，AutoCAD版本已升级多次，更新和增加了许多功能，给水排水工程专业软件也进行了比较大的完善，为了更好地服务教学需要，满足广大读者的要求，结合一直以来教学实践过程中的经验，于2019年1月开始进行了《给水排水工程CAD》第3版的修订工作。

《给水排水工程CAD》第3版入选"十三五"国家重点出版物出版规划项目。

本书延续第2版的风格，遵循专业制图标准要求，侧重于土木类专业教学要求，突出给水排水工程设计特点，体现AutoCAD技术的先进性、实用性和通用性，准确解读常用命令和基本操作技巧，内容编写符合学习特点，便于学习和操作。

全书分为15章，章节编排与第2版基本一致，没有大的变动，但内容是基于AutoCAD 2020版本编写的，并进行了一定的精简和补充。

本书的编写分工如下：第1~7章和第11章由赵星明编写，第8章由张丽编写，第9章由王萱编写，第10章由贾广印编写，第12章由苏瑛编写，第13章由姜瑞雪编写，第14章、第15章由余海静编写。

全书由山东农业大学赵星明主编，西安建筑科技大学黄廷林教授主审。

本书在修订过程中，机械工业出版社刘涛给予了工作指导和帮助，也收到了许多读者的修订意见，这些帮助和意见对于做好修订工作大有裨益，在此一并表示衷心感谢。

限于时间和水平，本书难免存在不妥之处，敬请读者批评指正。

编　者

第2版前言

　　《给水排水工程 CAD》第 1 版于 2008 年 6 月出版，是基于 AutoCAD 2006 版本编写的，至今已使用 5 年，受到广大师生的欢迎，重印多次。随着 AutoCAD 版本的升级，功能不断完善，此次修订就是采用了最新的 AutoCAD 2014 版本，增加了动态块和参数化绘图两个强大的新功能，这两个功能非常实用，有助于提高工程设计的效率和开发给排水的设计软件。精简并优化了 AutoCAD 二维图形的学习内容，补充了三维图形的操作实例。为提高学生的工程设计水平和加强卓越工程师能力的培养，增加了天正建筑和鸿业市政管线两个专业软件的应用内容，以此引导并强化专业 CAD 软件在给排水工程领域的应用。

　　这次改编和修订仍然继承第 1 版的主导思想，侧重于土木类专业的设计要求，遵循专业制图标准，突出给水排水工程的设计特点，尽可能地体现 AutoCAD 技术的先进性、实用性、通用性。通过综合示例，深入准确地解读常用命令、基本概念、基本操作和使用技巧。在内容顺序安排上，对理论知识与上机练习进行了缜密的考虑，符合课堂教学后进行上机实验的教学特点。在第 1~10 章章后面增加了习题，在教材后面附加了 10 个上机实验项目，可供学生上机练习。

　　本书由山东农业大学赵星明主编，西安建筑科技大学黄廷林主审。河南城建学院余海静编写第 14 章、第 15 章，山东农业大学姜瑞雪编写第 13 章，内蒙古农业大学梅小乐和盐城工学院苏瑛编写第 12 章，河南城建学院谭水成和山东农业大学姜瑞雪编写第 10 章，梅小乐编写第 9 章，山东农业大学尹儿琴和泰山职业技术学院张丽编写第 8 章，第 1~7 章和第 11 章由赵星明编写。

　　由于编者水平有限，书中难免存在错误和缺点，恳请广大读者批评指正。

编　者

第1版前言

　　本书是在"普通高等教育建筑类教学工作委员会"的指导下，结合给水排水工程专业的特点，依据课程教学基本要求进行编写的，是"21世纪高等教育给水排水工程系列教材"之一。

　　工程CAD技术在近30年得到了飞速发展，早期的AutoCAD版本都是DOS的英文版，为此做了一些汉化和二次开发工作。从1996年起给水排水工程专业开设CAD课程，并在毕业设计中使用CAD绘图。但到目前为止，给水排水工程CAD在国内也没有得到很好的发展，只有几家软件公司在室内给水排水工程方面开发了产品，如天正给水排水专业软件等。在室外给水排水工程方面还没有商品软件，只有某些设计单位编写的小程序用于管网的设计工程。因此，本书的内容主要放在利用AutoCAD进行给水排水工程设计上，介绍给水排水工程图的绘制方法及特点，在最后一章对天正给水排水专业软件做较详细的介绍。

　　本书根据工程设计的需要，结合给水排水工程设计的特点，重点介绍AutoCAD的主要功能，内容包括二维绘图，二维图形编辑，尺寸标注，图形的打印输出，填充图案，块与属性，精确绘图工具，图形显示控制，线型、颜色和图层设置以及三维图形的绘制等。通过综合示例，深入准确地解读常用命令、基本概念、基本操作和使用技巧。在内容安排上，对理论知识与上机练习进行了缜密的考虑，符合教学要求。

　　本书基于AutoCAD 2006版本编写，侧重于土木类专业的使用特点和制图标准，尽可能地体现CAD技术的先进性、实用性和通用性，可作为给水排水工程、环境工程、建筑环境与设备工程等专业的教材，也可供从事土木类设计人员以及AutoCAD爱好者使用。

　　本书由赵星明拟定编写大纲，赵星明、李颖担任主编，余海静担任副主编。全书共分12章，第1、3、4章由山东农业大学赵星明编写，第2、12章由河南城建学院余海静编写，第5~7章由北京建筑工程学院李颖编写，第8章由山东农业大学尹儿琴编写，第9章由内蒙古农业大学梅小乐编写，第10章由河南城建学院谭水成编写，第11章由盐城工学院苏瑛编写。全书由赵星明统稿。

　　全书由西安建筑科技大学黄廷林教授主审。黄教授对全书进行了细致的审核，并提出了具体的修改意见，在此对黄教授表示衷心的感谢。

　　由于编者水平有限，书中难免存在错误和缺点，恳请广大读者批评指正。

编　者

目　　录

第 1 章

AutoCAD 概述

CAD（Computer Aided Design）技术，即计算机辅助设计技术，随着计算机的普及和性能的提高，在土木建筑、城市规划、测绘勘察和设备制造等领域得到了广泛的应用。本章将介绍 CAD 技术的基本概念和在给水排水工程中的应用，还将介绍 AutoCAD 的基本功能、AutoCAD 的运行、图形文件操作及帮助系统。

1.1 CAD 基本知识

1.1.1 CAD 的概念

计算机辅助设计（CAD）是集计算机强有力的计算功能、高效率的图形处理能力和先进的产品设计理论与方法为一体，最大限度地实现设计工作中的"自动化"，它是综合了计算机科学与工程设计方法的最新发展成果而形成的一门新兴学科。任何一项工程设计，虽然最终的表现是工程语言——图样资料，但不能因此而认为工程设计就是画图，同样也不能认为计算机辅助设计就是用计算机绘图。当然，绘图的确是设计中工作量极大的一部分，"计算机绘图"也是 CAD 技术的重要组成部分之一，但 CAD 更是一种先进的设计方法，它包含设计过程中的各个环节，完整的 CAD 系统包含分析计算、工程数据库管理和图形处理等三个部分。一般认为 CAD 应具有以下主要功能：

1）具有创建二维与三维几何曲面和实体造型，对图形进行移动、旋转、阵列、拉伸、缩放等复杂处理，注释编辑文字与尺寸等基本的计算机绘图功能。

2）设计组件可重用，具有复制、镜像、插块和参照等功能。

3）可实现工程的数学和物理计算功能，对设计对象进行有限元分析和仿真，优化设计等。

4）对象属性、字典和记录进行处理，可存储工程信息，可将图形在网络上发布，或是通过网络使用不同终端访问 CAD 资源。

5）与人工智能结合，拥有强大的工程数据库、图形库、材料设备库等，可运用人工智能求解方法自动生成设计制造方案，并能提供全周期服务。

交互式图形编辑和自动绘图是 CAD 的主要功能。工程设计要处理大量的图形信息，绘图工作量很大，利用计算机的图形显示功能以及彩色、浓淡、阴影、动画等特殊技巧可获得手工难以达到的效果。例如，辅助建筑型体设计，飞机、汽车等复杂模型设计等。利用计算机绘图，不但可以减轻劳动强度和加快出图速度，而且还能提高图面质量和减少工程图样的差错率。

1.1.2　CAD 在给水排水工程中的应用

给水排水工程 CAD 的开发和研究是一个多学科知识综合应用领域，涉及数学、流体力学、计算机图形学、软件工程学以及各专业设计理论（如水泵与泵站、水质工程学、给水排水管道工程、建筑给水排水工程、房屋建筑学、城市规划、水工艺设备基础、建筑材料、给水排水工程结构、暖通工程、给水排水工程概预算等），还与工程经济、工程管理、工程决策等知识有关。对于集成化 CAD 系统和智能化 CAD 系统，还涉及数据库理论和人工智能理论，以及专家系统、人工神经网络等技术。因此，给水排水工程 CAD 软件的开发是一件技术难度大、工程浩繁的工作，需要科技人员付出极大的劳动和成本，特别是开发给水排水工程 CAD 系列软件，牵涉的面更大，需要大量的人力、财力和物力。目前，CAD 在给水排水工程中的应用主要有以下几个方面：

（1）建筑给水排水设计　国内的建筑给水排水设计 CAD 软件大多是以 AutoCAD 为图形支撑平台进行二次开发的系统。这些软件一般能进行建筑条件图的绘制，进行室内给水排水、喷淋与消防、水泵水箱间、室外给水排水等的设计，是一套智能化管道系统。采用三维管道设计，能自动生成管段节点，模糊操作实现管线与设备、阀门精确连接，自动完成与交叉管线、设备的遮挡处理，并保持单个管线的整体性。

目前国内流行的建筑给水排水工程设计软件主要有北京天正工程软件有限公司的 TWT、苏州浩辰科技发展有限公司的浩辰 CAD 给排水、北京理正软件设计研究院有限公司的理正给排水、北京鸿业同行科技有限公司的 HYGPS、中国建筑科学研究院有限公司的 WPM 等。

（2）给水排水管网分析与设计　国内给水排水管网设计软件从地形处理到道路绘制，从平面设计到纵断面设计，从给水、污水、雨水、海绵城市设计到各类管线综合调整，从管网平差计算到污水雨水计算，基本涵盖了市政管线设计的全部内容。动态可视化纵断面设计，纵断面设计结果自动返回平面，自动标注、设计调整图面标注自动更新，具有专业覆盖面广、自动化程度高、符合设计人员思维习惯等特点。软件深度和灵活性可满足全国不同地区设计人员施工图的要求。采用最新的标准图集和制图标准，保证设计的先进性。

目前国内流行的给水排水管网分析与设计软件主要有鸿业科技有限公司的 Pipingleader（管立得）软件、苏州浩辰软件股份有限公司的浩辰 CAD 给排水、杰图软件技术有限公司的三维管线设计软件、上海敢创科技有限公司的 IGC^{TM} 系列供水和排水运营系统、美国 BENTLEY 工程软件公司的 WaterCAD、美国环境保护局（EPA）有 EPANET。

（3）建筑与结构设计　在建筑与结构设计方面，较成熟的 CAD 软件自动化程度高，操作简单，基本上能完成从结构计算到绘制结构施工图的全部或大部分工作，从而使传统的结构设计方式发生了根本的变化。另外，由于计算能力和图形功能的加强等原因，过去人们所熟悉的结构计算方法，即有限单元法分析程序部分，在 CAD 系统中已大为改观。系统由于具备功能齐全而又灵活方便的前后处理功能，大大提高了使用者的工作效率，减少了出错机会和查错时间。

目前国内流行的结构 CAD 软件主要有中国建筑科学研究院有限公司的 PK、PM、TBSA、TAT、SATWE、TBSA-F、TBFL、LT、PLATE、BOX、EF、JCCAD、ZJ 等，北京天正工程软件有限公司的 TArch、TAsd 等。

（4）BIM 设计　BIM 技术作为建筑行业的第二次革命性技术，具有可视化、协调性、模拟性、优化性和可出图性等特点，贯穿规划开始到设计施工的过程，包括建筑设计、结构设计、机电协调、碰撞审查、施工的总承包、协调管理等环节。我国制定了《建筑信息模型应用统一标准》（GB/T 51212—2016），并引入了"P-BIM"概念。"P-BIM"概念的引入在空间上赋予每一个专业在项目中特有的角色定位，同时也在时间上将工程每一阶段的任务细化后分配到各个专业。对于给水排水专业，Revit、Bentley 和 ArchiCAD 三大主流软件在项目应用上各有长处，Revit 和 ArchiCAD 都加入 MEP 管道系统，Bentley 也内置管道设计模块，主要服务于建筑给水排水设计，ArchiCAD 可服务于给水厂、污水处理厂、泵站等接近建筑专业的项目，而 Bentley 的 PowerCivil 比较适合市政管网项目的设计。

国内的 BIM 辅助设计软件有天正 TR 给排水软件，它是基于 Autodesk 公司的 Revit 设计平台，包含给排水系统、消防水系统两个大模块。而鸿业 BIMSpace2019 涵盖建筑、水、暖、电气专业内容，通过对模型的分析处理，软件按照国家规范、设计经验及制图标准，将大量烦琐、重复的工作自动实现，提供了详尽的大样图以供设计师选择，将设计师思维贯穿于BIM 设计全过程。

1.2　AutoCAD 的基本功能

AutoCAD 是美国 Autodesk 公司的一种计算机辅助设计（CAD）软件，可使用实体、曲面和网格对象绘制和编辑 2D 几何图形及 3D 模型，使用文字、标注、引线和表格注释图形，使用附加模块应用和 API 进行自定义。1982 年诞生 AutoCAD 1.0 版（当时命名为 Micro CAD），经过不断改进和完善，功能不断得到增强，智能化不断提高，成为一套国际通用的强力设计软件，目前最新发布的是 AutoCAD 2020，内部版本号为 23.1s，与 AutoCAD 2019为同一个大版本。

1.2.1　丰富的交互功能

（1）应用程序菜单　应用程序菜单位于 AutoCAD 界面的左上角，包括创建、打开、保存、打印和发布 AutoCAD 文件，将当前图形作为电子邮件附件发送，制作电子传送集等功能。还可执行图形维护，如查核和清理，并关闭图形。搜索工具可以查询快速访问工具、应用程序菜单以及当前加载的功能区，以定位命令、功能区面板名称和其他功能区控件。

（2）功能区　功能区为与当前工作空间相关的操作提供了一个单一而简洁的放置区域。使用功能区时无须显示多个工具栏，这使得应用程序窗口变得简洁有序。通过使用单一简洁的界面，功能区可以将可用的工作区域最大化。

用户可以创建要显示在功能区上的面板，还可以修改现有功能区面板上的命令和控件。使用功能区面板时，可以创建新的行或子面板以组织命令和控件。用户使用面板分隔符可以控制始终显示的行。创建或修改面板后，可以在功能区选项卡上显示该面板。

（3）快速访问工具栏　在快速访问工具栏上，可以存储经常使用的命令。在快速访问工具栏上单击鼠标右键，然后单击"自定义快速访问工具栏"，将打开"自定义用户界面"对话框。

（4）下拉菜单　下拉菜单包含了 AutoCAD 的大部分命令，一旦选中菜单栏中任意选项（如"绘图"），就会出现一个下拉菜单，其中包含了若干命令选项。不过，高版本的 Auto-

CAD 不再把下拉菜单作为交互的默认方式，需设置才能显示，对初学者推荐使用功能区面板，不需要使用下拉菜单。

（5）快捷菜单　在操作过程中，可随时单击鼠标右键，或与功能键同时操作，以弹出快捷菜单，其内容与当前的操作内容有关，方便了用户操作。

（6）对话框　AutoCAD 的命令及相关参数的交互，默认弹出对话框，用户可以直观地在对话框中输入和编辑各种参数。高版本 AutoCAD 还加强了对话框的使用频率，增加了快速属性工具，让用户可以就地查看和修改对象属性，而不用求助于属性面板。插入块命令也加强了对话框的功能，增加了"重复放置""分解"等选项。

（7）命令行　命令行窗口用于接收用户输入的命令，并显示 AutoCAD 的提示信息，使用起来快捷。高版本的 AutoCAD 命令行功能得到了增强，可以提供更智能、更高效的访问命令和系统变量，而且可以使用命令行来找到其他诸如阴影图案、可视化风格及联网帮助等内容。命令行的颜色和透明度可以随意改变。命令行在不停靠的模式下很好用，同时也做得更小，其半透明的提示历史可显示多达 50 行。

（8）动态输入　用户可以使用动态输入 DYN 功能，在光标位置使用命令行，从而专注于设计。使用动态输入，在创建和编辑几何图形时可以显示标注信息，还可以轻松地对其进行编辑。

用户可根据自己的角色需要和操作熟练程度选择合适的交互方式，对于工程设计人员来说，应选择高效率的交互方式，以提高绘图速度，减少鼠标滑行和点击动作。

1.2.2　绘图功能

（1）创建二维图形　可以完成点、直线、圆、矩形、多线、多段线、构造线、射线、样条曲线、椭圆、圆弧、正多边形等全部二维图形的绘制。

（2）创建三维实体　提供了球体、圆柱体、立方体、圆锥体、圆环体和楔体共 6 种基本实体的绘制命令，其他的则通过拉伸、旋转及布尔运算等命令实现。

（3）创建线框模型　线框模型是使用直线和曲线的实际对象的边缘或骨架表示的模型。AutoCAD 提供的建模方法有：输入定义对象的三维坐标（X、Y、Z 位置）来绘制对象；设置默认构造平面（XY 平面），在它上面通过定义用户坐标系（UCS）来绘制对象；创建对象之后，将它移动或复制到其适当的三维位置等。

（4）创建曲面模型　曲面模型是由多边形网格将实体表面用许多小平面组合起来构成的近似曲面。曲面模型不仅包含三维对象的边界，而且还定义三维表面，因此曲面模型具有面的特征。创建曲面模型的方法有：旋转曲面、平移曲面、直纹曲面、边界曲面、三维曲面、三维网格等。

1.2.3　图形编辑功能

AutoCAD 不仅具有强大的绘图功能，而且还具有强大的图形编辑功能，如删除、恢复、移动、复制、镜像、旋转、阵列、修剪、拉伸、缩放、倒角、圆角、布尔运算、切割、抽壳等。图形编辑功能全部适用于二维图形，部分适用于三维图形。另外，如栅格、对象捕捉、正交、极轴、对象追踪等辅助绘图功能，能使绘图更加准确、快速。

1.2.4　显示功能

（1）平移或缩放　可以平移视图以重新确定其在绘图区域中的位置，或缩放视图以更改显示比例。通过平移或缩放改变当前视口中图形的视觉尺寸和位置，以便清晰观察图形的全部或局部。

（2）鸟瞰视图　鸟瞰视图功能一般用于大型图形中，可以在显示全部图形的窗口中快速平移和缩放，快速修改当前视口中的视图。

（3）标准视图　AutoCAD 提供了 6 个标准视图（6 种视角），包括主视、俯视、左视、右视、仰视、后视。

（4）三维视图　AutoCAD 提供了 4 个标准等轴测模式：西南等轴测视图、东南等轴测视图、西北等轴测视图、东北等轴测视图。另外，还可以利用视点工具设置任意的视角，利用三维动态观察器设置任意的透视效果。

1.2.5　注释功能

注释是说明或其他类型的说明性符号或对象，通常用于向图形中添加信息，用户可以使用某些工具和特性以更加轻松地使用注释。注释样例包括说明和标签、表格、标注和公差、图案填充、尺寸标注、块等。注释图形时，可以在各个布局视口和模型空间中自动缩放注释。通常用于注释图形的对象有一个称为"注释性"的特性，可以使缩放注释的过程自动化，从而使注释在图纸上以正确的大小打印。创建注释性对象后，它们将根据当前注释比例设置进行缩放并自动以正确的大小显示。

1.2.6　渲染图形

AutoCAD 可以运用几何图形、光源和材质，将模型渲染为具有真实感的图像。如果是为了演示，则可以全部渲染对象；如果时间有限，或显示设备和图形设备不能提供足够的灰度等级和颜色，就不必精细渲染；如果只需快速查看设计的整体效果，则可以消隐或着色图像。

1.2.7　二次开发功能

1）用户可以根据专业需要自定义各种菜单。

2）用户可以自定义与图形相关的一些属性，如线型、填充图案、文本字体等。

3）建立命令文件（Script file），自动执行预定义的命令序列。

4）提供了一个完全集成在 AutoCAD 内部的 Visual LISP 和 VBA 编程开发环境，用户可以开发新的应用程序和解决方案。

5）具有功能强大的编程接口，如利用 Object ARX 提供了 C/C++语言编程环境与接口，利用 ObjectARX.NET 开发环境使用 Visual Studio 软件开发应用程序。

6）配备了更加丰富的 ActiveX 对象用于自定义和编程。

1.2.8　图样输出

图形绘制完成之后可以使用多种方法将其输出，可以将图形打印在图纸上，或创建不同格式的图形文件以供其他应用程序使用。在 AutoCAD 中的"打印机管理器"窗口中，列出了用户安装的所有非系统打印机的配置文件（PC3）。如果用户要使 AutoCAD 使用的默认打印特性，须注意，其不同于 Windows 系统使用的打印特性，但也可以创建用于 Windows 系统的打印配置文件。打印机配置端口信息、光栅图形和矢量图形的质量、图纸尺寸取决于打印机类型的自定义特性。

　　PDF 文件广泛用于通过 Internet 传递的图形数据，AutoCAD 可将模型空间、单个布局、所有布局、图纸集以及选定的图形输出为 PDF，不过分辨率限制为 4800 dpi，存储数据的精度也降为单精度。AutoCAD 还支持插入 PDF 文件转化为图形对象，并进行修改。

1.3　AutoCAD 的运行

1.3.1　安装和启动 AutoCAD

　　（1）系统配置需求　　Autodesk 公司仅发布了 64 位的 AutoCAD 2020，基础配置要求 2.5~2.9GHz 处理器和 8GB 内存，支持 Windows7 SP1 和 Windows 10 操作系统，为适用于 AutoCAD 网络应用需安装 Google Chrome 浏览器。

　　（2）单机版安装　　在 AutoCAD 2020 安装之前，首先确认计算机是否满足最低系统需求，再安装 AutoCAD，可按照提示使用默认值完成典型安装。默认安装目录为 C:\Program Files \ Autodesk。安装完毕后进行授权注册，必须断开网络启动 AutoCAD，要求用户输入序列号，并把激活码输入到输入框。

　　（3）启动 AutoCAD　　双击 Windows 桌面上的 AutoCAD 2020 图标，或者在 AutoCAD 2020 图标上按鼠标右键弹出快捷菜单，单击【打开】。也可以选择【开始】菜单的【所有程序】⇨【Autodesk】⇨【AutoCAD 2020—简体中文（Simplified Chinese）】⇨【AutoCAD 2020——简体中文（Simplified Chinese）】。

　　另外，直接双击扩展名为".DWG"的 AutoCAD 图形文件，可启动 DWG 类型文件所关联的"acad.exe"程序，并同时打开图形文件。

1.3.2　AutoCAD 的工作空间

　　AutoCAD 2020 第一次启动后，将打开"开始"选项卡，可以新建或者打开图形、查看入门视频、访问联机资源等，如图 1-1 所示。

> 说明：AutoCAD 2020 启动后，默认打开"开始"选项卡，可设置系统变量 START-MODE＝0 关闭"开始"选项卡，若打开则设置 STARTMODE＝1。

　　在"开始"对话框的右侧，点击 开始绘制 按钮，新建一个图形，打开 AutoCAD 2020 的主界面，默认工作空间为"草图和注释"，其界面主要由 菜单浏览器 按钮、功能区选项卡和面板、快速访问工具栏、命令行与文本窗口、状态栏等元素组成，如图 1-2 所示。

　　工作空间是由分组组织的菜单、工具栏、选项板和功能区控制面板组成的集合，使用户可以在专门的、面向任务的绘图环境中工作。AutoCAD 2020 提供了"草图与注释""三维

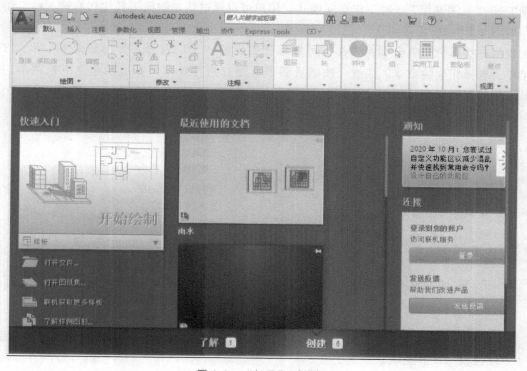

图 1-1 "打开"对话框

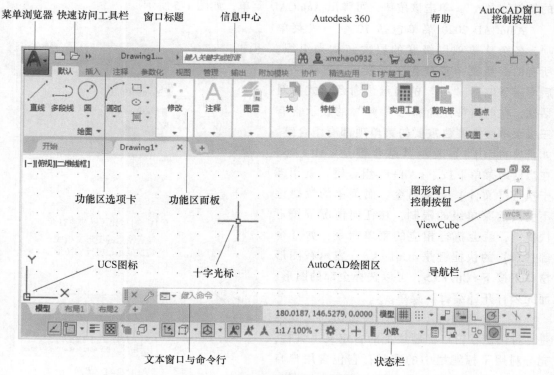

图 1-2 "草图和注释"工作空间

基础"和"三维建模"3种工作空间模式，用户可以通过快速访问工具栏切换这3种工作空间，如图1-3所示。

也可在状态栏中单击 切换工作空间 图标按钮后的"▼"符号，弹出如图1-4所示的下拉菜单，选择相应的命令。注意：按钮后面带有黑三角符号"▼"表示包含下拉菜单，不带黑三角的按钮则表示是一个开关命令。

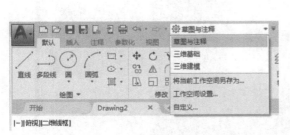

图1-3　用快速访问工具栏切换工作空间

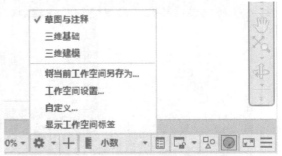

图1-4　在状态栏中用 切换工作空间 图标按钮切换工作空间

本书使用"草图与注释"工作空间。若进行三维图形的绘制，可以切换到"三维基础"或"三维建模"工作空间。

（1）菜单浏览器　菜单浏览器 图标按钮位于 AutoCAD 窗口的左上角，形状是一个红色的粗斜体"A"，单击该按钮，可弹出 AutoCAD 菜单，如图1-5所示。

AutoCAD 2020 菜单包括 10 个一级菜单项，各个菜单项以级联的层次结构来组织。所有的一级菜单都包含二级菜单，二级菜单后面带省略号"…"的表示该命令形式为对话框，在前面带三角符号"▶"的表示含有三级菜单。大多数重要的菜单项都有组合键，如【文件（F）】表示其组合键是 <Alt+F>，在当前级菜单下按下 <Alt+F> 组合键，就相当于执行【文件】菜单命令。而菜单的快捷键不受当前菜单级的限制，在任何情况下按下快捷键，就会执行相应的菜单命令，如【全部选择】的快捷键是 <Ctrl+A>，表示在图形窗口下按下 <Ctrl+A>，可以选择全部的图形，而无须打开【编辑】菜单。

（2）快速访问工具栏　快速访问工具栏是一种固定在窗口标题栏上的自定义工具栏，充分利用了标题栏中的空间，它包含用户自定义的按钮，默认包含 新建 、 打开 、 保存 、

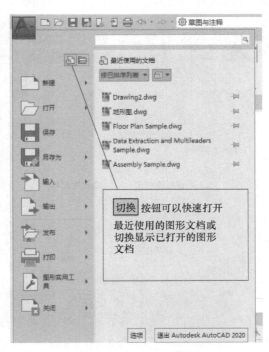

图1-5　AutoCAD 菜单

另存为、从 Web 和 Mobile 中打开、保存到 Web 和 Mobile、打印、放弃、重做 和 工作空间 9 个图标按钮，如图 1-6 所示。

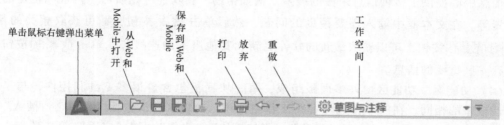

图 1-6　快速访问工具栏

　　用户可以对快速访问工具栏添加、删除和重新定位命令按钮，其方法与自定义普通工具栏的方法一样。在快速访问工具栏上单击鼠标右键，此时弹出快捷菜单，如图 1-7a 所示，选择【更多命令】菜单项，在弹出的 "自定义用户界面" 对话框中设置快速访问工具栏，如图 1-7b 所示。

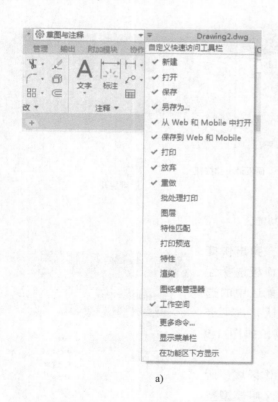

a)

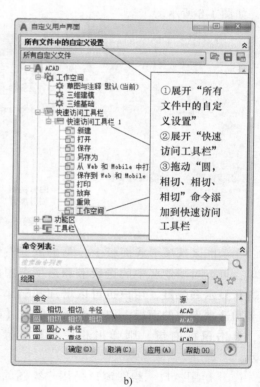

b)

图 1-7　自定义快速访问工具栏

　　（3）标题栏　同其他标准的 Windows 应用程序界面一样，AutoCAD 标题栏位于窗口的顶端。AutoCAD 2020 充分利用了标题栏的空间，左侧放置了快速访问工具栏，中间是窗口标题，显示程序名 AutoCAD 2020 和当前图形名称如 Drawing1.dwg，右侧是信息中心和窗口的最大化、最小化和关闭 3 个控制按钮。通过双击标题栏可使窗口还原与最大化，光标位于标题栏时，单击鼠标右键将弹出快捷菜单，可以进行最小化或最大化窗口、还原窗口、关闭 AutoCAD 等操作。

信息中心提供了多种信息来源的搜索，例如帮助、新功能专题研习、网址和指定的文件或位置等。在文本框中输入需要帮助的问题，然后单击 搜索 按钮，即可获取相关的帮助。单击 通信中心 按钮，可以获取最新的软件更新和其他服务的连接等，单击 收藏夹 按钮，可以保存一些重要的信息。

（4）功能区 功能区由许多面板组成，每一块面板包含着很多工具和控件，与工具栏和对话框中的相同。在"草图和注释"工作空间中，功能区默认包括"默认""插入""注释""参数化""视图""管理""输出""附加模块""协作""精选应用"等选项卡，每一个选项卡又包含多个面板，如"默认"选项卡包含了 绘图 、 修改 、 注释 、 图层 、 块 、 特性 、 组 、 实用工具 、 剪贴板 和 基点 10 个面板，如图 1-8 所示。在面板标题中，若带有黑三角 "▼" 符号，表示该面板可以展开。当单击 "▼" 符号时，面板展开折叠区域，光标离开该面板则自动收起，可以单击展开区域的标题栏上的图钉按钮，则整个面板不再收起，如图 1-8 所示。

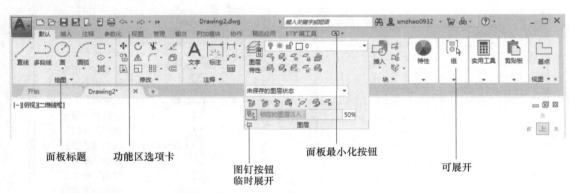

图 1-8　功能区

在功能区选项卡或面板上，单击鼠标右键，弹出快捷菜单，可以对功能区中的选项卡和选项卡中的面板选择性地进行显示和隐藏，用户也可以增加和删除功能区中的选项卡和选项卡中的面板。如把光标停留在【默认】选项卡上，单击鼠标右键，则弹出相应的快捷菜单，如图 1-9 所示。

（5）绘图窗口 绘图窗口是用户绘图的工作区域，所有的绘图过程都在这个区域内完成。这个空间又叫模型空间，AutoCAD 2020 的默认底色（背景）的灰度是 33、40、48，为满足印刷要求，编写教材时设置为白色。AutoCAD 可以同时打开多个图形文件，每个文件占用独立的窗口，可以用"视图"选项卡的 用户界面 面板的命令切换和排列图形窗口，也可以使用快捷键<Ctrl+Tab>切换。

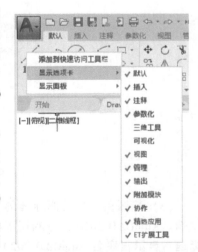

图 1-9　功能区选项卡和面板的显示

绘图窗口左下角显示了当前使用的坐标系类型以及坐标原点、X、Y、Z 轴的方向等，默认情况下，坐标系为世界坐标系（WCS）。

（6）命令行与文本窗口　命令行是为键盘输入、提示和信息保留的文字区域，是 Auto-CAD 与用户交互的地方。用键盘直接输入命令，能够执行所有的命令、系统变量、外部程序等，是操作最简捷的方式。

命令行可以用鼠标单击 夹点 按钮，拖拉悬停在任何位置，调整命令行的行数。为了扩大绘图窗口区域，可以隐藏命令行（按<Ctrl+9>键切换），使用 DYN（动态输入）功能。在命令行可以显示最近执行过的命令，并可以直接单击执行这些命令。输入命令后，会看到显示在命令行中的一系列提示。默认情况下，命令或系统变量的名称在键入时会自动完成。输入命令时，也会显示使用相同字母的命令和系统变量的建议列表。可以在"输入搜索选项"对话框中控制这些功能的设置。

命令行的状态可以分为锚固和浮动两种，锚固状态可以把命令行固定在绘图区下方或者功能区上方，浮动状态可以锁定到窗口侧边或者工具选项板侧边，也可以完全浮动，使用双屏工作，即可以把命令行放到另一个屏幕中。在浮动命令行中，可以设置显示多行命令提示记录，也可以改变命令行的透明度。浮动状态命令行如图 1-10 所示。

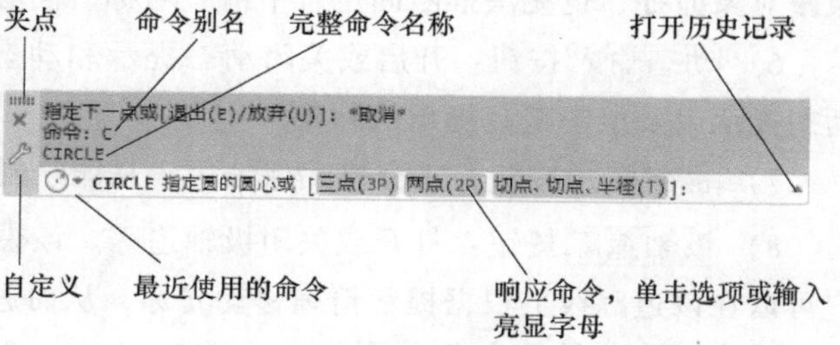

图 1-10　浮动状态命令行

文本窗口（按<F2>键切换）是命令行的扩展形式，能够显示更多的信息，并可查阅和复制命令的历史记录。

> 说明：在操作时，DYN（动态输入）在光标附近提供了一个命令界面，在光标附近显示信息，该信息会随着光标移动而动态更新，以帮助用户专注于绘图区域。可以在工具栏提示中输入坐标值，而不用在命令行中输入。

（7）状态栏　状态栏位于 AutoCAD 窗口的底部，可显示光标的坐标值、绘图工具、工作空间、快捷特性、全屏显示和注释工具等，如图 1-11 所示。

图 1-11　状态栏

状态栏左侧绘图工具主要包括了草图设置中的功能和显示开关，包括"栅格""捕捉""动态""正交""极轴""对象捕捉""对象追踪""线宽"。注释工具也为绘图提供了极大的方便，下面分别介绍它们的功能。

1）坐标：用于显示光标当前 X、Y、Z 坐标值，双击它可切换打开和关闭状态。

2）模型空间按钮：用于切换布局视口中的模型空间和图纸空间。若当前为模型空间，单击此按钮可显示最近访问的布局，切换到图纸空间。若当前在布局中，单击此按钮则切换布局视口中的模型空间和图纸空间。

3）栅格按钮：控制屏幕栅格的显示与关闭。栅格的 X 轴和 Y 轴间距也是通过"草图设置"对话框的"捕捉和栅格"选项卡进行设置，也可以选择采用点栅格样式。

4）捕捉模式按钮：捕捉功能使光标只能在 X 轴、Y 轴或极轴方向移动设定的距离。在捕捉模式按钮上用鼠标右键单击，弹出快捷菜单，选择【设置】菜单项，在打开的"草图设置"对话框的"捕捉和栅格"选项卡中设置 X 轴和 Y 轴或极轴捕捉的间距。

5）推断约束按钮：启用或关闭推断几何约束，相当于勾选或不勾选"约束设置"对话框中的"推断几何约束"选项。当打开推断几何约束时，可以在创建和编辑几何对象时自动应用几何约束，对象将自动显示约束栏或约束点标记，但不支持交点、外观交点、延伸、象限对象捕捉，也无法推断固定、平滑、对称、同心、等于、共线约束。

6）动态输入按钮：开启或关闭动态提示和动态输入功能，控制指针输入、标注输入、动态提示以及绘图工具提示的外观。

7）正交模式按钮：正交模式保证用户只能绘制垂直或水平的直线，没有设置项。

8）极轴追踪按钮：打开或关闭极轴追踪。该模式打开后，系统将显示一条追踪线，用户可以在该追踪线上根据提示精确移动光标，从而进行精确绘图。默认情况下，系统预设了 4 个极轴，与 X 轴的夹角分别为 0°、90°、180°、270°。可以使用"草图设置"对话框的"对象捕捉"选项卡设置角度增量。

9）等轴测草图按钮：通过沿着等轴测轴（每个轴之间的角度是 120°）对齐对象来模拟等轴测图形环境。

10）对象捕捉追踪按钮：打开对象捕捉追踪模式后，用户可以通过捕捉对象上的关键点，并沿着正交方向或极轴方向拖动光标，此时可以显示光标当前位置与捕捉点之间的相对关系。

11）二维对象捕捉按钮：由于所有二维几何图形都有一些决定其形状和方位的关键点，因此，在绘图时，如果打开对象捕捉模式，就可以捕捉到这些关键点。

12）线宽按钮：控制在屏幕上是否显示线宽，以标识不同线宽对象间区别。

13）透明度按钮：用于显示或隐藏图层透明度的特性。

14）选择循环按钮：更改设置以在重叠对象上显示选择对象。选择循环处于打开状态，此时若选择了重叠的对象，则会弹出"选择循环"列表框，在列表框中列出重叠的对象以便准确选择。

15）三维对象捕捉按钮：打开和关闭三维对象捕捉。当对象捕捉打开时，在三维对象捕捉模式下选定的三维对象捕捉处于活动状态。可以在对象上的精确位置指定捕捉点。选择多个选项后，将应用选定的捕捉模式，以返回距离靶框中心最近的点。按<Tab>键可以在这些选项之间循环。

16）动态 UCS 按钮：将 UCS 的 XY 平面与一个三维实体的平整面临时对齐。

17）选择过滤按钮：将光标移动到对象上方时，指定哪些对象将会亮显。

18）小控件按钮：显示和选择三维小控件，可帮助沿三维轴或平面移动、旋转或缩放一组对象。其中，三维移动小控件用于沿轴或平面重新定位选定的对象，三维旋转小控件用于绕指定轴旋转选定的对象，三维缩放小控件用于沿指定平面或轴或沿全部三条轴统一缩放选定的对象。

19）注释可见性按钮：用来设置仅显示当前比例的可注释对象或显示所有比例的可注释对象。

20）自动缩放按钮：当注释比例发生更改时，自动将注释比例添加到所有的注释性对象。

21）注释比例按钮：设置注释性对象的当前注释比例。

22）切换工作空间按钮：选择要使用的工作空间，如"草图与注释""三维基础""三维建模"。

23）注释监视器按钮：监视标注和对象之间的关联性是否丢失，若注释与对象失去关联，则会用黄色惊叹号提示。当注释监视器处于启用状态时，将通过在标注上显示标志来标记失去关联性的标注。

24）单位按钮：设置当前图形的图形单位，包括"建筑""小数""工程""分数""科学"等。

25）快捷特性按钮：可以显示对象的快捷特性面板，能够帮助用户快捷地编辑对象的一般特性。通过"草图设置"对话框的"捕捉和栅格"选项卡可设置快捷特性面板的位置模式和大小。

26）锁定用户界面按钮：锁定工具栏和可固定窗口的位置和大小。

27）隔离对象按钮：隐藏绘图区域中的选定对象，或显示先前隐藏的对象。

28）图形性能按钮：启用硬件加速以利用已安装的显卡的 GPU。

29）全屏显示按钮：可以隐藏 AutoCAD 窗口中功能区选项卡等界面，使 AutoCAD 的绘图窗口全屏显示。

1.3.3　退出 AutoCAD

退出 AutoCAD 的方式如下：

1）菜单方式：【文件】⇨【退出】。

2）命令方式：Exit 或 Quit。

3）快捷键方式：<Ctrl+Q>或<Alt+F4>。

4）关闭窗口方式：单击 AutoCAD 窗口右上角的⊠按钮。

> 说明：要养成先存盘再退出 AutoCAD 的习惯，并在退出时一定要仔细观察弹出窗口的提示，如果没存盘而执行了退出操作，那么 AutoCAD 会弹出如图 1-12 所示的退出警告对话框，默认是存盘操作。

图 1-12 退出警告对话框

1.4 图形文件操作

AutoCAD 在启动后，可以在"开始"选项卡的"快速入门"栏单击 开始绘制 按钮创建新图形，第一个图形文件名默认为"Drawing1. dwg"，其中 1 为建立新文件的序号。也可以单击 打开文件 或者 打开图纸集 按钮打开现有图形文件。打开现有图形时，将恢复上一次绘图使用的环境和系统变量设置，因为这些信息是与图形文件一起保存的。在开始绘图之前，必须了解 AutoCAD 的一些文件基本操作命令。

1.4.1 创建新文件

单击 菜单浏览器 按钮，在弹出的菜单中选择【文件】⇨【新建】⇨【图形】，打开"选择样板"对话框，用户可以在样板列表框中选择某一个样板文件，这时右边的"预览"框中将显示该样板的预览图像，单击 打开 按钮，可以打开所选中的样板来创建新图形文件，如图 1-13 所示。

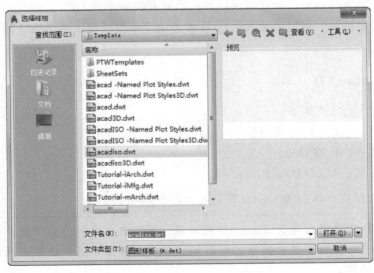

图 1-13 "选择样板"对话框

另外，在"开始"选项卡的标题处，单击鼠标右键弹出下拉菜单，单击【新建】，或者使用创建新文件的快捷键方式按<Ctrl+N>键，或者在命令行输入"NEW"命令，都会弹出"选择样板"对话框。

1.4.2 打开文件

单击 菜单浏览器 按钮，在弹出的菜单中选择【文件】⇨【打开】⇨【图形】，打开"选择文件"对话框，在对话框的文件列表中，选择需要打开的图形文件。用户可以通过 打开 按钮右侧的"▼"图标按钮用 4 种方式来选择打开图形的方式，每种方式都对图形文件进行了不同的限制，如图 1-14 所示。如果以"打开"和"局部打开"方式打开图形，则可以对图形文件进行编辑。如果以"以只读方式打开"和"以只读方式局部打开"方式打开图形，则无法对图形文件进行编辑。

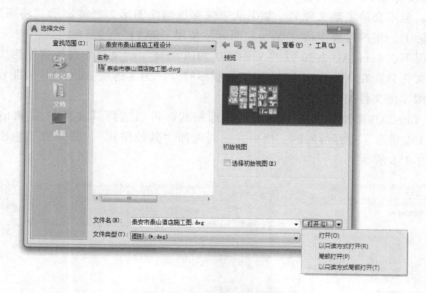

图 1-14 "选择文件"对话框

局部打开功能是基于图层技术，有选择地打开部分需要使用的图层，适用于非常大的图形文件，可以加快打开文件和编辑文件的速度。

打开文件的方法还有：

1）在快捷访问工具栏中单击 打开 按钮，如图 1-6 所示。

2）在命令行输入并用回车（或空格）键执行 OPEN 命令。

3）采用快捷键方式按<Ctrl+O>键。

4）在"开始"选项卡的标题处，单击鼠标右键弹出快捷菜单，单击【打开】。

5）在开启动态输入功能的情况下，与命令行一样执行 OPEN 命令。

1.4.3 保存文件

单击 菜单浏览器 按钮，在弹出的菜单中选择【文件】⇨【保存】，将以当前使用的文件名保存图形。若选择【文件】⇨【另存为】，则把当前图形以新的名字保存。第一次保存图形时，系统以另存的形式保存文件，将打开"图形另存为"对话框。

保存文件的方法还有以下几种：

1）在快捷访问工具栏中单击 保存 按钮。

2）在命令行输入并用回车（或空格）键执行 SAVE 命令，另存的命令为 SAVEAS。

3）采用快捷键方式按<Ctrl+S>键，另存的快捷键为<Ctrl+Shift+S>。

4）在"开始"选项卡的标题处，单击鼠标右键弹出下拉菜单，单击【保存】或【另存为】或【全部保存】。

5）在开启动态输入功能的情况下，与命令行一样执行 SAVE、SAVEAS、SAVEALL 命令。

6）可以用 QSAVE 命令代替 SAVE 和 SAVEAS。如果当前图形已至少保存一次，则程序将保存图形，但不会请求新文件名。如果从未保存过当前图形，则将显示"将图形另存为"对话框。实际上，用户界面中的"保存"图标均使用 QSAVE 命令。

默认情况下，AutoCAD 2020 以"AutoCAD 2018 图形"的文件类型保存图形文件，也就是说，图形文件只能在 AutoCAD 2018 以上的版本打开。为了解决 AutoCAD 的兼容性，用户可以选择低版本的文件类型来保存。

若需把 AutoCAD 图形格式转换为其他图形格式，可以选择【文件】⇨【输出】菜单命令，如图 1-15a 所示，选择所需的文件格式。若选择"其他格式"，则弹出"输出数据"对话框，如图 1-15b 所示。

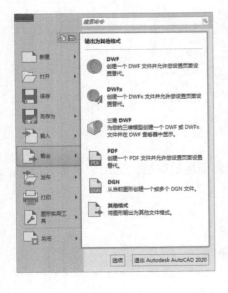

a)

b)

图 1-15 输出文件

a)【输出】子菜单 b)"输出数据"对话框

说明：从 AutoCAD 2016 开始，向图形文件添加密码的功能被删除了。建议采用更专业的加密方式保护图形文件，目前常用的方法是将图形输出为 PDF 文件，并为该 PDF 文件添加密码，或者将图形打包在 ZIP 文件中，然后使用安全的外部实用程序添加密码；使用第三方密码和加密实用程序，例如 256 位 AES 技术或类似技术；通过设置网络权限保护图形；通过设置云提供商权限保护图形。

1.5　帮助系统

　　AutoCAD 提供了详细的中文在线帮助，离线帮助安装程序包需要到 Autodesk 网站下载。在 AutoCAD 2020 中使用帮助系统，有 3 种不同的方法：①使用 AutoCAD 2020 的帮助；②使用信息中心搜索；③使用工具提示。

1.5.1　使用 AutoCAD 的帮助

　　可以通过单击图 1-2 中的 ⑦ 按钮弹出的【帮助】子菜单或随时按下功能键<F1>使用 AutoCAD 的帮助。实际上，当 AutoCAD 在命令的执行过程中，如果按<F1>键激活帮助系统，则弹出与正在执行的命令相关的帮助内容。例如，执行画直线命令，此时命令行提示：

命令：_line 指定第一点：

　　如果在此状态下直接按<F1>键，则帮助系统被激活，而且刚好打开了解释直线命令的位置，以方便用户查看，如图 1-16 所示。

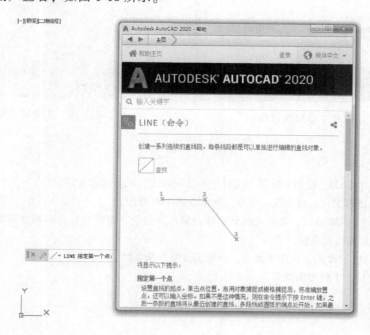

图 1-16　定位"帮助"窗口

1.5.2 使用信息中心搜索

用户可以使用信息中心来搜索信息。输入关键字或短语，如"LINE"或者"直线"，然后按<Enter>键或单击 搜索 按钮，将弹出"帮助"窗口，如图 1-17 所示。

1.5.3 使用工具提示

工具提示是指光标悬停在工具栏、面板按钮或菜单项上时，在光标附近显示说明信息，如图 1-18 所示。如果继续悬停，则工具提示将展开以显示更多二级信息。用户可以通过"选项"对话框控制工具提示的二级显示及延迟时间。

图 1-17　信息中心搜索列表

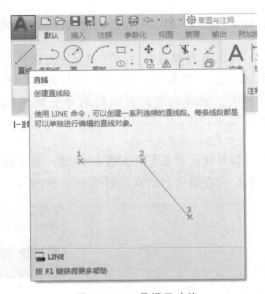

图 1-18　工具提示功能

练 习 题

1. 启动 AutoCAD 2020，把当前空图形文件保存在硬盘上，关闭当前文档。

2. 打开保存的图形文件，然后改名存盘，退出 AutoCAD 程序。

3. 在启动 AutoCAD 2020 后，移动光标至屏幕上的不同位置，观察光标的不同显示情形。在不同位置单击鼠标右键，观察弹出的快捷菜单。

4. 熟悉 AutoCAD 2020 的下拉菜单命令、功能区按钮和状态栏。

5. 打开帮助窗口，了解帮助信息。

第 2 章
AutoCAD 基本操作

2.1 AutoCAD 的命令输入

AutoCAD 使用命令的方式进行操作。命令的执行有菜单、命令行、动态输入、功能区面板、工具栏、对话框、状态栏等多种方式。AutoCAD 将对命令做出响应，并在命令行中显示执行状态或给出执行命令需要进一步选择的选项。因此，想要学好 AutoCAD，首先要了解 AutoCAD 的命令输入。

2.1.1 键盘和鼠标操作

键盘和鼠标是 AutoCAD 工作时的主要输入设备，下面介绍如何使用键盘和鼠标。

1. 使用键盘

AutoCAD 2020 拥有图形窗口和文字窗口，在文字窗口中可以使用键盘输入 AutoCAD 命令，并按空格键或回车键确认。例如，在命令行中输入命令"HELP"或"?"后回车，系统就会执行该命令，显示 AutoCAD 2020 的帮助窗口。按<Esc>键可随时取消操作或中断命令执行过程，用向上或向下的方向键能使命令行显示上一个或下一个执行过的命令。

在命令执行过程中，可以嵌套执行其他命令的方式称为透明执行。可以透明执行的命令称为透明命令，它们通常是一些可以改变图形设置或绘图工具的命令，如栅格、捕捉和缩放等命令。要调用透明命令，可以在命令行中输入该透明命令，并在它之前加一个单引号（ʹ），也可以直接单击工具栏的图标按钮，执行工具栏按钮命令。执行完透明命令后，AutoCAD 自动回到原来命令的执行点。

部分命令是利用对话框的形式来完成的，这一类命令一般都具有命令行形式。通常某个命令的命令行形式是在该命令前加上连字符"_"，例如，图层命令的对话框形式为"LAyer"，命令行形式为"_LAyer"。一般来说，命令的对话框形式与命令行形式具有相同的功能，但某些命令不是这样，其具体情况将在后面各章节中分别予以说明。

> 说明：在命令行中输入命令时，不能在命令中间输入空格键，因为 AutoCAD 系统将命令行中空格等同于回车。如果需要多次执行同一个命令，那么在第一次执行该命令后，可以直接按空格键或回车键重复执行，而无须再进行输入。左右手的分工通常是左手使用键盘输入命令，右手使用鼠标，因此用左手拇指敲击长条的空格键很方便。

2. 使用鼠标

在 AutoCAD 中，双键鼠标的左键为拾取键，用于在绘图区域中指定点或选择对象。使用鼠标右键，可以显示包含相关命令和选项的快捷菜单。根据光标所在位置的不同，显示的快捷菜单也不同。滚轮可以快速缩放和平移图形，如图 2-1 所示。

　　鼠标按键一般是这样定义的（以右手使用鼠标为例）：

　　1）鼠标左键的功能主要是选择对象和定位。例如，单击鼠标左键可以选择菜单栏中的菜单项、选择工具栏中的图标按钮、在绘图区选择图形对象等。

　　2）鼠标右键的功能主要是弹出快捷菜单，快捷菜单的内容将根据光标所处的位置和系统状态的不同而变化。例如，直接在绘图区单击鼠标右键将弹出如图 2-2 所示的右键快捷菜单；选中某一图形对象（如圆）后单击鼠标右键将弹出如图 2-3 所示的右键快捷菜单；在文本窗口区单击鼠标右键将弹出如图 2-4 所示的右键快捷菜单。

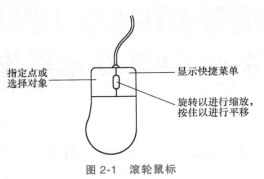

图 2-1　滚轮鼠标

图 2-2　右键快捷菜单（一）

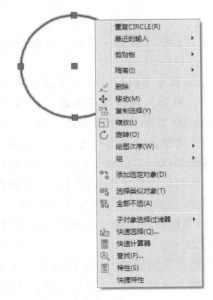

图 2-3　右键快捷菜单（二）

图 2-4　右键快捷菜单（三）

　　另外，单击鼠标右键的另一个功能是结束对象选择，等同于回车键或空格键，即当命令行提示选择对象时可在绘图区按鼠标右键结束选择，但在其他情况下，一般会弹出快捷菜单。

　　AutoCAD 还支持鼠标左键双击功能，例如若"快捷特性"选项板处于关闭状态，在直线、标注等对象上双击，将弹出"快捷特性"选项板；在多行文字对象上双击，将调出"文字编辑器"选项卡，双击单行文字会直接编辑其内容；在图案填充对象上双击，将调出"图案填充编辑器"选项卡。

2.1.2 使用菜单与面板

AutoCAD 调用命令除了在命令行输入命令之外，还可以通过菜单浏览器的菜单和功能区面板来执行命令。

1. 使用菜单

（1）下拉菜单 AutoCAD 的下拉菜单通过单击 菜单浏览器 调用，是一种级联的层次结构，首先显示的是主菜单，在主菜单项上单击鼠标左键弹出相应的第二级菜单，在第二级菜单页面对每个菜单项附有详细的说明。例如，单击菜单栏中的【打开】菜单，显示如图 2-5 所示。

（2）快捷菜单 单击鼠标右键后，在光标处将弹出快捷菜单，其内容取决于光标的位置或系统状态。参见前面的使用鼠标的有关内容。

2. 使用面板

在 AutoCAD 2020 中，功能区面板是主要的命令调用方式。功能区由许多面板组成，每个面板包含许多由图标表示的命令按钮。在 AutoCAD 2020 中，面板被分类到 "默认""插入""注释""参数化""视图""管理""输出""附加模块""协作 ""精选应用""ET 扩展工具" 等面板选项卡，其中 "默认" 面板选项卡又包括 绘图、修改、注释、图层、块、特性、组、实用工具、剪贴板、视图 等常用的面板，在每个面板

图 2-5 AutoCAD 菜单的层次结构

中又包含了许多命令按钮，可以直接单击面板上的图标按钮调用相应的命令，然后根据对话框中的内容或命令行上的提示执行进一步的操作。

（1）功能区的位置 功能区默认显示在图形窗口的顶部，称为水平功能区，也可以显示在图形窗口的两侧，称为竖直功能区。功能区的默认方式是固定的，不能拖动。将光标移到功能区选项卡上，单击鼠标右键弹出快捷菜单，选中【浮动】菜单项，使功能区为浮动方式，就可以将功能区拖动到屏幕的任何位置。也可把面板（如 绘图）从选项卡中拖出来放到任何位置，如图 2-6 所示。要改变功能区的显示效果，可以在不同的区域单击鼠标右键，根据弹出的右键快捷菜单进行设置。

（2）面板的显示和隐藏 AutoCAD 将面板按功能进行了分类，并把常用的命令显示在面板上，把不常用的命令隐藏在折叠区域，在少占用空间的情况下，尽量显示更多的命令按钮，为初学者的使用提供方便。不过，用鼠标单击命令按钮，增加了操作动作，对于设计人员来说，建议用键盘左手输入命令，减轻右手的操作负担。这样可以通过单击功能区选项卡的最小化图标按钮 ▼ 来隐藏面板，遇到不熟悉的命令时再展开。在功能区选项卡上单击鼠标右键，通过弹出的快捷菜单，可以对功能区进行更详细的设置和操作。

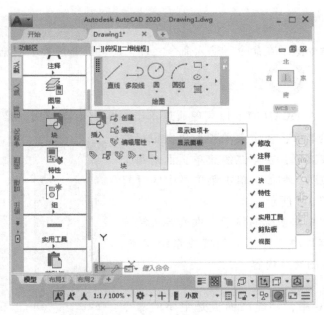

图 2-6 垂直功能区

2.1.3 使用文本窗口和对话框

在执行 AutoCAD 命令的过程中，用户与 AutoCAD 之间主要通过文本窗口和对话框来进行人机交互。

1. 使用文本窗口

AutoCAD 的文本窗口与图形窗口相对独立，用户可通过功能键<F2>和命令行（TEXT-SCR）等方式来显示文本窗口。

文本窗口中保存着 AutoCAD 的命令历史记录，如图 2-7 所示。该窗口中的内容是只读的，不能编辑，但可对文字进行选择和复制，或将剪贴板的内容粘贴到命令行中。

用户可通过文本窗口中的【编辑】菜单来完成各种操作，菜单项为：

1）【最近使用的命令】：显示列表最近使用的命令，并可选择执行。

2）【输入设置】：默认情况下，在命令行键入命令或系统变量的名称时，AutoCAD 会根据输入的字符自动检索相关的命令，并提供完整的命令单词，帮助使用者自动完成。这一功能默认是开启的，在【输入设置】中，可设置是否开启自动完成、自动更正、搜索系统变量、搜索内容、中间字符串搜索等功能。还可以对提示的延迟时间进行设置，延迟时间默认为 300，最小值为 100 表示所有命令和系统变量都会在输入过程提示，最大值为 10000 表示不会提示。经常拼写错误的命令，会

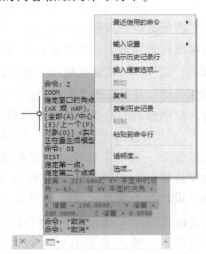

图 2-7 AutoCAD 的文本窗口

自动将拼写错误和更正指定次数的词语添加到 AutoCorrectUserDB. pgp 文件中。如果只记得命令或系统变量的几个字母，可以只输入这几个字母，AutoCAD 就会搜索到正确的单词。建议全部开启此功能，只是把延迟时间设置成合适的数值。

3）【提示历史记录行】：当命令行处于浮动状态，且只有一行即仅显示提示行时，设置将显示的临时提示行的数量。这是用系统变量 CLIPROMPTLINES 设置的，默认为"3"，效果对比如图 2-8 所示。

4）【输入搜索选项】：对控制命令、系统变量和命名内容类型通过以"输入搜索选项"对话框的形式进行设置。

5）【剪切】【复制】：将文本窗口选中的文字剪切或复制到剪贴板上。

6）【复制历史记录】：将全部的命令历史记录复制到剪贴板上。

7）【粘贴】：将剪贴板中的内容粘贴到命令行上。

8）【粘贴到命令行】：将文本窗口中选中的内容粘贴到命令行上。

9）【透明度】：设置命令行常态和鼠标悬停在命令行上的透明度。

10）【选项】：可对 AutoCAD 的一些配置参数进行修改。

在文本窗口中单击鼠标右键也能弹出功能相同的快捷菜单。

a)

b)

图 2-8　提示历史记录行的设置效果对比

a）CLIPROMPTLINES = 3　b）CLIPROMPTLINES = 5

2. 使用对话框

对话框由各种控件组成，用户可通过这些控件进行查看、选择、设置、输入信息或调用其他命令和对话框等操作，如图 2-9 所示。典型的对话框包含的主要控件如下：

1）按钮：可通过单击按钮来完成相应的功能，在 AutoCAD 中按钮有如下形式：

① 周围显示为粗实线的按钮为默认按钮，直接按<Enter>键可激活默认按钮所定义的操作，如 确定 按钮。

② 字符带有下画线标记的按钮，称为快捷按钮，按住<Alt>键的同时按下标记的字母键可激活该按钮所定义的操作。如

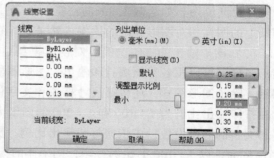

图 2-9　"线宽设置"对话框

帮助（H）按钮，按下<Alt+H>组合键，可激活 帮助（H）按钮。

③ 字符颜色呈淡显的按钮为不可用按钮，表示该按钮所定义的操作目前不能被执行。

2）文本框：可输入文本，并可以进行剪切、复制、粘贴和删除等操作。

3）列表框：如"线宽"列表框中，规定了一系列国际标准线宽列表项，可选择其中的一个，有的列表框也允许选择多个。

4）下拉列表框：如"默认"线宽下拉列表，规定了一系列国际标准线宽列表项，但只能选择其中的一个。

5）单选按钮：如"列出单位"中的 毫米 按钮和 英寸 按钮为单选按钮，只能选其中之一。

6）滑块：如"调节显示比例"滑块，通过改变滑块的位置来设置显示比例的大小。

7）复选框：控制项目的状态，方框中显示"√"表示选中状态，否则为取消状态，如"显示线宽"复选框。

2.2 配置绘图环境

所谓配置绘图环境就是对设计的一些必要条件进行定义，如图形单位、图形界限、设计样板、布局、图层、标注样式和文字样式等参数。

2.2.1 设置参数

1. 绘图比例

在传统的手工绘图中，由于图纸幅面有限，同时考虑尺寸换算简便，绘图比例受到较大的限制，如建筑平面图通常采用 1：100、1：200 的比例。而 AutoCAD 绘图软件可以通过各种参数的设置，使得用户可以灵活地使用各种比例方便地进行绘制。正因为如此，许多初学者对于 AutoCAD 的比例设置往往掌握不好，需要反复调整相关参数。为了帮助读者更好地使用绘图比例，先简单介绍 AutoCAD 中比例的相关概念，在以后的章节中还会进一步地介绍各种比例参数的协调关系。

（1）创建模型时的绘图比例　因为图形界限可以设置任意大，所以通常可以按照 1：1 的比例绘图，这样就省去了尺寸换算的麻烦。例如，要用 1：100 的比例手工绘制一张 A3 的图样（297mm×420mm），在 AutoCAD 中，可以将图形界限设置成 29700×42000，按照建筑物实际尺寸绘图，如绘制 1.8m 的窗宽，长度直接输入 1800（一个图形单位为 1mm），此时图纸上的图样相对图形界限的比例依然是 1：100，即相当于将图纸和图样同时放大 100 倍。

（2）图形输出的打印比例　对创建模型过程中文字和尺寸的影响。绘制好的 AutoCAD 图形图样，可以按各种比例打印输出，图形图样根据打印比例可大可小。但是，一张完整的图纸，除了图形图样，还包括尺寸标注和文字说明，它们不随打印输出比例的改变而改变。如在打印输出比例为 1：100 和 1：200 的图纸上，尺寸数字和文字的高度相同。因此，对数字和文字的高度设置，应依据打印输出比例。例如，要使打印在图纸上尺寸数字和文字的高度为 5mm，以 1：100 的比例打印，则字体的模型文字高度应为 500，而以 1：200 的比例打印，则字体的模型文字高度应为 1000。

AutoCAD 2020 提供了缩放注释功能，可以启用对象的注释性，使用此特性，用户可以自动完成缩放注释的过程，从而使注释能够以正确的大小在图纸上打印或显示。用于创建注释的对象类型包括图案填充、文字、表格、标注、公差、引线和多重引线、块、属性。注释功能的引入，大大简化了绘图比例处理过程，减少了绘图比例错误。

2. "选项"对话框的环境设置

"选项"对话框可以完成界面的元素设置、修改自动保存间隔时间、设置选择框的大小和颜色等操作。其实,"选项"对话框包含了绝大部分 AutoCAD 的可配置参数,用户可以依据自己的需要和喜好对 AutoCAD 的绘图环境进行个性化设置。用户随着对 AutoCAD 操作的逐渐熟练,会发现"选项"对话框是对各种参数进行设置非常有用的工具,在绘图过程中遇到的许多问题都要靠它来解决。对于初学者,只要对"选项"对话框的各选项卡的主要功能有一个概括的了解即可,只有在今后的实际应用中,在遇到问题、解决问题的过程中才能对"选项"对话框的使用有更好的理解。

调用"选项"对话框的方法有下拉菜单法(【选项】)、命令行法(OPTIONS 或 CON-FIG)和启动快捷菜单法(无命令执行时,在绘图区域或命令行单击鼠标右键,选择【选项】)。

"选项"对话框如图 2-10 所示,其中各选项卡的功能含义简单介绍如下:

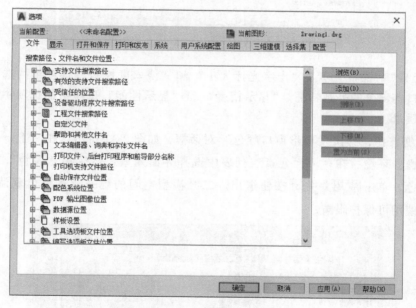

图 2-10 "选项"对话框

(1)"文件"选项卡 "文件"选项卡主要用来确定各文件的存放位置或文件名。"文件"选项卡设置文件路径,可通过该选项卡查看或调整各种文件的路径。在"搜索路径、文件名和文件位置"列表中找到要修改的分类,然后单击要修改的分类旁边的加号框展开显示路径。选择要修改的路径后,单击 浏览 按钮,然后在"浏览文件夹"对话框中选择所需的路径或文件,单击 确定 按钮。选择要修改的路径,单击 添加 按钮就可以为该项目增加备用的搜索路径。系统将按照路径的先后次序进行搜索。若选择了多个搜索路径,则可选择其中一个路径,然后单击 上移 或 下移 按钮提高或降低此路径的搜索优先级别。"自动保存文件位置"显示了 AutoCAD 临时文件的保存位置,若 AutoCAD 出现异常退出,通过临时文件可以恢复未保存的图形文件。

(2)"显示"选项卡 "显示"选项卡用于设置是否显示滚动条、是否显示布局和模型选项卡、是否显示工具提示、图形窗口和文本窗口的颜色和字体等，如图 2-11 所示。

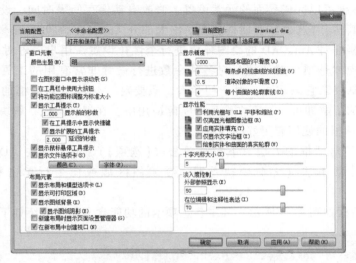

图 2-11 "显示"选项卡

"窗口元素""布局元素""十字光标大小"和"淡入度控制"选项组的选项主要用来控制程序窗口各部分的外观特征。"显示精度"和"显示性能"选项组的选项主要用来控制对象的显示质量。

单击 颜色 按钮，弹出"图形窗口颜色"对话框，如图 2-12 所示。在"上下文"列表选择要修改的操作环境，在"界面元素"列表中选择界面元素，然后在"颜色"下拉列表选择一种新颜色，单击 应用并关闭 按钮退出。二维模型空间的统一背景颜色默认为 33，40，48，长时间使用可保护眼睛。

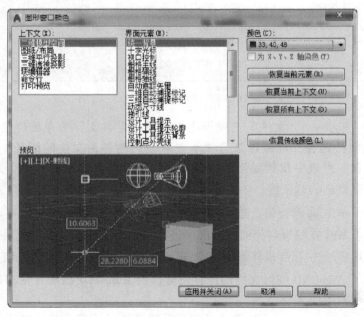

图 2-12 "图形窗口颜色"对话框

单击 字体 按钮将显示"命令行窗口字体"对话框，可以在其中设置命令行文字的字体、字号和样式。

通过修改"十字光标大小"文本框中光标与屏幕大小的百分比，可调整十字光标的尺寸。

"显示精度"和"显示性能"区域用于设置"圆弧和圆的平滑度""渲染对象的平滑度"和"每个曲面的轮廓素线"等。如果设置"圆弧和圆的平滑度"的值太小，那么绘制的圆和圆弧就会显示成为多边形，这虽然并不影响打印，但会影响视觉。由于当前的计算机性能都很高，建议使用默认值。

（3）"打开和保存"选项卡　"打开和保存"选项卡用于控制打开和保存相关的设置，如图 2-13 所示。

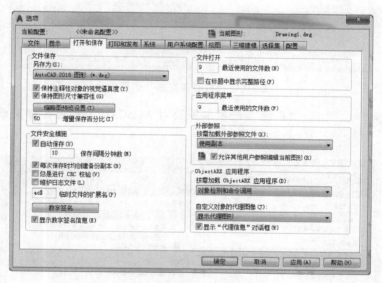

图 2-13　"打开和保存"选项卡

"文件保存""文件安全措施"和"文件打开"选项组的选项主要是对文件的保存形式和打开显示进行设置；"应用程序菜单"可设置最近使用的文件数；"外部参照"和"ObjectARX 应用程序"选项组的选项用来设置外部参照图形文件的加载和编辑、应用程序的加载和自定义对象的显示。可设置"另存为"为低版本的图形格式，便于协作设计。

（4）"打印和发布"选项卡　"打印和发布"选项卡是对图形打印的相关参数进行设置，可以从"新图形的默认打印设置"中选择一个设置作为打印图形时的默认设备，如图 2-14 所示。单击 添加或配置绘图仪 按钮可安装绘图仪配置文件，另外有一个添加绘图仪向导，可以用它来为 AutoCAD 添加绘图仪。"常规打印选项"区域控制基本的打印设备设置，可以在"系统打印机后台打印警告"下拉列表中选择发出警告的方式，可以在"OLE 打印质量"下拉列表中选择打印 OLE 对象的质量。 打印样式表设置 按钮可以确定新图形的默认打印样式、当前打印样式表设置等。

为保护设计成果和档案保存，可把图形输出到 PDF 文件，但在打印纸质图纸时应直接把图形输出到绘图仪。用 PDF 输出施工图纸，其打印质量较差，打印比例也不准确。

图 2-14 "打印和发布"选项卡

（5）"系统"选项卡 "系统"选项卡主要对 AutoCAD 系统进行相关设置，如图 2-15 所示。

图 2-15 "系统"选项卡

单击"硬件加速"选项组中的 图形性能 按钮，弹出"图形性能"对话框，如图 2-16 所示。

"允许长符号名"复选框被选中时，可以在图标、标注样式、块、线型、文本样式、布局、用户坐标系、视图和视口配置中使用长符号名来命名，名称最多可以包含 255 个字符。"数据库连接选项"区域用于设置 AutoCAD 与外部数据库连接的相关选项。

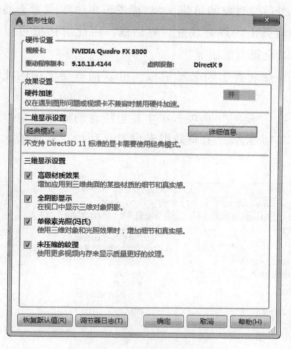

图 2-16 "图形性能"对话框

（6）"用户系统配置"选项卡 "用户系统配置"选项卡主要是用来优化用户工作方式的选项，包括控制单击鼠标右键操作、控制图形插入比例、坐标数据输入优先级设置和线宽设置等内容，如图 2-17 所示。

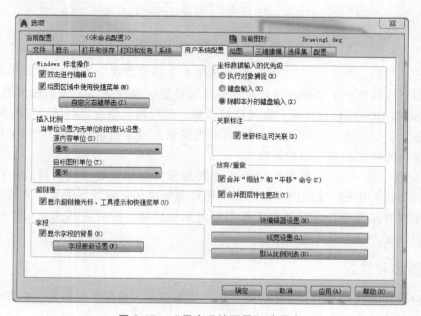

图 2-17 "用户系统配置"选项卡

在"插入比例"选项组中，在未使用 INSUNITS 系统变量指定插入单位时，"源内容单位"设置被插入到当前图形的对象的单位,"目标图形单位"设置当前图形中使用的单位。

单击 线宽设置 按钮将弹出"线宽设置"对话框,用此对话框可以设置线宽的显示特性和默认选项,同时还可以设置当前线宽。

单击 默认比例列表 按钮将弹出同名对话框,可以把不会使用的比例删除,增加或编辑一些专业比例。

(7)"绘图"选项卡 "绘图"选项卡中主要包括自动捕捉设置、AutoTrack 设置、设计工具提示设置等,如图 2-18 所示。主要是用来设置自动捕捉标记的大小和靶框的大小,其他一般采用默认值。

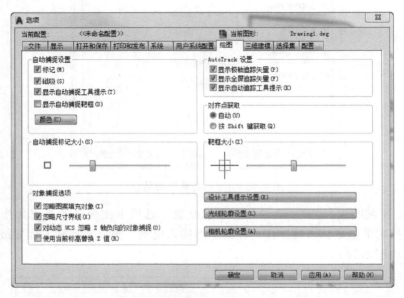

图 2-18 "绘图"选项卡

(8)"三维建模"选项卡 "三维建模"选项卡主要设置在三维中使用实体和曲面的选项,包括控制三维操作中十字光标指针显示样式的设置、控制三维实体和曲面显示的设置、控制 ViewCube 和 UCS 图标的显示,以及设置漫游、飞行和动画选项以显示三维模型。

(9)"选择集"选项卡 "选择集"选项卡主要用来设置拾取框和夹点的大小、选择集预览、对象的选择模式和夹点的相关特性。

(10)"配置"选项卡 "配置"选项卡主要用来控制配置的使用,是由用户自己定义的。"配置"选项卡用来创建绘图环境配置,还可将配置保存到独立的文本文件中。如果用户的工作环境需要经常变化,可依次设置不同的系统环境,然后将其建立成不同的配置文件,以便随时恢复,避免经常重复设置的麻烦。

2.2.2 图形单位设置

图形单位设置的内容包括长度单位的显示格式和精度、角度单位的显示格式和精度及测量方向、插入时的缩放单位等。

启动"单位"设置命令的方法有:采用下拉菜单法(【图形实用工具】➪【单位】)和命

令行法（UNits）。

执行上述命令后，屏幕会出现如图 2-19 所示的"图形单位"对话框。

1）"长度"选项组：在土木工程设计中，"类型"选项通常使用"小数"，"精度"选项一般使用"整数"。

2）"角度"选项组："类型"可以选择"十进制度数"或"度/分/秒"的单位格式，对应的精度分别选择"0"或"0d"，此时角度单位精确到"度"。

3）"顺时针"复选框：用来表示角度测量的旋转方向，选中该项表示角度测量以顺时针旋转为正，一般习惯逆时针旋转为正，故不需要选中。

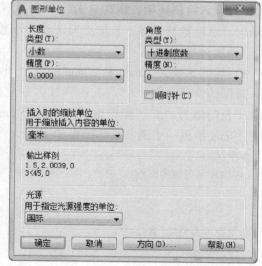

图 2-19　"图形单位"对话框

4）方向按钮：用来确定角度测量的起始方向，即"基准角度"。单击该按钮弹出"方向控制"对话框。通常选择系统默认东方为基准角度，即以屏幕上 X 轴的正向作为角度测量的起始方向。

5）"插入时的缩放单位"选项组：单击"用于缩放插入内容的单位"下拉列表，在 20 种单位选项中选择一种。它是从 AutoCAD 设计中心或工具选项板中向当前图形插入块时使用的度量单位。当插入块的单位与该选项单位不同时，系统会自动根据两种单位的比例关系进行缩放。当在列表中选择"无单位"选项时，则系统对插入的块不进行比例缩放。

6）"光源"选项组：设置光源强度单位。

2.3　绘制简单几何图形

图 2-20 所示为建筑给水排水工程中的末端试水阀的平面图，绘制过程如下：

1）新建图形文件，并保存文件名为"试水阀.DWG"。单击快速访问工具栏中的新建按钮，打开"选择样板"对话框，打开默认的样板文件"acadiso.dwt"，便可新建 AutoCAD 默认的图形文件"Drawing2.DWG"。

单击快速访问工具栏上的保存按钮，弹出"图形另存为"对话框，输入文件名"试水阀"，单击保存按钮，即保存为"试水阀.DWG"图形文件。

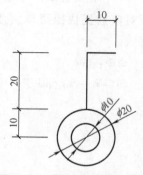

图 2-20　末端试水阀平面图

提示：用"快速访问"工具栏 ⇨ 保存按钮或命令行"QSAVE"第一次保存文件时，AutoCAD 会执行"SAVEAS"另存操作，要求修改默认的文件名。当文件被保存过一次后，再执行"QSAVE"快速保存命令，AutoCAD 将不再提示，直接保存。并且 AutoCAD 将按默认设置的"自动保存"时间（10min），自动保存图形文件。

2）设置绘图环境。依次单击 菜单浏览器 按钮 ⇨【图形实用工具】⇨【单位】，按图 2-19 所示的对话框进行设置，长度类型选择 "小数"，精度选择 "0"；角度类型选择 "十进制度数"，精度选择 "0"。

3）绘制直径为 10mm 和 20mm 的两个同心圆，用画圆和偏移命令绘制。首先在命令行输入画圆的快捷命令 "C"，在绘图区内指定任意一点为圆心，然后在提示命令行输入默认选项半径的值为 "5"，则产生一个半径为 5mm 的圆。再用偏移命令 Offset 向外偏移复制半径为 10mm 的另一个圆。具体操作如下：

命令:C ↵	（"命令:C ↵"为快捷命令）
CIRCLE 指定圆的圆心或[三点(3P)/两点(2P)/相切、相切、半径(T)]:	
	（提示指定圆的圆心,可以用鼠标左键在绘图区点取任意点）
指定圆的半径或[直径(D)]:5 ↵	（输入"5"后回车,则圆的半径为 5）
命令:Offset ↵	（在命令行输入"Offset",回车,以执行偏移命令）
当前设置:删除源=否　图层=源　OFFSETGAPTYPE=0	（为 ACAD 提示信息）
指定偏移距离或[通过(T)/删除(E)/图层(L)]<通过>:5 ↵	（要求指定偏移距离,因为外圆的半径为 10,则输入偏移值为 5）
选择要偏移的对象,或[退出(E)/放弃(U)]<退出>:	（此时,光标变成拾取框形状,移动鼠标把"□"拾取框移动到圆的周边上,当圆亮显时,单击鼠标左键,则圆被拾取选择）
指定要偏移的那一侧上的点,或[退出(E)/多个(M)/放弃(U)]<退出>:	（移动光标在圆的外围的任意点,单击鼠标左键,则圆向外偏移复制）
选择要偏移的对象,或[退出(E)/放弃(U)]<退出>:	（直接回车,结束偏移命令）

4）绘制直线。单击 绘图 面板的 直线 按钮，以外圆的上方象限点（用<Shift+右键>打开对象捕捉快捷菜单，使用象限点捕捉方式）为起点向上做先垂直再水平的两条连续直线。

命令:_line	（单击 绘图 面板的 直线 按钮）
指定第一点:_qua 于	（用<Shift+右键>打开对象捕捉快捷菜单,选取"象限点"捕捉方式,将光标移到大圆上方的象限点附近,当出现"◇"拾取框时,单击鼠标左键,则象限点确定输入,如图 2-21 和图 2-22 所示）
指定下一点或[放弃(U)]:<正交 开>20 ↵	（按<F8>功能键,打开正交功能。然后向上移动光标,拉出一条垂直橡皮线,输入"20",即为垂直直线长度）
指定下一点或[放弃(U)]:10	（向右移动光标,拉出一条水平橡皮线,输入"10",即为水平直线长度）
指定下一点或[闭合(C)/放弃(U)]:↵	（直接回车,结束命令）

图 2-21　捕捉快捷菜单

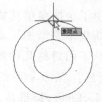

图 2-22　象限点捕捉

5）保存图形。按下 <Ctrl+S> 快捷功能键，则执行 QSAVE 存盘命令，保存图形文件"试水阀.DWG"。

练　习　题

1. 设置图形界限为 A2 图纸大小，即 59400mm×42000mm。

2. 把图形窗口颜色改为黑色。

3. 分别绘制一条长度为 600mm 和 400mm 的水平线段和垂直线段。

4. 绘制一个长为 200 宽为 300 的矩形，并分别以四个角为圆心绘制半径为 20 的圆。

5. 绘制简单几何图形如图 2-23 所示，3 个圆的直径均为 80mm。

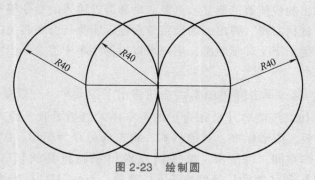

图 2-23　绘制圆

第3章
绘制基本二维图形

调用 AutoCAD 命令有多种方式，早期的 AutoCAD 是通过命令行、屏幕菜单和下拉菜单执行命令，后来增加了包含命令按钮的工具栏，并加强了对鼠标功能的开发，丰富了鼠标右键的功能，使用了快捷菜单功能，同时也赋予了鼠标滑轮很多功能，均衡了左右手的操作。AutoCAD 的最新版本又增加了动态输入，摒弃了屏幕菜单执行命令的方式，并把工具栏优化为面板的形式，下面对这几种命令操作方法进行汇总，并分别加以说明。

1）命令行法：在命令行的"命令:"提示符下，用左手直接输入命令的全名或别名，然后按空格键或<Enter>键确认。有些命令只在命令行中提供，如图形界限设置功能 LIMITS 命令，只有在命令行才能执行这个命令。

2）面板法：功能区的不同选项卡里含有多个面板，如 绘图 面板中的二维绘图图标，单击相应的命令按钮，可以直接执行相应的命令。其中 圆弧 、 圆 、 椭圆 、 矩形 、 图案填充 图标按钮右侧带有 "▼" 符号，说明此工具栏包括一系列相关的命令，单击鼠标左键将弹出子工具栏。当光标移动到面板的图标按钮上并放置几秒钟时，系统会分别显示二级工具栏提示，提示该图标的命令含义。

3）动态输入法：如果启用了"动态输入"并设置为显示动态提示，用户则可以在光标附近的工具栏提示中直接输入命令，而不需要在命令行中输入。

4）快捷菜单法：单击鼠标右键，会打开一个包含相应选项的快捷菜单。如果命令结束后单击鼠标右键，弹出的快捷菜单会显示重复命令和最近输入的命令等相关菜单项。如果处于命令执行期间单击鼠标右键，弹出的快捷菜单会显示所执行命令相关的选项。上述内容说明该快捷菜单对当前的上下文环境敏感，用户可以根据菜单中适合于当前的命令和选项进行操作。

5）下拉菜单法：通过单击 菜单浏览器 按钮弹出下拉菜单，一级菜单有 10 项，一级菜单下又有二级菜单，如二级菜单【另存为】的副本样式包括图形、到 AutoCAD Web 和 Mobile 的图形、图形样板、图形标准、其他格式、将布局另存为图形、DWG 转换。若切换到"AutoCAD 经典"工作空间，可使用 【文件】【编辑】【视图】【格式】【工具】【绘图】【标注】【修改】【参数】【窗口】和【帮助】等经典的下拉菜单。AutoCAD 从 2009 版本开始放弃下拉菜单命令方式，力推功能面板命令方式。

以上所介绍的操作方法适用于二维图形的绘制，也适合于三维图形的绘制操作，修改和编辑等其他操作也同样适用。

在本书绘制图形的操作说明中，不再同时列出 5 种操作方法，仅分别挑选其中一种操作方法进行重点介绍。

3.1 绘制直线

AutoCAD 提供了 5 种直线类型：直线（Line）、射线（RAY）、构造线（XLine）、多段线（PLine）和多线（MLine），最常用的是直线、构造线和多线，而射线与构造线相似，可被构造线代替。

> 说明：在书写 AutoCAD 的命令时，全名中的大写字母为快捷命令（以下画线突出显示），小写字母不是快捷命令组成部分。如构造线（XLine）命令，"XLine"为命令全名，"XL"为两个字母的快捷命令。

3.1.1 直线

1. 命令功能

用于绘制指定长度的一条或若干条连续的含有两个端点的直线段，但绘制成的连续直线段中的每条直线段实际上是一个单独的实体。

2. 操作说明

可采用面板法（"默认"选项卡 ⇨ 绘图 ⇨ 直线）和命令行法（Line 或 L）执行绘制直线命令。

采用命令行法绘制如图 3-1 所示的标高符号，首先从左向右连续绘制下方两条斜线，起点为最左点，绝对坐标为（10，10），然后重新启动 Line 命令绘制上方水平线。

命令 L ↵	（"L"为 LINE 的快捷命令）
LINE	（显示命令全名）
指定第一点：10,10 ↵	（最左点绝对坐标或取任意点）
指定下一点或[放弃(U)]：@3,-3 ↵	（下方顶点的相对坐标）
指定下一点或[退出(X)/放弃(U)]：@3,3 ↵	（绘制右斜线）
指定下一点或[关闭(C)/退出(X)/放弃(U)]：↵	（回车结束命令）
命令：↵	（回车重复命令）
LINE 指定第一点：10,10 ↵	（最左点绝对坐标）
指定下一点或[放弃(U)]：@14,0 ↵	（绘制上方水平线）
指定下一点或[退出(E)/放弃(U)]：↵	（回车结束命令）

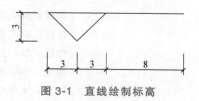

图 3-1 直线绘制标高

> 说明：在绘制过程中，如果在某一步出现操作失误，可输入"U"放弃这一步的操作，退回至前一步的状态，重新进行操作。当直线绘制了两条以上后，可以输入"C"以与第一点闭合。输入"X"或者按<ESC>键可退出命令。

3.1.2 构造线

1. 命令功能

绘制两端无限长的直线，通常用来作辅助线。

2. 操作说明

可采用面板法（"常用"选项卡⇨ 绘图 ⇨ 构造线 ）和命令行法（XLine 或 XL）执行绘制构造线命令。

采用命令行法绘制如图 3-2 所示的图形，其中圆心 O 绝对坐标为（200，200），半径为 100，水平构造线 AB 和垂直构造线 CD 通过圆心 O，绘制两条构造线和平分圆的 4 个象限，再偏移构造线 AB 和 CD，构成与圆相切的 4 条构造线。

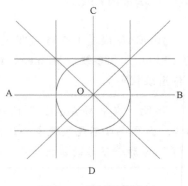

图 3-2　绘制构造线

命令：C ↵	（"C"为圆 CIRCLE 的快捷命令）
CIRCLE 指定圆的圆心或[三点(3P)/两点(2P)/切点、切点、半径(T)]：200,200 ↵	
	（圆心绝对坐标）
指定圆的半径或[直径(D)]<100.0000>：100 ↵	（半径为 100）
命令：XL ↵	（构造线 XLINE 的快捷命令"XL"）
XLINE 指定点或[水平(H)/垂直(V)/角度(A)/二等分(B)/偏移(O)]：H ↵	
	（选择绘制水平线选项）
指定通过点：	（捕捉圆心作为通过点，绘制一条通过圆心的水平构造线 AB）
指定通过点：↵	（回车结束命令）
命令：↵	（直接回车，重复执行最近的命令，即 XLine）
XLINE 指定点或[水平(H)/垂直(V)/角度(A)/二等分(B)/偏移(O)]：V ↵	
	（选择绘制垂直线选项）
指定通过点：	（捕捉圆心作为通过点，绘制一条通过圆心的垂直构造线 CD）
指定通过点：↵	（回车结束命令）
命令：↵	（直接回车，重复执行最近的命令，即 XLine）
XLINE 指定点或[水平(H)/垂直(V)/角度(A)/二等分(B)/偏移(O)]：B ↵	
	（选择二等分线选项，平分∠BOC）
指定角的顶点：	（捕捉∠BOC 的顶点 O，即圆心）
指定角的起点：	（捕捉∠BOC 的起点 B）
指定角的端点：	（捕捉∠BOC 的端点 C）
指定角的端点：	（捕捉∠BOD 的端点 D）
指定角的端点：↵	（回车结束命令）
命令：XLine ↵	（构造线命令）
XLINE 指定点或[水平(H)/垂直(V)/角度(A)/二等分(B)/偏移(O)]：O ↵	
	（选择偏移选项）
指定偏移距离或[通过(T)]<通过>：↵	（直接回车，选择通过点偏移选项）
选择直线对象：	（点选 AB 构造线）

指定通过点：	（捕捉 C 点作为指定通过点,偏移水平构造线）
选择直线对象：	（点选 AB 构造线）
指定通过点：	（捕捉 D 点作为指定通过点）
选择直线对象：	（点选 CD 构造线）
指定通过点：	（捕捉 A 点作为指定通过点）
选择直线对象：	（点选 CD 构造线）
指定通过点：	（捕捉 B 点作为指定通过点）
选择直线对象：↵	（回车结束命令）

构造线的选项参数意义如下。

1）指定点：通过"指定点"和"指定通过点"两点定线。

2）水平（H）/垂直（V）：指定一点绘制一条水平线或垂直线。

3）角度（A）：根据"输入构造线的角度（0）或［参照（R）］:"提示输入指定角度，通过指定点创建一定角度的构造线。当选取参照（R）时，命令行将提示选择实体作为零度的参照方向。

4）二等分（B）：创建一条通过选定的角顶点，平分选定两条线之间的夹角的构造线，是作平分夹角线有效且快捷的方法。

5）偏移（O）：类似 Offset 命令，创建指定距离与选定直线平行的直线，可用于绘制轴线。

> 提示：构造线功能强于射线，故一般选择构造线作辅助线。为方便起见，构造线最好设置在单独的图层，图形完成之后，再关闭或冻结构造线图层。

3.1.3 射线

1. 命令功能

用于创建单向无限长的含有一个端点的直线，通常用来作辅助线。

2. 操作说明

可采用面板法（"默认"选项卡⇨ 绘图 ⇨ 射线 ）和命令行法（RAY）执行绘制射线命令。

命令:_ray 指定起点：	（单击"常用"选项卡⇨ 绘图 ⇨ 射线 按钮,执行 RAY 命令,点取起点）
指定通过点：	（用鼠标拾取通过点）
指定通过点：	（用鼠标拾取另一通过点）
指定通过点：	（回车结束命令）

3.1.4 多段线

1. 命令功能

多段线是由可变宽度的、连续的直线和弧线相互连接的序列，它与直线（Line）的主要区别是，多段线可用来连续绘制不同宽度的直线和与之相接的弧线，并且起点与终点的宽度能够可变。可以用来绘制箭头、标高和钢筋等。

2. 操作说明

可采用面板法（"常用"选项卡⇨ 绘图 ⇨ 多段线 ）和命令行法（ PLine 或 PL）执行绘

制多段线命令。

采用"面板法"绘制一个箭头，如图3-3所示。

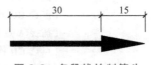

图3-3 多段线绘制箭头

命令：_pline   （单击 绘图 面板 ⇨ 多段线 按钮）

指定起点：   （用鼠标指定起点）

当前线宽为 0.0000   （提示当前线宽为0）

指定下一个点或[圆弧(A)/半宽(H)/长度(L)/放弃(U)/宽度(W)]:w↵

指定起点宽度 <0.0000>:2↵   （设置箭尾宽度为2）

指定端点宽度 <2.0000>:↵   （箭尾同宽，直接回车确认）

指定下一个点或[圆弧(A)/半宽(H)/长度(L)/放弃(U)/宽度(W)]:30↵

                            （箭尾长30）

指定下一点或[圆弧(A)/闭合(C)/半宽(H)/长度(L)/放弃(U)/宽度(W)]:w↵

指定起点宽度 <2.0000>:6↵   （设置箭头起点宽为6）

指定端点宽度 <6.0000>:0↵   （端点宽为0,形成箭头）

指定下一点或[圆弧(A)/闭合(C)/半宽(H)/长度(L)/放弃(U)/宽度(W)]:20↵

                            （箭头长20）

指定下一点或[圆弧(A)/闭合(C)/半宽(H)/长度(L)/放弃(U)/宽度(W)]:u↵

                            （放弃）

指定下一点或[圆弧(A)/闭合(C)/半宽(H)/长度(L)/放弃(U)/宽度(W)]:15↵

                            （箭头长15）

指定下一点或[圆弧(A)/闭合(C)/半宽(H)/长度(L)/放弃(U)/宽度(W)]:↵

                            （回车结束）

多段线的几个参数的意义如下。

1）圆弧（A）：控制由直线状态切换到圆弧绘制的方式。

2）宽度（W）\半宽（H）：用于设置多段线的宽度，即多段线的宽度等于半宽的2倍。

3）长度（L）：用于指定所绘制的直线段的长度，此时，AutoCAD将以该长度沿着上一段直线的方向绘制直线段。如果前一段线对象是圆弧，则该段直线的方向为上一圆弧端点的切线方向。

4）闭合（C）：用于封闭多段线并结束命令。

3.2 绘制矩形和正多边形

3.2.1 矩形

1. 命令功能

矩形是由4条直线构建的一个多段线对象，包括了长、宽、旋转角度、标高、厚度、多段线宽度等属性，绘制矩形时需要指定两个对角点，可以把矩形修饰成带圆角、倒角或直角。

2. 操作说明

可采用面板法（"常用"选项卡⇨ 绘图 ⇨ 矩形 ）和命令行法（RECtang 或 REC）执行绘制矩形命令。

采用动态输入法绘制 A2（594mm×420mm）图纸的图框，如图 3-4 所示。

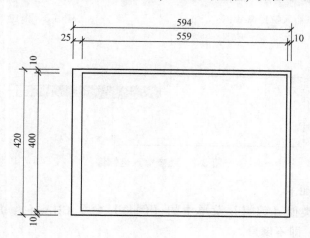

图 3-4　矩形绘图框

命令:REC ↵   (在绘图区光标附近动态输入矩形快捷命令"REC",回车,如
                                    图 3-5 所示)
RECTANG   (AutoCAD 自动执行命令全名)
指定第一个角点或[倒角(C)/标高(E)/圆角(F)/厚度(T)/宽度(W)]:
                                    (在左下角附近点取一点后,坐标值显示为(0,0),说明指针输入
                                    设置为相对坐标方式,如图 3-6 所示)
指定另一个角点或[面积(A)/尺寸(D)/旋转(R)]:594,420 ↵
                                    (指针输入为另一角点坐标(594,420),如图 3-7 所示,在命令行
                                    中,AutoCAD 自动加上相对坐标符号@)
命令:L ↵   (执行直线快捷命令,作辅助线)
LINE 指定第一点: (捕捉矩形左下角点)
指定下一点或[放弃(U)]:25,10 ↵   (绘制一直线定位图框的左下角点)
指定下一点或[放弃(U)]:   (回车结束 Line 命令)
命令:REC ↵   (绘制图框)
RECTANG
指定第一个角点或[倒角(C)/标高(E)/圆角(F)/厚度(T)/宽度(W)]:
                                    (捕捉辅助线端点为图框的左下角点)
指定另一个角点或[面积(A)/尺寸(D)/旋转(R)]:559,400 ↵
                                    (输入图框大小)
命令: (用鼠标选中辅助线)
命令:_.erase 找到 1 个   (按<DEL>键删除)

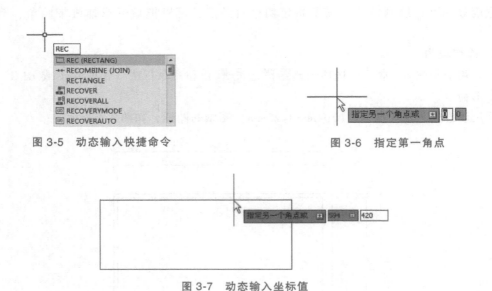

图 3-5　动态输入快捷命令　　　　　　　　图 3-6　指定第一角点

图 3-7　动态输入坐标值

矩形的参数意义如下。

1）倒角（C）：类似【编辑】菜单中的【倒角】命令 CHAmfer，用于设置倒角距离。默认时倒角距离为 0，即不倒角。

2）圆角（F）：类似【编辑】菜单中的【圆角】命令 FIllet，设置圆角的半径，默认时不圆角。

3）标高（E）：设置矩形的 Z 坐标高度。默认时"Z=0.000"，即所绘制的矩形在 XY 平面上，本选项常用于三维绘图。

4）厚度（T）：用于设置矩形的厚度，即矩形在高度方向上延伸的距离，本选项常用于三维绘图。

5）宽度（W）：用于设置矩形的多段线线宽。

矩形的各种形式如图 3-8 所示。

倒角　　　　　　　　　圆角　　　　　　　　　有宽度

图 3-8　矩形的各种形式

提示：矩形是一个独立的实体，可以看成一个特殊的块，用分解命令 eXplode 可分解成 4 个实体，即 4 条直线。若要编辑矩形，一般要先分解。但是，独立实体矩形在编辑过程中具有特殊的优势：

1）用偏移命令 Offset 可以同时偏移 4 条边，并且不需要修剪。

2）用拉伸命令 Stretch 可以伸长一定量的矩形。

3）绘制菱形比较麻烦，可以先绘制矩形，然后再旋转一定角度，如图 3-9 所示。

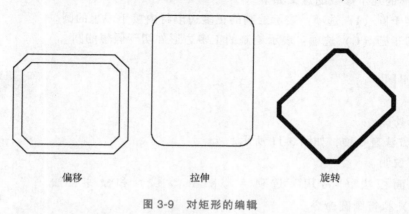

偏移　　　　　　　拉伸　　　　　　　旋转

图 3-9　对矩形的编辑

3.2.2　正多边形

1. 命令功能

绘制边长相等，边数为 3~1024 的正多边形。

2. 操作说明

绘制正多边形的情况较少，但又是不可缺少的，可采用面板法（"常用"选项卡⇨ 绘图 ⇨ 正多边形 ）和命令行法（POLygon）执行绘制正多边形命令。

下面绘制如图 3-10 所示的正六边形。

命令:_polygon 输入边的数目 <4>:1025 ↵　　　　（单击 绘图 面板的 正多边形 ）
需要 3 和 1024 之间的整数.　　　　　　　　　　（因为输入边数为"1025"，所以提示输入正确值）
输入边的数目 <4>:6 ↵　　　　　　　　　　　　　（默认值为 4，输入"6"）
指定正多边形的中心点或[边(E)]:e ↵　　　　　　（切换到边长输入状态）
指定边的第一个端点:指定边的第二个端点:　　　　（点取已知边的两端点，形成正六边形）
命令:↵　　　　　　　　　　　　　　　　　　　　（回车重复命令）
POLYGON 输入边的数目 <6>:↵　　　　　　　　　（默认值保留为上次操作输入值）
指定正多边形的中心点或[边(E)]:　　　　　　　　（直接选取正多边形的中心点）

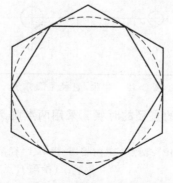

图 3-10　绘制正多边形与假想圆的关系

输入选项[内接于圆(I)/外切于圆(C)]<I>:I↵   (切换内接正多边形绘制状态)
指定圆的半径: (输入半径或拾取通过点)

正多边形的几个参数的意义如下。

1）内接于圆（I）选项：表示绘制的正多边形将内接于假想的圆。

2）外切于圆（C）选项：表示绘制的正多边形外切于假想的圆。

3.3　绘制圆

图 3-11　画圆的6 种方法

1. 命令功能

画圆的方法有 6 种，如图 3-11 所示。

2. 操作说明

可采用面板法（"常用"选项卡 ⇨ 绘图 ⇨ 圆）和命令行法（Circle 或 C）执行画圆命令。

1）圆心、半径/直径：本方法为默认设置。当圆心确定后，可以通过键盘输入半径/直径值，或用鼠标捕捉对象确定半径/直径。该法用于圆心已知，半径/直径为规定值的情况下。多孔管绘制如图 3-12 所示。

命令:C↵   (输入画圆快捷命令"C")
CIRCLE 指定圆的圆心或[三点(3P)/两点(2P)/相切、相切、半径(T)]:
                                  (拾取圆心 A)
指定圆的半径或[直径(D)]:D↵   (切换到直径状态)
指定圆的直径:25 ↵   (输入直径"25"，圆创建)
命令:↵   (按<Enter>键重复 CIRCLE 命令)
CIRCLE 指定圆的圆心或[三点(3P)/两点(2P)/相切、相切、半径(T)]:
                                  (拾取圆心 B)
指定圆的半径或[直径(D)]<12.5000>:20 ↵   (处于默认的圆半径状态,其值保留为上次输入的
                                  直径的一半,即圆的直径仍为 25。在此,输入半径
                                  "20",相当于直径 40)

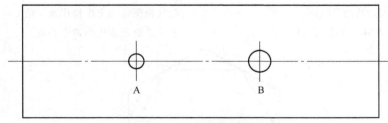

图 3-12　半径/直径画圆方法

2）两点：当已知直线为圆的直径的时候，采用两点画圆，如图 3-13 所示。
命令:C↵
CIRCLE 指定圆的圆心或[三点(3P)/两点(2P)/相切、相切、半径(T)]:2p ↵
指定圆直径的第一个端点: (拾取 C 点)
指定圆直径的第二个端点: (拾取 D 点)

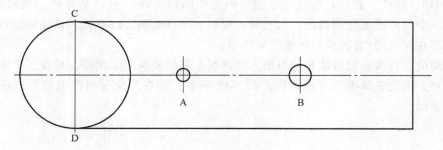

图 3-13 两点画圆方法

3）三点：基于圆周上的三点绘制圆，用于三点位置已知的情况。

4）相切、相切、半径：绘制一个圆与另两个图形实体（可以是直径、弧和圆）相切，通过捕捉两个切点和指定圆的半径产生该相切圆，如图 3-14 所示。对圆、直线等进行修剪后，就绘制成弯道和弯管等图形，如图 3-15 所示。

命令:C↵   （画小圆）

CIRCLE 指定圆的圆心或[三点(3P)/两点(2P)/相切、相切、半径(T)]:T↵

指定对象与圆的第一个切点：   （捕捉水平线上的任意一切点）

指定对象与圆的第二个切点：   （捕捉垂直线上的任意一切点）

指定圆的半径 <100.0000>:200↵

命令:↵   （按空格键，重复执行命令,画大圆）

CIRCLE 指定圆的圆心或[三点(3P)/两点(2P)/相切、相切、半径(T)]:T↵

指定对象与圆的第一个切点：

指定对象与圆的第二个切点：

指定圆的半径 <200.0000>:300↵

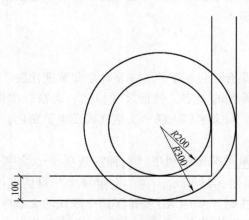

图 3-14 相切与半径画圆

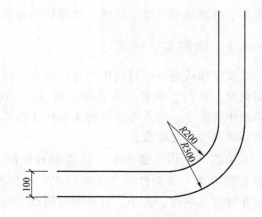

图 3-15 弯管画法

提示：采用相切、相切、半径（或相切）方法画圆时，要捕捉与之相切的实体。方法是把光标移到与之相切的实体上，此时会出现相切自动捕捉标记，如图 3-16 所示，按下鼠标左键即可。若光标离开实体太远，自动捕捉标记则会消失。

5）相切、相切、相切：绘制一个圆与另三个图形实体（可以是直径、弧和圆）相切，通过捕捉三个切点产生该相切圆。与相切、相切、半径画圆方法类似，该法是在与之相切的三个实体存在而半径/直径未知的情况下使用。

若使用命令行法、面板法和动态输入法画圆，则切换到三点状态，捕捉三个图形实体上的任意切点，因此它属于三点画圆法。图 3-17 所示，是在三角形内作内切圆，任意捕捉三边切点的情况。

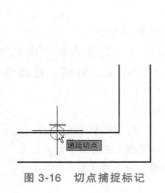

图 3-16　切点捕捉标记

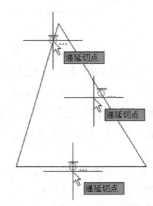

图 3-17　相切、相切、相切画圆捕捉切点

3.4　文字注释

文字注释是 AutoCAD 重要的图形元素，可以对工程图中几何图形难以表达的部分进行补充说明，多用于对图形进行简要的注释和描述，用于图形中的一些非图形信息，包括技术说明、材料说明、施工说明、建筑物名称和设备表等。

3.4.1　创建文字样式

文字样式是一组可随图形保存的文字设置的集合，包括字体、文字高度和宽度比例、倾斜角度、反向、倒置、垂直等。在 AutoCAD 中所有的文字，包括尺寸标注、表格、图块、说明中的文字，都是与各自的文字样式相关联的，与文字相关联的文字样式发生了变化，其文字效果也随之改变。

单击"默认"选项卡⇨ 注释 面板中的 文字样式 按钮或利用"注释"选项卡⇨ 文字 面板上的"▼"箭头打开"文字样式"对话框，如图 3-18 所示。在"文字样式"对话框中，包含样式、字体、大小、效果等选项组以及相关按钮。AutoCAD 提供了两个默认的文字样式"Standard"和"Annotative"，默认"Standard"为当前样式。"Annotative"样式名前有一个图标，表示该样式名是注释性的，选中样式名按鼠标右键弹出快捷菜单，可以对其进行重命名和删除。而"Standard"默认为非注释性文字样式，并且不能删除和重命名，但可以对其进行样式设置，也可以设置为注释性文字样式。一般情况下，一个图形需要使用不同的字体，即使同样的字体也可能需要不同的大小和宽度比例，用户可以使用文字样式命令来创建或修改文字样式。

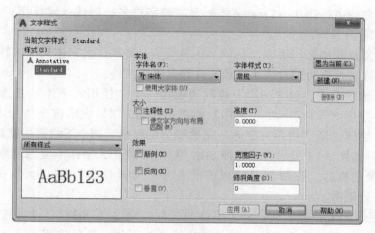

图 3-18　"文字样式"对话框

1. 新建样式名

在新建的图形文件中，默认存在两个文字样式"Standard"和"Annotative"，其中"Standard"文字样式兼容以前版本，为非注释性的，而"Annotative"文字样式则是注释性的。注释性是注释对象的新特性，可以根据设置的注释比例自动完成注释缩放过程，这给用户准确地创建注释性对象带来了方便。因此，作为一种常用的注释对象，采用注释性特性进行文字注释，会更加快捷和准确。

下面新建文字样式名为"DIM"的文字样式，用于尺寸标注。单击新建按钮，打开"新建文字样式"对话框，如图 3-19 所示。AutoCAD 默认样式名为"样式 n"，n 从 1 开始，用户可以输入新样式名如"DIM"，表明该样式是用于尺寸标注的，然后单击确定按钮。

图 3-19　新建文字样式

a）默认样式名　b）指定样式名

文字样式名可以重命名，在"样式"列表框中选中"DIM"样式名，单击鼠标右键弹出快捷菜单，选择【重命名】菜单项，文字样式名处于编辑状态，按<Del>键删除原样式名，重新输入新样式名"标注文字"，也可以直接按<F2>键进入重命名状态。但"Standard"默认样式不能重命名，也不能被删除，【重命名】菜单项和删除按钮为灰色。

对于没有使用的用户定义的非当前文字样式，可以单击删除按钮进行删除。不过，被置为当前文字样式和文字样式已在图形中使用时，则删除按钮为灰色而不能进行删除操作。

2. 设置字体

AutoCAD 使用两种类型的字体，分别是 AutoCAD 专用的 SHX 字体和 Windows 系统的 TureType 字体。因 AutoCAD 支持 Unicode 字符编码标准，而 SHX 字体是使用 Unicode 标准字符编码的，它包含的字符比 TureType 字体所定义的字符多，因此，建议用户尽量使用 SHX 字体进行文字注释。

为了支持中文及其他亚洲语言，AutoCAD 提供了一种称作大字体文件的特殊类型的形定义，用户可以将样式设置为同时使用常规文件和大字体文件。

在"字体"选项组中，包含两个下拉列表框和一个"使用大字体"复选框。默认情况下选用 TureType 字体"宋体"，在"宋体"前面的标志"T"表示该字体为 TureType 字体。若选择 TureType 字体，则"使用大字体"复选框为不可选。两个下拉列表框名为"字体名"和"字体样式"，如图 3-18 所示。若选择 SHX 字体，"使用大字体"复选框则为有效，勾选"使用大字体"复选框后，则两个下拉列表框名为"SHX 字体"和"大字体"。下面仅以 SHX 字体为例进行说明。

1）"SHX 字体"下拉列表框：SHX 字体的文件类型为".SHX"，是形定义文件编译后的文件，为 AutoCAD 系统专用字体。在"SHX 字体"下拉列表框选用的字体为西文常规字体，用于尺寸标注、注释西文、数字、数学符号等。图 3-20 列出常用的西文字体，其高度相同，宽度比例为 0.8。从中可以看出，每一种西文字体的字母和数字高度一致，但不同西文字体在相同的设置下大小不一样，这样打印出来的效果就有差异。01~07 行采用的大字体是 AutoCAD 自带的 gbcbig.shx，中文与西文字体不协调，字母和数字偏大，从美观上考虑，应优先选用 romans.shx 和 simpelx.shx 字体。08 行的西文与中文字符大小基本一致，这是由于用了非 AutoCAD 系统字体——gbxwxt.shx 和 gbhzfs.shx 字体。

01 TXT.shx 字体

02 romans.shx 字体

03 romand.shx 字体

04 bold.shx 字体

05 simpelx.shx 字体

06 gbeitc.shx 字体

07 gbenor.shx 字体

08 gbxwxt.shx+gbhzfs.shx 字体

图 3-20　常规字体比较

2）"大字体"下拉列表框：大字体是指中文、日文、韩文等亚洲国家的形字体，gbcbig.shx 为 AutoCAD 2009 中文版自带的简体中文字体。只有勾选"使用大字体"复选框，才能使"大字体"下拉列表框有效，才能选择中文形字体。用户也可以通过"大字体"下拉列表框选用其他中文字体，如 hztxt.shx、gbhzfs.shx 是单线字体，可用于技术说明、建筑物名称、材料表等，而 hz129.shx 是双线字体，可用于图名，如图 3-21 所示。

3. 设置文字大小

"大小"选项组包括"注释性"复选框和"高度"(或"图纸文字高度")文本框。

"注释性"复选框用来指定文字是否为注释性,默认未勾选。如果选择"注释性"选项,则"使文字方向与布局匹配"复选框可用,可指定图纸空间视口中的文字方向与布局方向匹配。单击"注释性"复选框右边的信息图标可了解有关注释性对象的详细信息。

平面图 1:100

图 3-21 双线字体写图名

"高度"文本框用来指定文字高度。若不使用文字的注释性,设置文字高度的文本框名为"高度",其数值为模型空间的文字高度,图纸空间的文字高度应缩小,其缩放倍数等于出图比例的倒数。如果选择"注释性"选项,文本框名为"图纸文字高度",则文字高度是相对于图纸空间的,用于设置在图纸空间中显示的文字高度,而在模型空间的高度应根据设置的注释比例进行缩放。

文字高度默认为 0,表示在使用单行文字命令 TEXT 时,选项有文字高度提示,要求用户指定文字的高度。若在"高度"文本框输入了数值,TEXT 命令的选项不再提示输入文字高度,而使用"高度"文本框的值为文字高度。

在此设置的文字高度也会影响尺寸标注文字高度,如果"文字样式"的文字高度设置为 0,则尺寸标注的文字高度服从于"标注样式"中设置的文字高度。如果"文字样式"的文字高度不为 0,则尺寸标注的文字高度等于"文字样式"的文字高度。为了防止出错,建议用于尺寸标注的文字样式,设置其高度为 0,这样,尺寸标注的文字高度由标注样式决定。

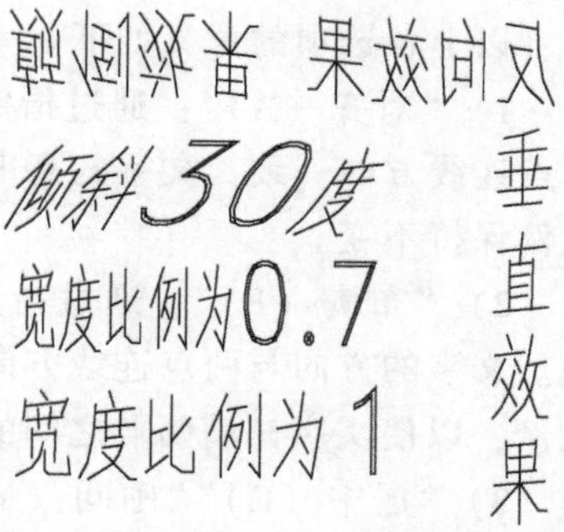

图 3-22 文字显示效果

4. 设置文字效果

"效果"选项组包括设置文字显示的效果的选项,最重要的一个选项是"宽度比例",是指文字高度与宽度之比,按工程制图要求一般设为 0.7~0.8,有时也用于缩小宽度比例以减少文字串的长度。其他的文字显示效果在工程设计中使用较少,如图 3-22 所示。

> 提示:"宽度比例"文本框中的数值显示,与单位精度的设置有关。若单位精度设为 0,则数值将以显示为整数 1。单位精度会影响 AutoCAD 系统所有的数值显示,为了防止引起误解,建议单位精度不要设置为 0,而要设置为 0.0。

3.4.2 创建单行文字

文字注释分为单行文字和多行文字两种类型。单行文字的输入和编辑比较简单,适合于建筑物房间的名称说明,它允许用户一次输入多个单行文字,以回车作为每个单行文字的结束。而多行文字标注后的所有行文字均为一个对象。

1. 命令功能

在指定位置按要求书写字符串。在命令行输入文字的过程中,文字会即时显示在绘图区中。

2. 操作说明

可采用面板法（"常用"选项卡 ⇨ 注释 ⇨ 单行文字）和命令行法（TExt）执行单行文字命令。

命令:TEXT ↵	（输入单行文字命令）
当前文字样式:"HZ"文字高度:20.0 注释性:否	（提示当前文字样式、高度和注释性）
指定文字的起点或[对正(J)/样式(S)]:	（选取绘图区位置，或选择对正方式和文字样式）
指定高度 <50.0000>:40 ↵	（设定文字高度为40）
指定文字的旋转角度 <0>:↵	（回车默认为旋转角度为0）

命令选项说明如下。

（1）**指定文字的起点** 文字的水平书写方向是自左向右，起点一般指文字串的最左点。但由于受对正方式的影响，有的对正方式使文字的起点不在左边。因此，严格地说，文字的起点是指文字的对正点，两者是重合的。

（2）**对正** 用于设置文字串的对正方式。当用户选择"对正（J）"选项时，会出现下列提示：

[左(L)/居中(C)/右(R)/对齐(A)/中间(M)/布满(F)/左上(TL)/中上(TC)/右上(TR)/左中(ML)/正中(MC)/右中(MR)/左下(BL)/中下(BC)/右下(BR)]

以上各选项的意义如下。

1）"对齐（A）"：通过指定基线的两个端点来指定文字的高度和方向。文字的方向与两点连线方向一致，文字的高度将自动调整，以使文字布满两点之间的部分，但文字的宽度比例保持不变。

2）"布满（F）"：通过指定基线的两个端点定义文字的方向和一个高度值布满一个区域。文字的方向与两点连线方向一致，文字的高度由用户指定，系统将自动调整文字的宽度比例，以使文字充满两点之间的部分，但文字的高度保持不变。

3）"居中（C）""中间（M）"和"右对齐（R）"：这三个选项均要求用户指定一点，分别以该点作为基线水平中点、文字中央点或基线右端点，然后根据用户指定的文字高度和角度进行绘制。

4）其他选项的意义。AutoCAD文字注释有很多种对齐方式，要想弄清它们的意义，应从英文书写规则上来理解。文字注释的对齐也是遵循四线格原则，大写字母占上三格，小写字母占下三格，如图3-23所示。图3-23中的右侧为四线格，按从上向下的顺序，对齐第一线为上对齐；对齐第三线为中间对齐，是整个字符的垂直中间对齐线；第四线为基线，是右

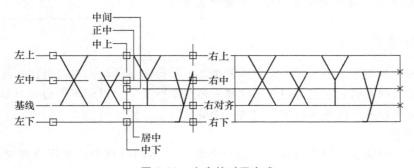

图3-23 文字的对正方式

对齐和居中的对正线；最底线为下对齐；而图中左侧的上三格的中间线是大写字母的中间，为中对齐。其中，正中、中间和居中对齐从字面上不易区分，可以通过图示辨别它们的不同。由于中间对齐方式是相对整个字符高度，因此在表格中输入文字时被经常使用。经常使用的还有左下和右下对齐方式，其他方式可根据情况选择性地使用。

（3）样式　用于设置当前文字样式。当选择"样式（S）"选项时，命令行提示如下：

指定文字的起点或[对正(J)/样式(S)]:S↵　　　　　（切换到选择样式状态）

输入样式名或[?]<DIM>:?↵　　　　　　　　　　（当前默认样式名为"DIM"，可以输入指定样式名，或输入"?"列出全部样式名）

输入要列出的文字样式 < * >:↵　　　　　　　　　（直接回车，默认输入通配符"*"，列出所有文字样式）

文字样式：

样式名:"Annotative"　字体:宋体　　　　　　　　（"Annotative"标准样式参数列表）

　高度:0.0　宽度因子:1.0　倾斜角度:0

　生成方式:常规

样式名:"DIM"　字体文件:txt. shx,gbcbig. shx　　　（"DIM"样式参数列表）

　高度:0.0　宽度比例:1.0　倾斜角度:0

　生成方式:常规

样式名:"Standard"　字体:宋体　　　　　　　　　（"Standard"标准样式参数列表）

　高度:0.0　宽度比例:1.0　倾斜角度:0

　生成方式:常规

样式名:"仿宋"　字体:仿宋_GB2312　　　　　　　（"仿宋"样式参数列表）

　高度:0.0　宽度比例:0.8　倾斜角度:0

　生成方式:常规

当前文字样式:仿宋↵　　　　　　　　　　　　　　（选择"仿宋"为当前样式）

（4）字符的输入　当选项指定完后，就可以在绘图区上指定输入点，在单行在位编辑器上输入字符。在位编辑器包含高度为文字高度的边框，该边框随着用户的输入展开，不会自动换行，需硬回车才能强制换行。回车后另起一行，以相同的设置继续输入字符，其对正方式不变，如图 3-20 所示，图中 8 个单行文字，每一行为单一对象。如果剪贴板有多行文字内容，可以按<Ctrl+V>键把文字一次性地直接粘贴到在位编辑器。

（5）输入控制码和特殊字符　在给水排水工程设计绘图中，往往需要标注一些特殊的字符，例如，在文字上方或下方加画线，标注角度（°）、‰、φ、±等符号。由于这些特殊字符不能从键盘上直接输入，因此，AutoCAD 提供了相应的控制码，以实现这些标注要求。

控制码一般由两个百分号（%%）和一个字母组成，常用的控制码见表 3-1。

表 3-1　常用的标注控制码

控　制　码	功　　能
%%U	打开或关闭文字加下画线
%%O	打开或关闭文字加上画线
%%C	标注直径（φ）符号
%%P	标注正/负（±）符号
%%D	标注角度（°）符号
%%%	标注百分号（%）符号

特殊文字字符的组合方式：使用控制码来打开或关闭特殊字符。如第一次"%%U"表示为下画线方式，第二次"%%U"则关闭下画线方式，也可同时为文字加上画线和下画线，如 36.63。

（6）输入 Unicode 字符串　输入文字时，可通过输入 Unicode 字符串创建特殊字符，包括角度符号、正/负公差符号、乘号、千分号和直径符号等，使用方法类同控制码的输入。Unicode 字符串由"\ U+*nnnn*"组成，其中 *nnnn* 为 Unicode 十六进制字符值。常用的 Unicode 字符串见表 3-2。

表 3-2　常用的 Unicode 字符串

Unicode 字符串	功　　能
\U+00D7	标注乘号(×)符号
\U+2205	标注直径(φ)符号
\U+00B1	标注正/负(±)符号
\U+00B0	标注角度(°)符号
\U+2030	标注千分号(‰)符号
\U+00B2	标注平方(^{2})符号
\U+00B3	标注立方(^{3})符号

下面用 TEXT 命令，使用控制码和 Unicode 字符串两种方式输入特殊字码，完成专业图纸上的一个技术说明，如图 3-24 所示。图 3-24 上半部分为在绘图区输入的字符"在%%P0.000 处铺 \ U+220520 的钢管"，图 3-24 下半部分是回车后显示的结果。实际上在输入完"%%P"，AutoCAD 就会自动显示为"±"，输入完"\ U+2205"自动显示为"φ"。

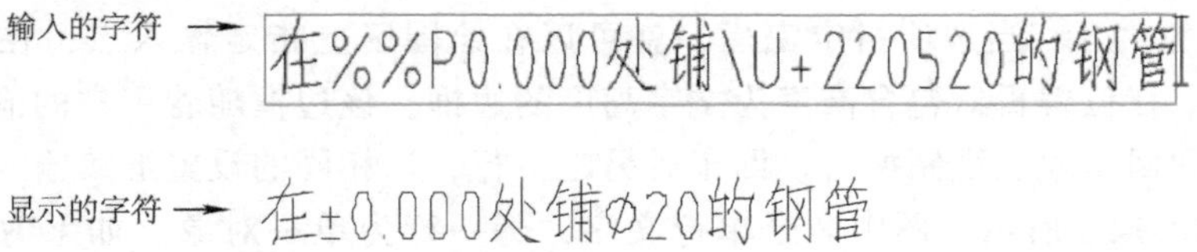

输入的字符 ➡ 在%%P0.000处铺\U+220520的钢管

显示的字符 ➡ 在±0.000处铺φ20的钢管

图 3-24　特殊输入字符示例

3.4.3　创建多行文字

1. 命令功能

单行文字只能使用相同的格式，如相同的字体、字号和显示效果等。对于内容较长或要求不同格式的文字，需要多行文字创建。多行文字又称段落文字，是由任意数目的文字行或段落组成的，布满指定的宽度，还可以沿垂直方向无限延伸。

2. 操作说明

可采用面板法（"默认"选项卡 ⇨ 注释 ⇨ 多行文字 或"注释"选项卡 ⇨ 文字 ⇨ 多行文字）和命令行法（MText、T 或 MT）执行多行文字命令。"注释"选项卡的文字注释功能更强些，可以直接在面板上设置文字样式、文字高度和文字缩放。

（1）命令行参数

命令:T ↵　　　　　　　　　　　　　　　　　　　　（输入快捷命令"T"启动多行文字命令 mtext）

MTEXT 当前文字样式:Standard　文字高度:2.5　注释性:否　　（列出当前设置参数）
指定第一角点:
指定对角点或[高度(H)/对正(J)/行距(L)/旋转(R)/样式(S)/宽度(W)/栏(C)]:
　各项参数说明如下。

1) 指定第一角点:与指定的对角点形成一个虚拟文本框,划定了文字书写范围。文字行的宽度不能超出虚拟文本框的宽度,超出虚拟文本框宽度会自动换行。虚拟文本框的上下边界决定了文字垂直方向的起点,这由对正方式所决定,但允许文字行超出虚拟文本框的上下边界。

2) 高度（H）:用于指定文字高度。

3) 对正（J）:用于定义多行文字对象在虚拟矩形中的对正方式。选取"对正（J）"选项,命令行提示如下。

输入对正方式[左上(TL)/中上(TC)/右上(TR)/左中(ML)/正中(MC)/右中(MR)/左下(BL)/中下(BC)/右下(BR)]<左上(TL)>:MC ↵　　　　　　　　　（指定"正中"对正方式）

多行文字对象在虚拟文本框中的对正方式有 9 种,比单行文字少,但对正方式的含义是相同的。对正默认方式是"左上",对上一次的指定不记忆。

4) 行距（L）:用于设置多行文字的行间距,是一行文字的基线（底部）与下一行文字基线之间的距离。选取"行距（L）"选项,命令行提示如下:

输入行距类型[至少(A)/精确(E)]<至少(A)>:↵　　　　　　（回车默认自动行距）
输入行距比例或行距 <1x>:2x ↵　　　　　　　　　　　（输入 2 倍行距）
解释说明如下:

① 至少（A）:表示按一行文字中最大的字符高度自动添加行间距,适合为字符高度不同的多行文字对象设置行距。

② 精确（E）:表示强制各行文字具有相同的行间距,但可能会导致位于较大字符文字行的上面行或下面行中的文字与较大字符行发生重叠。

③ 输入行距比例或行距:输入的行距适用于整个多行文字对象而不是选定的行。单倍行距 1x 是文字字符高度的 1.66 倍,输入的行距范围是在 0.25~4x 之间。当直接输入数值时,注意不要超出数值范围。随着文字高度不同,行距的两个极限也不一样。

5) 旋转（R）:用于指定虚拟文本框的旋转角度,这样多行文字均转过指定的旋转角,特别适合标注非水平方向的文字。在提示要求指定旋转角度时,用户可以直接输入角度值,也可以参照一条直线,指定虚拟文本框的一条边,以确定书写方向。如图 3-25 所示,标注一道斜坡,步骤如下:

① 输入多行命令"T"。

② 要求指定第一角点时,捕捉斜坡左下角的顶点,如图 3-25a 所示。

③ 输入"R"选取旋转选项。要求输入指定旋转角度时,捕捉用最近点捕捉斜坡上的直线,与斜坡左下角的顶点连成一条参照直线,该参照线的角度即为输入的旋转角度。该参照线也是虚拟文本框的一条边,如图 3-25b 所示。

④ 向上拉出平行于箭头的虚拟文本框,设置垂直对正方式为"中央对齐",输入"输水管"文字,如图 3-25c 所示。

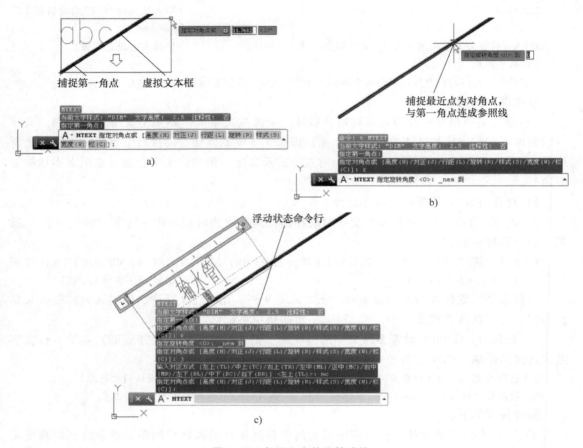

图 3-25　多行文字的旋转功能

6）样式（S）：用于指定当前的文字样式，参见单行文字的操作。

7）宽度（W）：准确指定文字行的宽度。若选取此项操作，则多行文字没有上下边界。

8）栏（C）：用于设置多行文字对象不分栏和分栏显示，类似于 WORD 的分栏格式。不分栏实际上就是按一列显示，而分栏又有动态栏和静态栏两种类型。

选取"栏（C）"选项和"动态（D）"子选项，命令行提示如下：

输入栏类型［动态（D）/静态（S）/不分栏（N）］<动态（D）>:D ↵　　（选择动态栏子选项）

指定栏宽:<75>:20 ↵　　　　　　　　　　　　　　　（每个栏宽指定为 20 个图形单位）

指定栏间距宽度:<12.5>:4 ↵　　　　　　　　　　　（栏与栏间距宽度为 4 个图形单位）

指定栏高:<25>:20 ↵　　　　　　　　　　　　　　（每个栏高为 20 个图形单位,而不是 20 个字符高度）

动态栏参数设置完毕，将弹出"多行文字"功能区上下文选项卡，显示顶部带有标尺的边界框文字输入区，则可以在第一栏的文字输入区输入字符，如图 3-26a 所示。当第一栏文字填满后，在第一栏的右侧自动增加第二栏，文字也溢出到第二栏，第二栏的宽度与第一栏相同，栏与栏的间距为设置的图形单位，如图 3-26b 所示。

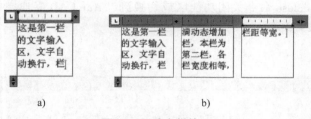

a) b)

图 3-26 动态栏输入

a）第一栏 b）动态增加栏

选取"栏（C）"选项和"静态（S）"子选项，命令行提示如下：

输入栏类型［动态（D）/静态（S）/不分栏（N）］<动态（D）>:S↵ （选择静态栏子选项）

指定总宽度:<200>:100 ↵ （指定所有栏的总宽度，即文字总宽为 100 个图形单位）

指定栏数:<2>:4 ↵ （分 4 栏）

指定栏间距宽度:<12.5>:4 ↵ （栏与栏的间距为 4 个图形单位）

指定栏高:<25>:20 ↵ （所有栏高为 20 个图形单位，见图 3-27）

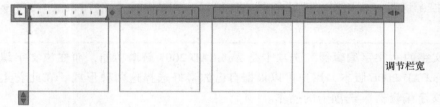

调节栏宽

图 3-27 静态栏输入

　　静态栏方式是把文字的总宽度和分栏数设置好，各栏的宽度自动计算分配，而动态栏方式是把各栏的宽度设置好，根据文字的多少自动增加栏数，文字的总宽度不断增加。可以根据情况使用夹点编辑调整文字边界框的栏宽和栏高。

　　（2）多行文字的"文字编辑器"选项卡　多行文字命令执行后，指定了文字边框的对角点以定义多行文字对象的宽度，则将显示多行文字的"文字编辑器"选项卡，如图 3-28

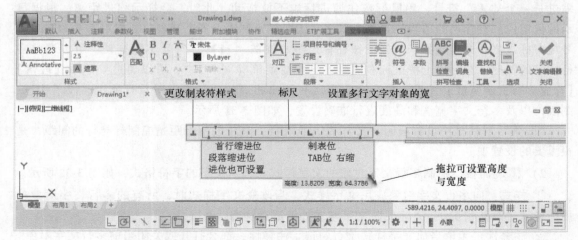

图 3-28 多行文字的"文字编辑器"选项卡

所示。如果执行 ribbonclose 命令关闭功能区或切换到"AutoCAD 经典空间",则将显示在位文字编辑器,如图 3-29 所示。

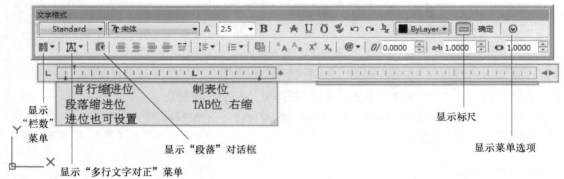

图 3-29　在位文字编辑器

> 面板控制说明:面板可以通过命令进行控制,其显示命令为 ribbon,关闭命令为 ribbonclose。

多行文字的"文字编辑器"选项卡是 AutoCAD 2009 新增功能,而在位文字编辑器最早出现在 AutoCAD 2006 版本,用户可以根据自己的喜好选择这两种形式,在此着重介绍多行文字的"文字编辑器"选项卡的操作。

多行文字的"文字编辑器"选项卡由 样式、格式、段落、插入、拼写检查、工具、选项、关闭 8 个面板和一个顶部带标尺的多行文字编辑器组成,每个面板和面板里的每个图标都带有标题,对于初学者来说,使用更加直观和容易,而在位文字编辑器的图标不带标题,图标安排的更加紧凑高效,占用空间更少。

1) 多行文字编辑器:AutoCAD 提供了一个简单的多行文字输入区,在上部设有水平标尺,用于设置首行缩进、段落缩进、右缩进和制表位。首行缩进是一个"▼"符号,段落缩进是一个"▲"符号,用鼠标按住缩进标志不放拖动,此时,会提示缩进距离,根据显示的值定位。在标尺的适当位置单击鼠标左键即可允许建立多个制表位,把不需要的制表符号拖向标尺之外即可删除。用鼠标按住标尺最右端的"◀▶"符号不放拖动,可以调整多行文字的宽度。在标尺上按鼠标右键会弹出快捷菜单(图 3-30),可以通过菜单项【段落】【设置多行文字宽度】【设置多行文字高度】弹出相应的对话框,对首行缩进、段落缩进、制表位以及多行文字宽度和高度进行准确设置,如图 3-31 所示。

"段落"对话框中设置项的含义与 WORD 相同,其中段落行距是控制行与行的间距,是很重要的设置项。

2) 样式 面板:控制多行文字对象的文字样式和选定文字的字符格式,如图 3-32 所示。

① 样式:向多行文字对象应用文字样式,当改变文字样式时,所有的多行文字对象使用新样式。默认情况下,"标准"文字样式处于活动状态。

② 注释性:无论当前文字样式是否勾选了注释性,都会打开或关闭当前多行文字对象

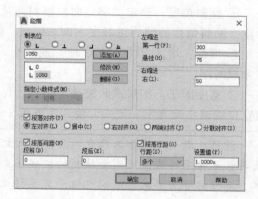

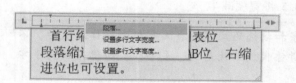

图 3-30　标尺下拉菜单

图 3-31　"段落"对话框

的"注释性"。

③ 文字高度：按图形单位设置新文字的字符高度或修改选定文字的高度。多行文字对象可以包含不同高度的字符。

3）格式面板：创建多行文字时，可以替代文字样式并将不同的格式应用于单个词语、字符和段落，如图 3-33 所示。

格式的修改只影响选定的文字，当前的文字样式不变。可以指定不同的字体和文字高度，可以应用粗体、斜体、下画线、上画线和颜色，还可以设置倾斜角度、改变字符之间的间距以及将字符变得更宽或更窄。选项菜单上的"删除格式"选项可以将选定文字的字符属性重置为当前的文字样式，还可以将文字的颜色重置为多行文字对象的颜色。文字高度设置用于指定大写文字的高度，其效果如图 3-34 所示。

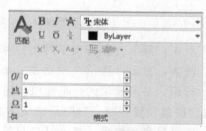

图 3-32　样式面板

图 3-33　格式面板

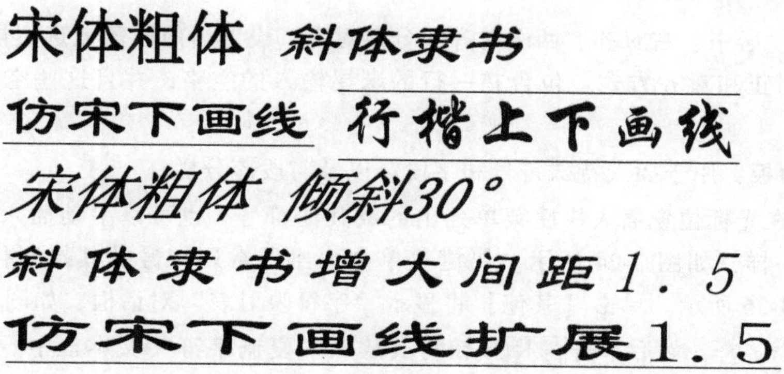

宋体粗体　斜体隶书
仿宋下画线　行楷上下画线
宋体粗体　倾斜30°
斜体隶书增大间距1.5
仿宋下画线扩展1.5

图 3-34　多行文字对象的格式

① 倾斜角度：确定文字是向左倾斜还是向右倾斜。倾斜角度是相对于 90°角方向的偏移角度。倾斜角度的值为正时文字向右倾斜。倾斜角度的值为负时文字向左倾斜。

② 追踪：增大（大于 1.0 时）或减小（小于 1.0 时）选定字符之间的空间，1.0 设置是常规间距。

③ 宽度因子：扩展或收缩选定字符。1.0 设置代表此字体中字母的常规宽度。可以增大该宽度或减小该宽度。例如，使用宽度因子 0.5 将宽度减半。

> 注意：新选的字体只改变以后输入的文字和被选定文字。当文字被新字体改变后，不要再设置文字样式，否则会被新的文字样式所替代。也就是说，文字样式的优先级高于字体，其他的字符格式的级别也低于文字样式。

4）段落 面板：为段落和段落的第一行设置缩进，指定制表位和缩进，控制段落对齐方式、段落间距和段落行距，如图 3-35 所示。

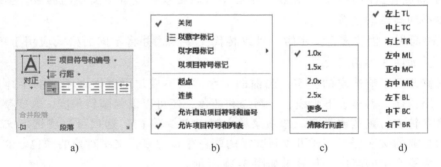

图 3-35 段落 面板及相关设置菜单

a）段落 面板 b）项目符号和编号 c）行距 d）对正

① 对正：显示【多行文字对正】菜单，默认为【左上】对正。

② 段落：显示"段落"对话框，如图 3-31 所示。

③ 行距：显示建议的行距选项，选取【更多】选项则显示"段落"对话框，对当前段落或选定段落设置行距。行距是指文字的上一行底部和下一行顶部之间的距离。

④ 项目符号和编号：显示【项目符号和编号】菜单，可以创建以字母、数学、项目符号标记。

⑤ 左对齐、居中、右对齐、两端对齐和分散对齐：设置当前段落或选定段落的左、中、右文字边界的对正和对齐方式。包含在一行的末尾输入的空格，并且这些空格会影响行的对正。

5）插入 面板：用于插入特殊符号和字段，以及对段落分栏。

① 符号：在光标位置插入快捷菜单列出的或其他符号，也可以手动插入符号，与单行文字输入方法一样，如图 3-24 所示。快捷菜单中列出了常用符号及其控制代码或 Unicode 字符串，如图 3-36 所示。单击【其他】将显示"字符映射表"对话框，如图 3-37 所示。选择字体中的一个字符，然后单击选择按钮将其放入"复制字符"文本框中。选中所有要使用的字符后，单击复制按钮关闭对话框。在编辑器中，单击鼠标右键并单击"粘贴"命令，

也可直接输入 Unicode，如参考标志 "※" 的 Unicode 为 "\U+203B"。在垂直文字中不支持使用符号。

图 3-36　符号快捷菜单

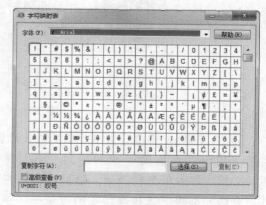

图 3-37　"字符映射表" 对话框

② 字段：在任意文字命令处于活动状态时，在当前光标位置插入字段。字段是用于显示可能会在图形生命周期中修改的文字，主要由字段类别、字段名称、字段值、字段表达式等构成。当单行文字处于活动状态时，单击鼠标右键弹出快捷菜单 ⇨【插入字段】（图 3-38），或按<Ctrl+F>组合键，弹出 "字段" 对话框，如图 3-39 所示。当多行文字处于活动状态时，使用快捷菜单或快捷键，或单击多行文字的 "文字编辑器" 选项卡的 插入点 面板上的 插入字段 按钮，弹出图 3-39 所示的 "字段" 对话框。可以对 "字段" 对话框的各项进行设置。

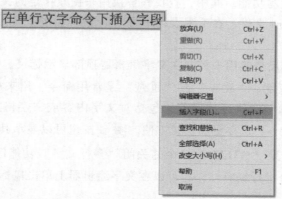

图 3-38　单行文字命令插入字段快捷菜单

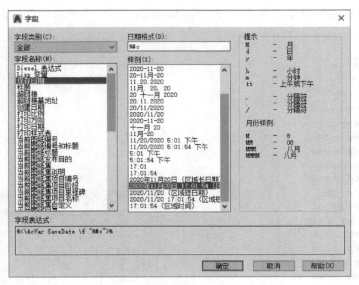

图 3-39 "字段"对话框

③栏（列）：将多行文字对象的格式设置为多栏。可以指定栏和栏间距的宽度、高度及栏数，使用夹点编辑栏宽和栏高。要创建多栏，必须始终由单个栏开始。根据所选的栏模式，有两种不同创建和操作栏的方法——静态模式或动态模式，也可手动插入分栏符。动态栏模式由文字驱动，调整栏将影响文字流，而文字流将导致添加或删除栏。静态栏模式可以指定多行文字对象的总宽度、总高度及栏数，所有栏将具有相同的高度且两端对齐。通过"分栏设置"对话框可以设置栏的高度、宽度或栏数等，如图 3-40 所示。

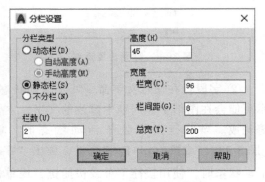

图 3-40 "分栏设置"对话框

6）工具面板：工具面板包括查找和替换、输入文字和全部大写功能。其中，查找和替换用来搜索指定的文字串并用新文字进行替换，可以插入 .txt 和 .rtf 文件，在工程设计中可以把设计说明用 .txt 文件保存，然后再引入图形当中。

7）选项面板：标尺按钮用来控制在文字编辑器顶部显示标尺，拖动标尺末尾的箭头可更改多行文字对象的宽度。"放弃"或"重做"是常用命令，用来放弃或重做在"多行文字"功能区上下文选项卡中执行的操作，包括对文字内容或文字格式的改变，建议使用组合键<Ctrl+Z>或<Crtl+Y>，这样更加快捷方便。更多按钮可以显示其他文字选项列表。

8）关闭面板：结束"MTEXT"命令并关闭"多行文字"功能区上下文选项卡。

除了使用面板命令进行编辑外，还可以在文字编辑器上单击鼠标右键弹出快捷菜单，如图 3-41 所示。

（3）在位文字编辑器　在位文字编辑器的功能与多行文字的"文字编辑器"选项卡基

本相同，但对于堆叠文字的操作，两者有所区别。在位文字编辑器通过 按钮来创建，在多行文字的"文字编辑器"选项卡会弹出"自动堆叠特性"对话框。

堆叠文字是应用于多行文字对象和多重引线中的字符的分数格式和公差格式，如果选定文字中包含堆叠字符，如正向斜杠（/）、插入符（^）和磅符号（#），则堆叠字符左侧的文字将堆叠在字符右侧的文字之上，即创建堆叠文字（例如分数）。

包含正向斜杠（/）的文字转换为居中对正的分数值，斜杠被转换为一条同较长的字符串长度相同的水平线。包含插入符（^）的文字转换类似于正向斜杠（/），但不用直线分隔。包含磅符号（#）的文字转换为被斜线（高度与两个字符串高度相同）分开的分数，斜线上方的文字向右下对齐，斜线下方的文字向左上对齐。

需要指出的是，在多行文字的"文字编辑器"选项卡中，如果输入由堆叠字符分隔的数字，然后输入非数字字符或按空格键，将按默认样式自动堆叠，并在堆叠结果的下面显示 符号，点击后会弹出如图 3-42a 的下拉菜单，可选择堆叠不同的效果。在下拉菜单中，单击【堆叠特性】，弹出"堆叠特性"对话框，如图 3-42b 所示，单击 自动堆叠 按钮，显示"自动堆叠特性"对话框，如图 3-42c 所示。例如，输入"1/2""1^2""1#2"然后按空格键或非数字键，则产生的堆叠效果如图 3-43 所示。

图 3-41　文字编辑器
快捷菜单

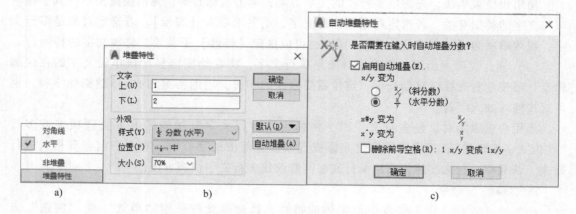

a)　　　　　　　　　　　　　b)　　　　　　　　　　　　　c)

图 3-42　"堆叠特性"与"自动堆叠特性"对话框

堆叠文字格式	输入	效果
正向斜杠 (/)	1/2	$\frac{1}{2}$
插入符 (^)	1^2	$\frac{1}{2}$
磅符号 (#)	1#2	$1/2$

图 3-43　文字堆叠效果

其他功能说明如下：

 放弃 \ 重做 ：在"在位文字编辑器"中放弃 \ 重做操作，包括对文字内容或文字格式所做的修改。也可以使用 <Ctrl+Z > \ <Ctrl+Y>组合键。

 下画线 ：为新建文字或选定文字打开和关闭下画线。

 粗体 \ 斜体 ：为新建文字或选定文字打开和关闭粗体斜体格式。此选项仅适用于使用 TrueType 字体的字符。

 全部大写 ：将选定文字更改为大写。

 小写 ：将选定文字更改为小写。

 上画线 ：将直线放置到选定文字之上。

【编号】：使用编号创建带有句点的列表。

【项目符号】：使用项目符号创建列表。

【背景遮罩】：显示"背景遮罩"对话框。

3.4.4　编辑文字

1. "编辑文字"命令

（1）命令功能　对选定的单行文字和多行文字进行修改。

（2）命令操作　最快捷的方法是双击文字对象，即可弹出相应的修改对话框。也可采用命令行法（ddEDit 或 ED）和快捷菜单法执行编辑文字命令。

使用快捷菜单法，先选定要修改的文字对象，单击鼠标右键，弹出快捷菜单，其子菜单项与文字的类型有关。若选定对象是单行文字，则菜单项为【编辑】，若选定对象是多行文字，则菜单项为【编辑多行文字】。同时也可以选定【特性】子菜单，修改文字的特性。

（3）操作说明　当用户选取的对象是单行文字，将在绘图区显示该单行文字的在位编辑器，可按左右光标键移动光标，定位需要修改的字符，用退格键和<Del>键删除字符，也可直接输入插入字符。

当用户选取的对象是多行文字时，将弹出"多行文字"功能区上下文选项卡或多行"在位文字编辑器"，可用鼠标定位光标或选取任意范围的字符串，对文字内容和格式进行修改。若只有一行文字建议采用单行文字，修改比多行文字快捷方便。

2. "特性"命令

（1）命令功能　用于修改图形实体的特性，该命令允许采用"单选"或"窗选"方式，显示的对话框内容取决于被选实体的类型。

（2）命令执行方法　可采用快捷菜单法、面板法（"视图"选项卡 ⇨ 选项板 ⇨ 特性 ）和命令行法（PRoperties 或 ddMOdify 或 ddCHprop）执行命令。

采用快捷菜单法，应先选定要修改的单行或多行文字对象，单击鼠标右键弹出快捷菜单，然后选取【特性】项，如图 3-44 所示。

除文字对象外，更快捷的方法是双击其他图形对象（如直线和圆），即可弹出"特性"选项板，如图 3-45 所示。

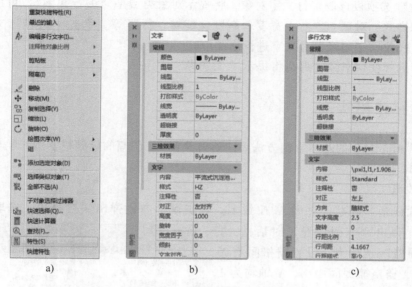

图 3-44　文字对象的"特性"选项板

a）快捷菜单　b）单行文字　c）多行文字

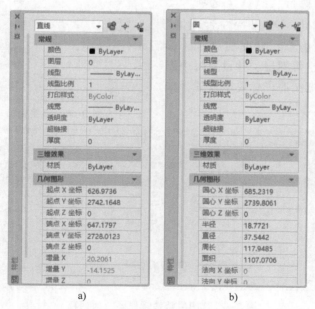

图 3-45　图形对象的"特性"选项板

a）直线　b）圆

3. 操作说明

"特性"选项板适用于所有的图形对象，所提示的内容随图形对象类型的不同而不同。

若"特性"选项板选取单行文字对象，将提示对象类型是"文字"。可以编辑单行文字的内容和样式、对正、高度、旋转、宽度比例、倾斜、文字对齐、XYZ 坐标等。在"内容"文本框中可以直接修改文字的内容。

若"特性"选项板选取多行文字对象，将提示对象类型是"多行文字"。可以编辑多行文字的内容和样式、对正、方向、宽度、高度、旋转、行距等。单击"内容"文本框右侧按钮，可弹出在位文字编辑器对文字进行修改。

如果没有选择任何对象，那么将提示"无选择"。

3.5　绘制标题栏实例

在了解了 AutoCAD 的基本绘制方法后，通过绘制 A2 图幅的标题栏实例，学会如何运用 AutoCAD 作图。

1. 绘图设置

（1）设置栅格　在状态栏 栅格 按钮上，单击鼠标右键弹出快捷菜单，选取菜单中的【网格设置】，弹出"草图设置"对话框，打开"捕捉和栅格"选项卡，设置栅格间距 X、Y 轴都为 100，栅格捕捉间距 X、Y 轴均为 1，选中"启用捕捉"和"启用栅格"复选框，如图 3-46 所示。

（2）设置图层　执行"默认"选项卡⇨ 图层 ⇨ 图层特性，弹出"图层特性管理器"对话框，设置标题栏内框、标题栏外框、标注、图幅、图框、文字等图层，并设置每个图层的颜色和线宽，线宽按照国标要求设置，如图 3-47 所示。

图 3-46　设置栅格与捕捉间距

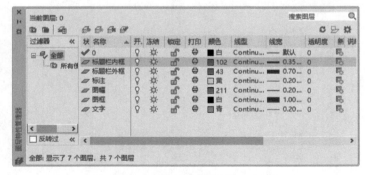

图 3-47　"图层特性管理器"对话框

2. 绘制图框

根据绘制矩形的方法，绘制 A2 图框，外矩形为图幅，内矩形为图框，按制图要求规定图框与图幅的距离：装订边距为 25mm，其他边为 10mm。

3. 绘制标题栏

如图 3-48 所示，是一个符合国标的标题栏，可用于 A2 以上图纸。从左向右，依次为设计单位名称区、工程名称区、图名区、签字区、图号区；总长 240mm，高 40mm。其线宽分明，标题栏外框为 0.7mm，内框为 0.35mm，文字为 0.2mm，图框为 0.9mm 或更粗。文字样式按工程制图标准，宽高比例 0.7。

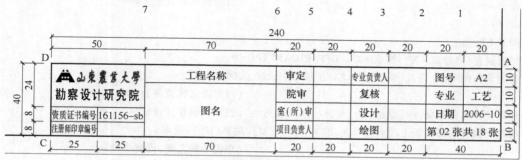

图 3-48 标题栏

（1）绘制标题栏外框　命令行格式如下：

命令：_rectang　　　　　　　　　　　（单击"默认"选项卡⇨ 绘图 面板⇨ 矩形 按钮）

指定第一个角点或 [倒角（C）/标高（E）/圆角（F）/厚度（T）/宽度（W）]：

　　　　　　　　　　　　　　　　　　　（捕捉图框右下角 B 点）

指定另一个角点或 [面积（A）/尺寸（D）/旋转（R）]：@ -240,40 ↵

　　　　　　　　　　　　　（指定另一对角点，其 x 坐标为负值，绘出标题栏外框 ABCD）

命令：Z ↵　　　　　　　　　　　　　　（执行 Zoom 缩放命令）

ZOOM

指定窗口的角点，输入比例因子（nX 或 nXP），或者

[全部（A）/中心（C）/动态（D）/范围（E）/上一个（P）/比例（S）/窗口（W）/对象（O）]＜实时＞：e ↵

　　　　　　　　　　　　　　　　　　　（输入 E 选项，最大化显示所有对象）

正在重生成模型。

（2）分解标题栏

命令：_explode　　　　　　　　　　　（单击 修改 面板⇨ 分解 ）

选择对象：找到 1 个　　　　　　　　　（选取矩形即标题栏外框）

选择对象：　　　　　　　　　　　　　（回车结束命令）

（3）绘制标题栏内框

命令：_offset　　　　　　　　　　　　（单击 修改 面板⇨ 偏移 ）

当前设置：删除源＝否　图层＝源　OFFSETGAPTYPE=0

指定偏移距离或 [通过（T）/删除（E）/图层（L）]＜25.0000＞：20 ↵

　　　　　　　　　　　　　　　　　　　（指定审定、图号等栏宽度为 20）

选择要偏移的对象，或 [退出（E）/放弃（U）]＜退出＞：

　　　　　　　　　　　　　　　　　　　（选取标题栏外框的 AB 线）

指定要偏移的那一侧上的点，或 [退出（E）/多个（M）/放弃（U）]＜退出＞：

　　　　　　　　　　　　　　　　　　　（单击 AB 线左侧的任意点，指定 AB 线偏移方向）

选择要偏移的对象，或 [退出（E）/放弃（U）]＜退出＞：

　　　　　　　　　　　　　　　　　　　（选取被偏移的第 1 条线）

指定要偏移的那一侧上的点，或 [退出（E）/多个（M）/放弃（U）]＜退出＞：

　　　　　　　　　　　　　　　　　　　（单击 1 线左侧任意点）

（依次选取 1、2、3、4、5 线，偏移绘出 2、3、4、5、6 线）

选择要偏移的对象，或［退出（E）/放弃（U）］＜退出＞：↵　（回车结束）

命令：↵　（直接回车重复上次命令）

命令：

OFFSET

当前设置：删除源＝否　图层＝源　OFFSETGAPTYPE＝0

指定偏移距离或［通过（T）/删除（E）/图层（L）］＜20.0000＞：70 ↵

（指定图名区宽度为 70）

选择要偏移的对象，或［退出（E）/放弃（U）］＜退出＞：（选取被偏移的 6 线）

指定要偏移的那一侧上的点，或［退出（E）/多个（M）/放弃（U）］＜退出＞：

（单击 6 线左侧，得到 7 线）

选择要偏移的对象，或［退出（E）/放弃（U）］＜退出＞：↵　（回车结束）

命令：

命令：↵　（直接回车重复上次命令）

OFFSET

当前设置：删除源＝否　图层＝源　OFFSETGAPTYPE＝0

指定偏移距离或［通过（T）/删除（E）/图层（L）］＜70.0000＞：25 ↵

（指定资质证书编号宽度为 25）

选择要偏移的对象，或［退出（E）/放弃（U）］＜退出＞：（选取被偏移的 7 线）

指定要偏移的那一侧上的点，或［退出（E）/多个（M）/放弃（U）］＜退出＞：

（单击 7 线左侧）

选择要偏移的对象，或［退出（E）/放弃（U）］＜退出＞：↵　（回车结束）

指定单元格高度为 10，偏移三次水平线，得到标题栏内框基本图形，如图 3-49 所示。

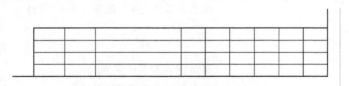

图 3-49　标题栏的内框绘制

4. 定义文字样式

用"默认"选项卡 ▷ 注释 ▷ 文字样式 按钮，设置"HZ"文字样式，如图 3-50 所示。

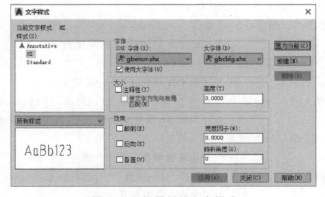

图 3-50　标题栏的文字样式

5．文字标注

在单元格内输入文字，要求文字"正中"对齐，因单元格的高度为8，故文字高度设为5。下面采用单行文字和多行文字方式输入标题栏内文字。

（1）单行文字方式输入"注册师印章编号"　命令行格式如下：

命令：_line 指定第一点：　　　　　　　　　（拾取 C 点，作一辅助对角线）
指定下一点或[放弃(U)]：　　　　　　　　（拾取 C 点的对角点）
指定下一点或[放弃(U)]：
命令：TEXT ↵
当前文字样式：HZ　当前文字高度：5.0000
指定文字的起点或[对正(J)/样式(S)]:J ↵　（切换到对正选项）
输入选项[左(L)/居中(C)/右(R)/对齐(A)/中间(M)/布满(F)/左上(TL)/中上(TC)/右上(TR)/左中(ML)/正中(MC)/右中(MR)/左下(BL)/中下(BC)/右下(BR)]:MC ↵
　　　　　　　　　　　　　　　　　　　（选择正中对齐方式）
指定文字的中间点：　　　　　　　　　　（捕捉辅助对角线）
指定高度 <5.0000>：　　　　　　　　　（回车默认文字高度为5）
指定文字的旋转角度 <0>：　　　　　　　（在单行在位文字编辑器输入"注册师印章编号"，如图 3-51 所示）

（2）多行文字方式输入"资质证书编号"　命令行格式如下：

命令：_mtext 当前文字样式："HZ"　当前文字高度：5 注释性：否
指定第一角点：　　　　　　　　　　　　（拾取单元格的第一角点）
指定对角点或[高度(H)/对正(J)/行距(L)/旋转(R)/样式(S)/宽度(W)/栏(C)]:int ↵
　　　　　　　　　　　　　　（拾取单元格的对角点，如图 3-52a 所示，划定文字的书写范围，在"多行文字"选项卡 ⇨ 段落 ⇨ 对正 的快捷菜单中，选择【正中 MC】菜单项，输入"资质证书编号"，如图 3-52b 所示）

捕捉中点

注册师印章编号

图 3-51　单行文字标注标题栏

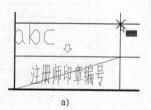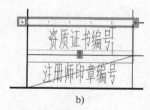

a)　　　　　　　　　b)

图 3-52　多行文字标注标题栏
a）对角点划定文字范围　b）"在位文字编辑器"的设置

"多行文字"选项卡的 段落 面板说明：

对正 按钮所弹出的快捷菜单中的【正中 MC】菜单项，其对正方式为水平与垂直同时居中。段落 面板中的 居中 按钮只是段落居中，也就是只水平居中，其垂直方向取决于 对正 按钮中的快捷菜单项所设置的对齐方式，因此，两者是有区别的。

（3）复制文字格式　其他单元格中的文字都可以用单行文字和多行文字方法书写，但每一次输入都需要设置对正方式，用单行文字输入还要作辅助线以捕捉中点对齐。快捷的方式是复制文字，被复制的内容再编辑修改很容易，更重要的是文字格式也被复制，不需要重复设置文字格式。如果单元格大小一致，选取基点和插入点可以选交点，如果单元格大小不一样，应选取中点作为基点和插入点。

6. 修剪直线

标题栏的单元格，有的需要合并，但因为标题栏是用直线绘出来的，没有合并功能，只能把多余的直线删除，可用"TRim"命令进行修剪。

练 习 题

1. 使用绘图命令绘制机座（图 3-53），并保存结果（注：不必进行尺寸标注）。

2. 绘制一轴线编号，圆的半径为 4mm，文字高度为 5mm，正中对齐，如图 3-54 所示。

3. 用构造线绘制轴线（注：不必进行尺寸标注），如图 3-55 所示。

4. 用多线命令在图 3-55 上绘制 360mm 外墙和 240mm 内墙体，布置成不同大小的房间。

5. 绘制一个边长为 100mm 的正方形，然后以正方形的中心为圆心画一个直径为 75mm 的圆，如图 3-56 所示。

6. 绘制圆心位于直线中点的圆，圆的直径为 40，矩形的长为 200 宽为 100，如图 3-57 所示。

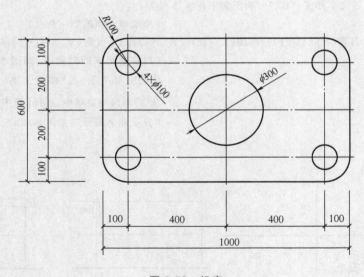

图 3-53　机座

图 3-54　绘制轴号

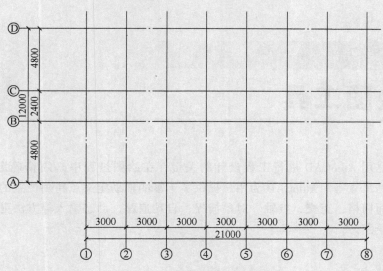

图 3-55 用构造线绘制轴线

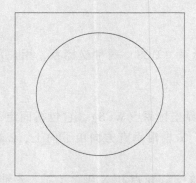

图 3-56 绘制正方形和圆

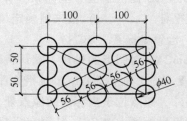

图 3-57 位于直线中点的圆

第4章

精确绘图工具

精确绘图是用 AutoCAD 进行工程设计的关键，在绘图过程中必须精确定义点的位置、所绘图形对象的尺寸等。AutoCAD 为用户提供了丰富的辅助定义点精确位置的方法，如使用坐标方法等，而栅格、正交、极轴、对象捕捉、自动追踪、动态输入等方法更能使用户精确和快速地进行绘图。

4.1 使用坐标系

4.1.1 坐标系的概念

AutoCAD 提供了世界坐标系（WCS）和用户坐标系（UCS）两种坐标系，用户可以通过输入坐标（x，y，z）值来精确定位点。

1. 世界坐标系（WCS）

AutoCAD 对图形的操作，默认将图形置于一个世界坐标系（WCS），它包括固定不变的 X 轴、Y 轴、Z 轴和原点。X 轴沿水平方向由左向右，Y 轴沿垂直方向由下向上，Z 轴垂直屏幕向外，原点位于坐标系的原点处（0，0，0）。

世界坐标系（WCS）是固定坐标系，用户不可改变其原点和 X 轴、Y 轴、Z 轴方向，但可以用系统变量 "UCSICON" 控制世界坐标系（WCS）图标的显示状态、样式、大小等。

命令：UCSICON ↵　　　　　　　　　　（或"视图"选项卡 ⇨ 视口工具 ⇨ UCS 图标）

输入选项[开（ON）/关（OFF）/全部（A）/非原点（N）/原点（OR）/可选（S）/特性（P）]<关>：ON ↵

各选项的意义如下：

1）开（ON）/关（OFF）：显示或关闭 UCS 图标的显示。

2）全部（A）：将对图标的修改应用到所有活动视口，否则，只影响当前视口。

3）非原点（N）：在视口的左下角显示图标。

4）原点（OR）：在当前坐标系的原点（0，0，0）处显示该图标。

5）可选（S）：控制 UCS 图标是否可选并且可以通过夹点操作。

6）特性（P）：显示 "UCS 图标" 对话框，控制图标的样式、大小和颜色，如图 4-1 所示。AutoCAD 在模型空间默认为三维图标，布局空间的图标样式与模型空间的相同，只是坐标系图标的颜色可以设置不同于模型空间，以此区别两个空间。二维图标不显示 Z 轴，原点为 W。

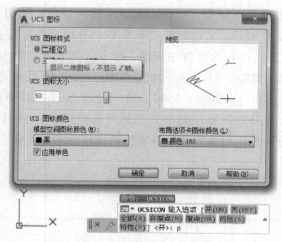

图 4-1 "UCS 图标"对话框

2. 用户坐标系（UCS）

为了能够更好地辅助绘图，用户在 AutoCAD 中可以创建用户坐标系，即 UCS。USC 的原点可以改变，X 轴、Y 轴、Z 轴方向可以移动和旋转，甚至可以依赖于图形中某个特定的对象。

用户坐标系主要用于三维空间的操作，需切换到"三维基础"或"三维建模"空间，在"常用"选项卡增加了一个 坐标 面板，包含了详细的命令按钮。在"草图与注释"的二维空间要设置 UCS，可以使用"UCS"命令。用户坐标系（UCS）新建后，会显示 UCS 图标，它与 WCS 图标的区别是：二维图标没有了 W 符号，三维图标没有了"□"符号。

4.1.2 坐标值的输入与显示

1. 确定点位置的方法

任何简单或复杂的图形，都是由不同位置的点以及点与点之间的连接线组合而成的。AutoCAD 确定点的位置一般可采用以下三种方法：

1）在绘图区用鼠标直接单击，确定点的位置。

2）在对象捕捉方式下，捕捉已有图形的关键点，如端点、中点、圆心、插入点等。

3）用键盘输入点的坐标，确定点的位置。

其中，用键盘输入点的坐标是最基本的方法。在坐标系中确定点的位置，用坐标的方式表达主要有直角坐标、极坐标、柱坐标、球坐标四种方式。其中直角坐标、极坐标主要用于绘制二维图形，而柱坐标和球坐标主要用于三维图形的绘制。

2. 绝对坐标与相对坐标

绝对坐标是以当前坐标系的原点（0，0，0）为基准点来定位图形的点，常用于地形图布置给水排水管线和水厂。相对坐标是相对于前一点的偏移值，可以很清晰地按照对象的相对位置确定下一点，比较容易确定点的位置，是绘图中定点的主要方法。

AutoCAD 在命令行输入相对坐标，是在坐标值前加一个前缀符号"@"，而绝对坐标则不加。但若使用动态输入坐标，相对坐标可以不加"@"符号，而绝对坐标则需加"#"符号。由此看出，使用动态输入坐标值，操作起来更简捷。直角坐标用 X、Y、Z 的坐标值来表示，坐标值间用西文逗号隔开，坐标值可以是小数、分数或科学记数等形式，如（23.5，32.7，12.5）和（1/3，2/3，0）为绝对坐标值。绘制二维图形，默认 Z 值为 0，不需要输入 Z 坐标值，如（@2000，2300）和（@3000，5000）为 Z 值为 0 的相对坐标值，相当于输入（@2000，2300，0）和（@3000，5000，0）坐标。极坐标是给定距离和角度的方式，其中距离和角度用"<"号分开，如（6<30）是绝对极坐标值，（@100<-60）是相对极坐标值。图 4-2 所示，是分别用绝对坐标和相对坐标的方法绘图的步骤。

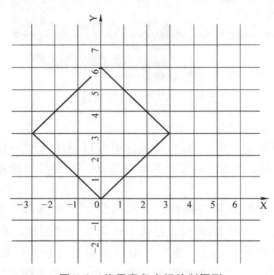

图 4-2　使用直角坐标绘制图形

绝对坐标法绘图步骤如下：

命令：L↵

LINE 指定第一点：0,0↵

指定下一点或[放弃(U)]：3,3↵　　　　　（在命令行输入框中输入）

指定下一点或[放弃(U)]：0,6↵

指定下一点或[闭合(C)/放弃(U)]：-3,3↵

指定下一点或[闭合(C)/放弃(U)]：c↵

相对坐标法绘图步骤如下：

命令：L↵

LINE 指定第一点：0,0↵

指定下一点或[放弃(U)]：@3,3↵　　（在命令行输入框中输入，若采用动态输入就不能带前缀@了）

指定下一点或[放弃(U)]：@-3,3↵

指定下一点或[闭合(C)/放弃(U)]：@-3,-3↵

指定下一点或[闭合(C)/放弃(U)]：c↵

3. 直接距离输入

直接距离输入是一种更快捷的输入坐标的方法，可以通过移动光标指示方向和输入自第一点的距离来指定点，相当于用相对坐标的方式确定一个点。可用这种方法配合"正交"模式或极轴追踪模式，绘制指定长度和方向的直线，也可使用移动（Move）和复制

（COpy）命令以及夹点编辑指定移动对象的距离，如图 4-3 所示。

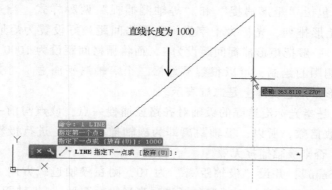

直线长度为 1000

图 4-3　直接距离输入

4.2　使用栅格捕捉和正交

4.2.1　使用栅格和捕捉

1. 栅格

栅格类似于坐标纸，是一些线或小点充满用户定义的图形界限，因此通过栅格的显示可以看出图形界限的范围，如图 4-4 所示。使用栅格可以对齐对象并直观显示对象之间的距离，使用户可以直观地参照栅格绘制草图，但打印图纸时栅格不会输出。

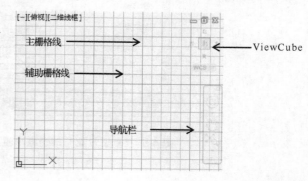

图 4-4　栅格

可采用状态栏（在 栅格 或 捕捉模式 按钮上单击鼠标右键，弹出快捷菜单，选择【设置】，在弹出的"草图设置"对话框中选择"捕捉和栅格"选项卡）和命令行法（GRID）激活栅格设置的命令。

图 3-46 所示为"草图设置"对话框中的"捕捉和栅格"选项卡。选中"启用栅格"复选框，在"栅格 X 轴间距"和"栅格 Y 轴间距"文本框中分别输入正数字，设定 X 轴和 Y 轴的栅格间距。若不勾选"X 轴间距和 Y 轴间距相等（X）"复选框，则捕捉间距和栅格间距可以使用不同的 X 和 Y 间距值，否则强制使用同一 X 和 Y 间距值。若选中"显示超出界限的栅格"，也可以不用 LIMITS 命令设置图形界限。

单击状态栏的 栅格显示 按钮或按<F7>键可以打开或关闭栅格的显示。

2. 捕捉

捕捉的作用是准确地对准设置的捕捉间距点，用于准确定位和控制间距。激活捕捉设置有三种方法，与栅格设置方法相似。捕捉设置的命令是 SNAP，其设置与栅格设置位于同一个选项卡上。单击状态栏的 捕捉模式 按钮或按<F9>键可以打开或关闭栅格捕捉的功能。捕捉类型分为栅格捕捉和 PolarSnap。

1）栅格捕捉：包括"矩形捕捉"和"等轴测捕捉"两种样式。当采用"矩形捕捉"样式时，栅格点按矩形排列，光标为十字光标。栅格间距最好设置为矩形捕捉间距的整倍数，在工程设计中，一般把矩形捕捉间距设为 1，而将栅格间距设为 1000 的整倍数。"等轴测捕捉"用于等轴测图的绘制，可以很容易地沿三个等轴测平面之一对齐对象。尽管等轴测图形看似三维图形，但它实际上是二维表示。

2）PolarSnap：是指光标沿追踪的极轴对齐路径捕捉一点，该点与前一点的间距必为极轴距离设定值的整数倍数，所以，极轴距离即为极轴捕捉增量。进行极轴捕捉，必须打开"极轴追踪"功能，否则极轴捕捉无效。

若激活"PolarSnap"，并设"极轴距离"为 10，则在极轴追踪方向上绘出的直线，其长度都是 10 的倍数，在工程设计中就避免了出现毫米级的图形。"极轴距离"若设为 0，则极轴捕捉距离采用"捕捉 X 轴间距"中设置的值，即为 1，如图 4-5 所示。

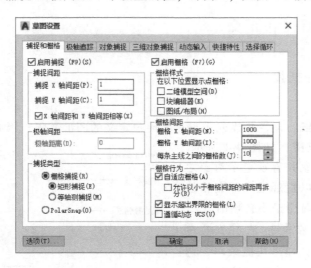

图 4-5　"草图设置"对话框中的"捕捉和栅格"选项卡

4.2.2　使用正交模式

当画水平或垂直线，或沿水平或垂直方向移动对象时，可以打开正交模式，光标将限制在水平或垂直方向移动，以便于精确地创建和修改对象。

打开或关闭正交方式的方法，可以输入 ORTHO 命令，更为简单快捷的是单击状态栏的 正交 按钮或按<F8>键。

4.2.3　使用栅格和正交功能绘图示例

使用栅格和捕捉功能，采用正交模式，绘制楼梯台阶，其踏步高为 160mm，宽为 260mm。

（1）栅格和捕捉设置　因为踏步宽度和高度不等，故设置栅格 X 轴间距为 260，栅格 Y 轴间距为 160，栅格捕捉间距与栅格间距相同，如图 4-6 所示。不过，在实际绘图中，建议把栅格捕捉设为 1。

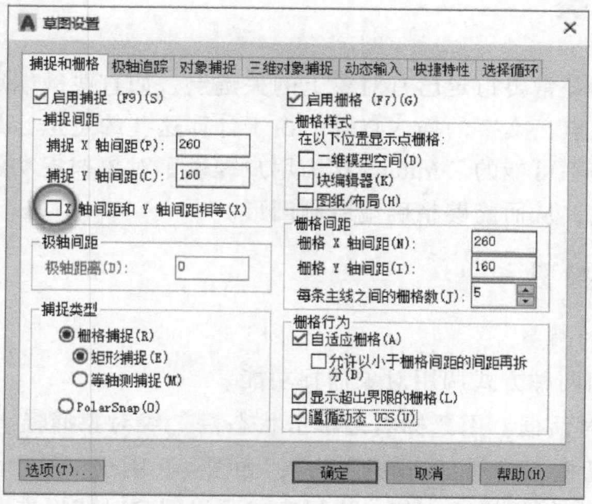

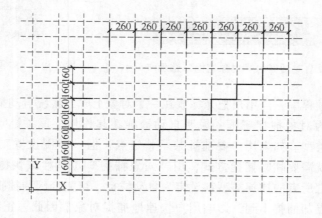

图 4-6　绘制楼梯的栅格和捕捉设置

（2）图形界限设定　命令行格式如下：

命令：LIMITS ↵　　　　　　　　　　　　　（用命令行执行图形界限设置命令）

重新设置模型空间界限：

指定左下角点或[开（ON）/关（OFF）]<0.0000,0.0000>：↵

指定右上角点 <4000.0000,3000.0000>：3000,2000 ↵　（图形界限设定为 3000,2000）

（3）打开"正交"和"捕捉"模式　按<F8>键或单击状态栏的 正交模式 按钮，使 正交模式 按钮呈按下状态。按<F7>键或单击状态栏的 栅格显示 按钮，使 栅格显示 按钮呈按下状态。

（4）用直线命令绘制楼梯　直线（Line）命令在"正交"模式下保证准确绘出水平线和垂直线，用"栅格捕捉"功能捕捉每一个水平步长和垂直步长，在栅格的参照下，确保每一个步长等于踏步的宽度 260mm 和踏步的高度 160mm，如图 4-7 所示。

图 4-7　栅格和正交模式绘制楼梯示例图

4.3 使用对象捕捉

在绘图的过程中，经常要指定已有对象上的关键点，如直线的端点和中点、两直线的交点、圆的中心点和象限点、文字的插入点等。由于计算这些的点坐标是非常困难的，因此用坐标法拾取它们几乎是不可能的。AutoCAD 为用户提供了对象捕捉功能，可以迅速、准确地捕捉到对象上的关键点，从而能够精确地绘制图形。

4.3.1 对象捕捉的类型

1. 对象捕捉功能的调用

AutoCAD 通过下列两种方式调用对象捕捉功能。

1）"草图设置"对话框：用鼠标右键单击状态栏 二维对象捕捉 ⇨ 对象捕捉设置 的方法调用"草图设置"对话框，设置自动捕捉方式，如图 4-8 所示。其中"端点""中点""圆心""交点"等是常用的捕捉模式，其他捕捉模式可以用临时捕捉方式辅助操作。

2）快捷菜单：用快捷键<Ctrl+鼠标右键> 或 <Shift+鼠标右键>调用，用于临时捕捉方式，如图 4-9 所示。

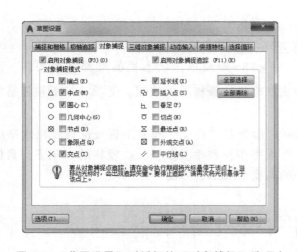

图 4-8 "草图设置"对话框的"对象捕捉"选项卡

图 4-9 "对象捕捉"快捷菜单

在绘图或编辑过程中，当用户把光标放在一个对象上时，系统自动捕捉到该对象上某一关键点，光标将变为对象捕捉靶框，说明自动捕捉在起作用，该关键点则为"草图设置"对话框设置的捕捉类型。如果用户要捕捉某一特定点，但"草图设置"对话框中又没有设置这一捕捉类型，就需要临时捕捉方式，用"对象捕捉"工具栏或快捷菜单的方式补充对象的捕捉。但如果把所有的捕捉类型都设定为自动捕捉，可能会因为捕捉到的类型太多而相互干扰，想捕捉的点却捕捉不到，影响用户快速地捕捉对象。因此，正确地使用对象捕捉，了解每一种捕捉类型的功能，将会大大提高绘图效率。

2. 对象捕捉类型的功能

1）端点：捕捉到圆弧、椭圆弧、直线、多线、多段线线段、样条曲线、面域或射线最近的端点，或捕捉宽线、实体或三维面域的最近角点。捕捉靶框为"□"。

2）中点：捕捉到圆弧、椭圆、椭圆弧、直线、多线、多段线线段、面域、实体、样条曲线或参照线的中点。捕捉靶框为"△"。

3）交点：捕捉到圆弧、圆、椭圆、椭圆弧、直线、多线、多段线、射线、面域、样条曲线或参照线的交点。捕捉靶框为"×"。

4）外观交点：捕捉到不在同一平面但是可能看起来在当前视图中相交的两个对象的外观交点。捕捉靶框为"⊠"。

5）延长线：当光标经过对象的端点时，显示临时延长线或圆弧，以便用户在延长线或圆弧上指定点。捕捉靶框为虚线。

6）圆心：捕捉到圆弧、圆、椭圆或椭圆弧的圆点。捕捉靶框为"○"。

7）几何中心：捕捉到任意闭合多段线和样条曲线的质心。捕捉靶框为"○"。

8）象限点：捕捉到圆弧、圆、椭圆或椭圆弧的象限点。捕捉靶框为"◇"。

9）切点：捕捉到圆弧、圆、椭圆、椭圆弧或样条曲线的切点。捕捉靶框为"⌒"。

10）垂直：捕捉圆弧、圆、椭圆、椭圆弧、直线、多线、多段线、射线、面域、实体、样条曲线或参照线的垂足。捕捉靶框为"⌐"。

11）平行线：创建的对象与选定的直线段平行，可用它创建平行对象。捕捉靶框为"∥"。

12）节点：捕捉到点对象、标注定义点或标注文字起点。捕捉靶框为"⊠"。

13）插入点：捕捉到属性、块、形或文字的插入点。捕捉靶框为"⅃"。

14）最近点：捕捉到圆弧、圆、椭圆、椭圆弧、直线、多线、点、多段线、射线、样条曲线或参照线的最近点。捕捉靶框为"⊠"。

15）临时追踪点：可在一次操作中创建多条追踪线，并根据这些追踪线确定所要定位的点。

16）自：在使用相对坐标指定下一个应用点时，"捕捉自"工具可以提示输入基点，并将该点作为临时参照点，这与通过输入前缀"@"使用最后一个点作为参照点类似。它不是对象捕捉模式，但经常与对象捕捉一起使用。

17）两点之间的中点：捕捉绘图区域任意两点之间的中点，而与图形对象无关。

18）点过滤器：首先根据选择的 .x 或 .y 项拾取一个点，提取该点的 X 或 Y 值，然后再选择另外一个点提取其 .xy、.xz 或 .yz 值，则构建了一个坐标值而形成指定的单个点。点过滤器的功能也可以通过极轴追踪实现。

准确地说，临时追踪点、自和两点之间的中点并不是对象捕捉方式，它只出现在快捷菜单中，但却在实际绘图过程中有极其重要的使用价值。

4.3.2 自动捕捉和临时捕捉

1. 自动捕捉

当按图 4-8 进行设置后，在执行绘图或编辑命令时，把光标放在一个图形对象上，系统能够自动捕捉到该对象上所有符合条件的关键点，并显示相应的标记。如果把光标放在捕捉点上多停留一段时间，系统会显示该捕捉的提示。这样，用户在选点之前，就可以预览和确认捕捉点。因此，自动捕捉可以认为是预置的永久性的捕捉方式，一般情况下，可以把端点、中点、圆心、交点等设置为自动捕捉模式，其他捕捉模式用临时捕捉补充。

自动捕捉的启动或关闭由状态栏上的 对象捕捉 按钮或<F3>键控制。

2. 临时捕捉

当需要捕捉自动捕捉没有设置的点时，可以用临时捕捉方式。单击工具栏上的捕捉类型或者弹出快捷菜单选择相应的选项，也可以在命令行输入关键字（如 END、MID、CEN、QUA 等）。

4.3.3　使用对象捕捉绘图示例

使用 AutoCAD 对象捕捉的功能绘制图 4-10。

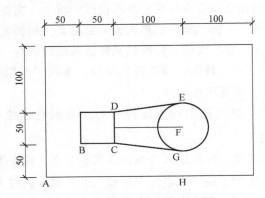

图 4-10　使用对象捕捉示例图

（1）绘制矩形　命令行格式如下：

命令：_rectang

指定第一个角点或［倒角（C）/标高（E）/圆角（F）/厚度（T）/宽度（W）］：

　　　　　　　　　　　　　　　　（在图形界限左下角随意拾取一点 A）

指定另一个角点或［面积（A）/尺寸（D）/旋转（R）］：@ 300,200 ↵

　　　　　　　　　　　　　　　　（绘制 300×200 的矩形）

命令：

命令：↵　　　　　　　　　　　　　（回车重复矩形命令）

命令：_rectang　　　　　　　　　　（绘制 50×50 的矩形，左下角 B 点相对 A 点坐标为（50,50））

指定第一个角点或［倒角（C）/标高（E）/圆角（F）/厚度（T）/宽度（W）］：_from 基点：

　　　　　　　　　　　　　　　　（按<Ctrl+鼠标右键>弹出快捷菜单，单击【自】选项，系统提示：_from 基点；然后捕捉 A 点并拾取，则 A 点即为参照基点）

<偏移>：@ 50,50 ↵　　　　　　　　（系统提示：<偏移>后输入"@ 50,50"，回车确认，则 B 点被拾取）

指定另一个角点或［面积（A）/尺寸（D）/旋转（R）］：@ 50,50 ↵

　　　　　　　　　　　　　　　　（绘制 50×50 的矩形）

（2）画圆　由于圆心与直线 CD 的中点在一水平线上，偏移量为 100，因此圆心的位置的确定是关键。

命令:_circle

指定圆的圆心或[三点(3P)/两点(2P)/相切、相切、半径(T)]:_from 基点:_mid 于<偏移>:@100,0 ↵

（按<Ctrl+鼠标右键>弹出快捷菜单，单击【自】选项，系统提示:_from 基点:，然后再按<Ctrl+鼠标右键>弹出快捷菜单，单击【中点】选项，系统提示:_mid 于，把光标移动到直线 CD 上，则捕捉直线 CD 的中点，单击左键拾取 CD 中点，系统提示:<偏移>:，再输入"@100,0"，回车确认，则圆心 F 被拾取）

指定圆的半径或[直径(D)]<25.0000>:D ↵　　（选择直径选项）

指定圆的直径 <50.0000>:75 ↵　　（圆的直径为 75）

说明：由一个固定点向圆绘制切线时，其切点是固定的。而对于由圆向其他对象绘制直线时，同样捕捉切点，切点却是不固定的，称为递延切点，但并不影响切线的绘出，类似于用相切、相切、相切的方法画圆。

（3）捕捉切点、象限点和垂点绘制直线　命令行格式如下：

命令:_line 指定第一点:　　（用自动捕捉拾取 D 端点）

指定下一点或[放弃(U)]:_tan 到　　（按<Ctrl+鼠标右键>弹出快捷菜单，单击【切点】选项，然后把光标移到圆上，当切点靶框显示时，单击鼠标左键，则切点 E 被拾取，如图 4-11a 所示）

指定下一点或[放弃(U)]:↵　　（回车结束）

命令:_line 指定第一点:↵　　（回车重复直线命令，自动捕捉拾取 C 端点）

指定下一点或[放弃(U)]:_qua 于　　（按<Ctrl+鼠标右键>弹出快捷菜单，单击【象限点】选项，然后把光标移到圆上，单击确定 G 点，如图 4-11b 所示）

指定下一点或[放弃(U)]:↵　　（回车结束）

命令:↵　　（回车重复直线命令）

命令:_line 指定第一点:　　（捕捉 G 点，可以用端点捕捉，也可以用象限点捕捉）

指定下一点或[放弃(U)]:_per 到　　（按<Ctrl+鼠标右键>弹出快捷菜单，单击【垂直】选项，然后把光标移到矩形的下边，当垂足靶框显示时单击鼠标左键，则垂点 H 被拾取，如图 4-11c 所示）

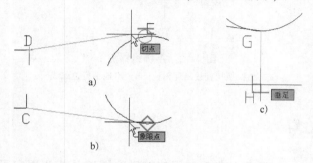

图 4-11　捕捉切点、象限点和垂点绘制直线

a) 捕捉切点　b) 捕捉象限点　c) 捕捉垂点

（4）捕捉中点和圆心绘制直线　用自动捕捉方式捕捉直线 CD 的中点和圆心，绘制直线。

命令:_line 指定第一点：　　　　（单击 绘图 面板的 直线 按钮，捕捉直线 CD 的中点，单击鼠标左键拾取）

指定下一点或[放弃(U)]：　　　　（把光标移动圆周边上，捕捉圆心 F，单击鼠标左键拾取，如图 4-12 所示）

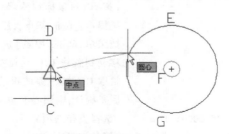

图 4-12　捕捉中点和圆心绘制直线

提示：捕捉圆心的正确方法是把光标移到圆周边上的任何位置，并不是把光标移动到圆心附近，如图 4-12 所示。

对于最近点，是捕捉对象上最接近拾取光标的点，它可以是对象上的任意一点，比如把标高符号插入到直线，就可以用最近点捕捉，可以保证标高符号与直线相接触，而接触点又可以由用户决定，而不会被捕捉到端点或者中点上。

对于平行线捕捉，一般是在绘制平行于某个直线对象但又不知二者的距离时会使用到（若知道与某直线的距离，可以用偏移命令创建平行线）。使用时要关闭正交模式。在拾取了直线的第一点后，拾取第二点时先选取平行线捕捉模式，将鼠标移到要平行的直线上，直到出现平行靶框（不要在平行直线上单击），如图 4-13a 所示。然后，把光标移回到与要平行的对象接近平行的位置时，会弹出一条追踪线，此追踪线与要平行的直线平行，这时输入要画的直线长度后回车或单击鼠标左键确定点，如图 4-13b 所示。

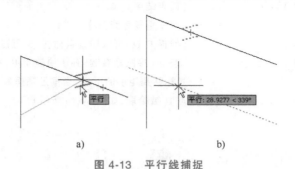

　　　　　　a)　　　　　　　　　　　　　b)

图 4-13　平行线捕捉

a）捕捉平行直线出现靶框　b）出现平行追踪线

4.4　使用自动追踪

自动追踪功能是 AutoCAD 一个非常有用的辅助绘图工具，使用它可按指定角度绘制对象，或者绘制与其他对象有特定关系的对象。自动追踪分极轴追踪和对象捕捉追踪两种。

4.4.1 极轴追踪与对象捕捉追踪

1. 极轴追踪

使用极轴追踪，可以追踪沿设定的角度增量产生的对齐路径（以虚线显示），从而准确捕捉到对齐路径上的点。如果同时使用极轴捕捉，光标将沿极轴追踪的对齐路径按设置的步长进行移动。例如，设定角度增量为30°，相对前一点输入当前点，当移动光标拉出的橡皮筋线与水平方向所成夹角为30°的整数倍数（如30°、60°、90°等）时，在与橡皮筋线重合处即出现一条虚线，显示追踪的极轴对齐路径，当光标停留在对齐路径上任一位置，将出现一个"+"标记，此时可采用直接输入距离法或任意拾取点的方法获得一点，该点必在对齐路径上。

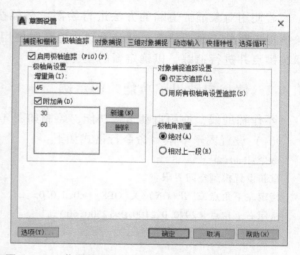

图 4-14 "草图设置"对话框中的"极轴追踪"选项卡

单击状态栏的 极轴追踪 按钮或按 <F10> 键可以打开或关闭极轴追踪工具。

极轴追踪的设置也在"草图设置"对话框上，可通过下拉菜单或状态栏的按钮打开，进入"极轴追踪"选项卡，选取"启用极轴追踪"复选框，如图4-14所示。"极轴追踪"选项卡中各选项的说明如下。

（1）极轴角设置

1）增量角：用于设置极轴追踪对齐路径的极轴增量角。单击下拉列表框，从列表中选取系统规定值，也可输入列表中没有的角度。这样，所有0°和增量角的整数倍角度都会被追踪到。

2）附加角：用于设置极轴的附加角度。由于设置的角增量只能满足用户追踪角度为该设置值的整数倍数的极轴，当用户还需要追踪其他角度的极轴时，可单击 新建 按钮，输入附加角度。但附加角度不像增量角，只有被设置的单个附加角才会被追踪，不会整数倍数地增加角度，附加角可以设置多个。

（2）对象捕捉追踪设置

1）仅正交追踪：表示当对象捕捉追踪与正交追踪同时激活时，仅正交追踪有效，即只追踪对象捕捉点的水平和垂直对齐路径，而像用平行线追踪非水平和垂直线时，会无效。

2）用所有极轴角设置追踪：表示将极轴追踪的设置应用于对象捕捉追踪，即当采用对象捕捉追踪时，光标将从获取的对象捕捉点起沿极轴对齐角度进行追踪。

（3）极轴角测量

1）绝对：表示根据当前用户坐标系确定极轴追踪角度。

2）相对上一段：表示极轴角的测量值以上一次绘制的直线段为零度基准，即追踪到的极轴角是光标拉出的橡皮筋线与上一次绘制的直线段的夹角。

2. 对象捕捉追踪

对于无法用对象捕捉直接捕捉到的某些点，利用对象捕捉追踪可以快捷地定义其位置。对象捕捉追踪可以根据现有对象的关键点定义新的坐标点。

对象捕捉追踪由状态栏上的 对象追踪 按钮或<F11>键控制，可以激活或关闭对象追踪。

若使用对象捕捉追踪的方法进行绘图，必须按下状态栏上的 对象捕捉追踪 按钮，使对象捕捉追踪处于激活状态，并且设置在追踪时使用的捕捉类型，这样才能实现自动地捕捉对象关键点并进行追踪，以确定新的坐标点。

4.4.2 使用自动追踪功能绘图示例

不作辅助线，使用自动追踪功能，绘制如图4-15所示的氧化沟模型剖面图。

（1）设置图形界限　命令行格式如下：

命令:limits ↵ 　　　　　　　　　　　　（设置图形界限）

重新设置模型空间界限:

指定左下角点或[开(ON)/关(OFF)]<0.0,0.0>:↵ 　　（回车默认）

指定右上角点 <2970.0,2100.0>:2500,600 ↵ 　　（图形界限设置范围一般比图形要大，也可以等于图纸大小×出图比例）

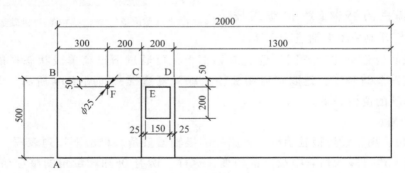

图4-15　氧化沟模型剖面图

（2）设置栅格和捕捉　在状态栏的 栅格显示 按钮上单击鼠标右键，弹出快捷菜单，单击【设置】子菜单项，弹出"草图设置"对话框，对"捕捉和栅格"选项卡进行设置，如图4-16所示。设置完毕后单击 确定 按钮，然后执行缩放命令，显示整个图形范围。

命令:Z ↵

ZOOM

指定窗口的角点,输入比例因子 (nX 或 nXP),或者

[全部(A)/中心(C)/动态(D)/范围(E)/上一个(P)/比例(S)/窗口(W)/对象(O)]<实时>:a ↵

（3）绘制大矩形

命令:_rectang

指定第一个角点或[倒角(C)/标高(E)/圆角(F)/厚度(T)/宽度(W)]:

指定另一个角点或[面积(A)/尺寸(D)/旋转(R)]:@ 2000,500 ↵

（4）画圆

命令:_circle 指定圆的圆心或[三点(3P)/两点(2P)/相切、相切、半径(T)]:_from

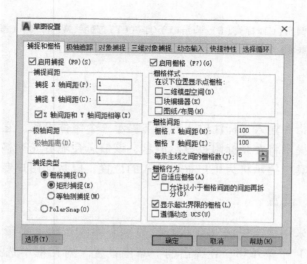

图 4-16　自动追踪示例的捕捉和栅格设置

基点:<偏移>:<u>@ 300,-50</u>↵　（按<Ctrl+鼠标右键>弹出快捷菜单,单击【自】选项,系统提示:_from
　基点:,捕捉 B 点并拾取,则 B 点即为参照基点,系统提示:<偏移>:后,
　输入"@ 300,50",回车确认,则 F 点被拾取）

指定圆的半径或[直径(D)]:<u>D</u>↵
指定圆的直径:<u>25</u> ↵

（5）绘制垂直线　命令行格式如下：

命令:_line 指定第一点:<u>500</u> ↵　（执行 Line 命令,把光标移到 B 点,自动捕捉生效,显示端点靶框
　"□"。不要单击,向右拖动光标,出现水平对齐路径(虚线),在动态
　输入工具栏提示中输入"500",则第一点 C 被指定）

指定下一点或[放弃(U)]:　　（从 C 点向下移动鼠标,垂直对齐路径出现,继续向下移动,当光标
　移动到矩形底边附近时,自动捕捉显示交点靶框"×",单击鼠标左键
　拾取,则第一条垂直线完成）

指定下一点或[放弃(U)]:↵　　（回车结束,操作过程如图 4-17 所示）

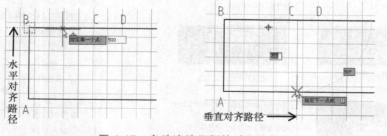

图 4-17　自动追踪示例的对齐路径

用同样的方法，以 C 点作为基准点，指定第一点 D，绘制另一条垂直线。当然，也可以使用 Copy、Offset、Array 编辑命令以及夹点编辑功能完成。

（6）绘制小矩形　对于 150×200 的矩形，是用矩形命令先以 C 点作为基准点，用捕捉自功能确定 E 点作为第一个角点。

命令:_rectang

指定第一个角点或 [倒角(C)/标高(E)/圆角(F)/厚度(T)/宽度(W)]:_from 基点:<偏移>:@ 25,-50 ↵

指定另一个角点或 [面积(A)/尺寸(D)/旋转(R)]:@ 150,-200 ↵

4.5 动态输入

动态输入主要由指针输入、标注输入和动态提示三个组件组成。它在光标附近提供了一个命令界面，工具栏提示将在光标附近显示信息，该信息会随着光标移动而动态更新。当某条命令为活动时，工具栏提示将为用户提供输入的位置，以帮助用户专注于绘图区域。

4.5.1 动态输入的设置

动态输入的设置采用状态栏法（在状态栏的 动态输入 按钮上单击鼠标右键，然后单击快捷菜单中的【设置】子菜单项，在弹出的"草图设置"对话框中选择"动态输入"选项卡）和命令行法（DSetting）。

"动态输入"选项卡如图 4-18 所示。动态输入由状态栏上的 动态输入 按钮或 <F12> 键开关控制。

4.5.2 启用指针输入

选中"启用指针输入"复选框可以启用指针输入功能。单击 设置 按钮，弹出"指针输入设置"对话框，如图 4-19 所示。"格式"区域选项为对于第二个点或后续的点默认为笛卡尔相对坐标。"可见性"区域中，选项为"输入坐标数据时"表示仅当开始输入坐标数据时才会显示工具栏提示；为"命令需要一个点时"表示只要命令提示输入点时，便会显示工具栏提示；为"始终可见-即使未执行命令"表示始终显示工具栏提示。

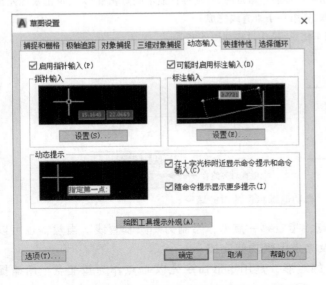

图 4-18 "草图设置"对话框中的"动态输入"选项卡

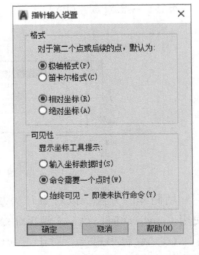

图 4-19 "指针输入设置"对话框

当启用指针输入且有命令在执行时，十字光标的位置将在光标附近的工具栏提示（动态输入被激活时跟随光标的文本框称为工具栏提示）中显示为坐标。可以在工具栏提示中输入坐标值，而不用在命令行中输入，使用<Tab>键可以在多个工具栏提示中切换。第一点为绝对直角坐标，输入数值后输入逗号，接下来输入的值则为 Y 轴坐标值，若输入数值后按<Tab>键，接下来输入的值为角度值。第二个点和后续点的默认设置为相对坐标，但不需要输入@符号，如果需要使用绝对坐标，使用#号前缀。

4.5.3 启用标注输入

图 4-18 中，选中"可能时启用标注输入"复选框可以启用标注输入功能。单击 设置 按钮，弹出"标注输入的设置"对话框，如图 4-20 所示。使用夹点编辑拉伸对象时，"可见性"区域中，"每次仅显示 1 个标注输入字段"选项表示仅显示距离标注输入工具栏提示；"每次显示 2 个标注输入字段"选项表示显示距离和角度标注输入工具栏提示；"同时显示以下这些标注输入字段"选项表示显示选定的标注输入工具栏提示，可选择一个或多个复选框。

标注输入可用于绘制直线、多段线、圆、圆弧、椭圆等命令。当命令提示输入第二点时，工具栏提示中将显示距离和角度值。其值随着光标移动而改变，用户可以按<Tab>键移动到要更改的文本框，输入距离或角度值。

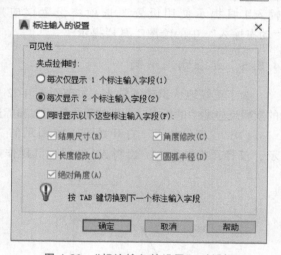

图 4-20 "标注输入的设置"对话框

4.5.4 显示动态提示

图 4-18 中，选中"动态提示"选项组中的"在十字光标附近显示命令提示和命令输入"复选框，可以在光标附近显示命令提示。用户可在工具栏提示（而不是在命令行）中输入响应。按下箭头键可查看和选择选项，按上箭头键可显示最近的输入。

当动态输入工具栏提示显示红色错误边框时，使用<→>键、<←>键、<Backspace>键和<Del>键来更正输入。更正完后，按<Tab>键、逗号（,）或左尖括号（<），以便去除红色边框并完成坐标。

> 说明：在动态输入中，按上箭头键可访问最近输入的坐标，也可以通过单击鼠标右键并单击"最近的输入"，从快捷菜单中访问这些坐标。如果在指针输入工具栏提示中输入 @、#或 * 前缀后又想修改，只需输入所需的字符，不需要按<Backspace>键或<Del>键删除前缀。

4.5.5 修改绘图工具提示外观

图 4-18 中，单击 绘图工具提示外观 按钮，弹出"工具提示外观"对话框，如图 4-21

所示。

单击 颜色 按钮弹出"图形窗口颜色"对话框，可以指定工具栏提示的颜色，当然也可以修改其他界面的颜色。

"大小"滑动条控制工具栏提示框的大小。"透明度"滑动条控制工具栏提示的透明度。

"应用于"区域中的"替代所有绘图工具提示的操作系统设置"选项将设置应用到所有的工具栏提示，替代操作系统中的设置；而"仅对动态输入工具提示使用设置"选项将设置仅应用到"动态输入"中的绘图工具栏提示。

4.5.6 动态输入示例

为了更好地认识动态输入，本节对图 4-22 所示

图 4-21 "工具提示外观"对话框

的絮凝反应池中的折板，分别使用指针输入和标注输入进行操作，并介绍动态显示的界面。

（1）仅指针输入 打开如图 4-18 所示的"草图设置"对话框，关闭标注输入和动态提示，仅打开指针输入，绘制 AB 线段，其操作过程如图 4-23 所示。

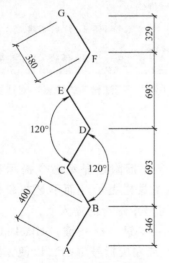

图 4-22 动态输入示例

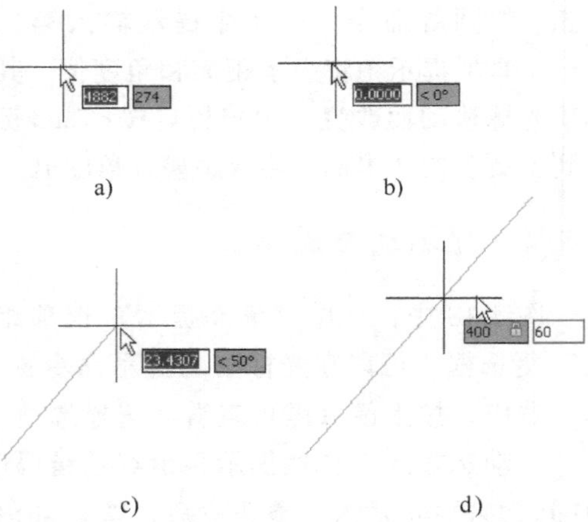

图 4-23 指针输入操作
a）第一点未拾取时　b）第一点被拾取时
c）第二点未拾取时　d）第二点被拾取时

命令:L ↵

LINE 指定第一点：　　　　　　　　　　（光标在绘图区移动时,在指针输入文本框显示当前光标的绝对坐标,如图 4-23a 所示,当单击鼠标左键拾取了第一点后,文本框显示相对坐标,如图 4-23b 所示,此时也可以直接输入下一点坐标值）

指定下一点或[放弃(U)]:400<60 ↵　　　（当光标移动时,显示极坐标值,如图 4-23c、d 所示）

指定下一点或[放弃(U)]:↵　　　　　　　　（回车结束）

（2）仅标注输入　关闭指针输入和动态提示，仅打开标注输入，绘制 BC 线段，其操作过程如图 4-24 所示。可以用<Tab>键切换文本框，输入直线的长度和角度。

（3）有提示的输入　打开动态提示的所有选项，绘制 CD 线段，其操作过程如图 4-25 所示。

当用键盘输入 "L" 时，在光标附近显示命令提示，如图 4-25a 所示。回车确认，执行 Line 命令，工具栏提示 "指定第一点："，并激活指针输入，如图 4-25b 所示。捕捉直线端点 C，工具栏提示 "指定下一点或："，并激活标注输入，而指针输入隐藏，如图 4-25c 所示。在工具栏提示框的最右边，显示 符号，表示可以按下箭头键，查看和选择选项。也可以按上箭头键，显示最近的输入。使用动态输入，按<Ctrl+9>快捷键可以把命令行关闭。

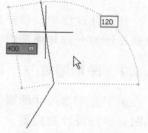

图 4-24　标注输入操作

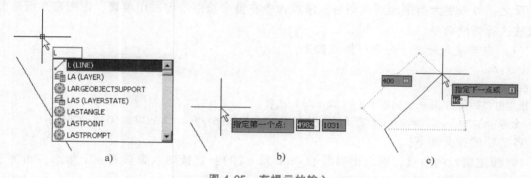

a)　　　　　　　　　　　b)　　　　　　　　　　c)

图 4-25　有提示的输入

a）输入直线命令　b）指针输入激活　c）标注输入激活

（4）夹点编辑提示　夹点是一种集成的编辑模式，为用户提供了一种方便快捷的编辑操作途径（详见第 5 章）。夹点编辑对象时（在不执行任何命令的情况下选择对象，并单击对象上的夹点时），动态输入工具栏提示可能会显示以下信息：①旧的长度；②移动夹点时更新的长度；③长度的改变；④角度；⑤移动夹点时角度的变化；⑥圆弧的半径，如图 4-26 所示。

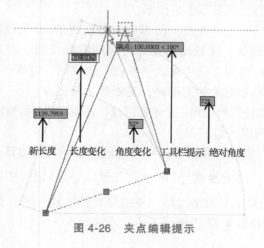

图 4-26　夹点编辑提示

4.6 图形显示控制

在设计过程中，需要通过对图形进行缩放、平移等多种方法控制其在显示器中的显示，观察设计的全部与局部内容。

4.6.1 图形缩放与平移

由于显示器尺寸的限制，因此，需要按照一定的比例、观察位置和角度显示图形，称为视图。根据设计的需要，改变视图最常用的方法是缩放和平移，来放大或缩小绘图区中的图形，以便局部详细或整体观察图形。

1. 缩放命令

缩放命令的功能如同照相机中的变焦镜头，它能够放大或缩小观察对象的视觉尺寸，而对象的实际尺寸并不改变。放大一个视觉尺寸，能够更详细地观察图形中的某个较小的区域，反之，可以更大范围地观察图形。缩放命令在整个绘图过程使用频繁，常用命令行法和面板法执行缩放命令。

（1）直接输入命令　命令行格式如下：

命令:Z↵

ZOOM

指定窗口的角点,输入比例因子（nX 或 nXP）,或者

[全部(A)/中心(C)/动态(D)/范围(E)/上一个(P)/比例(S)/窗口(W)/对象(O)]<实时>:

各选项的意义如下。

1）指定窗口的角点，输入比例因子（nX 或 nXP）：直接输入窗口的一个角点，相当于"窗口（W）"选项；输入比例因子，相当于"比例（S）"选项。

2）全部（A）：显示整个图形界限，若图形对象超出图形界限，也能显示所有对象。

3）中心（C）：显示由中心点和放大比例（或高度）所定义的窗口。高度值较小时增加放大比例；高度值较大时减小放大比例。

4）动态（D）：显示在视图框中的部分图形。视图框表示视口，可以改变大小，或在图形中移动。移动视图框或调整它的大小，将其中的图像平移或缩放，以充满整个视口。

5）范围（E）：尽可能大地显示整个图形。

6）上一个（P）：显示上一个视图，最多可恢复此前的 10 个视图。缩放上一个和窗口缩放显示可以结合使用。例如，在绘图的开始时，选缩放全图，再局部缩放窗口，观察细部，一旦设计细部后，可以再用上一个缩放恢复前一个视图，这样可以提高显示的速度，尤其在绘制复杂和具有大量图形对象的图形时，更能显示其优点。

7）窗口（W）：在当前图形中选择一个矩形区域，将该区域的所有图形放大到整个绘图区。

8）比例（S）：按比例因子缩放图形。

9）实时：默认选项为实时缩放，直接回车确认。在屏幕上出现一个类似于放大镜的小标记，按下鼠标左键不放，向上推动 标记，表示以 标记为中心放大图形，向下推动 标记，表示以 标记为中心缩小图形。要退出实时缩放，按回车键或<Esc>键，或单击鼠标右键弹出快捷菜单，如图 4-27 所示。

图 4-27　实时缩放时的快捷菜单

　　说明："动态（D）"选项中，屏幕显示出图纸范围、当前范围、当前显示区域、下一显示区域。图纸的范围用蓝色的虚线方框显示，表示用 LIMITS 命令设置的边界和图形实际占据的区域二者中较大的一个。当前显示区域用绿色的虚线显示。下一显示区域用视图框显示。视图框为细实线框，它有两种状态：一种为缩放视图框，在框的右侧有一个箭头，它不能平移，但大小可以调节；另一种是平移视图框，在框的中心有一个显示心"×"，它大小不能改变，只可能任意移动，这两种视图框之间用单击鼠标左键方式切换，当确定好下一显示区域时，单击鼠标右键，终止该命令。

　　"比例（S）"选项中，输入缩放系数时，有三种输入形式：①直接输入数值"n"，则以相对于图形的实际尺寸进行缩放；②输入"nX"，则相对当前可见视图进行缩放；③输入"nXP"，则相对于当前的图纸空间缩放。

　　（2）鼠标滚轮方式　AutoCAD 强烈建议使用带滚轮的鼠标，滚动鼠标滚轮可以执行实时缩放功能，按下鼠标滚轮执行实时平移功能，这在绘图过程中是更快捷的方法。

　　（3）导航栏方式　导航栏作为一种界面元素，包含通用导航工具和导航工具，默认固定在当前绘图区域的右上方，并与 ViewCube 链接。通过设置可以与 ViewCube 脱离链接并改变固定位置，可以减少导航栏的内容。导航栏如图 4-28 所示。

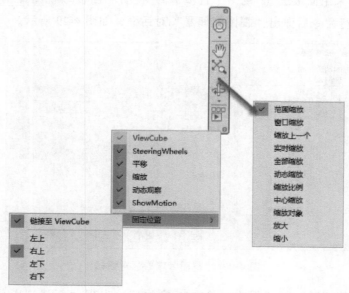

图 4-28　导航栏

导航栏中提供全导航控制盘、平移、缩放、动态观察和 ShowMotion 等导航工具，可以采用导航栏的"缩放"工具对图形进行放大或缩小操作。

> 说明：导航栏提供的通用导航工具有 ViewCube（指示模型的当前方向，并用于重定向模型的当前视图）、SteeringWheels（提供在专用导航工具之间快速切换的控制盘集合）、ShowMotion（用户界面元素，可提供用于创建和回放以便进行设计查看、演示和书签样式导航的屏幕显示）、3Dconnexion（一组导航工具，用于通过 3Dconnexion 三维鼠标重新确定模型当前视图的方向）。导航栏提供的导航工具有平移工具（平行于屏幕移动视图）、缩放工具（一组导航工具，用于增大或缩小模型的当前视图的比例）、动态观察工具（用于旋转模型当前视图的导航工具集）。

2. 平移命令

平移命令是在不改变图形的缩放显示比例的情况下，观察当前图形的不同部位，使用户能够看到以前屏幕以外的图形。该命令的作用如同通过一个显示窗口审视一幅图纸，可以将图纸上、下、左、右移动，而观察窗口的位置不变。

可用命令行 Pan 命令、"视图"选项卡 二维导航 面板下的 平移 按钮命令和导航栏的平移工具，命令执行后，作图区域出现一个"小手"符号，按下鼠标左键，移动鼠标，使光标可以随意移动，则视图也随之移动，按<Esc>键或直接回车结束该命令的操作。

在实时平移操作时，可单击鼠标右键，弹出实时缩放快捷菜单。

4.6.2 命名视图

在设计过程中，可以将经常使用的某些视图进行命名，并保存起来，然后在需要时将其恢复成为当前显示，提高了设计和绘图的效率。

1. 创建视图

视图的创建可采用面板法（"视图"选项卡⇨"视图"面板⇨ 视图管理器 按钮）和命令行法（View）。执行命令后弹出"视图管理器"对话框，如图 4-29 所示。

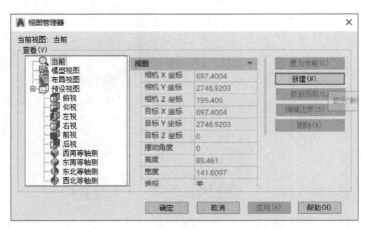

图 4-29 "视图管理器"对话框

1）在"视图管理器"对话框中，单击 新建 按钮，出现"新建视图/快照特性"对话框，如图 4-30 所示。

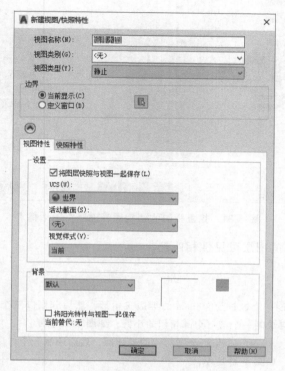

图 4-30 "新建视图/快照特性"对话框

2）在"视图类别"列表框中选择一个视图类别，或输入新的类别，也可保留此选项为空。

3）选中"视图特性"选项卡，定义命名视图边界，可以定义命名视图为当前显示和定义窗口的图形区域，对命令视图的 UCS、活动截面、视觉样式进行设置，改变背景为纯色、渐变色和图像背景。如果只想保存当前视图的一部分，则选择"定义窗口"，然后单击定义视图窗口按钮，此对话框将暂时关闭，然后使用光标指定视图的两个对角。

4）单击确定按钮，保存新视图并退出"新建视图/快照特性"对话框。

2. 恢复视图

当需要使用命名的视图时，可以将其恢复，过程如下：

1）选择【视图】⇨【命名视图】菜单命令，弹出"视图管理器"对话框，如图 4-31 所示。

2）在"查看"列表框中，选择要恢复的视图，单击置为当前按钮。

3）单击确定按钮，将当前命名视图切换到屏幕上。

4）在"视图管理器"对话框中选择一个命名视图，单击删除按钮，则命名视图被删除。

5）使用编辑边界按钮，为选择的命名视图重新指定边界。

6）单击更新图层按钮，可以更新与选定的命名视图一起保存的图层信息，使其与当前

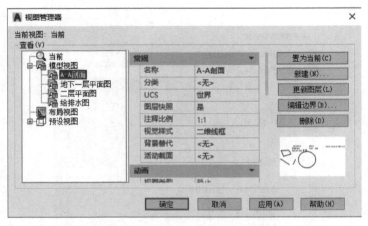

图 4-31　恢复视图的"视图管理器"对话框

模型空间和布局空间中的图层可见性相匹配。

练　习　题

1. 用极坐标的方法绘制一个边长为 100mm 的等边三角形，然后分别以三个顶点为圆心，绘制三个相切的圆，在三个圆的中间再绘制一个与三个圆相切的小圆，如图 4-32 所示。

2. 在图 4-32 的基础上，绘制一个与三个圆相切的外切圆，然后绘制一个与该圆外切的五边形，在五边形的边长外接 5 个五边形，如图 4-33 所示。

图 4-32　绘制由圆构成的图形

图 4-33　多边形构成的图形

3. 绘制图 4-34 所示图形，将完成结果保存。

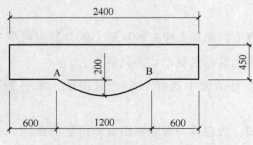

图 4-34　绘制图形示例

4. 不作辅助线，绘制一条在两个矩形之间的中心线，如图 4-35 所示。

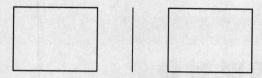

图 4-35　多边形构成的图形

5. 不作辅助线，绘制一个矩形和一个与之相切的圆（注：不必进行尺寸标注），如图 4-36 所示。

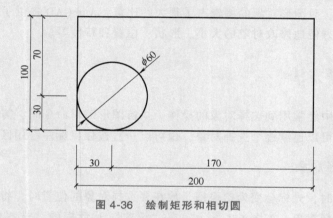

图 4-36　绘制矩形和相切圆

6. 绘制图 4-37 所示图形（注：不必进行尺寸标注）。

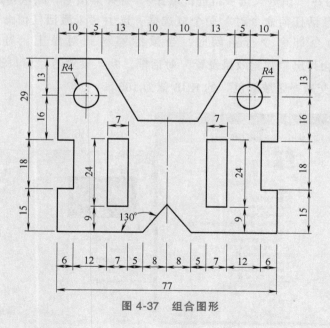

图 4-37　组合图形

第5章
编辑二维图形对象

在工程设计中，对图形对象的编辑占了很大的比重，AutoCAD 提供了丰富的二维图形对象编辑功能，可以方便地修改对象的大小、形状、位置和特性等。

5.1 对象选择方法

图形编辑过程中经常用到选择对象的操作。执行图形编辑命令时，需要选择单个或多个对象，用鼠标左键可以连续逐个选择对象，也可以一直按住鼠标左键用区域选择多个对象。

5.1.1 逐个选择对象

单个选择对象时，光标会变为拾取框，放在要选择对象的位置时，将亮显对象，用鼠标左键单击后才能选择对象。如图 5-1 所示，在"选项"对话框的"选择集"选项卡中，亮显及区域选择效果可在"预览"选项组进行设置。"选择集预览"默认勾选了"命令处于活动状态时"和"未激活任何命令时"两个复选框。选中"未激活任何命令时"复选框时，表示在没有执行命令即命令行空闲时，当鼠标移动到对象上，对象会亮显。按下视觉效果设置 按钮会弹出"视觉效果设置"对话框，默认设置的"窗口选择区域颜色"的RGB 值为 150，"窗交选择区域颜色"的 RGB 值为 100。

a)   b)

图 5-1 "选项"对话框的"选择集"选项卡

a)"选择集"选项卡 b)"视觉效果设置"对话框

（1）从选择集中删除对象 选择了多个对象后，就形成一个选择集，若从选择集中删除某一对象，可以按住<Shift>键并再次选择对象，则该对象将其从当前选择集中删除。

（2）选择彼此接近的对象 选择彼此接近或重叠的对象比较困难，一般情况是对局部区域进行缩放来解决，但这增加了操作频率。在重叠或相近的对象上滚动光标时，将出现一个双矩形光标———，这个光标是由两个矩形叠加在一起的，表示此处的对象包括重叠对象。最便捷的操作方法是按<Shift+Space>键，亮显可以在这些对象之间循环，所需对象亮显时，单击以选择该对象，如图 5-2 所示。

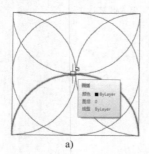
a)

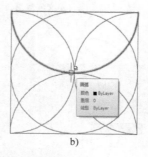
b)

图 5-2 选择彼此在接近的对象
a）第一个选定的对象 b）第二个选定的对象

另一个方法是，点击状态栏中的 选择循环 按钮，打开"选择循环"功能。当在选择对象上出现双矩形光标时，用鼠标左键单击，弹出一个选择集列表，然后在列表中单击以选择所需的对象。

5.1.2 选择多个对象

选择多个对象可用点取选择、窗口选择、循环选择、栏选择、从选择集中添加或清除对象等方法。当在命令行提示选择对象时，如果输入"?"，则显示如下提示：

需要点或窗口（W）/上一个（L）/窗交（C）/框（BOX）/全部（ALL）/栏选（F）/圈围（WP）/圈交（CP）/编组（G）/添加（A）/删除（R）/多个（M）/前一个（P）/放弃（U）/自动（AU）/单个（SI）/子对象（SU）/对象（O）

输入其中的大写字母，可得到指定的对象选择模式，各项的含义如下：

1）需要点：默认选项，要求逐个选择对象。每次单击鼠标左键只能选取一个对象，但允许逐个选择多个对象。

2）窗口（W）：也为默认选项，从左向右拖动光标，指定对角点来定义矩形区域，矩形以实线显示，完全包括在矩形窗口内的对象才被选中。如图 5-3 所示，定义窗口包含了内圆，外圆没被选中。

3）上一个（L）：选择最后创建的可见对象，并且只有一个对象被选中。

4）窗交（C）：也为默认选项，与窗口选择对象类似，从右向左拖动光标，指定对角点来定义矩形区域，矩形窗口以虚线显示，只有与选取窗口相交或完全位于选取窗口内的对象才被选中，如图 5-4 所示。

说明：如果不明确指定对象选择模式，可单击选择一个对象，或反复单击选择多个对象；若自左至右定义实线窗口，默认为窗口模式；若自右至左定义虚线窗口，默认为窗交模式。

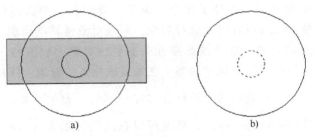

图 5-3 使用 "窗口" 方式选择对象

a) 定义实线窗口 b) 仅内圆被选中

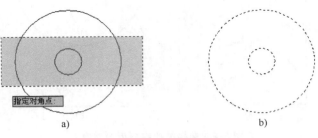

图 5-4 使用 "窗交" 方式选择对象

a) 定义虚线窗口 b) 内外圆都被选中

5) 框（BOX）：是 "窗口" 和 "窗交" 的组合选项。从左到右拖动光标，执行 "窗口" 选择，从右到左拖动光标，执行 "窗交" 选择。

6) 全部（ALL）：选取包括被关闭的所有图形对象，但不能选择冻结图层上的对象，虽然锁定图层上的对象能被选择，但不能做任何编辑操作。

7) 栏选（F）：通过绘制类似于直线的多点栅栏来选择，与栅栏线相交的对象被选中，如图 5-5 所示。

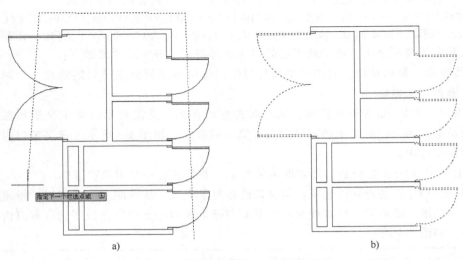

图 5-5 利用 "栏选" 方式选择对象

a) 栏选 b) 被选定的对象亮显

8）圈围（WP）：绘制一个不规则的封闭多边形，构成实线窗口，完全包围在多边形中的对象将被选中，类似"窗口"选择。

9）圈交（CP）：与"圈围"选择的操作相同，但类似于"窗交"选择，所有在多边形相交或包括在内的对象被选中。

其他对象选择模式说明如下：

1）编组（G）：通过使用已定义的组名来选择该编组中的所有对象。

2）添加（A）：可使用任何选择方法将选定对象添加到选择集中。如通过设置 PICK-ADD 系统变量把对象加入到选择集中。PICKADD 设为 1（默认），所选对象均被加入至选择集中。PICKADD 设为 0，则最近所选择的对象均被加入至选择集中。

3）删除（R）：从选择集中（而不是图中）移出已选择的对象，此时只需单击要从选择集中移出的对象即可。

4）多个（M）：该法指定多次选择而不高亮显示对象，从而加快对复杂对象的选择过程。

5）前一个（P）：将最近的选择集设置为当前选择集。

6）放弃（U）：取消最近的对象选择操作，如果最后一次选择的对象多于一个，取消方法将从选择集中删除最后一次选择的所有对象。

7）自动（AU）：自动选择对象，即指向一个对象即可选择该对象。指向对象内部或外部的空白区，将形成框选方法定义选择框的第一个角点。

8）单个（SI）：如果用户提前使用"单个"来完成选取，则当对象被发现，对象选取工作就会自动结束，此时不会要求按<Enter>键来确认。

9）子对象（SU）：用户可以逐个选择原始形状，这些形状是复合实体的一部分或三维实体上的顶点、边和面。可以选择这些子对象的其中之一，也可以创建多个子对象的选择集。选择集可以包含多种类型的子对象。

10）对象（O）：结束选择子对象的功能，使用户可以使用对象选择方法。

5.1.3　快速选择

快速选择是指定过滤条件以及根据该过滤条件创建选择集的方式。当用户选择具有某些共同特性的对象时，可利用"快速选择"对话框根据对象的颜色、图层、线型、注释性等特性创建选择集。

可采用面板法（"默认"选项卡 ⇨ 实用工具 ⇨ 快速选择按钮）和快捷菜单弹出"快速选择"对话框，如图 5-6 所示。

各选项的功能如下：

1）应用到：当前设置是应用到"当前选择"还是"整个图形"。

2）选择对象图标按钮：切换到绘图窗口，根

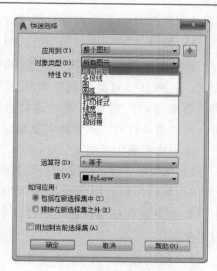

图 5-6　"快速选择"对话框

据当前指定的过滤条件来选择对象。选择完毕后，回车并返回到"快速选择"对话框中，同时将"应用到"下拉列表框中的选项设置为"当前选择"。

3）对象类型：AutoCAD 对当前图形所拥有的对象类型进行统计，并自动添加到"对象类型"列表框中，可分类筛选，进一步指定选择范围。"所有图元"包含所有可用的对象类型，其他对象类型包括直线、圆、文字、多行文字、图案填充等。

4）特性：列出了"对象类型"下拉列表中所选实体类型的所有属性，可以通过选择对象特性进一步筛选。

5）运算符：设置对象特性的过滤范围。

6）值：用于设置过滤的条件值。

7）如何应用：用于选择应用范围。

8）附加到当前选择集：用于将按设定条件得到的选择集添加到当前选择集中。

5.1.4 对象编组

当图形对象被选择后，形成了一个临时的无名选择集合，选择集只对当前操作有效。而对象编组是一种命名的选择集，它长期有效，并可随图形保存。当把图形文件作为外部参照使用或作为块插入到另一个图形中时，编组的定义也仍然有效。只有绑定并且分解了外部参照，或者分解了块以后，才能直接访问那些在外部参照或块中已经定义好的编组。

1. 创建对象编组

创建对象编组可采用面板法（"默认"选项卡⇨ 组 面板⇨ 组 按钮）和命令行法（Group 或 G），其命令格式如下：

命令:G↲

GROUP 选择对象或[名称(N)/说明(D)]：

各选项的功能如下。

1）选择对象：选择多个对象作为指定应编组的对象。

2）名称（N）：所选项目的编组指定名称。

3）说明（D）：添加编组的说明。

若单击"默认"选项卡⇨ 组 面板⇨ 编组管理器 按钮，则弹出"对象编组"对话框，如图 5-7 所示。用"对象编组"对话框能够非常直观地创建对象编组，而用命令行的方式创建对象编组会更加快捷。

各个选项的含义如下。

1）编组名：显示当前图形中已存在的对象组名字。

2）编组标识：用于设置编组的名称及说明。其中，单击 亮显 按钮可以在绘图窗口中亮显该编组的图形对象。

3）创建编组：单击 新建 按钮，切换到绘图区，选择要创建编组的图形对象。在"对象编组"对话框

图 5-7 "对象编组"对话框

的"编组名"文本框，输入一个编组名称（如"门"或"窗"），"说明"可选。

2. 修改编组

在"对象编组"对话框中可以修改编组，添加、删除编组中的某些图形对象，对编组重命名。分解编组即为删去所选的对象组，不是删除图形对象。

3. 使用编组

在编辑命令提示"选择对象:"时，输入"G"命令，在命令行提示的"输入编组名:"中，输入编组名称并按回车或空格键，可以看到编组对象全部亮显且被选择。

命令:CO↙   （执行 COPY 命令）

COPY

选择对象:G↙   （输入"G"执行 Group 命令）

输入编组名:window↙   （输入编组名"window"）

找到 8 个

选择对象:↙   （直接回车,结束选择对象）

当前设置:复制模式=多个

指定基点或[位移(D)/模式(O)]<位移>:指定第二个点或<使用第一个点作为位移>:

指定第二个点或[退出(E)/放弃(U)]<退出>:

编组的对象以一个集合的形式存在，当选择被定义为编组的某一个对象时，整个编组对象都被选择。若只想选择编组中的一个对象，可以按<Ctrl+H>组合键或<Ctrl+Shift+A>组合键关闭编组，命令行提示"<编组　关>"，再按下上述组合键则打开编组选择，命令行提示"<编组　开>"，也可以用组面板的启用/禁用组选择命令按钮进行操作。其他操作参照组面板的命令按钮。

5.2 夹点编辑图形

5.2.1 图形对象的控制点

当选择对象时，在对象上会显示出若干个蓝色小方框，这些小方框就是用来标记被选中对象的夹点，是对象上的控制点。不同的对象，用来控制其特征的夹点的位置和数量也不相同，如图 5-8 所示。其中，被选中的夹点称为热夹点，夹点的颜色由蓝色变为红色，是使用

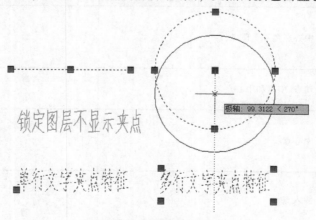

图 5-8 图形对象的夹点

夹点模式进行操作的基点，可以拖动热夹点快速拉伸、移动、旋转、缩放或镜像对象。不过，锁定图层的对象不显示夹点。

表 5-1 列举了 AutoCAD 常见对象的夹点特征。

表 5-1　AutoCAD 图形对象的夹点特征

对 象 类 型	夹点特征描述	图　　例
直线	两个端点和中点	
构造线	控制点以及线上的邻近两点	
多线	控制线上的两个端点	
多段线	直线段的两端点、圆弧段的中点和两端点	
射线	起点以及线上的一个邻近点	
圆	圆心和 4 个象限点	
圆弧	两个端点、中点和圆心	
椭圆	中心点和 4 个顶点	
椭圆弧	端点、中点和中心点	
区域填充	中心点	
单行文字	插入点	

（续）

对象类型	夹点特征描述	图 例
多行文字	各顶点	
块	插入点	
属性	插入点	
线性、对齐标注	尺寸线和尺寸界线的端点、尺寸文字的中心点	
角度标注	尺寸线端点和指定尺寸标注弧的端点、尺寸文字的中心点	
直径、半径标注	直径或半径标注的端点、尺寸文字的中心点	

5.2.2 使用夹点编辑对象

夹点编辑对象是一种集成的编辑模式，可以对图形对象方便快捷地进行拉伸、移动、旋转、缩放及镜像等操作。当对象被选取后，对未选中夹点显示，用鼠标对准需操作的夹点，单击鼠标左键，则夹点被选中并变成红色，成为可操作的热点，AutoCAD 同时自动执行夹点编辑命令。

命令：

＊＊拉伸＊＊

指定拉伸点或［基点（B）/复制（C）/放弃（U）/退出（X）］：

在命令行的提示下，可以输入相关选项，执行相应的命令，若开启"动态输入"，其操作界面如图 5-9a 所示。单击鼠标右键，弹出快捷菜单，从中执行菜单命令，如图 5-9b 所示。

一般情况下，用户选中了一个夹点后，就无法再选择其他的夹点，因为当选中一个夹点后，即进入了夹点编辑状态。要选中多个夹点，必须先按住<Shift>键，然后再用鼠标选择夹点，这样，多个热点就可以同时进行操作了。

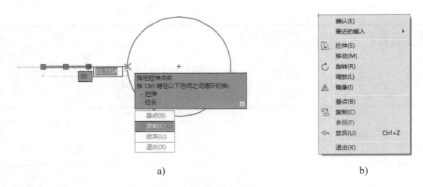

a)　　　　　　　　　　　　　　　　　b)

图 5-9　夹点模式操作

a）启用"动态输入"的信息　b）快捷菜单

1. 使用夹点拉伸对象

在不执行任何命令的情况下选择对象，单击对象上的夹点作为拉伸的基点，系统便直接进入"拉伸"模式，可直接对对象进行拉伸。

命令行提示信息如下：

＊＊拉伸＊＊　　　　　　　　　　　　　　　　　　　　（说明当前编辑状态为拉伸模式）

指定拉伸点或［基点（B）/复制（C）/放弃（U）/退出（X）］：

1）指定拉伸点：要求指定对象拉伸操作的目的点，把对象移动拉伸到新的位置。对于对象上的某些夹点，只能进行移动操作而不能进行拉伸操作，如直线中点、圆心、椭圆中心、单行文字和块的夹点。

2）基点：选择并拾取拉伸基点。默认选中的热点为拉伸基点，按热点与指定的新位置点之间的位移矢量拉伸图形。

3）复制：拉伸操作默认是拉伸移动选中夹点，若选择"复制（C）"选项则可进行连续确定一系列的拉伸点新位置，以实现多次拉伸复制。

（1）单点拉伸　如图 5-10 所示，要求通过夹点编辑的拉伸功能，把直线右端点与圆心相重合，而直线左端点位置不变，具体操作步骤如下：

1）单击选取直线，直线呈"亮显"状态，同时直线上出现 3 个蓝色的夹点。

2）选取直线的右端点，该夹点变为红色，同时直线随着鼠标的移动而改变右端点位置，使直线变成了一条橡皮线。

3）移动光标至圆的圆心或圆周线附近，圆心捕捉起作用，捕捉圆心为拉伸的目的点。

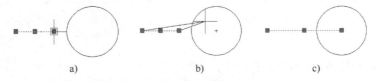

a)　　　　　　　　　　b)　　　　　　　　　　c)

图 5-10　使用单个夹点拉伸操作

a）拉伸前　b）拉伸夹点操作　c）拉伸后

（2）多点拉伸　如图 5-11 所示，把矩形向右拉伸 100 个图形单位，具体操作步骤如下：

1）在不执行任何命令的情况下选择矩形，则矩形的 4 个角的夹点显示出来。

2）按下<Shift>键，再选择矩形右边的两个夹点，则被选中的夹点变为红色而亮显。

3）释放<Shift>键，选择两个选中夹点中的任意一个，水平向右拖动适当距离，用直线距离法输入"100"，则矩形拉伸100个图形单位。

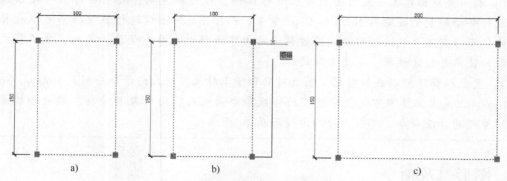

图 5-11　使用多个夹点拉伸操作

a）拉伸前的矩形夹点　b）同时拉伸两个夹点操作　c）拉伸后的直线

2. 使用夹点移动对象

在不执行任何命令的情况下选择对象，把选中夹点作为移动基点，输入"MO"后回车，夹点编辑便直接进入"移动"模式，可对图形对象进行移动。夹点移动的操作命令如下：

命令：
＊＊拉伸＊＊　　　　　　　　　　　　　　　　　（默认拉伸模式）
指定拉伸点或[基点(B)/复制(C)/放弃(U)/退出(X)]：MO↵　　（使用移动模式）
＊＊移动＊＊　　　　　　　　　　　　　　　　　（提示当前的编辑状态为移动模式）
指定移动点或[基点(B)/复制(C)/放弃(U)/退出(X)]：

如图 5-12 所示，移动矩形使左上角与圆心重合，同时多重移动圆到矩形的另外三个角，具体操作步骤如下。

1）选取矩形并点取矩形的左上角为选中夹点，该夹点变为红色。

2）在提示符下输入"MO"进入移动模式，捕捉圆心，使矩形的左上角与圆心重合。

3）按<Esc>键取消矩形的选择，然后再选择圆并点取圆心，圆心成为选中夹点。因为不可能拉伸圆心，所以可以直接移动鼠标进行移动圆操作。

4）按下<Ctrl>键，进入多重移动模式，相当于复制模式。移动鼠标把圆多次移动到矩形的其他三个角。

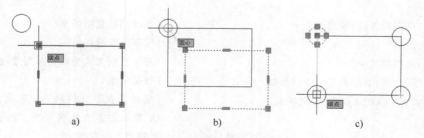

图 5-12　使用夹点移动操作

a）移动前的直线和圆　b）移动夹点操作　c）移动后的直线和圆

5）也可在命令行提示下输入"C"，进行复制移动，但按下<Ctrl>键复制移动更便捷。

夹点模式的其他说明：

1）利用夹点编辑主要是对图形对象进行拉伸、移动和复制，其中拉伸功能是默认功能，进行移动和复制要输入 Move 和 Copy 命令，而按下<Ctrl>键进行多重移动可以代替复制功能。圆心夹点只能进行移动。通过夹点对文字的移动也非常便捷。因此，夹点模式移动功能的使用是经常性的，也是高效的。

2）夹点编辑还可以旋转对象、缩放对象和镜像对象，对应的命令分别是 Rotate、Scale 和 Mirror。但夹点编辑不可能代替所有的修改命令，因此，对对象的旋转、缩放和镜像推荐使用专门的修改命令，那样会更加方便和简单。

5.3 图形修改命令

5.3.1 复制、偏移与镜像

1. 复制

（1）命令功能 对选定的实体按指定方向和距离复制一个或多个副本。

（2）操作说明 可采用面板法（"默认"选项板⇨ 修改 ⇨ 复制 ）或命令法（COPY 或 CO）执行复制命令。常用位移法和指定位置法来完成复制功能。

1）位移法复制。就是通过输入位移矢量作为距离和方向，对原来对象进行复制。如图 5-13 所示，把矩形的左边直线向右复制三次，间距都为 200，其操作说明如下：

命令:<u>CO</u> ↵	（输入复制的快捷命令"CO"）
COPY	（提示复制命令的全名）
选择对象:找到 1 个	（选择要复制的最左边的直线，直线呈"亮显"状态）
选择对象:↵	（回车结束选择）
当前设置：复制模式=多个	
指定基点或[位移(D)]<位移>:<u>200,0</u> ↵	（使用位移法输入位移矢量为"200,0"）
指定第二个点或[阵列(A)]<使用第一个点作为位移>:↵	（直接回车,则选择默认选项,即"使用第一个点作为位移",则直线向右 200 被复制）
命令:↵	（直接回车,执行上次命令）
COPY	
选择对象:指定对角点:找到 1 个	（选择刚被复制的直线）
选择对象:↵	（回车结束选择）
当前设置:复制模式=多个	（提示当前模式为自动重复复制）
指定基点或[位移(D)/模式(O)]<位移>:↵	（直接回车）
指定位移<200.0000,0.0000,0.0000>:↵	（提示上次设置的默认位移值,直接回车默认,则第二条直线被复制,以同样的操作来复制第三条直线）

使用位移法复制对象所输入的位移值可以采用直角坐标和极坐标两种方式，由于输入的

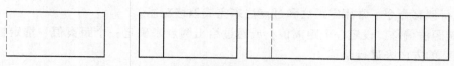

图 5-13　按位移复制对象的图形

是位移量，不是坐标点，因此不能使用相对坐标的方法，即在位移值前不能加@ 符号。

2）指定位置法复制。就是通过指定两个点作为特征点，以第一个点为基点，以第二个点为目标点，来确定复制对象相对于源对象的方向和距离。下面以图 5-14 为例对操作进行说明。

命令:_copy	（单击修改面板的复制按钮）
COPY	（显示执行复制命令）
选择对象:找到 1 个	（选择要复制的图形实体圆,圆呈"亮显"状态）
选择对象:↵	（回车结束选择）
当前设置:　复制模式 = 多个	
指定基点或[位移(D)]<位移>:	（选中矩形右上角为指定基点）
指定第二个点或[阵列(A)]<使用第一个点作为位移>:	（选取矩形的右下角点为目标点）
指定第二个点或[阵列(A)/退出(E)/放弃(U)]<退出>:	（选取矩形的左下角点为目标点）
指定第二个点或[阵列(A)/退出(E)/放弃(U)]<退出>:	（选取矩形的左上角点为目标点）
指定第二个点或[阵列(A)/退出(E)/放弃(U)]<退出>:↵	（直接回车,退出）

复制命令默认为多重复制操作，若想中途结束复制操作，可以直接按回车或空格键。

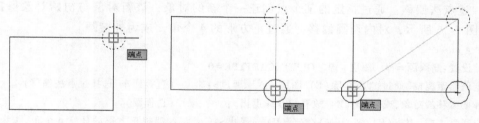

图 5-14　按指定点复制对象的图形

（3）利用 Windows 剪贴板进行复制　在 AutoCAD 绘图过程中，常常会遇到从一个图形文件到另一个图形文件、从图纸空间到模型空间（反之亦然），或在 AutoCAD 和其他应用程序之间复制对象，此时使用 Windows 剪切板进行复制对象较为方便。利用 Windows 剪贴板进行复制，一次只能复制一个被选定对象。首先选择被复制的对象，然后按下<Ctrl+C>组合键，则被选中的对象就被复制到 Windows 剪贴板。在打开的图形文件中，按下<Ctrl+V>组合键，则对象被粘贴，得到了复制。也可以使用"默认"选项卡⇨剪贴板面板进行操作。

2. 偏移

（1）命令功能　对选定的图元（如线、矩形、圆、圆弧、椭圆等）进行同心复制。

对于曲线（如圆、圆弧、椭圆、椭圆弧等）来说，偏移所生成的新对象将变大或变小，这取决于将其放置在源对象的哪一边。对于直线来说，其圆心在无穷远，故是平行复制。

（2）操作说明　可采用面板法（"默认"选项卡⇨修改⇨偏移）和"命令法"（Offset

或O）执行偏移命令。常用定距法和过点法来完成偏移功能。

1）定距法偏移：设定一个距离值，或通过给出两点来确定一个距离值，选定被偏移的对象和偏移的方向来进行偏移。

命令：O↵ （执行Offset的快捷命令O）

OFFSET

当前设置：删除源=否　图层=源　OFFSETGAPTYPE=0 （当前设置信息）

指定偏移距离或[通过(T)/删除(E)/图层(L)]<通过>：10↵ （输入偏移距离）

选择要偏移的对象，或[退出(E)/放弃(U)]<退出>： （选择要偏移的矩形）

指定要偏移的那一侧上的点，或[退出(E)/多个(M)/放弃(U)]<退出>：

（在要偏移矩形的内部点击一下，指定要偏移的方向）

选择要偏移的对象，或[退出(E)/放弃(U)]<退出>：↵ （回车结束，偏移距离为10后的图框，如图5-15所示）

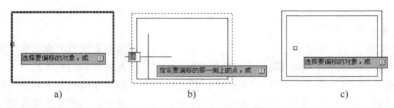

a)　　　　　　　　b)　　　　　　　　c)

图 5-15　定距法偏移图形

a) 选择要偏移的矩形　b) 在矩形的内部点击一下　c) 矩形偏移后的图框

2）过点法偏移：通过指定的某个点创建一个新的对象，该新对象与初始对象保持等距离。如图5-16所示，对内切圆偏移，通过正方形的4个角，成为外接圆。

命令：_offset

当前设置：删除源=否　图层=源　OFFSETGAPTYPE=0

指定偏移距离或[通过(T)/删除(E)/图层(L)]<通过>：↵ （直接回车，选择过点法偏移）

选择要偏移的对象，或[退出(E)/放弃(U)]<退出>： （选择圆）

指定通过点或[退出(E)/多个(M)/放弃(U)]<退出>： （捕捉正方形的任意4个角，作为指定通过点）

选择要偏移的对象，或[退出(E)/放弃(U)]<退出>：↵ （回车结束操作，或继续选择要偏移的对象，继续操作）

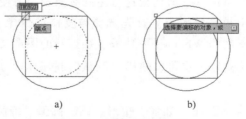

a)　　　　　　　　b)

图 5-16　过点法偏移图形

（3）注意事项　偏移复制对象操作应注意以下几点：

1）只能以单击选取的方式选择要偏移对象，并且只能选择一个对象。

2）当提示"指定偏移距离或［通过］<默认值>："时，可以通过输入两点来确定偏移距离。

3）如果给定的偏移距离值或要通过的点的位置不合适，或指定的对象不能用偏移命令确认，系统会给出相应的提示。

> 说明：在"指定偏移距离或［通过（T）/删除（E）/图层（L）］"提示下，选择"E"，可决定偏移后是否删除源对象。选择"L"，可改变偏移后的对象所在的图层是在源对象层还是在当前层。

3. 镜像

（1）命令功能　用所指定的两点定义的镜像轴线来创建对象的对称图形。

（2）操作说明　可采用面板法（"默认"选项卡⇨ 修改 ⇨ 镜像 ）和命令法（MIrror 或 MI）执行镜像命令。

命令：MI ↵	（执行快捷命令"MI"）
MIRROR	（显示镜像命令全名）
选择对象：指定对角点：找到 4 个	（选择要镜像复制的门，如图 5-17 所示）
选择对象：↵	（回车结束选择）
指定镜像线的第一点：指定镜像线的第二点：	（按<F8>键打开正交状态，用鼠标拾取镜像的第一点，然后向下移动鼠标，绘出垂直的直线即为镜像线）
要删除源对象吗？［是（Y）/否（N）］<N>：↵	（直接回车选择"N"，保留源对象，若要删除源对象，则选择"Y"）

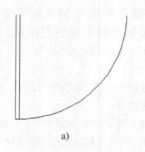
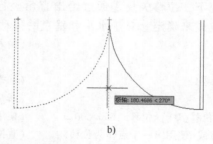

a)　　　　　　　　　　　　　　　　　　b)

图 5-17　镜像图形

a）镜像前图形　b）指定镜像线镜像保留源对象图形

5.3.2　删除与移动

1. 删除

（1）命令功能　删除一个或多个图形对象。

（2）操作说明　采用面板法（"默认"选项卡⇨ 修改 ⇨ 删除 ）和命令法（Erase 或 E）执行删除命令，也可以选择要删除的对象，再按<Del>键。或者选择要删除的对象，单击鼠标右键，在弹出的快捷菜单中选择【删除】命令。

执行删除操作后，命令提示选择对象，则可直接选择要删除的图形对象。若对象被误删除，可以撤销被删除对象，因为这些被删除的对象只是暂时被删除，只要不退出当前图形，均可将其恢复。

撤销被删除对象的方法如下：

1）紧接删除对象操作，执行【编辑】⇨【放弃】。

2）紧接删除对象操作，单击快速访问工具栏中的 放弃 按钮。

3）在命令行中执行 Undo 或 "U" 命令。

4）在命令行中执行 OOPS 命令。

"Undo" 和 "OOPS" 的区别：

1）"Undo" 或 "U" 命令是对命令流的操作，是对以前执行过的命令进行撤销，可以撤销所有的命令执行，但保存、打开、新建、打印等命令不能被撤销。

2）"OOPS" 命令是对图形对象的操作，只能恢复前一次被删除的对象，但不是对命令的撤销，不会影响前面进行的其他操作。如在把图形对象定义成块之时，源图形随之被删除，可用 "OOPS" 命令恢复被删除的对象，但定义块命令不能撤销，也就是不能撤销对块的定义。若用 "Undo" 或 "U" 命令，就会撤销对块的定义。

---

2. 移动

（1）命令功能　将图形中的对象按指定的方向和距离移动位置，这种移动不改变对象的尺寸和方向。

（2）操作说明　可采用面板法（"默认"选项卡⇨ 修改 ⇨ 移动 ）或命令法（Move 或 M）执行移动命令。常用位移法和指定位置法来完成移动功能。

1）位移法移动：输入一个位移矢量，该位移矢量决定了被选择对象的移动距离和移动方向。一般情况下，位移矢量是通过给出直角坐标 X 轴方向和 Y 轴方向的值来确定，也可以用极坐标的方式来确定。对于水平和垂直的移动，采用直接距离法更简单。

命令:M ↵	（输入 MOVE 的快捷命令"M"）
MOVE	
选择对象:找到 1 个	（选择要移动的小圆,被选择的圆呈"亮显"状态）
选择对象:	（回车结束选择）
指定基点或[位移(D)]<位移>:650,600 ↵	（使用位移法输入位移矢量为"650,600"）
指定第二个点或<使用第一个点作为位移>:↵	（直接回车,则选择默认选项,即"使用第一个点作为位移",则小圆在 X 轴方向移动了 650 个单位,在 Y 轴方向移动了 600 个单位,如图 5-18 所示）

用位移法移动对象，所输入的位移值是用直角坐标或极坐标的方式来表示的，不能在位移值前输入@符号。

2）指定位置法移动：又称为特征点法，是通过指定的两个点来确定被选取对象的移动方向和移动位移。通常将指定的第一个点称为基点，第二个点则称为目标点。如图 5-19 所示，将圆从矩形的左下角点移动到矩形的右上角点。

命令:_move	（单击"默认"选项卡⇨ 修改 ⇨ 移动 ）
选择对象:找到 1 个	（选中圆）
选择对象:	（回车结束选择）
指定基点或[位移(D)]<位移>:	（使用对象捕捉选择矩形左下角为指定基点）
指定第二个点或<使用第一个点作为位移>:	（选择矩形的右上角点为目标点）
指定第二个点或<使用第一个点作为位移>:↵	（回车结束命令）

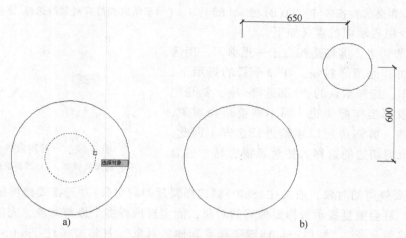

图 5-18　位移法移动对象的图形
a）移动前　b）移动后

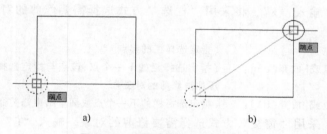

图 5-19　位置法移动对象的图形
a）移动前　b）移动后

5.3.3　修剪与延伸

1. 修剪

（1）命令功能　沿着由一个或多个对象定义的边界，删除所要修剪对象的其中一部分。

（2）操作说明　可采用面板法（"默认"选项卡⇨ 修改 ⇨ 修剪 ）或命令法（TRim 或 TR）执行修剪命令。

修剪命令操作主要掌握修剪边的确定和被修剪的对象。

1）一般对象的修剪。

命令:<u>TR</u> ↵	（输入 TRim 的快捷命令"TR"）
TRIM	
当前设置:投影=UCS,边=延伸	（显示当前的修剪设置）
选择剪切边 …	（提示用户选取用作修剪边的实体）
选择对象或<全部选择>:找到 1 个	（选择修剪边,如图 5-20a 中的直线 B）
选择对象:↵	（回车结束修剪边的选择）

选择要修剪的对象,或按住<Shift>键选择要延伸的对象,或者

[栏选（F）/窗交（C）/投影（P）/边（E）/删除（R）]:　　（选择被修剪对象,如图 5-20b 中的直线左端）

选择要修剪的对象,或按住<Shift>键选择要延伸的对象,或者

[栏选(F)/窗交(C)/投影(P)/边(E)/删除(R)]:↵　　（回车结束被修剪对象的选择,修剪命令终止）

修剪命令中提示项的含义如下。

　　① 选择剪切边：剪切边相当于一把剪刀,用选择的对象剪切其他图形对象。在命令行的提示下,可以直接回车,选择默认的<全部选择>项,就是把所有图形对象都当作剪切边,因不需要选择对象,操作上简单些。剪切边可以连续进行选择,因此,必须回车结束剪切边的选择,初学者很容易在这方面犯错。

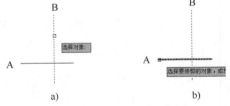

图 5-20　一般对象的修剪
a) 选择修剪边　b) 选择被修剪对象

　　② 选择要修剪的对象,或按住<Shift>键选择要延伸的对象："选择要修剪的对象"是指定修剪对象,且会重复提示选择要修剪的对象,能实现选择多个修剪对象,完成修剪后,按回车键结束修剪命令。"按住<Shift>键选择要延伸的对象"是指若按住<Shift>键选择对象,则执行延伸命令而不是当前的剪切命令,该选项提供了修剪和延伸之间命令切换的简便方法。

　　③ 栏选 (F)：输入"F",将采用"栏选"方式选择需要修剪的对象,命令行将提示如下：

指定第一个栏选点：　　　　　　　　（指定选择栏的起点）

指定下一个栏选点或[放弃(U)]：　　（指定选择栏的下一个点,该点与指定选择栏的起点的连线必须压住被修剪的对象）

指定下一个栏选点或[放弃(U)]：　　（指定选择栏的下一个点或回车结束修剪命令）

　　④ 窗交 (C)：采用"窗交"方式选择需要修剪的对象。输入"C"后,命令行将提示如下：

指定第一个角点：　　　　　　　　　（指定第一个角点）

指定对角点：　　　　　　　　　　　（指定第一个角点的对角点,这两点所构成的矩形窗口必须压上被修剪的对象）

　　⑤ 投影 (P)：改变修剪投影方式,输入"P",则提示如下：

输入投影选项[无(N)/UCS(U)/视图(V)]<UCS>：

　　其中：

　　"无 (N)"表示无投影,该命令只修剪与三维空间中的修剪边相交的对象。

　　"UCS (U)"表示指定当前用户坐标系 XOY 平面上的投影,该命令将修剪不与三维空间中的修剪边相交的对象。

　　"视图 (V)"表示指定沿当前视图方向的投影,此时将修剪与当前视图中的边界相交的对象。

　　⑥ 边 (E)：设置修剪边界的属性,即确定对象是在另一对象的延长边处进行修剪,还是仅在三维空间中与该对象相交的对象处进行修剪。输入"E",则提示如下。

输入隐含边延伸模式[延伸(E)/不延伸(N)]<不延伸>：

　　其中：

　　"延伸 (E)"表示按延伸方式进行修剪,如果修剪边界太短,没有与被修剪对象相交,即修剪边界与被修剪对象没有相交,但 AutoCAD 会假想将修剪边界延长,然后进行修剪。

　　"不延伸 (N)"表示按在三维空间中与实际对象相交的情况修剪,即修剪边界不能假想被延长。

⑦ 删除（R）：将删除选定的对象，它提供了一种用来删除不需要的对象的简便方法，而无须退出"修剪"命令，输入"R"后可以选择要删除的对象。

对两个对象在图面上不相交，但将其中的一个或两个对象延伸可以相交的对象的修剪，如图 5-21 所示，具体要求操作如下：

命令:_trim　　　　　　　　　　　　　　（单击"默认"选项卡⇨ 修改 ⇨ 修剪 ）

当前设置:投影=视图,边=无　　　　　　　（显示当前修剪命令的设置为按视图投影,修剪
　　　　　　　　　　　　　　　　　　　　　边不延伸）

选择剪切边...

选择对象或<全部选择>:指定对角点:找到 2 个　　（窗交选择直线 A 和 B,如图 5-21a 所示）

选择要修剪的对象,或按住<Shift>键选择要延伸的对象,或

［栏选(F)/窗交(C)/投影(P)/边(E)/删除(R)］:E↙（选择"边"选项）

输入隐含边延伸模式［延伸(E)/不延伸(N)］<不延伸>:E ↙
　　　　　　　　　　　　　　　　　　　　　（选择"延伸"选项）

选择要修剪的对象,或按住<Shift>键选择要延伸的对象,或者

［栏选(F)/窗交(C)/投影(P)/边(E)/删除(R)］:　　（选择直线 A 的左端,如图 5-21b 所示）

［栏选(F)/窗交(C)/投影(P)/边(E)/删除(R)］:　　（按下<Shift>键,选择直线 B 的下端,执行延伸对
　　　　　　　　　　　　　　　　　　　　　象操作,此时延伸边为直线 A,被延伸对象为直线
　　　　　　　　　　　　　　　　　　　　　B,如图 5-21c 所示）

选择要修剪的对象,或按住<Shift>键选择要延伸的对象,或者

［栏选(F)/窗交(C)/投影(P)/边(E)/删除(R)］:↙　　（回车结束修剪命令,执行结果如图 5-21d 所示）

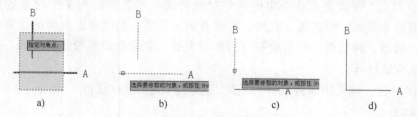

图 5-21　不相交对象的修剪图形
a）选择修剪边　b）选择要修剪的对象　c）按<Shift>键延伸对象　d）修剪后

2）复杂对象的修剪。在修剪复杂的对象时，可采用不同的方法选择对象，使得对象既可作为修剪边界，也可作为被修剪的对象，达到正确地选择修剪边界和修剪对象，执行复杂对象的修剪命令。

如图 5-22a 所示，该图由两条水平线和两条垂直线组成。若对位于水平线和垂直线之间的部分进行修剪，使得修剪后的图形如图 5-22c 所示，其修剪操作步骤如下：

命令:TR ↙　　　　　　　　　　　　　　（输入快捷命令"TR"）

TRIM

当前设置:投影=UCS,边=延伸　　　　　　（显示当前的修剪设置）

选择剪切边...

选择对象或<全部选择>:指定对角点:找到 4 个　　（"窗交"选择 4 条直线,或直接回车选择全部
　　　　　　　　　　　　　　　　　　　　　对象）

选择对象:↙（回车结束剪切边的选择）

选择要修剪的对象,或按住<Shift>键选择要延伸的对象,或

[栏选(F)/窗交(C)/投影(P)/边(E)/删除(R)]:　　　("窗交"选择被修剪垂直直线的中间部分)

选择要修剪的对象,或按住<Shift>键选择要延伸的对象,或

[栏选(F)/窗交(C)/投影(P)/边(E)/删除(R)]:　　　("窗交"选择被修剪水平直线的中间部分)

选择要修剪的对象,或按住<Shift>键选择要延伸的对象,或

[栏选(F)/窗交(C)/投影(P)/边(E)/删除(R)]:↵　　　(回车结束修剪的命令)

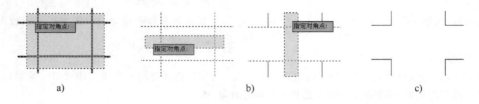

a)　　　　　　　　　　　　b)　　　　　　　　　　　　c)

图 5-22　复杂对象的修剪图形

a)"窗交"选择剪切边　b)"窗交"选择要修剪的图形　c)修剪后的图形

> 说明:修剪与删除这两个命令有所不同,修剪是只去除对象的一部分,而删除是对整个对象的全部去除。
>
> 对于 AutoCAD 初学者来说,最容易忽略的是,在确定剪切边界时,当选择完作为剪切边界的对象后常常忘记按回车键或空格键来结束剪切边界的定义。

2. 延伸

(1) 命令功能　延伸是指将指定的延伸对象的终点落到指定的某个对象的边界上。被延伸的对象可以是圆弧、椭圆弧、直线、非闭合的多段线、射线等。有效的边界对象包括圆弧、块、圆、椭圆、椭圆弧、浮动的视口边界、直线、非闭合的多段线、射线、面域、样条曲线、文本及构造线等。

(2) 操作说明　可采用面板法("默认"选项卡 ➡ 修改 ➡ 延伸)和命令法(EXtend 或 EX)执行延伸命令。

延伸命令在操作上与剪切命令相似,在剪切命令中通过按住<Shift>键选择对象也能实现延伸功能,下面以图 5-23 为例说明延伸的用法,详细的操作参考剪切命令。

命令:**EX** ↵　　　　　　　　　　　　(输入 EXtend 快捷命令"EX")

EXTEND

当前设置:投影=视图,边=无　　　　　　(提示当前设置)

选择边界的边 ...　　　　　　　　　　(提示选择延伸边界)

选择对象或<全部选择>:找到 1 个　　　(选择圆为延伸边界)

选择对象:↵　　　　　　　　　　　　(直接回车结束选择)

选择要延伸的对象,或按住<Shift>键选择要修剪的对象,或者

[栏选(F)/窗交(C)/投影(P)/边(E)]:　　　(选取要延伸的直线,直线延伸到圆的下弧)

选择要延伸的对象,或按住<Shift>键选择要修剪的对象,或者

[栏选(F)/窗交(C)/投影(P)/边(E)]:　　　(继续选取要延伸的直线,直线延伸到圆的上弧)

选择要延伸的对象,或按住<Shift>键选择要修剪的对象,或者

[栏选(F)/窗交(C)/投影(P)/边(E)]:　　　(回车结束延伸命令)

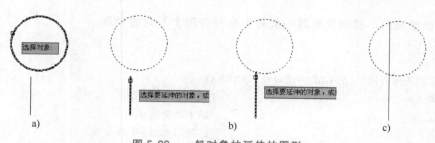

图 5-23 一般对象的延伸的图形

a）选择圆为延伸边界 b）选择要延伸的直线 c）直线延伸后的效果

说明：实际上，延伸命令和修剪命令可互相转换使用，其方法是：在使用延伸命令的过程中同时按住<Shift>键和鼠标左键，则可对所选择的对象进行修剪；而在使用修剪命令的过程中同时按住<Shift>键和鼠标左键，则可对所选择的对象进行延伸。如果能灵活运用这两个命令的转换功能，则可以在实际的绘图工作中节约大量的时间。

5.3.4 旋转与阵列

1. 旋转

（1）命令功能 以一个指定点为基点，按指定的旋转角度或一个相对于基础参考角的角度来旋转一个或多个对象。

（2）操作说明 可采用面板法（"默认"选项卡 ➭ 修改 ➭ 旋转）和命令法（ROtate 或 RO）执行旋转命令。常用角度法和参照法来完成旋转功能。

1）角度法旋转。

命令: RO ↵	（输入 Rotate 的快捷命令"RO"）
ROTATE	
UCS 当前的正角方向: ANGDIR＝逆时针 ANGBASE＝0	（显示当前角度设置情况）
选择对象:	（选择要旋转的对象，如图 5-24a 所示，选中矩形）
选择对象: ↵	（回车结束选择命令或继续选择对象）
指定基点:	（选择要旋转对象的旋转基点，选中图 5-24a 中矩形的左下角点为旋转基点）
指定旋转角度，或 [复制（C）/参照（R）]<0>: 60 ↵	（矩形将以左下角点为基点，按逆时针方向旋转 60°，执行结果如图 5-24b 所示）

说明：在"图形单位"对话框中，角度的默认选项是以逆时针为正，顺时针为负。指定旋转角度的输入方法是角度数值，该数值在 0～360 之间，如 60 表示旋转 60° 角，但不能输入 60°。另外，指定旋转角度的输入也可以用光标按照需要进行拖动。为了更加精确，最好能使用"正交"模式、极轴追踪或对象捕捉等绘图辅助工具。

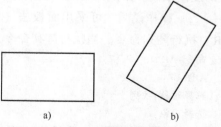

a) b)

图 5-24 角度法旋转图形

a）旋转前图形 b）旋转后图形

2）参照法旋转。参照法旋转一般是用来对齐两个不同的对象。

命令:<u>RO</u>↵

ROTATE

UCS 当前的正角方向: ANGDIR＝逆时针 ANGBASE＝0

选择对象: （选择矩形）

选择对象:↵ （结束对象选取）

指定基点: （选择图 5-25a 中的 A 点）

指定旋转角度,或[复制(C)/参照(R)]<0>:<u>R</u>↵ （输入"R",按参照的方式旋转对象矩形）

指定参照角: （直接输入参照方向角度值,或用捕捉的方式,单击两
点来确定参照方向的角度。本例题将用捕捉的方式选
中 A 点）

指定第二点: （用捕捉的方式选中 B 点,确定了参照角）

指定新角度或[点(P)]: （直接输入新的角度值,或用捕捉的方式,确定新角
度。本例题将用捕捉的方式选中 C 点以确定新角度,
完成矩形的旋转。矩形的实际的旋转角度为新角度
减去参照角度的差,执行结果如图 5-25b 所示）

在旋转命令执行过程中,若输入"C",表示在旋转的同时,还对所旋转对象进行复制。如上例中,在命令行提示:在指定旋转角度,或 [复制 (C)/参照 (R)] <0>:输入 C,即进行复制旋转,其他操作过程同上,执行结果如图 5-25c 所示。

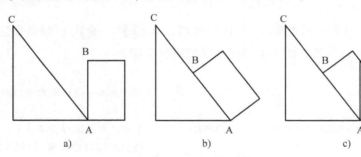

图 5-25 参照法旋转图形

a）旋转前图形 b）旋转后图形 c）复制旋转后图形

2. 阵列

（1）命令功能 以矩形、环形和路径方式多重复制对象。对于矩形阵列,可通过指定行和列的数目以及它们之间的距离来控制阵列后的效果;对于环形阵列,则需要确定组成阵列的复制数量,以及是否旋转复制等;路径阵列就是沿一定的路径均匀复制对象。

（2）操作说明 可采用面板法（"默认"选项卡 ⇨ 修改 ⇨ 阵列）和命令法（ARray 或 AR）执行阵列命令。当执行阵列命令后,提示如下:

命令:<u>AR</u>↵

ARRAY

选择对象:找到 1 个

选择对象:↵

输入阵列类型[矩形(R)/路径(PA)/极轴(PO)]<矩形>: （输入"R""PA"和"PO"选项就选择矩形阵
列、路径阵列和环形阵列）

1）矩形阵列。矩形阵列是指多个相同的结构按行、列的方式进行有序排列。执行阵列命令后，选择"矩形（R）"选项，AutoCAD 会新建一个"阵列创建"功能区选项卡，包含了 类型 、 列 、 行 、 层级 、 特性 、 关闭 6 个面板，如图 5-26 所示。

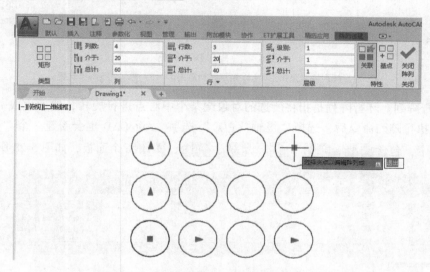

图 5-26　矩形阵列之"阵列创建"选项卡

也可以根据命令行的提示进行操作。

命令：AR ↵

ARRAY

选择对象：找到 1 个

选择对象：

输入阵列类型［矩形（R）/路径（PA）/极轴（PO）］<矩形>：R ↵

类型＝矩形　关联＝是

选择夹点以编辑阵列或［关联（AS）/基点（B）/计数（COU）/间距（S）/列数（COL）/行数（R）/层数（L）/退出（X）］<退出>：

"矩形阵列"的选项功能说明如下。

①"列数""行数"和"级别"文本框：指定阵列后的列数、行数和层数。

②"介于"文本框：指定阵列后的列间距、行间距和层间距，间距数值的正负号决定了阵列的方向。层是指在三维空间 Z 轴方向阵列的层数和层间距。

③"总计"文本框：指定第一列（行、层）到最后一列（行、层）的总距离。如列的总距离等于列数与列间距的乘积，也可以输入总距离，则列间距被计算等于总距离除以列数。

④"关联"：指定阵列中的对象是关联的还是独立的。默认为关联，则创建的阵列对象为一个对象，类似于一个块。

⑤"基点"：重新定义阵列的基点。

下面以把直径为 50 的圆阵列到 300×200 的矩形 4 个角为例，说明矩形阵列的操作：

首先绘制一个 300×200 的矩形和直径为 50 的圆，圆的圆心与矩形的左下角重合，如图 5-27a 所示。然后执行矩形阵列命令，在"阵列创建"功能区选项卡，设置"列数"和"行数"都为 2，"级别"为 1，设置列间距为 300，行间距为 200，结果如图 5-27b 所示。 行 、列面板设置如图 5-27c 所示。

图 5-27　矩形阵列对象

a) 矩形阵列原对象图形　b) 矩形阵列后图形　c) 行、列面板设置

2) 环行阵列。环行阵列是指将所选的对象绕某个中心点进行旋转，然后生成一个环行结构的图形。执行阵列命令后，选择"极轴（PO）"选项，AutoCAD 也会新建一个"阵列创建"功能区选项卡，包含类型、项目、行、层级、特性、关闭 6 个面板，如图 5-28 所示。

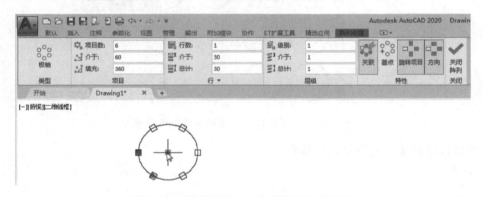

图 5-28　环形阵列之"阵列创建"选项卡

也可以根据命令行的提示进行操作。

命令:AR↵

ARRAY

选择对象:找到 1 个

选择对象:　输入阵列类型[矩形(R)/路径(PA)/极轴(PO)]<矩形>:PO↵

类型＝极轴　关联＝否

指定阵列的中心点或[基点(B)/旋转轴(A)]:　　　　　　　　　　　　　　（选取环形阵列中心点）

选择夹点以编辑阵列或[关联(AS)/基点(B)/项目(I)/项目间角度(A)/填充角度(F)/行(ROW)/层(L)/旋转项目(ROT)/退出(X)]<退出>:

"环形阵列"选项功能说明如下。

① 指定阵列的中心点:指定环行阵列参照的中心点。

② 旋转轴（A）:指定由两个指定点定义的自定义旋转轴。

③ "项目数"文本框:指定所选对象进行环行阵列后生成的对象个数。

④ "介于"文本框:指定环行阵列对象基点之间的包含角，默认角度为 60°。

⑤ "填充"文本框:指定环行阵列围绕中心点进行复制的角度，如要环行阵列一周，则填充角度为 360°。角度输入正值表示沿逆时针方向环行阵列，角度输入负值表示沿顺时针方向环行阵列。

⑥ 行面板:指定阵列中的行数、它们之间的距离以及行之间的增量标高。

⑦ 旋转项目：控制在排列项目时是否旋转项目。

⑧ 方向：控制阵列方向为顺时针或逆时针。

下面以把一个 20×20 的矩形环形阵列到直径为 100 的圆上为例，说明环形阵列的操作：

首先绘制一个 20×20 的矩形和直径为 100 的圆，矩形的中心点与圆的象限点重合，如图 5-29a 所示。然后执行环形阵列命令，"指定阵列的中心点"选取圆的圆心，在"阵列创建"功能区选项卡，设置"项目数"为 5，"填充"为 360，"行数"为 2，行间距为 40，结果如图 5-29b 所示。项目、行面板设置如图 5-29c 所示。

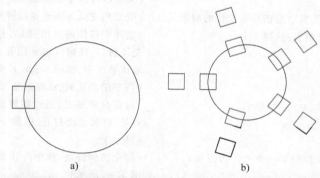

a)   b)

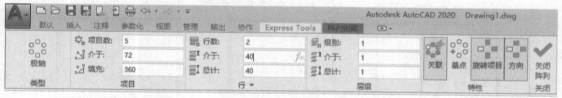

c)

图 5-29 环形阵列对象

a）环形阵列原对象图形 b）环形阵列后图形 c）项目、行面板设置

5.3.5 拉伸与拉长

1. 拉伸

（1）命令功能 用来改变对象的形状及大小。在拉伸对象时，必须使用一个交叉窗口或交叉多边形来选取对象，再指定一个放置距离，或者选择一个基点和放置点。

由直线、圆弧、区域填充（SOLID 命令）和多段线等命令绘制的对象，可通过拉伸命令改变其形状和大小。在选择对象时，若整个对象均在选择窗口内，则对其进行移动；若其一端在选择窗口内，另一端在选择窗口外，则根据对象的类型，按以下规则进行拉伸。

1）直线对象：位于窗口外的端点不动，而位于窗口内的端点移动，直线由此而改变。

2）圆弧对象：与直线类似，但在圆弧改变的过程中，其弦高保持不变，同时由此来调整圆心的位置和圆弧起始角、终止角的值。

3）区域填充对象：位于窗口外的端点不动，位于窗口内的端点移动，由此改变图形。

4）多段线对象：与直线和圆弧类似，但多段线两端的宽度、切线方向以及曲线拟合信息均不改变。

对于其他不可以通过拉伸命令改变其形状和大小的对象，如果在选取时其定义点位于选择窗口内，则对象发生移动，否则不发生移动。其中，圆对象的定义点为圆心，形和块对象的定义点为插入点，文字和属性定义点为字符串基线的左端点。

（2）操作说明　可采用面板法（"默认"选项卡⇨修改⇨拉伸）和命令法（Stretch 或 S）执行拉伸命令。

如图 5-30 所示，将墙体上的门，从左端拉伸到右端，操作如下：

命令:S ↵　　　　　　　　　　　　　　（执行拉伸的快捷命令"S"）

STRETCH　　　　　　　　　　　　　　（显示拉伸命令的全名）

以交叉窗口或交叉多边形选择要拉伸的对象…　（提示用交叉方法选择拉伸对象）

选择对象:指定对角点:找到 3 个　　　　（选择要拉伸的对象，即从右下方墙线向左上方构造交叉窗口，该窗口包含门和压住下方墙体，故门下方墙体被选中，如图 5-30b、c 所示）

选择对象:↵　　　　　　　　　　　　　（回车结束选取，或继续选择体）

指定基点或[位移（D）]<位移>:　　　　（指定拉伸基点，用对象捕捉方法选中门与墙体的交点处，并将正交打开，以保证水平移动门，如图 5-30d、e 所示）

指定第二个点或<使用第一个点作为位移>:　（指定拉伸终点，选中门移动的终止位置，执行结果如图 5-30f 所示）

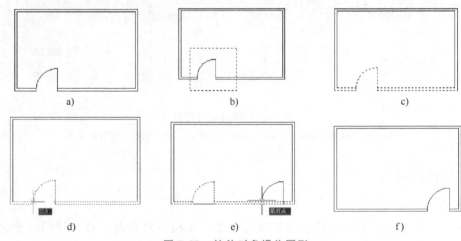

图 5-30　拉伸对象操作图形

a）拉伸前图形　b）窗口选择拉伸对象图形　c）拉伸对象被选中图形
d）指定拉伸基点图形　e）准确移动拉伸对象图形　f）拉伸后图形

在上述操作过程中，由于门被包含在窗口内，因此执行了移动功能；左侧下墙体被窗口选中，执行了拉长功能；右侧下墙体被窗口选中，执行了压缩功能。

拉伸命令执行时的注意事项：

1）Stretch 命令只能用交叉窗口方式选取对象。若使用 W 窗口或点取形式选择对象，则不能拉伸。

2）在选择对象时，若某些图形（直线、圆弧）的整体都在选择窗口内，则该图形是平移而不是拉伸；只有一端在窗口内，一端在窗口外，才能被拉伸。

3) 对于圆、椭圆、块、文本等没有端点的图形元素将不能被拉伸，根据其特征点是否在选取框内而决定是否进行移动。

　　4) 拉伸圆弧时，弦高保持不变，只改变圆心和半径。

　　5) 拉伸宽度渐变的多义线时，多义线的端点宽度保持不变。

2. 拉长

（1）命令功能　改变对象的长度，改变圆弧的角度，改变非闭合的圆弧、多段线、椭圆弧和样条曲线的长度。拉长对象的结果与延伸或修剪操作有些类似。其实拉长对象既可以使对象的长度变长，也可以使对象的长度变短。

（2）操作说明　可采用面板法（"默认"选项卡 ⇨ 修改 ⇨ 拉长）和命令法（LENgthen 或 LEN）执行拉长命令。也可以采用夹点编辑的方法，选择对象后，直接拖动对象端点。

　　拉长命令一般有按增量、按百分数、按总长度和动态等 4 种方法来改变对象的长度。

　　1) 按增量拉长对象。按增量拉长对象可以直接增加线段的长度，也能以增大角度的方式来拉长圆弧的长度。

命令：　　　　　　　　　　　　　　　　（"默认"选项卡 ⇨ 修改 ⇨ 拉长）

LENGTHEN

选择对象或[增量(DE)/百分数(P)/总计(T)/动态(DY)]<总计(T)>:de↵

　　　　　　　　　　　　　　　　　　　（选择增量方式拉长或缩短对象）

输入长度增量或[角度(A)]<10.0000>:400 ↵　　（指定对象拉长的长度为 400,如果输入正值,则所

　　　　　　　　　　　　　　　　　　　选对象被增长;如果输入负值,则所选对象被缩短）

选择要修改的对象或[放弃(U)]:　　　　　（选择对象被拉长或缩短的一端,系统将对象从选

　　　　　　　　　　　　　　　　　　　择点最近的端点拉长到指定值。如在直线的右端

　　　　　　　　　　　　　　　　　　　选取直线,执行结果如图 5-31 所示,原直线被向右

　　　　　　　　　　　　　　　　　　　拉长 400 个单位）

选择要修改的对象或[放弃(U)]:↵　　　　（回车结束）

命令:_lengthen

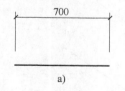
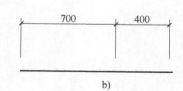

图 5-31　按增量拉长直线

a) 直线拉长前图形　b) 直线按长度增量拉长后图形

　　如果在"输入长度增量或 [角度（A）] <0.0000>"的提示下，输入"A"，则表示角度增量值修改选定圆弧的圆心角。如图 5-32 所示，输入"45"后按回车或空格键。选择圆弧右上端，则圆弧在该侧圆心角增加 45°，即圆弧在此处被拉长。

　　2) 按百分数拉长对象。

命令：　　　　　　　　　　（直接回车,重复执行命令）

LENGTHEN

选择对象或[增量(DE)/百分数(P)/总计(T)/动态(DY)]<增量(DE)>:P ↵

	（指定总长度或总角度的百分比来改变对象的长度）
输入长度百分数<100.0000>:50 ↵	（如果指定的百分比大于 100,则对象从距离选择点最近的端点开始拉长,拉长后的长度（角度）为原长度（角度）乘以指定的百分比;如果指定的百分比小于 100,则对象从距离选择点最近的端点开始修剪,修剪后的长度（角度）为原长度（角度）乘以指定的百分比）
选择要修改的对象或[放弃(U)]:	（选择圆弧的右上部分）
选择要修改的对象或[放弃(U)]:↵	（回车结束,执行结果如图 5-33 所示,即圆弧被剪切一半）

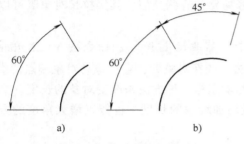

图 5-32　按增量拉长圆弧
a）圆弧拉长前图形　b）圆弧按角度增量拉长后图形

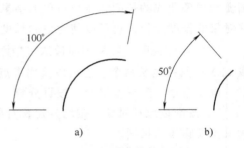

图 5-33　按百分数拉长对象
a）拉长前图形　b）P＝50 拉长后的图形

3）按总长度拉长对象。

命令:	（直接回车,重复执行命令）
LENGTHEN	
选择对象或[增量(DE)/百分数(P)/总计(T)/动态(DY)]<百分数(P)>:T ↵	（按所给定的总长度值来改变线段的长度）
指定总长度或[角度(A)]<1.0000>:500 ↵	
选择要修改的对象或[放弃(U)]:	（选取直线的下端点）
选择要修改的对象或[放弃(U)]:↵	（结束命令,执行结果如图 5-34 所示,即直线被拉长至总长度为 500）

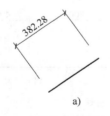
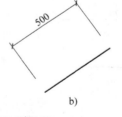

图 5-34　按总长度拉长对象
a）拉长前图形　b）T＝500 拉长后的图形

5.3.6　打断与合并

1. 打断

（1）命令功能　打断对象或删除对象的一部分。打断的对象可以是直线线段、多段线、圆弧、圆、椭圆、样条曲线、射线或构造线等，标注的尺寸线不能被打断。

（2）操作说明　可采用面板法（"默认"选项卡⇨ 修改 ⇨ 打断 ）和命令法（BReak 或 BR）执行打断命令。

当执行打断对象命令后，提示如下：

命令:_break 选择对象:　　　　　　　　（单击 修改 工具栏⇨ 打断 按钮,点取要断开的对象）

指定第二个打断点或［第一点（F）］:

在这个操作过程中，根据应用情况，可以有以下 3 种情形。

1）模糊打断：直接点取所选对象上另一点，则 AutoCAD 自动将选择对象的位置作为第一点，该输入点作为第二点，在这两点间打断所选对象，由于选择对象的位置的点（即第一点）具有不准确性，因此称此种方法为模糊打断。

命令:BR ↵　　　　　　　　　　　　　（输入"BREAK"的快捷命令"BR"）

选择对象:　　　　　　　　　　　　　（拾取要断开的对象,此时光标的拾取点则为第一个打断点）

指定第二个打断点或［第一点（F）］:　　（在对象上选取的点为第二打断点）

2）精确打断：在"指定第二个打断点或［第一点（F）］:"提示下输入"F"，以重新定义第一点。图 5-35 所示为精确打断操作过程。

命令:BR ↵

选择对象:　　　　　　　　　　　　　（拾取要断开的对象）

指定第二个打断点或［第一点（F）］:F ↵　（重新定义第一点）

指定第一个打断点:　　　　　　　　　（用对象捕捉方法点取打断的第一点）

指定第二个打断点:　　　　　　　　　（用对象捕捉方法点取打断的第二点,则在第一点和第二点间准确断开对象）

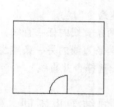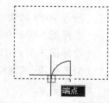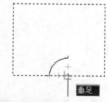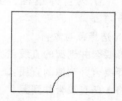

图 5-35　精确打断操作过程

3）以点打断：在"指定第二个打断点或［第一点（F）］:"提示下输入"F"，指定第二个打断点则输入"@"。

命令:BR ↵

选择对象:　　　　　　　　　　　　　（拾取要断开的对象）

指定第二个打断点或［第一点（F）］:F ↵　（重新定义第一点）

指定第一个打断点:　　　　　　　　　（用对象捕捉方法点取打断的第一点）

指定第二个打断点:@ ↵　　　　　　　（指定第二个打断点时输入"@",则 AutoCAD 将在选取对象的第一个打断点处断开,此法也称为原对象"一分为二"法。图 5-36 所示为以夹点的方式显示直线以点方式打断前后的变化）

　　　　a)　　　　　　　　　　　　b)

图 5-36　直线以点方式打断前后的变化

a) 打断前　b) 打断后

此外，单击 修改 工具栏的 打断于点 按钮，也能实现以点打断的功能。

命令:_break 选择对象:　　　　　　　　（单击 修改 工具栏⇨ 打断于点 按钮,点取要断开的对象）

指定第二个打断点或[第一点(F)]:_f　　（自动选取 F 选项）

指定第一个打断点:　　　　　　　　　（用对象捕捉方法指定第一个打断点）

指定第二个打断点:@　　　　　　　　（自动执行@语句并结束命令）

> 说明:
>
> 1）若断开对象为圆，则 AutoCAD 删除第一点与第二点之间沿逆时针方向的圆弧。
>
> 2）若输入第二点不在直线上，则 AutoCAD 由该点向直线作垂线，删除第一点和垂足之间的线段；若输入第二点不在圆弧上，则 AutoCAD 连接该点与圆心，与圆弧有一个交点，删除第一点和交点之间的线圆弧。
>
> 3）在命令行提示"选择对象"时，无论用何种方式选择打断对象，每次只能选择一个对象。

2. 合并

（1）命令功能　将相似的对象如直线、圆弧、椭圆弧、多段线、样条曲线等合并为一个对象。在合并两条或多条圆弧（或椭圆弧）时，将从源对象开始沿逆时针方向合并圆弧（或椭圆弧）。

（2）操作说明　可采用面板法（"默认"选项卡⇨ 修改 ⇨ 合并 ）和命令法（Join 或 J）执行合并命令。

图 5-37 为合并过程，其操作如下：

命令:J↵　　　　　　　　　　　　　　（输入 JOIN 的快捷命令"J"）

JOIN 选择源对象:　　　　　　　　　（选择图 5-37a 中两条直线的任一直线）

选择要合并到源的直线:找到 1 个　　（选择图 5-37a 中两条直线的另一条直线）

选择要合并到源的直线:↵　　　　　　（回车结束，或继续选择合并直线）

已将 1 条直线合并到源　　　　　　　（提示信息）

圆弧是按逆时针方向进行合并的，因选择的顺序不同，得到的结果也不同。例如，图 5-37b 中是以左边圆弧为源对象得到的合并结果，而图 5-37c 中是以右边圆弧为源对象得到的合并结果。

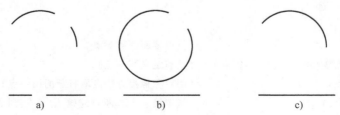

图 5-37　合并前后效果

a）合并前　b）合并后 1　c）合并后 2

5.3.7　缩放命令

1. 命令功能

按照指定的基点将所选对象真实地放大或缩小。

2. 操作说明

可采用面板法（"默认"选项卡 ⇨ 修改 ⇨ 比例 ）和命令法（SCale 或 SC）执行缩放命令。

1）按指定的比例因子缩放。

命令:_scale　　　　　　（单击 修改 工具栏 ⇨ 比例 按钮）

选择对象:找到 1 个　　（选择所缩放的对象块,如图 5-38a 所示）

选择对象:↵　　　　　　（回车或空格键,结束选择对象）

指定基点:　　　　　　　（选择 A 点）

指定比例因子或［复制(C)/参照(R)］<1.0000>:0.5 ↵

　　　　　　　　　　（输入比例因子"0.5",系统将按照该值相对于指定的基点缩放对象,执行结果如图 5-38b 所示。当比例因子在 0~1 之间时,将缩小对象;当比例因子大于 1 时,则放大对象）

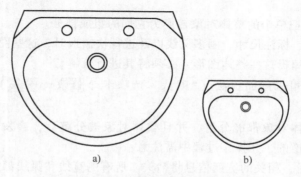

a)　　　　　　　　　　　　　　　b)

图 5-38　按指定的比例因子缩放对象

a）缩放前对象　b）缩放后对象

2）**按指定参照缩放。** 如果在命令行"指定比例因子或［复制（C）/参照（R）］:"提示下输入"R",则按照参照缩放对象,即按照现有对象的尺寸作为新尺寸的参照。如图 5-39a 所示,矩形的原来尺寸未知,但要求缩放后的尺寸为 150,在该情况下,用指定参照缩放操作更为方便,具体操作步骤如下:

命令:SC ↵　　　　　　　　　　（输入快捷命令"SC"）

SCALE

选择对象:　　　　　　　　　　（选择图 5-39a 所示的整个图形）

选择对象:↵　　　　　　　　　　（结束选择对象）

指定基点:　　　　　　　　　　（选择 A 点）

指定比例因子或［复制(C)/参照(R)］:R ↵

指定参照长度:　　　　　　　　（选择 A 点）

指定第二点:　　　　　　　　　（选择 B 点）

指定新的长度或［点(P)］:150 ↵　（输入"150"为 AB 两点的新长度,执行结果如图 5-39b 所示）

> 说明：在命令行"指定比例因子或［复制（C）/参照（R）］:"提示下输入"C",表示可复制一个缩放后的图形,而原图形不变。但缩放后的图形容易与原图形重叠,会使图形混乱。

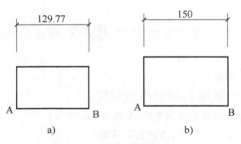

图 5-39　按指定参照缩放对象

a）缩放前对象　b）缩放后对象

5.3.8　分解与对齐

1. 分解

（1）命令功能　把单个的整体对象转换为它们的组成部分。

当进行图案填充、标注尺寸、画多义线以及进行块插入时，这些图形都是作为一个整体而存在的。有时为了编辑这些整体图形，必须将其进行分解。

（2）操作说明　可采用面板法（"默认"选项卡 ⇨ 修改 ⇨ 分解）和命令法（eXplode 或 X）执行分解命令。

并不是所有的整体对象都能分解，并且整体对象被分解后，会发生质变，丢失一些信息。分解过程是不可逆的，在操作过程中需注意：

1）多义线分解后，相关的宽度信息将消失，所有的直线和弧线都沿中心放置。

2）带有属性的图块分解后，其属性值将被还原成为属性定义的标志。

3）阵列插入的带有不同 X、Y 插入比例的图块不能分解。

4）在对封闭多义线进行倒圆角时，采用不同方法画出的封闭的多义线，倒圆角的结果不同，具体情况与倒角相似。

5）在分解对象后，原来配置成 By Block（随块）的颜色和线型的显示，将有可能发生改变。

6）如果分解面域，则面域转换成单独的线、圆等对象。

7）某些对象如文字、外部参照及用 MINSERT 命令插入的块不能分解，但文字可以使用 ET 扩展工具分解。

2. 对齐

（1）命令功能　通过移动、旋转或操作来使一个对象与另一个对象对齐，可以只做一个或两个操作，也可以三个操作都做。

（2）操作说明　可采用面板法（"默认"选项卡 ⇨ 修改 ⇨ 对齐）和命令法（ALign 或 AL）执行对齐命令。

命令：AL ↵　　　　　　　　　　　　　　　　　　（输入快捷命令"AL"）

ALIGN

选择对象：找到 1 个　　　　　　　　　　　　　　（选择图 5-40a 所示的长方形）

选择对象：↵　　　　　　　　　　　　　　　　　　（回车结束）

指定第一个源点：　　　　　　　　　　　　　　　　（选择长方形的左上角 C 点）

指定第一个目标点：　　　　　　　　　　　　（指定三角形的 D 点）

指定第二个源点：　　　　　　　　　　　　　（选择长方形的左下角 B 点）

指定第二个目标点：　　　　　　　　　　　　（指定三角形的 A 点）

指定第三个源点或<继续>：↵

是否基于对齐点缩放对象？［是（Y）/否（N）］<否>：↵　　（执行结果将长方形移动到三角形的斜边上，如图 5-40b 所示）

是否基于对齐点缩放对象？［是（Y）/否（N）］<否>：Y ↵　　（执行结果将长方形放大并移动到三角形上，如图 5-40c 所示）

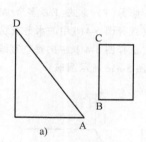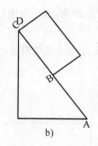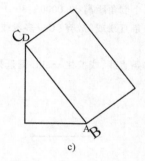

图 5-40　对齐对象

a）对齐前对象　　b）对齐而不缩放对象　　c）对齐并缩放对象

5.3.9　倒角与倒圆角

1. 倒角

（1）命令功能　连接两个非平行的对象，通过延伸或修剪使它们相交或利用斜线连接。

（2）操作说明　可采用面板法（"默认"选项卡 ⇨ 修改 ⇨ 倒角）和命令法（CHAmfer 或 CHA）执行倒角命令。

命令：_chamfer

（"修剪"模式）当前倒角距离 1 = 0.0000，距离 2 = 0.0000

选择第一条直线或［放弃（U）/多段线（P）/距离（D）/角度（A）/修剪（T）/方式（E）/多个（M）］：

各选项的含义如下：

① （"修剪"模式）当前倒角距离 1 = 0.0000，距离 2 = 0.0000：显示系统当前的"修剪"模式。

② 放弃（U）：放弃最近由 Chamfer 命令所进行的修改。

③ 多段线（P）：在二维多段线的所有顶点处产生倒角。

④ 距离（D）：设置倒角距离。

⑤ 角度（A）：以指定一个角度和一段距离的方法来设置倒角距离。

⑥ 修剪（T）：设置是否在倒角对象后，仍然保留被倒角对象原有的形状。

⑦ 方式（E）：在"距离"和"角度"两个选项之间选择验证方法。

⑧ 多个（M）：给多个对象集倒角。命令行将重复显示主提示和"选择第二个对象"提示，直到用户按回车或空格键结束命令。

1）按指定距离倒角。按指定距离倒角就是按已确定的一条边的倒角距离进行倒角。如

图 5-41a 所示, 对直线执行倒角, 生成如图 5-41b 和图 5-41c 所示图形, 执行过程如下:

命令:CHA ↵　　　　　　　　　　　　　　　(执行快捷命令"CHA")

("修剪"模式)当前倒角距离 1 = 0. 0000,距离 2 = 0. 0000

选择第一条直线或[放弃(U)/多段线(P)/距离(D)/角度(A)/修剪(T)/方式(E)/多个(M)]:

　　　　　　　　　　　　　　　　　　　　(选择水平直线)

选择第二条直线,或按住<Shift>键选择要应用角点的直线:　　(选择垂直直线,执行结果如图 5-41b 所示)

选择第一条直线或[放弃(U)/多段线(P)/距离(D)/角度(A)/修剪(T)/方式(E)/多个(M)]:D ↵

指定第一个倒角距离<0. 0000>:40 ↵

指定第二个倒角距离<0. 0000>:80 ↵

选择第一条直线或[放弃(U)/多段线(P)/距离(D)/角度(A)/修剪(T)/方式(E)/多个(M)]:

　　　　　　　　　　　　　　　　　　　　(选择图 5-41b 中的水平直线)

选择第二条直线,或按住<Shift>键选择要应用角点的直线:　　(选择图 5-41b 中的垂直直线,执行结果如
　　　　　　　　　　　　　　　　　　　　图 5-41c 所示图形)

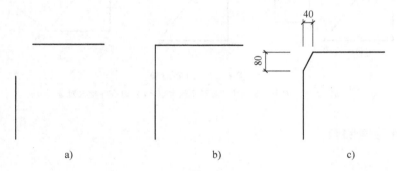

图 5-41　直线倒角对象

a) 倒角前对象　b) 倒角距离 = 0 时对象　c) 指定不同倒角距离对象

如图 5-42 所示, 对多段线执行倒角, 执行过程如下:

命令:CHA ↵　　　　　　　　　　　　　　　(执行快捷命令"CHA")

("修剪"模式)当前倒角距离 1 = 40. 0000,距离 2 = 80. 0000

选择第一条直线或[放弃(U)/多段线(P)/距离(D)/角度(A)/修剪(T)/方式(E)/多个(M)]:P ↵

选择二维多段线:↵　　　　　　　　　(选择图 5-42a 中的二维多段线)

4 条直线已被倒角　　　　　　　　　　(提示 4 条直线已被倒角,执行结果如图 5-42b 所示)

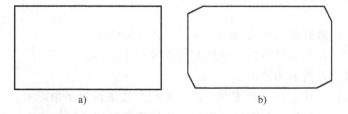

图 5-42　二维多段线倒角对象

a) 倒角前对象　b) 倒角后对象

　　2) 按指定距离和角度倒角。按指定距离和角度倒角就是按已确定的一条边的倒角距离以及倒角与这条边的角度进行倒角,以图 5-43 为例加以说明。

命令:CHA ↵　　　　　　　　　　　　　　　　（执行快捷命令"CHA"）

（"修剪"模式）当前倒角距离 1 = 0.0000,距离 2 = 0.0000

选择第一条直线或[放弃(U)/多段线(P)/距离(D)/角度(A)/修剪(T)/方式(E)/多个(M)]:A ↵

　　　　　　　　　　　　　　　　（选择按指定距离和角度方式倒角）

指定第一条直线的倒角长度<0.0000>:100 ↵

指定第一条直线的倒角角度<0>:60 ↵

选择第一条直线或[放弃(U)/多段线(P)/距离(D)/角度(A)/修剪(T)/方式(E)/多个(M)]:

　　　　　　　　　　　　　　　　（选择如图 5-43a 所示的右上角水平线）

选择第二条直线,或按住<Shift>键选择要应用角点的直线:

　　　　　　　　　　　　　　　　（选择如图 5-43a 所示的右上角竖直线,执行结果
　　　　　　　　　　　　　　　　如图 5-43b 所示）

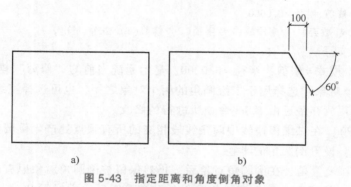

图 5-43　指定距离和角度倒角对象

a）倒角前对象　b）倒角后对象

　　设置是否在倒角时对相应的倒角边进行修剪，即是否保留被倒角对象原有的形状，在"选择第一条直线或［放弃（U）/多段线（P）/距离（D）/角度（A）/修剪（T）/方式（E）/多个（M）］:"提示下输入"T"，则提示："输入修剪模式选项［修剪（T）/不修剪（N）］<默认值>:"，"修剪（T）"选项表示倒角时修剪倒角边；"不修剪（N）"选项表示倒角时不对倒角边进行修剪。执行倒角命令时修剪与不修剪的对比如图 5-44 所示。

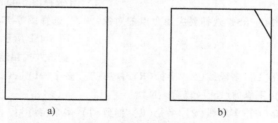

图 5-44　修剪与不修剪对比

a）倒角前对象　b）倒角后对象

（3）几点说明

1）当设置的倒角距离太大或倒角角度无效时，AutoCAD 会提示："距离太大"。

2）当选择的两倒角边平行或不能做出倒角时，AutoCAD 会提示："直线平行"。

3）倒角命令不但能对相交的两条边进行倒角，还可对不相交的两条边进行倒角。如果把倒角距离设置为 0 后对两条不相交的边进行倒角，则相当于将两条边延长至一点；利用倒

角命令的这个功能，可以使两条并不相连的线段连接起来。

4）在对封闭多义线进行倒角时，采用不同方法画出的封闭的多义线，倒角的结果不同。若画多义线时用"Close"封闭，AutoCAD 在每一个顶点处倒角；若使用点的目标捕捉功能画封闭多义线时，AutoCAD 则认为该处多义线为断点，不进行倒角操作。

2. 倒圆角

（1）命令功能　用一个指定半径的圆角光滑地连接两个对象。可以进行圆角处理的对象有直线段、多段线的直线段（非圆弧）、样条曲线、构造线、圆、圆弧和椭圆。

（2）操作说明　可采用面板法（"默认"选项卡 ⇨ 修改 ⇨ 圆角）和命令法（Fillet 或 F）执行倒圆角命令。

命令:Fillet ↵
当前设置:模式 = 修剪,半径 = 0.0000
选择第一个对象或[放弃(U)/多段线(P)/半径(R)/修剪(T)/多个(M)]:

各选项的含义如下：

① 当前设置：模式 = 修剪，半径 = 0.0000：显示系统当前的"修剪"模式。

② 选择第一个对象：选择用于二维圆角的两个对象之一，也可选择三维实体的边。

③ 放弃（U）：放弃最近由 Fillet 命令所进行的修改。

④ 多段线（P）：在二维多段线中两条线段相交的所有顶点处产生倒圆角。

⑤ 半径（R）：设置倒圆角的半径。

⑥ 修剪（T）：设置是否在倒圆角对象后，仍然保留被倒圆角对象原有的形状。

⑦ 多个（M）：给多个对象集倒圆角。命令行将重复显示主提示和"选择第二个对象"提示，直到用户按回车或空格键结束命令。

1）为两条不平行直线倒圆角。执行倒圆角命令的操作过程如下：

命令:F ↵　　　　　　　　　　　　　　　　　　　（输入快捷命令"F",执行 FILLET 倒圆角
　　　　　　　　　　　　　　　　　　　　　　　　命令）

当前设置:模式 = 修剪,半径 = 0.0000
选择第一个对象或[放弃(U)/多段线(P)/半径(R)/修剪(T)/多个(M)]:
　　　　　　　　　　　　　　　　　　　　　　　　（选择图 5-45a 中水平直线）
选择第二个对象,或按住<Shift>键选择要应用角点的对象:　　（选择图 5-45a 中垂直直线,执行结果如
　　　　　　　　　　　　　　　　　　　　　　　　图 5-45b 所示,即将不相交的两条直线以
　　　　　　　　　　　　　　　　　　　　　　　　直角方式相连接）
选择第一个对象或[放弃(U)/多段线(P)/半径(R)/修剪(T)/多个(M)]:T ↵
修剪模式选项[修剪(T)/不修剪(N)]<修剪>:N ↵
选择第一个对象或[放弃(U)/多段线(P)/半径(R)/修剪(T)/多个(M)]:
　　　　　　　　　　　　　　　　　　　　　　　　（选择图 5-45a 中水平直线）
选择第二个对象,或按住<Shift>键选择要应用角点的对象:　　（选择图 5-45a 中垂直直线,执行结果为
　　　　　　　　　　　　　　　　　　　　　　　　如图 5-45c 所示图形,即倒角后保留原直
　　　　　　　　　　　　　　　　　　　　　　　　线）

修改圆角半径操作如下：

选择第一个对象或[放弃(U)/多段线(P)/半径(R)/修剪(T)/多个(M)]:R ↵
指定圆角半径<0.0000>:80 ↵
选择第一个对象或[放弃(U)/多段线(P)/半径(R)/修剪(T)/多个(M)]:

选择第二个对象,或按住<Shift>键选择要应用角点的对象:

（选择图 5-45a 中水平直线）

（选择图 5-45b 中垂直直线,执行结果如图 5-45d 所示,即将不相交的两条直线以半径为 80 的圆弧相连接）

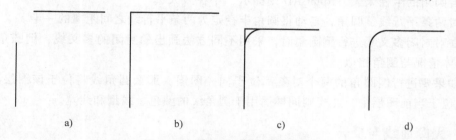

a)　　　　　b)　　　　　c)　　　　　d)

图 5-45　两条不平行直线倒圆角

a）不相交的两条直线　b）r＝0 时的倒圆角　c）不修剪的倒圆角　d）r＝80 时的倒圆角

2）为两条平行直线倒圆角。可以为平行直线和构造线倒圆角，但第一个选定对象必须是直线或单向构造线，第二个对象可以是直线、双向构造线或单向构造线。圆角弧的连接如图 5-46 所示。

3）为圆和圆弧倒圆角。执行倒圆角命令且 r＝0 时，执行结果如图 5-47 所示。

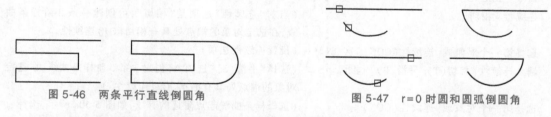

图 5-46　两条平行直线倒圆角　　　　　　图 5-47　r＝0 时圆和圆弧倒圆角

4）为直线和多段线的组合倒圆角。图 5-48 是由直线与多段线相交组成的图形，执行倒圆角命令后，倒圆角和圆角弧线合并形成单独的新多段线。

5）为整个多段线倒圆角。

命令：F↵

当前设置：模式＝修剪，半径＝0.0000

选择第一个对象或［放弃(U)/多段线(P)/半径(R)/修剪(T)/多个(M)］:R↵

指定圆角半径<0.0000>:300↵

选择第一个对象或［放弃(U)/多段线(P)/半径(R)/修剪(T)/多个(M)］:P↵

选择二维多段线：　　　　　　　　　　（选择图 5-49a 中的多段线）

选择二维多段线:↵　　　　　　　　　　（回车结束,3 条直线已被倒圆角,执行结果见图 5-49b）

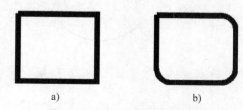

a)　　　　　　　　　b)

图 5-48　直线和多段线的组合倒圆角　　　图 5-49　为整个多段线倒圆角

a）倒圆角前多段线　b）倒圆角后多段线

（3）几点说明

1）要倒圆角的对象可以是直线、圆弧，也可以是圆，但倒圆角的结果与点取的位置有关，AutoCAD 总是使靠近点取点近的地方用圆弧光滑地连接起来。

2）若圆角的半径太大，AutoCAD 则提示"半径太大"。

3）对两条平行线倒圆角，自动将圆角半径定为两条平行线之间距离的一半。

4）在对封闭多义线进行倒圆角时，采用不同方法画出的封闭的多义线，倒圆角的结果不同，具体情况与倒角相似。

5）如果要进行倒圆角的两个对象都位于同一图层，那么圆角线将位于该图层。否则，圆角线将位于当前图层中，此规则同样适用于圆角线的颜色、线型和线宽。

5.3.10　光顺曲线与反转

1. 光顺曲线

（1）命令功能　在两条选定直线或圆弧、多段线、曲线之间的间隙中创建一条 3 阶或 5 阶的样条曲线，比创建样条曲线简单些。

（2）操作说明　可采用面板法（"默认"选项卡 ⇨ 修改 ⇨ 光顺曲线）和命令法（BLEND）执行光顺曲线命令。

命令:_BLEND

连续性＝相切　（当前"连续性"选项是"相切"，可创建一条 3 阶样条曲线，在选定对象的端点处具有相切（G1）连续性。）

选择第一个对象或［连续性（CON）］:CON ↵　（设置连续性选项）

输入连续性［相切（T）/平滑（S）］<相切>:S ↵　（选择"平滑（S）"选项，将创建一条 5 阶样条曲线，在选定对象的端点处具有曲率（G2）连续性。）

选择第一个对象或［连续性（CON）］:　（选择样条曲线起点附近的直线，如图 5-50a 所示，选择直线的靠近 B 点处，若选择直线的另一端点 A 近处，则是 A 点与圆弧连接）

选择第二个点:　（可选择样条曲线端点附近的圆弧两个端点 C 和 D，因选择的连接点不同，会产生不同的样条曲线，如图 5-50b、c 所示）

选择第二个点:↵　（回车，退出命令）

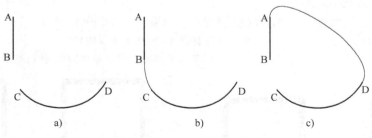

图 5-50　光顺曲线命令操作

2. 反转

（1）命令功能　反转选定直线、多段线、样条曲线和螺旋的顶点，即修改其起点和终点的顺序，对于具有包含文字的线型或具有不同起点宽度和端点宽度的宽多段线，此操作非常有用。

（2）操作说明　可采用面板法（"默认"选项卡 ⇨ 修改 ⇨ 反转 ）和命令法（REVERSE）执行反转命令。

命令：_reverse
选择要反转方向的直线、多段线、样条曲线或螺旋：
选择对象：找到 1 个　　　　　　（选择对象）
选择对象：↵
已反转对象的方向。

（3）效果说明

1）若一条直线的起始点坐标为（100，100，0），终点为（200，200，0），执行反转命令后，起始点（200，200，0）与终点（100，100，0）交换，但直线位置不变。

2）反转多段线后，起始点宽度与终点宽度互换，但形状与位置不变。

3）如果使用了 AutoCAD 的 acadiso.lin 线型文件绘制直线，反转命令无效果，因为 acadiso.lin 的线型不包含旋转方式。若是自编的线型，并以相对旋转的方式指定带文字的线型，线型中的文字可能会颠倒显示，对其反转后，对象的顶点会更改文字的方向，如图 5-51 所示。

—— SⱯƆ —— SⱯƆ ——　　　　　　—— GAS —— GAS ——
a)　　　　　　　　　　　　　　　b)

图 5-51　包含文字线型的反转
a）反转前的直线　b）反转后的直线

5.4　编辑对象属性

类型不同的对象其属性也有区别，可以修改和设置对象的属性，也可以查看对象的特性。

5.4.1　使用特性选项板

使用"特性"选项板可以修改任何对象的任一特性。特性选项板在绘图过程中可以处于打开状态。

可采用面板法（"视图" ⇨ 选项板 ⇨ 特性 ）、命令法（PRoperties 或 CH 或 MO）、下拉菜单和快捷键<Ctrl+1>弹出图 5-52 所示的特性选项板。

当没有选择对象时，特性选项板将显示当前状态的特性，包括当前的图层、颜色、线型、线宽和打印样式等设置。

当选择一个对象时，特性选项板将显示选定对象的特性。选择的对象不同，特性选项板中显示的内容和项目也不同。

当选择多个对象时，特性选项板将只显示这些对象的共有特性，此时可以在特性选项板顶部的下拉列表中选择一个特定类型的对象，在这个列表中还显示出当前所选择的每一种类型的对象的数量。

在特性选项板中，修改某个特性的方法取决于所要修改的特性的类型，归纳起来，可以使用以下几种方法之一修改特性。

1）直接输入新值：对于带有数值的特性，如厚度、坐标值、半径、面积等，可以通过输入一个新的值来修改对象的相应特性。

2）从下拉列表中选择一个新值：对于可以从下拉列表中选择的特性，如图层、线型、打印样式等，可从该特性对应的下拉列表中选择一个新值来修改对象的特性。

3）用对话框修改特性值：对于通常需要用对话框设置和编辑的特性，如超级链接、填充图案的名称或文本字符串的内容，可选择该特性并单击后部出现的省略号图标按钮，在显示出来的"对象编辑"对话框中修改对象的特性。

4）使用拾取点按钮修改坐标值：对于表示位置的特性（如起点坐标），可选择该特性并单击后部所出现的"特性"选项板中的键盘快捷键。

图 5-52 "特性"选项板

说明："特性"选项板中使用的快捷键如下。

1）箭头键和<Page Up>或<Page Down>键：可以在窗口中垂直移动。

2）<Ctrl+Z>：放弃操作。

3）<Ctrl+X>、<Ctrl+C>和<Ctrl+V>：分别用于剪切、复制和粘贴。

4）<Ctrl+1>：显示或关闭"特性"选项卡。

5）<Home>：移动到列表的第一个特性。

6）<End>：移动到列表的最后一个特性。

7）<Ctrl+Shift+字母字符>：移动到以该字母开始的下一个特性。

8）<Esc>：取消特性的修改。

9）<Alt+下箭头键>：打开设置列表。

10）<Alt+上箭头键>：关闭设置列表。

5.4.2 使用特性匹配对象

匹配对象特性就是将图形中某对象的特性和另外的对象相匹配，即将一个对象的某些或所有特性复制到一个或多个对象上，使它们在特性上保持一致。

可采用面板法（"特性"选项卡⇨ 对象匹配 ）和命令法（MAtchprop 或 MA）启动特性匹配命令。

命令：'_matchprop   （单击"特性"选项卡的 对象匹配 ，又称格式刷）

选择源对象： 　　　　　（选择图 5-53a 中圆）

　　当前活动设置：颜色 图层 线型 线型比例 线宽 透明度 厚度 打印样式 标注 文字 图案填充 多段线 视口 表格材质 多重引线中心对象 　　（显示当前活动设置）

　　选择目标对象或[设置(S)]： 　　（选择图 5-53a 所示的直线，则直线所属图层改变为圆所属图层，直线与圆成为同一图层，直线的线宽、线型、颜色等都发生变化）

　　选择目标对象或[设置(S)]：↵ 　（回车结束，则生成如图 5-53b 所示的图形）

　　若在"选择目标对象或［设置（S）］："提示下输入"S"，则弹出如图 5-54 所示的"特性设置"对话框，可选择想要匹配的特性并消除不想修改的特性，单击 确定 按钮。

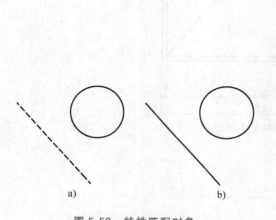

图 5-53　特性匹配对象

a）特性匹配前对象　b）特性匹配后对象

图 5-54　"特性设置"对话框

练 习 题

　　1. 用复制、镜像、拉长、偏移等命令把原图（见图 5-55a）编辑成目标图（见图 5-55b）。（注：不必进行尺寸标注）

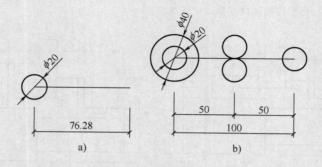

图 5-55　用复制、拉长、偏移和镜像命令编辑图形

a）原图　b）目标图

　　2. 绘制一个基础平面图，如图 5-56 所示。（注：不必进行尺寸标注）

　　3. 绘制一个工字形柱截面图，如图 5-57 所示。（注：不必进行尺寸标注）

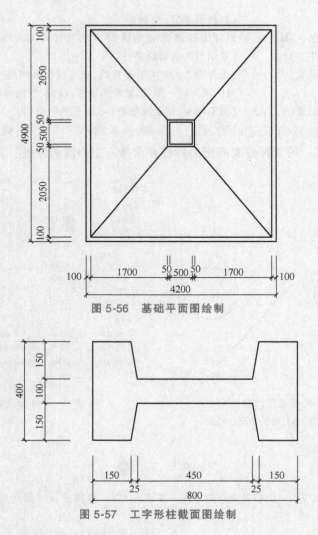

图 5-56 基础平面图绘制

图 5-57 工字形柱截面图绘制

4. 先绘制图 5-58a，再利用拉伸命令修改成图 5-58b。

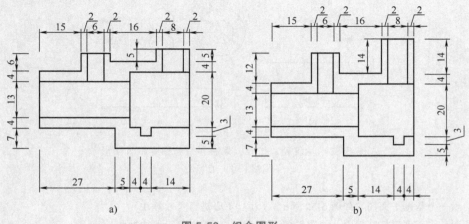

a)   b)

图 5-58 组合图形一

5. 利用对称、阵列、对齐等命令绘制图 5-59。

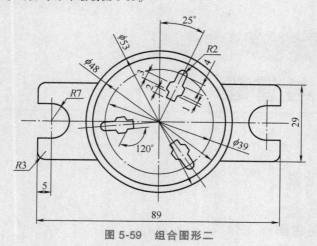

图 5-59　组合图形二

6. 先绘制图 5-60a，再利用修剪、夹点编辑、阵列、复制、镜像等修改成图 5-60b。

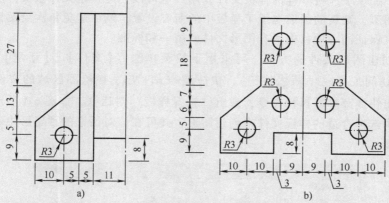

图 5-60　组合图形三

第6章
图形设置与管理

6.1 基本图形设置

6.1.1 使用样板创建图形文件

样板文件是一种包含有特定图形设置的图形文件,图形样板文件的扩展名为".dwt"。AutoCAD 为用户提供了风格多样的样板文件,用户也可以创建自定义样板文件。如果使用样板来创建的新图形,则新的图形继承了样板中的所有设置,既可避免每次绘图做大量的重复设置工作,又可保证同一项目中所有图形文件的统一和标准。

使用样板创建图形文件的方法,可采用下拉菜单法(【文件】⇨【新建】)、命令行法(NEW)、快速访问工具栏(新建按钮)、快捷键<Ctrl+N>、在绘图区域的文件页面控件标题上按右键弹出快捷菜单等执行命令,弹出"选择样板"对话框,如图 6-1 所示。用户可以从提供的文件中选择合适的样板文件来创建图形,并可在该对话框的预览区中看到所选的样板的图样缩略图。

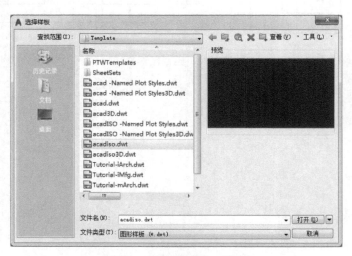

图 6-1 "选择样板"对话框

6.1.2 设置绘图样板

绘图可以在 AutoCAD 的默认配置下进行,但为了使图形具有统一的格式、标注样式、文字样式、图层、布局等，必须建立符合自己行业和单位规范的样板图。设置完成的绘图环境可以保存为样板图形文件。样板文件的设置内容包括：设置图形（单位和精度），图形界限，捕捉、栅格和正交设置，图层组织，标题栏、边框和图标，标注和文字样式，线型和线宽等。

　　保存样板文件的操作可采用下拉菜单法（【文件】⇨【另存为】）执行命令，弹出"图形另存为"对话框，如图 6-2 所示。在"文件类型"下拉列表中选择"AutoCAD 图形样板（ *.dwt）"，在"文件名"文本框中输入样板文件名，单击 保存 按钮后，弹出"样板说明"对话框，可以对这个样板图做些说明。

图 6-2　"图形另存为"对话框

6.2　创建图层

6.2.1　图层的概念

　　图层相当于透明纸，用户可在每一张透明纸上分别绘制不同的图形对象，最后将这一张张透明的图纸叠放在一起，即可形成一幅完整的图形。

　　对于大型的复杂图形，利用图层功能，可以很方便地进行绘制和管理。用户可将不同的图形对象放置于不同的图层，可给同一图层上的图形对象设置统一的线型、颜色和线宽等。用户在绘制图形时，可以在某图层上绘制某些图形对象，且这些对象具有一定的线型、线宽和颜色等特性，这就是所谓的 ByLayer（随层）特性。

　　图层有以下特点：

1）在一幅图中可以创建任意数量的图层，且在每一图层上的对象数量没有任何限制。

2）每个图层都有一个名称。当开始绘制新图时，系统自动创建层名为"0"的图层，这是系统的默认图层。默认图标不可重命名，其余图层可由用户自己定义。

3）所有图层中必须有且只能有一个当前图层，用户只能在当前图层上绘图。

4）各图层具有相同的坐标系、绘图界限及显示缩放比例。

5）可以对各图层进行不同的设置，以便对各图层上的对象同时进行编辑操作。

对于每一个图层，可以设置其对应的线型、颜色等特性，可以对各图层进行打开、关闭、冻结、解冻、锁定与解锁等操作，以决定各图层的可见性与可操作性。可以把图层指定成为打印或不打印图层。

6.2.2　创建新图层

创建一个新的图形时，AutoCAD 将自动创建一个名为"0"的默认图层。默认情况下，图层 0 将被指定编号为 7 的颜色、Continuous 线型、"默认"线宽以及"普通"打印样式。图层 0 不能被删除和重命名，是一个特殊的图层，也具有其他图层所没有的功能。可以根据需要创建新的图层，并为该图层指定所需特性。

创建新图层可采用面板法（"常用"选项卡 ⇨ 图层 ⇨ 图层特性 ）和命令行法（LAyer 或 LA）。执行命令后弹出"图层特性管理器"对话框，如图 6-3 所示。创建过程如下：

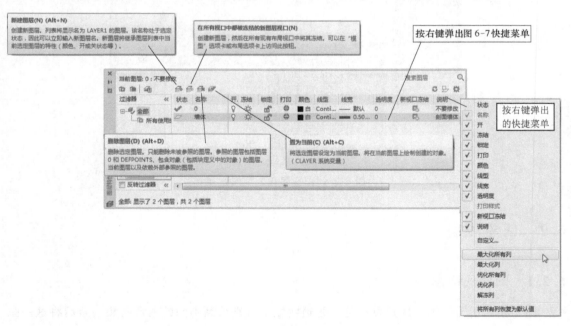

图 6-3　"图层特性管理器"对话框

1）单击 新建图层 图标按钮 ，新图层将以临时名称"图层 1"显示在列表中，并采用默认设置特性，与图层 0 的默认特性完全一样。

2）输入新的图层名称，如"墙体"。

3）单击相应图层颜色、线型、线宽、透明度和打印样式等特性，修改该层上对象的基本特性。

4）如果要创建多个图层，再次单击 新建图层 图标按钮，输入新的图层名，并修改各层上对象的基本特性。

图层创建完毕，在 图层 面板的下拉列表中可以看到新建的图层，如图 6-4 所示。

图 6-4　 图层 面板的下拉列表

6.2.3　设置图层特性

1. 状态

在图 6-3 的 "图层特性管理器" 对话框，图层列表中的第一列为 "状态" 列，显示图层和过滤器的状态。其中， ▱ 和 ▱ 标识为此图层包含对象和不包含任何对象。 ▱ 和 ▱ 标识包含和不包含对象，并且布局视口中的特性替代已打开。 ▱ 和 ▱ 标识包含和不包含对象，并且布局视口中的外部参照和视口特性替代已打开。 ▱ 和 ▱ 标识包含和不包含对象，并且外部参照特性替代已打开。 ✔ 为当前图层标识。

2. 名称

图层的名字是图层的唯一标识。默认情况下，图层的名称按 "图层 0"、"图层 1"、"图层 2"、…的编号依次递增，可以根据需要为图层定义能够表达用途的名称。可按<F2>键修改图层名称。

在实际应用中，建议采用以某种对象的名称命名图层，如 "墙体" "给水管" "污水管" "阀门" "标注" "中心线" "轮廓线" "尺寸标注" "文字" 等。例如，可以创建一个 "中心线" 图层，专门用于绘制中心线，该图层指定中心线应具备的特性，如颜色为红色，线型为点画线，线宽为 "默认" 线宽。要绘制中心线时，切换到 "中心线" 图层开始绘图，不需要在每次绘制中心线时去设置线型、线宽和颜色。

3. 开和关

图层的开/关状态对应 💡/💡 图标，是对图层打开或关闭的控制。在开的状态下，灯泡的颜色为黄色，图层上的图形可以显示，可以在输出设备上打印。在关的状态下，灯泡的颜色为灰色，图层上的图形不能显示，也不能打印输出。在工程设计时经常将一些与本专业无关的图层关闭，使得相关的图层更加清晰。

4. 冻结和解冻

单击 "冻结" 列对应的 ☼/❄ 图标，可以解冻或冻结图层。图层被冻结的图形对象不执行重生成操作，可提高性能，当然图形也不显示和打印输出，也无法编辑或修改图层上的图形对象。当前层不能冻结，不能将冻结层改为当前层，否则将会显示警告信息对话框。

5. 锁定和解锁

单击"锁定"列对应的🔓/🔒图标，可以锁定或解锁图层。图层锁定状态并不影响该图层图形对象的显示，但不能编辑锁定图层上的对象，可以在锁定的图层上绘制新图形对象。实际设计中通常将不想被修改的某些对象所在图层锁定起来。

6. 颜色

单击一个图层上"颜色"列对应的■/□图标，弹出"选择颜色"对话框。在"选择颜色"对话框中，可以根据需要选择"索引颜色""真彩色"或"配色系统"选项卡，从而选择一种颜色。索引颜色调色板有 255 种颜色，对工科专业来说能够满足工程设计要求。应养成对常用的图层设置对应颜色的习惯，这样可以通过颜色分辨对象的不同，如墙体可设置为白色，管道可设置为蓝色，轴线可设置为绿色等。

7. 线型

线型用来区分各种线条的用途。单击"线型"列对应的 线型 按钮，打开"选择线型"对话框。从列表中选择一个线型，或者选择加载，从一个线型文件中加载线型，如图 6-5 所示。默认的线型文件为 acadiso.lin，是用公制单位定义的，还有一个英制的 acad.lin 线型文件，两者的线型内容是一样的，只是单位不同，但不要混用。

图 6-5　"加载或重载线型"对话框

8. 线宽

除了 TrueType 字体、光栅图像、点和实体填充以外，所有对象都能以线宽显示和打印。为图层指定线宽后，可在屏幕和图纸上表现图层中对象的宽度。系统提供了一系列的可用线宽，包括"默认"线宽的值是 0.25mm。"默认"值可由系统变量 LWDEFAULT 设置，或单击"常用"选项卡⇨ 特性 ⇨ 线宽 按钮弹出的"线宽设置"对话框中设置。对象需采用什么的线宽，应根据制图标准和设计要求选择。

9. 透明度

控制所有对象在选定图层上的可见性，默认值为 0，表示不透明。单击"透明度"值将显示"图层透明度"对话框，直接输入透明度值即可。对单个对象应用透明度时，对象的透明度特性将替代图层的透明度设置，即对象透明度比图层透明度优先。透明度肯定影响显示效果，也可以设置是否使用透明度打印影响打印效果。

10. 打印和打印样式

单击"打印"列对应的打印机图标 ，可以设置图层是否被打印，可以在保持图形显示可见性不变的前提下控制图形的打印特性。打印功能只对可见的图层起作用，即只对没有冻结和没有关闭的图层起作用。

"打印样式"列可确定各图层的打印样式，如果使用的是彩色绘图仪，则不能改变这些打印样式。

11. 新视口冻结

单击"新视口冻结"列图标 ，可在布局的新建视口中冻结选定图层。例如，在所有新视口中冻结"尺寸标注"图层，将在所有新创建的布局视口中限制该图层上的标注显示，但不会影响现有视口中的"尺寸标注"图层。如果以后创建了需要标注的视口，则可以通过更改"视口冻结"设置来替代默认设置。

12. 视口图层特性

在图纸空间的布局，图层的特性会增多，当双击一个视口进入模型空间时，图层的特性如图 6-6 所示，增加了"视口冻结""视口颜色""视口线型""视口线宽"和"视口透明度"等 5 列视口图层特性。这 5 项图层特性是针对这一视口设定的，可以把"冻结"特性理解为所有视口的图层特性或者模型空间的图层特性，若"冻结"列是冻结的，则在"视口冻结"列中无法解冻。但是，若是"冻结"列是解冻的，则在"视口冻结"列中可以冻结。可以在视口中，采用不同的颜色、线型、线宽和透明度。视口的图层特性可用在标注和专业协作等方面，不同的专业在同一个对象上进行不同的标注，可以采用不同的比例标注。

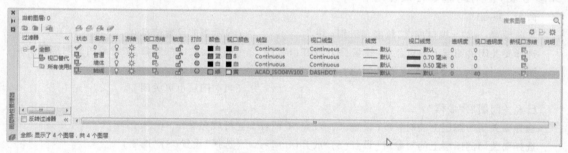

图 6-6 视口图层特性

6.3 管理图层

使用"图层特性管理器"对话框不仅可以创建图层，设置图层的颜色、线型和线宽，还可以对图层进行更多的设置与管理，如图层的切换、重命名、删除及图层的显示控制等。在图层特性值的一行单击鼠标右键可弹出如图 6-7 所示的快捷菜单，用菜单的形式替代"图层特性管理器"对话框的图标功能，对初学者直观一些。

管理图层可使用 图层 面板的按钮，如图 6-8 所示，它提供了"图层特性管理器"对话框没有的强大功能。

图 6-7　图层管理的快捷菜单

图 6-8　图层面板的图层工具

6.3.1　关闭选定对象的图层

单击图层面板图标则执行 LAYOFF 命令，其功能是关闭选定对象的图层，不需关心对象所属哪个图层。如果在处理图形时需要不被遮挡的视图，或者如果不想打印细节（例如参考线），则此命令将很有用。

命令:_layoff
当前设置:视口=视口冻结,块嵌套级别=块　　　　　　　（显示当前设置信息）
选择要关闭的图层上的对象或[设置(S)/放弃(U)]:　（选择需关闭的对象,则对象相属图层关闭）
图层"墙体"为当前图层,是否关闭它？[是(Y)/否(N)]<否(N)>:y↵

　　　　　　　　　　　　　　　　　　　　　　　　（当前图层也可关闭）

已经关闭图层"墙体"。
选择要关闭的图层上的对象或[设置(S)/放弃(U)]:u↵　（可放弃操作）
选择要关闭的图层上的对象或[设置(S)/放弃(U)]:s↵　（选择"设置(S)"选项）
输入设置类型[视口(V)/块选择(B)]:v↵　　　　　　（选择"视口(V)"选项）
在图纸空间视口使用[视口冻结(V)/关(O)]<视口冻结(V)>:↵

　　　　　　　　　　　　　　　　　　（"视口冻结(V)"可在图纸空间的当前视口中
　　　　　　　　　　　　　　　　　　冻结选定的图层。"关(O)"可关闭所有视口
　　　　　　　　　　　　　　　　　　选定的图层）

选择要关闭的图层上的对象或[设置(S)/放弃(U)]:s↵
输入设置类型[视口(V)/块选择(B)]:b↵　　　　　（选择"块选择(B)"选项,可以冻结选定对象
　　　　　　　　　　　　　　　　　　　　　　所在的图层）

输入块选择嵌套级别[块(B)/图元(E)/无(N)]<块(B)>:e↵

　　　　　　　　　　　　　　　（"块(B)"关闭选定对象所在的图层,如果选
　　　　　　　　　　　　　　　定的对象嵌套在块中,则关闭包含该块的图
　　　　　　　　　　　　　　　层;如果选定的对象嵌套在外部参照中,则关

闭该对象所在的图层。"图元(E)"即使选定
对象嵌套在外部参照或块中,仍将关闭选定对
象所在的图层。"无(N)"关闭选定对象所在
的图层,如果选定块或外部参照,则关闭包含
该块或外部参照的图层。)

6.3.2 图层隔离

根据当前设置,除选定对象所在图层之外的所有图层均将关闭、在当前布局视口中冻结
或锁定。保持可见且未锁定的图层称为隔离。

单击 图层 面板 图标则执行 LAYISO 命令,其功能是将选定的对象的图层之外的所有
图层都锁定或关闭或冻结。执行 LAYISO 命令后,先进行设置隔离的选项,是锁定还是在当
前布局视口中冻结或锁定,然后选择一个或多个对象,这样除选定对象所在图层之外的所有
图层,根据当前设置将关闭或在当前布局视口中冻结或锁定,选择的对象所在的图层保持可
见和未锁定。

命令:_layiso
当前设置:锁定图层,Fade = 50   (当前设置是隔离的方式为锁定图层,淡入度为50)
选择要隔离的图层上的对象或[设置(S)]:s↵
输入未隔离图层的设置[关闭(O)/锁定和淡入(L)]<锁定和淡入(L)>:↵
                                      ("锁定和淡入(L)"选项是锁定除选定对象所在的图层之
                                       外的所有图层,并设置锁定图层的淡入度)
输入淡入度值(0-90)<50>:60 ↵   (改变淡入度为60)
选择要隔离的图层上的对象或[设置(S)]:s ↵
输入未隔离图层的设置[关闭(O)/锁定和淡入(L)]<锁定和淡入(L)>:o ↵
                                      ("关闭(O)"选项是关闭所有视口中除选定图层之外的所
                                       有图层)
在图纸空间视口使用[视口冻结(V)/关(O)]<关(O)>:v ↵
                                      (选择是冻结对象还是关闭对象)
选择要隔离的图层上的对象或[设置(S)]:找到 1 个
选择要隔离的图层上的对象或[设置(S)]:↵
已隔离图层 墙体。

进行了隔离操作后,直接单击 图层 面板 图标则执行 LAYUNISO 命令,恢复由 LAYI-
SO 命令隔离的图层。

6.3.3 图层漫游

单击 图层 面板 图标则执行 LAYWALK 命令,显示"图层漫游"对话框,如图 6-9 所
示,其功能是显示选定图层上的对象并隐藏所有其他图层上的对象。对于包含大量图层的图
形,用户可以过滤显示在对话框中的图层列表。使用此命令可以检查每个图层上的对象和清
理未参照的图层。

默认情况下,效果是暂时性的,关闭对话框后图层将恢复。若不勾选"图层漫游"对
话框中的"退出时恢复"复选框,则关闭对话框后其他图层将关闭。

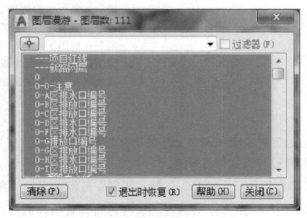

图 6-9 "图层漫游" 对话框

6.3.4 切换图层

不同的对象分配到不同的图层里，可提高图形编辑的效率。图形都是在当前图层下创建的，若在绘图过程中使用了错误的图层，还需把对象改变到正确的图层上。若图形含有大量的图层，对象在不同图层的归类也是件很麻烦的事。

1. 切换为当前层

1）直接切换某一图层为当前层的方法有：

① 在"图层特性管理器"对话框的图层列表中，选择某一图层后，单击 当前图层 图标按钮，则选择的图层切换为当前层。

② 在"图层特性管理器"对话框的图层列表中，选择某一图层后，按鼠标右键弹出快捷菜单如图 6-7 所示，单击【置为当前】子菜单项，即可将该层设置为当前层。

③ 在 图层 面板的下拉列表中，选择一图层设置为当前图，如图 6-4 所示，因不需要打开在"图层特性管理器"对话框，操作方便，是常用的切换当前层的方法。

2）在 图层 面板上，提供了更为方便的切换当前层的方法：

① 单击 置为当前 图标按钮 执行 LAYMCUR 命令，提示"选择将使其图层成为当前图层的对象："，则当前图层发生变化，改为选择对象所在的图层。

② 单击 匹配图层 图标按钮 执行 LAYCUR 命令，提示"选择要更改到当前图层的对象："，则选定的对象所在的图层发生了变化，更改到当前图层。如果发现在错误图层上创建的对象，可以将其快速更改到当前图层上。

2. 改变对象所在图层

创建的对象若要改变所在的图层，常用的方法是先选择需改变图层的对象，然后打开 图层 面板的下拉列表，如图 6-4 所示，从中选择正确的图层。

在 图层 面板上，单击 置为当前 图标按钮 执行 LAYMCH 命令，提示"选择要更改的对象："，此时可以单选或多选需修改的对象，结束选择后，再提示"选择目标图层上的对象"，则需修改的对象的图层与目标对象的图层匹配，第一次选择的对象的图层将改变为第二次选择的对象的图层，这一功能与"特性匹配"的操作顺序是相反的。

　　在 特性 面板上，单击 特性匹配 图标按钮 执行"MATCHPROP"命令，可将将选定对象的特性应用于其他对象，可应用的特性类型包含颜色、图层、线型、线型比例、线宽、打印样式、透明度和其他指定的特性，可以设置"特性设置"对话框，从中控制要将哪些对象特性复制到目标对象。

6.3.5　转换图层

　　使用"图层转换器"对话框可以转换图层，实现图形的标准化和规范化。"图层转换器"对话框能够转换当前图形中的图层，使之与其他图形的图层结构或 CAD 标准文件相匹配。例如，如果打开一个与本公司图层结构不一致的图形时，可以使用"图层转换器"对话框转换图层名称和属性，以符合本公司的图形标准。

　　单击"管理"选项卡 ➡ CAD 标准 ➡ 图层转换器 按钮，打开"图层转换器"对话框，如图 6-10 所示，其选项功能如下：

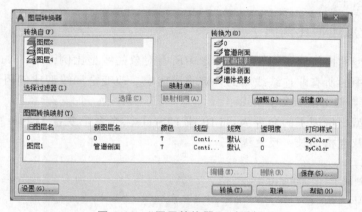

图 6-10　"图层转换器"对话框

　　1）"转换自"选项组：显示当前图形中即将被转换的图层结构，可以在列表框中选择，也可以通过"选择过滤器"来选择。

　　2）"转换为"选项组：显示可以将当前图形的图层转换成图层名称。单击 加载 按钮打开"选择图形文件"对话框，可从中选择作为图层标准的图形文件，并将该图层结构显示在"转换为"列表框中。单击 新建 按钮打开"新图层"对话框，可以从中创建新的图层作为转换匹配图层，新建的图层也会显示在"转换为"列表框中。

　　3） 映射相同 按钮：将"转换自"列表框中和"转换为"列表框中的名称相同的图层进行转换映射。如"0"图层。

　　4） 映射 按钮：单击该按钮，可以将在"转换自"列表框中选中的图层映射到"转换为"列表框中，并且当前层被映射后，将从"转换自"列表框中删除。（只有在"转换自"选项组和"转换为"选项组中都选择了对应的转换图层后， 映射 按钮才可以使用）。如"图层 1"与"管道剖面"建立了映射关系，"图层 2"与"管道投影"选择了映射关系，单击 映射 按钮后就建立了映射关系。

5)"图层转换映射（Y）"选项组：显示已经映射的图层名称和相关的特征值。当选中一个图层后，单击 编辑 按钮，将打开"编辑图层"对话框，可以从中修改转换后的图层特性。单击 删除 按钮，可以取消该图层的转换映射，该图层将重新显示在"转换自"选项组中。单击 保存 按钮，将打开"保存图层映射"对话框，可以将图层转换关系保存到一个标准配置文件 *.DWS 中。

6）设置 按钮：单击该按钮，打开"设置"对话框，可以设置图层的转换规则。

7）转换 按钮：单击该按钮将开始转换图层，并关闭"图层转换"对话框。

6.4　设置线型比例

非连续线是由短横线、空格等重复构成的，如点画线、虚线等。这种非连续线的外观可以由比例因子控制。当用户绘制的点画线、虚线等非连续线看上去与连续线一样时，即可调节其线型的比例因子。

6.4.1　改变全局线型比例因子

改变全局线型的比例因子用于更改图形中所有对象的线型比例因子，AutoCAD 将重生成图形，图形文件中的所有非连续线型的外观将受影响。改变全局线型比例因子的方法如下。

1. 设置系统变量 LTScale

设置全局线型比例因子的命令为：LTS 或 LTScale，当系统变量 Ltscale 的值增加时，非连续线的短横线及空格加长；反之缩短。

命令：LTSCALE ↲

输入新线型比例因子<0.5000>:0.1

正在重生成模型。

命令：LTSCALE ↲

输入新线型比例因子<0.1000>:0.3

正在重生成模型。

2. 利用"线型管理器"对话框设置全局线型比例因子

选择"默认"选项卡⇨ 特性 ⇨"线型"下拉列表，选择"其他"激活"线型管理器"对话框，然后单击 显示细节 按钮，在对话框的底部会出现"详细信息"选项组，如图 6-11 所示。在"全局比例因子"文本框内输入新的比例因子。

6.4.2　改变特定对象线型比例因子

改变特定对象的线型比例因子，将改变选中对象中所有非连续线型的外观。改变特定对象线型比例因子有两种方法。

1）利用"线型管理器"对话框，单击 显示/隐藏细节 按钮，在对话框的底部会出现"详细信息"选项组，在"当前对象缩放比例"文本框内输入新的比例因子。

2）利用"特性"选项板。选中对象按鼠标右键打开下拉菜单，单击【特性】菜单项，打开"特性"选项板，如图 6-12 所示。

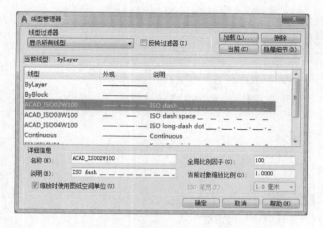

图 6-11 "线型管理器" 对话框

图 6-12 "特性" 选项板

选择需要改变线型比例的对象，在"常规"选项组中单击"线型比例"选项，将其激活，输入新的比例因子，回车确认，即可改变外观图形，此时其他非连续线型的外观将不会改变。

因对非连续线型定义不是很了解，选择的线型可能并不适合自己的设计要求，这时需通过命令 CELTSCALE 设置局部线型比例因子，局部线型比例因子设置后，会影响以后绘制的对象。

6.5 使用设计中心

对于一个比较复杂的设计工程来说，图形数量大、类型复杂，往往由多个设计人员共同完成，对图形的管理就显得十分重要，这时就可以使用 AutoCAD 设计中心来管理图形设计资源。

AutoCAD 设计中心（AutoCAD Design Center，ADC）提供了一个直观且高效的工具，与 Windows 资源管理器类似。使用设计中心，不仅可以浏览、查找、预览和管理 AutoCAD 图形、块、外部参照及光栅图像等不同的资源文件，而且还可以通过简单的拖放操作，将位于本地计算机、局域网或 Internet 上的块、图层和外部参照等内容插入到当前图形。另外，在 AutoCAD 中，使用"图纸集管理器"可以管理多个图形文件。

可采用面板法（"视图"选项卡 ⇨ 选项板 ⇨ 设计中心）和命令行法（ACENTER 或 ADC）执行设计中心命令，弹出"设计中心"对话框，如图 6-13 所示，在"设计中心"对话框中，包含"文件夹""打开的图形"和"历史记录"选项卡。

1）"文件夹"选项卡：显示本地磁盘和网上邻居的信息资源。

2）"打开的图形"选项卡：显示当前 AutoCAD 所有打开的图形文件。双击文件名或者单击文件名前面的⊞图标，则列出该图形文件所包含的块、图层、文字样式等项目。

3）"历史记录"选项卡：以完整的路径显示最近打开过的图形文件。

在"设计中心"对话框中，可以使用工具栏和选项卡来选择和观察设计中心的图形。

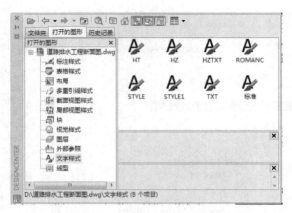

图 6-13　"设计中心"对话框

6.6　使用外部参照

外部参照就是把一个图形文件附加到当前工作图形中，被插入的图形文件信息并不直接加到当前图形中，当前图形只是记录了"引用关系"，如参照图形文件的路径等信息。

外部参照与块有相似之处，其主要区别是：一旦插入了块，该块就永久性地插入到当前图形中，成为当前图形的一部分。而以外部参照方式将图形插入到某一图形（称为主图形）后，被插入图形文件的信息并不直接加入到主图形中，主图形只是记录参照的关系。另外，对主图形的操作不会改变外部参照图形文件的内容。当打开具有外部参照的图形时，系统会自动把各外部参照图形文件重新调入内存并在当前图形中显示出来。

在 AutoCAD 的图形数据文件中，有用来记录块、图层、线型及文字样式等内容的表，表中的项目称为命名目标。对于那些位于外部参照文件中的这些组成项，则称为外部参照文件的依赖符。在插入外部参照时，系统会重新命名参照文件的依赖符，然后再将它们添加到主图形中。例如，假设 AutoCAD 的图形文件 Drawing.dwg 中有一个名称为"图层 1"的图层，而 Drawing.dwg 被当作外部参照文件，那么在主图形文件中"图层 1"的图层被命名为"Drawing｜图层 1"层，同时系统将这个新图层名字自动加入到主图形中的依赖符列表中。

AutoCAD 的自动更新外部参照依赖符名字的功能可以使用户非常方便地看出每一个命名目标来自于哪一个外部参照文件，而且主图形文件与外部参照文件中具有相同名字的依赖符不会混淆。

在 AutoCAD 中，可以使用"插入"选项卡中的 参照 面板编辑和管理外部参照，如图 6-14 所示。

6.6.1　附着外部参照

可采用面板法（"插入"选项卡 ⇨ 参照 ⇨ 附着 ）和命令行法（XATTACH）执行命令，弹出"选择参照文件"对话框，如图 6-15 所示，利用该对话框可以将图形文件以外部参照的形式插入到当前的图形中。按下

图 6-14　参照 面板

打开 按钮后，还会弹出"附着外部参照"对话框，如图 6-16 所示。从图 6-16 中可看出，在图形中插入外部参照的方法与插入块的方法相同，只是在"附着外部参照"对话框中多了几个特殊选项。

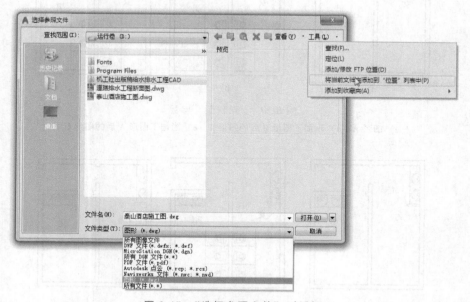

图 6-15 "选择参照文件"对话框

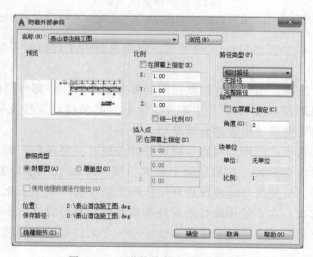

图 6-16 "附着外部参照"对话框

1）在"参照类型"选项组中，可以确定外部参照的类型，有"附着型"和"覆盖型"两种类型。选择"附着型"单选按钮，外部参照是可以嵌套的；选择"覆盖型"单选按钮，则外部参照不会嵌套。如图 6-17 和图 6-18 所示，假设图形 B 附加于图形 A，图形 A 又附加或覆盖于图形 C。如果选择了"附着型"，则图形 B 也会嵌套到图形 C 中；而选择了"覆盖型"，图形 B 就不会嵌套进图形 C 中。

2）在"路径类型"选项组中，AutoCAD 默认使用相对路径附着外部参照，包括"完整

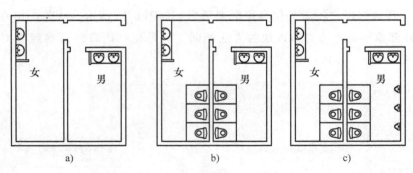

图 6-17 "附着型" 参照

a）图形 A　b）附加了图形 B 后的图形 A　c）附加了图形 A 后的图形 C

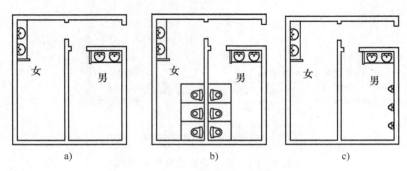

图 6-18 "覆盖型" 参照

a）图形 A　b）覆盖了图形 B 后的图形 A　c）附加了图形 A 后的图形 C

路径""相对路径"和"无路径"三种类型。使用 REFPATHTYPE 系统变量更改默认路径类型。

①"完整路径"选项：当使用完整路径附着外部参照时，外部参照的精确位置将保存到宿主图形中。此选项的精确度要高，但灵活性最小。如果移动工程文件夹，那么 AutoCAD 将无法融入任何使用完整路径附着的外部参照。

②"相对路径"选项：使用相对路径附着外部参照时，将保存外部参照相对于宿主图形的位置。此选项的灵活性最大。如果移动工程文件夹，那么 AutoCAD 仍可以融入使用相对路径附着的外部参照，只要此外部参照相对宿主图形的位置未发生变化。

③"无路径"选项：在不使用路径附着外部参照时，AutoCAD 首先在宿主图形文件夹中查找外部参照。当外部参照文件与宿主图形位于用一个文件夹时，此选项非常有用。

6.6.2　剪裁外部参照

插入进来的外部参照如果只需要看到其中的一部分内容，则可对外部参照进行剪裁。

采用面板法（"插入"选项卡 ⇨ 参照 ⇨ 剪裁）和命令行法（XCLIP），可以定义外部参照或块的剪裁边界并设置前后剪裁面。执行该命令，选择参照图形后，命令行将显示如下提示：

输入剪裁选项

[开（ON）/关（OFF）/剪裁深度（C）/删除（D）/生成多段线（P）/新建边界（N）]<新建边界>：

各选项说明如下。

1）"开（ON）"选项：打开外部参照剪裁功能。为参照图形定义了剪裁边界及前后剪裁面后，在主图形中仅显示位于剪裁边界、前后剪裁面内的参照图形部分。

2）"关（OFF）"选项：关闭外部参照剪裁功能，选择该选项可显示全部参照图形，不受边界的限制。

3）"剪裁深度（C）"选项：为参照的图形设置前后剪裁面。

4）"删除（D）"选项：用于删除指定外部参照的剪裁边界。

5）"生成多段线（P）"选项：自动生成一条与剪裁边界相一致的多段线。

6）"新建边界（N）"选项：设置新的剪裁边界。选择该选项后命令行将显示如下提示信息：

指定剪裁边界：

[选择多段线(S)/多边形(P)/矩形(R)/反向剪裁(I)]<矩形>：

其中，选择"选择多段线（S）"选项可以选择已有的多段线作为剪裁边界；选择"多边形（P）"选项可以定义一条封闭的多段线作为剪裁边界；选择"矩形（R）"选项可以以矩形作为剪裁边界。

剪裁后，外部参照在剪裁边界内的部分仍然可见，而剩余部分则变为不可见。外部参照附着和块插入的几何图形并未改变，只是改变了显示可见性，并且裁剪边界只对选择的外部参照起作用，对其他图形没有影响，如图 6-19 所示。

宿主图形　　　　　插入参照图形后　　　　选择剪裁边界　　　　只有边界内的参照图形被显示

图 6-19　剪裁参照边界

注意：设置剪裁边界后，利用系统变量 xclipframe 可控制是否显示该剪裁边界。当 xclipframe 为 0 时不显示，为 1 时显示。

6.6.3　绑定外部参照

设计过程结束后，将外部参照直接绑定过来，割裂与源文件的联系，使它成为主文件的一部分。

采用下拉菜单法（【修改】⇨【对象】⇨【外部参照】⇨【绑定】）和命令行法（XBIND），可以打开"外部参照绑定"对话框。在该对话框中可以把从外部参照文件中选出的一组依赖符永久地加入到主图形中，成为主图形中不可缺少的一部分，如图 6-20 所示。

在该对话框中，用户可以将块、尺寸样式、图层、线型，以及文字样式中的依赖符添加到主图形中。当绑定依赖符后，它们将永久地加入到主图形中且原依赖符中的"丨"符号换成"0"符号。

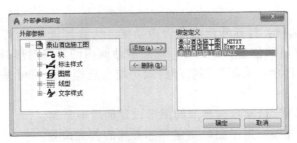

图 6-20　"外部参照绑定"对话框

6.6.4　编辑外部参照

在当前文件中直接编辑插入进来的外部参照，保存修改后，参照的源文件也会更新。

1. 打开"参照编辑"对话框

采用面板法（"插入"选项卡⇨参照⇨编辑参照）、快捷键法（选择参照进来的图形⇨右键快捷菜单⇨【在位编辑外部参照】）和命令行法（REFEDIT），执行命令后选择外部参照，将打开"参照编辑"对话框，同时增加一个参照编辑面板，如图 6-21 所示。

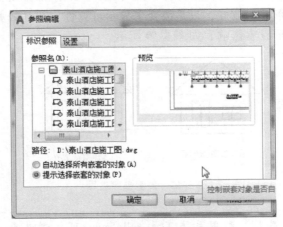

图 6-21　"参照编辑"对话框

在"标识参照"选项卡中，为标识要编辑的参照提供形象化辅助工具并控制选择参照的方式。用户可在该对话框中指定要编辑的参照，如果选择的对象是一个或多个嵌套参照的一部分，则此参照将显示在对话框中。

1）"自动选择所有嵌套的对象"单选按钮用于控制嵌套对象是否自动包含在参照编辑任务中。

2）"提示选择嵌套的对象"单选按钮用于控制是否逐个选择包含在参照编辑任务中的嵌套对象。如果选择该选项，则在关闭"参照编辑"对话框并进入参照编辑状态后，Auto-CAD 将显示"选择嵌套的对象"提示信息，要求在要编辑的参照中选择特定的对象。

2. 编辑参照图形

当选择了一个外部参照对象时，AutoCAD 会自动增加一个内含编辑、剪裁和选项面板的"外部参照"选项卡，如图 6-22 所示。

图 6-22 "外部参照"选项卡

在位编辑参照 可以直接在当前图形中编辑外部参照或块定义，打开参照 在新窗口中打开选定的图形参照（外部参照）。

练 习 题

1. 把前面绘制的图框和标题栏图形，按照制图标准建立完整的图层，即图层"纸边"的线宽为0.18mm，"图框"线宽为1.0mm，"标题栏外框"线宽为0.7mm，"标题栏内框"线宽为0.35mm，"标题栏文字"线宽为0.20mm，线型全为实线，颜色自定。

2. 建立建筑平面图应具有的图层信息，图层名包括"轴线""墙体""柱""门窗""辅助线""文字""标注""标高""楼梯"等。

3. 使用"设计中心"工具，把某一图形文件的图层信息、文字样式、标注样式"拖"到当前新图形文件中。

第 7 章

创建复杂图形对象

7.1 绘制复杂二维图形

构成 AutoCAD 二维图形的基本图形对象是点、直线、圆、圆弧、矩形和多边形等，而多线、多段线和样条曲线等则属于高级图形对象。利用高级图形对象绘图命令可以创建复杂的图形对象，绘图效率更高。

7.1.1 绘制与编辑多线

1. 绘制多线

多线是一种复合型的对象，它由 1～16 条平行线构成，这些平行线称为元素，故多线也称多重平行线。平行线之间的距离、平行线的线型、平行线的颜色和平行线的数目等均随多线的设置而变化。

可采用命令行法（MLine 或 ML）执行绘制多线命令，面板上已无此命令。绘制如图 7-1 所示的墙体，其操作步骤如下：

命令:ML↵	（"ML"为快捷命令）
MLINE	（提示命令全名 MLINE）
当前设置:对正=上,比例=20.00,样式=STANDARD	（提示当前的设置参数）
指定起点或[对正(J)/比例(S)/样式(ST)]:s↵	（修改多线比例）
输入多线比例<20.00>:240↵	（设置墙体的厚度为240）
当前设置:对正=上,比例=240.00,样式=STANDARD	（提示比例因子被修改）
指定起点或[对正(J)/比例(S)/样式(ST)]:	（指定起点为 A 点）
指定下一点:<正交 开>	（打开正交模式,指定下一点为 B 点）
指定下一点或[放弃(U)]:	（指定下一点为 C 点）
指定下一点或[闭合(C)/放弃(U)]:↵	（回车结束命令）

提示语句"当前设置：对正 = 上，比例 = 20.00，样式 = STANDARD"显示了当前多线绘图格式的对正方式、比例及多线样式，其选项的功能如下：

1)"指定起点"选项：为默认执行功能。可任意选定一点以指定起点，与绘制直线相似。

2)"对正（J）"选项：指定多线的对正方式。此时命令行显示"输入对正类型 [上（T）/无（Z）/下（B）]<上>:"提示信息。"上（T）"选项表示当前从左到右绘制多线时，多线上最顶端的线

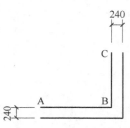

图 7-1 用多线命令
绘制墙体

将随着光标点移动；"无（Z）"选项表示绘制多线时，多线的中心线将随着光标点移动；"下（B）"选项表示当前从左到右绘制多线时，多线上最底端的线将随着光标点移动。

3）"比例（S）"选项：指定所绘制多线的宽度相对于多线定义宽度的比例因子，该比例不影响多线的线型比例。

4）"样式（ST）"选项：指定绘图的多线样式，默认为标准（STANDARD）型。当命令行显示"输入多线样式名或［?］:"提示信息时，可以直接输入已有的多线样式名，也可以输入"?"显示 AutoCAD 已定义的所有多线样式名。

2. 设置多线

可采用命令行法（MLSTYLE）打开"多线样式"对话框，如图 7-2 所示，可以根据需要创建多线样式，设置其线条数目和拐角方式。

图 7-2 "多线样式"对话框

① "样式"列表框：显示已经加载的多线样式，默认设置是标准（STANDARD）型。

② 置为当前按钮：在"样式"列表中选择需要使用的多线样式，将其设置为当前样式。

③ 新建按钮：打开"创建新的多线样式"对话框，创建多线样式。

④ 修改按钮：打开"修改多线样式"对话框，如图 7-3 所示，可以新建或修改创建的多线样式。

"修改多线样式"对话框中各项内容功能如下。

1）"说明"文本框：用于输入多线样式的说明信息。

2）"封口"选项组：用于控制多线起点和端点处的样式。可为多线的每个端点选择一条直线或弧线，并输入角度。其中，"直线"穿过整个多线的端点，"外弧"连接最外层元素的端点，"内弧"连接成对元素，如果有奇数个元素，则中心线不相连，如图 7-4 所示。

3）"填充"选项组：用于设置是否填充多线的背景。可从"填充颜色"下拉列表框中选择所需的颜色作为多线的背景。如果不使用填充色，则在"填充颜色"下拉列表框中选

图 7-3 "修改多线样式"对话框

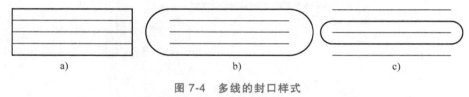

图 7-4 多线的封口样式

a）直线封口 b）外弧封口 c）内弧封口

择"无"即可，如图 7-5 所示。

4）"显示连接"复选框：选中该复选框，可以在多线的拐角处显示连接线，否则不显示，如图 7-6 所示。

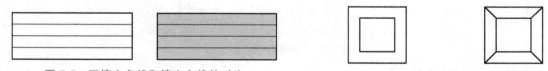

图 7-5 不填充多线和填充多线的对比　　　　图 7-6 不显示连接与显示连接的对比

5）"图元"选项组：可以设置多线样式的元素特性，包括多线的线条数目、每条线的颜色和线型等特性。其中，"图元"列表框中列举了当前多线样式中各线条元素及其特性，包括线条元素相对于多线中心线的偏移量、线条颜色和线型。如果要增加多线中线条的数目，可单击添加按钮，在"图元"列表中将加入一个偏移量为 0 的新线条元素；通过"偏移"文本框设置线条元素的偏移量；在"颜色"下拉列表框设置当前线条的颜色；单击线型按钮，打开"线型"对话框设置线元素的线型。如果要删除某一线条，可在"图元"列表框中选中该线条元素，然后单击删除按钮即可。

此外，当选中一种多线样式后，在对话框的"说明"和"预览"区中还将显示该多线样式的说明信息和样式预览。

3. 编辑多线

可采用命令行法（MLEDIT）打开"多线编辑工具"对话框，如图 7-7 所示。

在"多线编辑工具"对话框中包括十字形、T形、角点结合、添加顶点和剪切等编辑工具。

十字形编辑工具可以使用"十字闭合""十字打开"和"十字合并"三种方式消除多线之间的相交线。

T形编辑工具可以使用"T形闭合""T形打开""T形合并"和"角点结合"工具消除多段间的相交线。

添加顶点编辑工具可以使用"添加顶点"工具为多线增加若干顶点，使用"删除顶点"工具可以从包括 3 个或更多顶点的多线上删除顶点，若当前选取的多线只有两个顶点，那么该工具将无效。

剪切编辑工具可以使用"单个剪切"

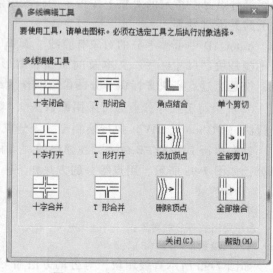

图 7-7　"多线编辑工具"对话框

和"全部剪切"切断多线。其中"单个剪切"用于切断多线中的一条，而"全部剪切"用于切断整条多线。此外，"全部接合"工具可以将断开的多线连接起来。

7.1.2　绘制点与等分点

用户可以创建单独的点对象作为绘图的参考点。点具有不同的样式，可以设置点的样式与大小。一般在创建点之前，为了便于观察，需要设置点的样式。

1. 绘制点

可采用面板法（"默认"选项卡⇨ 绘图 面板⇨ 点 ）和命令行法（POint 或 PO）执行绘制点命令。

但用户在绘制点时，需要知道绘制什么样的点以及点的大小，因此需要设置点的样式。

可采用面板法（"默认"选项卡⇨ 实用工具 面板⇨ 点样式 ）和命令行法（DDPTYPE 命令），打开"点样式"对话框，如图 7-8 所示。

"点样式"对话框中提供了 20 种点的样式，用户可以根据需要进行选择，即单击需要的点样式图标即可。注意，"点样式"对话框中的点的默认样式，在直线上无法显示出来。此外，用户还可以通过在"点大小"文本框内输入数值，设置点的大小。

在等分点的操作过程，一般需要设置点样式，否则不容易捕捉到等分点。

2. 等分点

等分点分为定数等分点和定距等分点两种。定数等分点是在指定的对象上绘制等分点或在等分点处插入块。

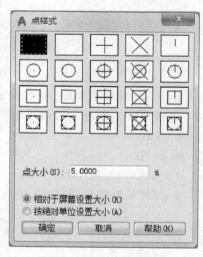

图 7-8　"点样式"对话框

定距等分点是在指定的对象上按指定的长度绘制点或插入块。如道路上的路灯和检查井、边界上的界限符号等。

AutoCAD 中可被等分的对象有直线、圆弧、样条曲线、圆、椭圆和多段线等图形对象，但不能是块、尺寸标注、文本及剖面线等图形对象。等分并不是真的将对象分成独立的对象，仅是通过点或块来标识等分的位置或作为绘图的辅助点。

（1）绘制定数等分点　可采用面板法（"默认"选项卡⇨ 绘图 面板⇨ 定数等分 ）和命令行法（DIVide 或 DIV）执行绘制定数等分点命令。

首先执行 DDPTYPE 命令，在弹出的"点样式"对话框中选择点的样式为 ⊕，对直线三等分，如图 7-9a 所示，用点等分的方法如下：

命令:DIV ↵　　　　　　　　　　　　　　（"DIV"为快捷命令）

DIVIDE　　　　　　　　　　　　　　　　（提示命令全名）

选择要定数等分的对象：　　　　　　　　（选择直线）

输入线段数目或［块(B)］:3 ↵　　　　　（执行结果如图 7-9a 所示,把直线 3 等分）

如图 7-9b 所示直线用块三等分的方法如下：

命令:DIV ↵

DIVIDE

选择要定数等分的对象：

输入线段数目或［块(B)］:B ↵　　　　　（选择 B 选项则插入块）

输入要插入的块名:柱子↵　　　　　　　（输入"柱子"块名）

是否对齐块和对象？［是(Y)/否(N)］<Y>:↵　　（若输入 Y 表示指定插入块的 X 轴方向与定数等分对象在等分点相切或对齐，若输入 N,表示插入的块将按其法线方向对齐。默认选项为"Y"。执行结果如图 7-9b 所示）

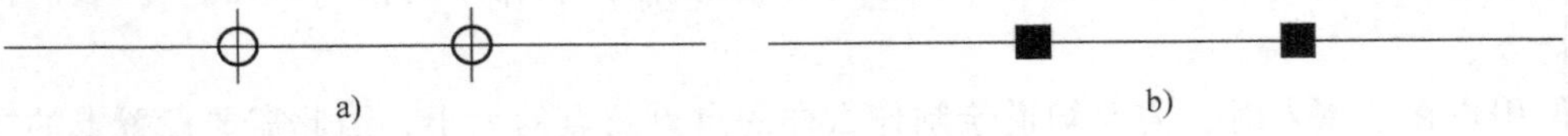

a)　　　　　　　　　　　　　　　　b)

图 7-9　直线等分

a）输入点　b）输入块

（2）绘制定距等分点　可采用面板法（"默认"选项卡⇨ 绘图 面板⇨ 定距等分 ）和命令行法（MEasure 或 ME）执行绘制定数等分点命令。

绘制如图 7-10 所示直线定距等分距离为 50 的点的方法如下：

命令:ME ↵

MEASURE

选择要定距等分的对象：

指定线段长度或［块(B)］:50 ↵

图 7-10　定距等分

7.1.3　绘制与编辑样条曲线

样条曲线是经过或接近影响曲线形状的一系列点的拟合平滑曲线，在 AutoCAD 中，其类型是非均匀关系基本样条曲线，用于表达具有不规则变化曲率半径的曲线。例如，地形外貌轮廓线及管道的截断面等。

1. 绘制样条曲线

可采用面板法（绘图 ⇨ 样条曲线拟合/样条曲线控制点）和命令行法（SPLine 或SPL）执行绘制样条曲线命令。此时，命令行将显示如下提示信息。

命令:SPL ↵
SPLINE
当前设置:方式=拟合　节点=弦
指定第一个点或[方式(M)/节点(K)/对象(O)]:

样条曲线能够使用拟合点或控制点两种方式来创建，可在命令行中用"方式（M）"选项进行选择，也可用面板上的 样条曲线拟合 或 样条曲线控制点 按钮直接执行命令。当执行"对象（O）"时，可以将多段线编辑得到的二次或者三次拟合样条曲线转换成等价的样条曲线。默认情况下，可以指定样条曲线的起点，然后再指定样条曲线上的另一个点后，系统将显示如下提示信息。

输入下一个点或[起点切向(T)/公差(L)]:
输入下一个点或[端点相切(T)/公差(L)/放弃(U)]:
输入下一点或[端点相切(T)/公差(L)/放弃(U)/闭合(C)]:

可以通过继续定义样条曲线的控制点来创建样条曲线，也可以使用其他选项，其功能如下。

1）"起点切向（T）"选项：在完成控制点的指定后按回车键，要求确定样条曲线在起始点处的方向，同时在起点与当前光标点之间出现一根橡皮筋线来表示样条曲线在起始点处的方向。

2）"公差（L）"选项：设置样条曲线的拟合公差。拟合公差是指实际样条曲线与输入的控制点之间所允许偏移距离的最大值。当给定拟合公差时，绘出的样条曲线不会全部通过各个控制点，但总是通过起点与终点。这种方法特别适用于拟合点比较多的情况。

3）"闭合（C）"选项：封闭样条曲线，并显示"指定切向:"提示信息，要求制定样条曲线在起始点同时也是终点处的切线方向（因为样条曲线起点和终点重合）。当确定了切线方向后，即可绘出一条封闭的样条曲线。

2. 编辑样条曲线

采用面板法（"默认"选项卡⇨修改⇨编辑样条曲线）和命令行法（SPLINEDIT），即可编辑选中的样条曲线。样条曲线编辑命令是一个单对象编辑命令，一次只编辑一个样条曲线对象。执行命令并选择需要编辑的样条曲线后，在曲线周围将显示控制点，同时命令行显示如下提示信息:

输入选项[拟合数据(F)/闭合(C)/移动顶点(M)/精度(R)/反转(E)/放弃(U)]:
输入选项[打开(O)/拟合数据(F)/编辑顶点(E)/转换为多段线(P)/反转(R)/放弃(U)/退出(X)]
<退出>:

可以选择某一编辑选项来编辑样条曲线，其功能如下：

1）"打开（O）"/"闭合（C）"选项：通过删除最初创建样条曲线时指定的第一个和最后一个点之间的最终曲线段可打开闭合的样条曲线。当样条曲线是非闭合的，通过定义与第一个点重合的最后一个点，闭合开放的样条曲线。

2）"拟合数据（F）"选项：编辑样条曲线所通过的某些控制点。选择该选项后，样条曲线上各控制点的位置均会出现一个小方格，并显示如下信息：

［添加(A)/打开(O)/删除(D)/扭折(K)/移动(M)/清理(P)/相切(T)/公差(L)/退出(X)］

此时可以通过选择以下拟合数据选项来编辑样条曲线：

① "添加（A）"选项：为样条曲线添加新的控制点。可在命令提示下选择以小方格形式出现的控制点集中的某个点，以确定新加入的点在点集中的位置。当选择了已有的控制点以后，所选择的点会亮显。

② "删除（D）"选项：删除样条曲线控制点集中的一些控制点。

③ "扭折（K）"选项：在样条曲线上的指定位置添加节点和拟合点，这不会保持在该点的相切或曲率连续性。

④ "移动（M）"选项：移动控制点集中点的位置。

⑤ "清理（P）"选项：从图形数据库中清除样条曲线的拟合数据。

⑥ "相切（T）"选项：修改样条曲线在起点和端点的切线方向。

⑦ "公差（L）"选项：重新设置拟合公差。

⑧ "退出（X）"选项：退出当前的拟合公差值，返回上一级提示。

3）"编辑顶点（E）"选项：对样条曲线的控制点进行细化操作，此时命令行显示如下提示信息：

输入顶点编辑选项［添加(A)/删除(D)/提高阶数(E)/移动(M)/权值(W)/退出(X)］＜退出＞：

① "添加（A）/删除（D）"选项：增加或删除样条曲线的控制点。

② "提高阶数（E）"选项：控制样条曲线的阶数，阶数越高控制点越多，样条曲线越光滑，AutoCAD 允许的最大阶数值是 26。

③ "移动（M）"选项：重新定位选定的控制点。

④ "权值（W）"选项：改变控制点的权值。

⑤ "退出（X）"选项：退出当前的 Refine 操作，返回到上一级提示。

4）"转换为多段线（P）"选项：将样条曲线转换为多段线。

5）"反转（R）"选项：使样条曲线的方向相反。

6）"放弃（U）"选项：取消上一次的修改操作。

7.1.4 插入表格

在 AutoCAD 中，可以使用创建表格命令创建表格，还可以从 Microsoft Excel 中直接复制表格，并将其作为 AutoCAD 表格对象粘贴到图形中。此外，还可以输出来自 AutoCAD 的表格数据，以供在 Microsoft Excel 或其他应用程序中使用。

1. 新建表格样式

表格样式控制一个表格的外观。使用表格样式，可以保证标准的字体、颜色、文本、高度和行距。可以使用默认的表格样式、标准的样式或者来自自定义的样式来满足需要，并在必要时重用它们。

可采用面板法（"注释"选项卡 ⇨ 表格 ⇨ 管理表格样式 ）和命令行法（TABLESTYLE）打开"表格样式"对话框，如图 7-11 所示。

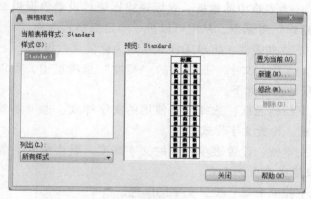

图 7-11　"表格样式"对话框

单击 新建 按钮，打开"创建新的表格样式"对话框，输入新的表样式名，在"基础样式"下拉列表中选择默认的表格样式、标准的样式或者任何已经创建的样式，新样式将在该样式的基础上进行修改，然后单击 继续 按钮，将打开"新建表格样式"对话框，可以通过它制定表格的行格式、表格方向、边框特性和文本样式等内容，如图 7-12 所示。

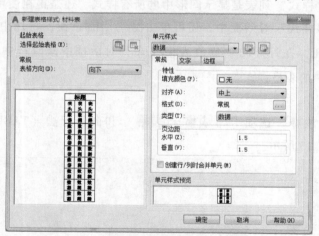

图 7-12　"新建表格样式"对话框

2. 设置表格的数据、表头和标题样式

在"新建表格样式"对话框中，可以在"单元样式"选项组中，下拉"单元样式"列表框，选择表的数据、表头和标题，通过"常规""文字"和"边框"选项卡对其相关特性进行设置。

（1）设置常规特性　在"常规"选项卡的"特性"选项组中，可以设置单元填充颜色、单元的对正及对齐方式、单元数据格式和类型，各选项的功能如下：

1）"填充颜色（F）"下拉列表框：指定单元的背景色。默认值为"无"。

2）"对齐（A）"下拉列表框：设置表格单元中文字的对正和对齐方式。文字相对于单元的顶部边框和底部边框进行居中对齐、上对齐或下对齐。文字相对于单元的左边框和右边框进行居中对正、左对正或右对正。

3）"格式（O）"：为表格中的数据、列标题或标题行设置数据类型和格式。单击该按钮将显示"表格单元格式"对话框，从中可以进一步定义格式选项。

4）"类型（T)"下拉列表框：将单元样式指定为标签或数据。

（2）设置文字特性　在"文字"选项卡的"特性"选项组中，可以设置文字样式、高度、颜色特性，各选项的功能如下。

1）"文字样式"下拉列表框：选择可以使用的文字样式，也可以单击其后的按钮，打开"文字样式"对话框，设置文字样式。

2）"文字高度"文本框：设置表单元中的文字高度，默认情况下数据和列标题的文字高度为 4.5，标题行文字的高度为 6.0。

3）"文字颜色"下拉列表框：设置文字的颜色。

4）"文字角度"下拉列表框：设置文字的角度，默认文字角度为 0 度。

3. 管理表格样式

可以使用图 7-11 "表格样式"对话框来管理图形中的表格样式。在该对话框的"当前表格样式"后面，显示当前使用的表样式（默认为 Standard）；在"样式"列表中显示了当前图形所包含的表格样式；在"预览"窗口中显示了选中表格的样式；在"列出"下拉列表框中，可以选择"样式"列表是显示图形中的所有样式，还是正在使用的样式。

此外，在"表格样式"对话框中，还可单击 置为当前 按钮，将选中的表格样式设置为当前；单击 修改 按钮，在打开的"修改表格样式"对话框中修改选中的表格样式；单击 删除 按钮，删除选中的表格样式。

4. 创建表格

采用面板法（"注释"选项卡 ⇨ 表格 ⇨ 表格）和命令行法（TABLE）打开"插入表格"对话框，如图 7-13 所示。

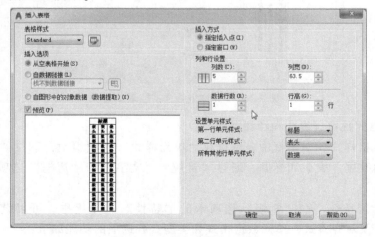

图 7-13 "插入表格"对话框

可以从 "表格样式" 下拉列表框中选择默认的 "Standard" 或已定义的表格样式, 或单击其后的 按钮, 打开 "表格样式" 对话框, 创建新的表格样式。

在 "插入方式" 选项组中, 选择 "指定插入点" 单选按钮, 可以在绘图窗口中的某点插入固定大小的表格; 选择 "指定窗口" 单选按钮, 可以在绘图窗口中通过拖动表格边框来创建任意大小的表格。

在 "列和行设置" 选项组中, 可以通过改变 "列数" "列宽" "数据行数" 和 "行高" 文本框中的数值来调整表格的外观大小。

5. 编辑表格和表格单元

可以使用表格的快捷菜单来编辑表格。当选中整个表格时, 其快捷菜单如图 7-14 所示, 当选中表格单元时, 其快捷菜单如图 7-15 所示。

图 7-14　选中整个表格时的快捷菜单　　　　　图 7-15　选中表格单元时的快捷菜单

可以对表格进行剪切、复制、删除、移动、缩放和旋转等简单操作, 也还可以均匀调整表格的行、列大小, 删除所有特性替代。还可以选择【输出】打开 "输出数据" 对话框, 以 .csv 格式输出表格中的数据。

在选中表格后, 在表格的四周、标题行上将显示许多夹点, 也可以通过拖动这些夹点来编辑表格。

使用表格单元快捷菜单可以编辑表格单元, 其主要命令选项的功能说明如下:

1)【对齐】命令。在该命令子菜单中可以选择表格单元的对齐方式, 如左上、左中、左下等。

2)【边框】命令。选择该命令将打开 "单元边框特性" 对话框, 可以设置单元格边框的线宽、颜色等特性。

3）【匹配单元】命令。用当前选中的表格单元格式（源对象）匹配其他表格单元（目标对象），此时鼠标指针变为刷子形状，单击目标对象即可进行匹配。

4）【插入点】命令。【插入点】菜单包括了【块】【字段】【公式】子菜单。选择【块】子菜单将打开"在表格单元中插入块"对话框，可以从中选择插入到表格中的块，并设置块在表格单元中的对齐方式、比例和旋转角度等特性。选择【公式】子菜单可以进行求和、均值、计数、单元和方程式的计算。

5）【合并】命令。当选中多个连续的表格单元格后，使用该子菜单中的命令，可以全部、按列或按行合并表格单元。

7.2　使用面域与图案填充

面域指的是具有物理特性（如质心）的二维封闭区域，内部可以包含孔。可用于提取设计信息、进行填充图案和着色、将简单对象通过布尔运算产生更复杂的对象。从外观来看，面域和一般的封闭线框没有区别，但实际上面域就像是一张没有厚度的纸，除了包括边界外，还包括边界内的平面。

图案填充是一种使用指定线条图案、颜色来充满指定区域的操作，常常用于表达剖切面和不同类型物体对象的外观纹理等，被广泛应用在绘制机械图、建筑图及地质构造图等各类图样中。

7.2.1　创建面域

用户可以将某些对象围成的封闭区域转换为面域，这些封闭区域可以是圆、椭圆、封闭的二维多段线或封闭的样条曲线等对象，也可以是由圆弧、直线、二维多段线、椭圆弧、样条曲线等对象构成的封闭区域。

可采用面板法（"默认"选项卡 ⇨ 绘图 ⇨ 面域）和命令行法（REGION）可以将封闭图形对象转化为面域对象，执行 REGION 命令后，AutoCAD 提示选择对象，用户在直接选择要将其转换为面域的对象后，按回车键确认即可将该图形转换为面域对象。

此外，用户也可以单击"默认"选项卡 ⇨ 绘图 ⇨ 边界，使用如图 7-16 所示的"边界创建"对话框把封闭区域创建为一个面域对象。此时，若在该对话框的"对象类型"下拉列表框中选择"面域"选项，则创建的图形将是一个面域。默认选项是"多段线"，创建的图形是一个封闭的多段线。

创建面域时，应该注意以下几点：

1）面域总是以线框的形式显示，用户可以对面域进行复制、移动等编辑操作。

2）在创建面域时，如果系统变量 DELOBJ 的值为 1，AutoCAD 在定义了面域后将删除原始对象；DELOBJ 的默认值为 0，则在定义面域后不删除原始对象。

3）如果要分解面域，则可以采用面板法（"默认"

图 7-16　"边界创建"对话框

选项卡 ⇨ 修改 ⇨ 分解 ）和命令行法（eXplode），将面域的各个环转换成相应的线、圆等对象。

7.2.2 面域的布尔运算

在 AutoCAD 中绘图时使用布尔运算，尤其是在绘制比较复杂的图形时可以提高绘图效率。布尔运算的对象只包括实体和共面的面域，对于普通的线条图形对象，则无法使用布尔运算。

用户可以对面域执行并集、差集及交集三种布尔运算，各种运算效果如图 7-17 所示。

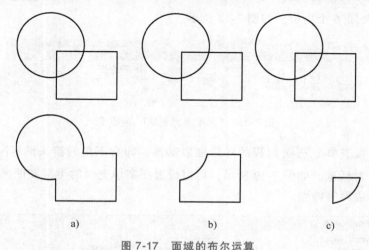

图 7-17 面域的布尔运算
a）面域的并集运算 b）面域的差集运算 c）面域的交集运算

布尔运算对象主要是三维对象，在"草图与注释"二维空间没有相关的布尔运算的命令按钮，需把工作空间切换到"三维基础"或"三维建模"，在"默认"选项卡的 编辑 面板里可找到布尔运算的命令按钮。

（1）并集运算 可采用面板法（"默认"选项卡 ⇨ 编辑 ⇨ 并集 ）和命令行法（UNION）执行面域的并集运算，提示选择对象，用户在选择需要进行并集运算的面域后按回车键确认，AutoCAD 即可对所选择的面域执行并集运算，将其合并为一个图形。

（2）差集运算 可采用面板法（"默认"选项卡 ⇨ 编辑 ⇨ 差集 ）和命令行法（SUBTRCT）执行面域的差集运算。执行 SUBTRCT 命令后，AutoCAD 提示：

选择要从中减去的实体或面域…

选择对象：

选择要减去的实体或面域…

选择对象：

选择要减去的实体或面域后按回车键，AutoCAD 将从第一次选择的面域中减去第二次选择的面域。

（3）交集运算 可采用面板法（"默认"选项卡 ⇨ 编辑 ⇨ 交集 ）和命令行法（INTERSECT）执行面域的交集运算。执行 INTERSECT 命令后，选择要执行交集运算的面域后按回车键，可得各个面域的公共部分。

7.2.3　图案填充

图案填充是用某个图案来填充图形中的某个封闭区域，从而表达该区域的特征。图案填充应用非常广泛，既可表示剖面的区域，也可表达材料或不同的零部件等。

1. 设置图案填充

可采用面板法（"默认"选项卡 ⇨ 绘图 ⇨ 图案填充）和命令行法（BHATCH）执行图案填充命令。AutoCAD 新建一个"图案填充创建"选项卡，包括 边界、图案、特性、原点、选项 和 关闭 6 个面板，如图 7-18 所示。

图 7-18　"图案填充创建"选项卡

通过以上面板或单击 选项 面板的对话框启动器，即右下角的箭头图标，打开"图案填充和渐变色"对话框，如图 7-19 所示，可以设置图案填充时的类型和图案、角度和比例、图案填充原点、边界等特性。

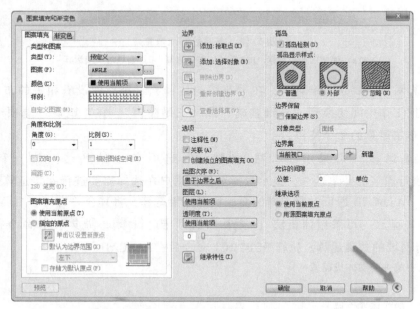

图 7-19　"图案填充和渐变色"对话框

（1）图案　在 图案 面板或"图案填充和渐变色"对话框的"类型和图案"选项区域中，可以设置图案填充的图案和类型，各选项功能如下。

1）"类型"下拉列表框或 特性 面板"图案"下拉列表框：用于设置填充的图案类型，包括"预定义""用户定义"和"自定义"三个选项。选择"预定义"选项，就可以使用

AutoCAD 提供的图案；选择"用户定义"选项，则需要临时定义图案，该图案由一组平行线或者相互垂直的两组平行线组成；选择"自定义"选项，可以使用用户事先定义好的图案。

2）"图案"下拉列表框或 图案 面板：用于设置填充的图案。当在"类型"下拉列表框中选择"预定义"选项时，该下拉列表框才可用。用户可以从该下拉列表框中选择图案名来选择图案，也可以单击其后的图标按钮 ⋯ ，在打开的"填充图案选项板"对话框中进行选择。该对话框有 4 个选项卡，即"ANSI""ISO""其他预定义"和"自定义"，其中包含对应 4 种类型的图案类型。

3）"自定义图案"下拉列表框：当填充的图案采用"自定义"类型时，该选项才可用。用户可以在下拉列表框中选择图案，也可以单击其后的图标按钮 ⋯ ，从"填充图案选项板"对话框的"自定义"选项卡中进行选择。

（2）角度和比例　在 特性 面板或"图案填充和渐变色"对话框的"角度和比例"选项区域中，可以设置用户定义类型的图案填充的角度和比例等参数，各选项的功能如下。

1）"角度"下拉列表框：用于设置填充图案旋转角度，每种图案在定义时的旋转角度都为零。

2）"比例"下拉列表框：用于设置图案填充时的比例值。每种图案在定义时的初始比例为 1，用户可以根据需要放大或缩小。如果在"类型"下拉列表框中选择"用户定义"选项，该选项则可不用。

3）"双向"复选框：当在"图案填充"选项卡中的"类型"下拉列表框中选择"用户定义"选项时选中该复选框，可以使用相互垂直的两组平行线填充图形；否则为一组平行线。

4）"相对图纸空间"复选框：用于决定该比例因子是否为相对于图纸空间的比例。

5）"间距"文本框：用于设置填充平行线之间的距离，当在"类型"下拉列表框中选择"用户自定义"选项时，该选项才可用。

6）"ISO 笔宽"下拉列表框：用于设置笔的宽度，当填充图案采用 ISO 图案时，该选项才可用。

（3）图案填充原点　在 原点 面板或"图案填充和渐变色"对话框的"图案填充原点"选项组中，可以设置图案填充原点的位置，因为许多图案填充需要对齐填充边界上的某一个点。该选项区域中各选项的功能如下。

1）"使用当前原点"单选按钮：选中该单选按钮，可以使用当前 UCS 的原点（0，0）作为图案填充原点。

2）"指定的原点"单选按钮：选中该单选按钮，可以通过指定点作为图案填充原点。其中，单击 单击以设置新原点 按钮，可以从绘图窗口中选择某一点作为图案填充原点；选择"默认为边界范围"复选框，可以以填充边界的左下角、右下角、右上角、左上角或圆心作为图案填充原点；选择"存储为默认原点"复选框，可以将指定的点存储为默认的图案填充原点。

（4）边界　在 边界 面板或"图案填充和渐变色"对话框的"边界"选项组中，包括有 添加：拾取点 、 添加：选择对象 等图标按钮，它们的功能如下：

1）添加：拾取点 图标按钮：可以以拾取点的形式来指定填充区域的边界。单击该按钮，AutoCAD 将切换到绘图窗口，用户可在需要填充的区域内任意指定一点，系统会自动计算出包围该点的封闭填充边界，同时亮显该边界。如果在拾取点后系统不能形成封闭的填充边界，则会显示错误提示信息。

2）添加：选择对象 图标按钮：将切换到绘图窗口，可以通过选择对象的方式来定义填充区域的边界。

3）删除边界 图标按钮：可以取消系统自动计算或用户指定的孤岛，如图 7-20 所示为包含孤岛和删除孤岛的效果对比图。

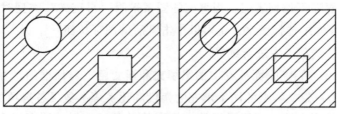

图 7-20　包含孤岛与删除孤岛时的效果对比图

4）重新创建边界 图标按钮：用于重新创建图案填充边界。

5）查看选择集 图标按钮：用于查看已定义的填充边界。单击该按钮，切换到绘图窗口，此时已定义的填充边界将亮显。

（5）选项及其他功能　在 选项 面板或"图案填充和渐变色"对话框的"选项"选项组中，"关联"复选框用于创建其边界时随之更新的图案和填充；"创建独立的图案填充"复选框用于创建独立的图案填充；"绘图次序"下拉列表框用于指定图案填充的绘图顺序，图案填充可以放在图案填充边界及所有其他对象之后或之前。

此外，在"图案填充"选项卡中，单击 继承特性 图标按钮，或在 选项 面板单击 特性匹配 按钮，可以将现有图案填充或填充对象的特性应用到其他图案填充或填充对象；单击 预览 按钮，可以关闭对话框，并使用当前图案填充设置显示当前定义的边界，单击图形或按<Esc>键返回对话框，按回车键接受该图案填充。

2. 编辑图案填充

创建了图案填充后，可以修改填充图案或修改图案区域的边界。可以执行"默认"选项卡⇨ 修改 面板⇨ 编辑图案填充 按钮（或 HATCHEDIT 命令），然后在绘图窗口中单击需要编辑的图案填充，这时将打开"图案填充编辑"对话框，该对话框与图 7-19 所示的"图案填充和渐变色"对话框是一样的，只是定义填充边界和对孤岛操作的按钮不再可用，即图案填充操作只能修改图案、比例、旋转角度和关联性等，而不能修改它的边界。双击填充的图案，AutoCAD 会增加一个"图案填充编辑器"选项卡，内含 边界 、图案 、特性 、原点 、选项 和 关闭 6 个面板，内容与图 7-18 相同。

7.3　块

块也称图块，是 AutoCAD 图形设计中的一个重要概念。在绘制图形时，如果图形中有大量相同或相似的内容，或者所绘制的图形与已有的图形文件相同，则可以把要重复绘制的图形创建成块，在需要时直接插入它们；也可以将已有的图形文件直接插入到当前图形中，从而提高绘图效率。此外，用户还可以根据需要为块创建属性，用来指定文字内容、尺寸大小、用途及设计者信息等。

7.3.1　块的创建和使用

1．块的创建

可采用面板法（"默认"选项卡 ⇨ 块 ⇨ 创建块）和命令行法（Block 或 B）执行创建块命令，打开"块定义"对话框，可以将已绘制的对象创建为块，如图 7-21 所示。

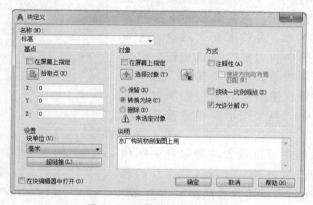

图 7-21　"块定义"对话框

"块定义"对话框中主要选项的功能如下。

1）"名称"文本框：输入块的名称，允许使用汉字、字母、数字等。

2）"基点"选项组：设置块的插入基点位置。一般采用单击 拾取点 图标按钮，切换到绘图窗口并选择基点的方法，也可以直接在"X""Y""Z"文本框中输入。初学者一般会选择块上的任意一点作为插入的基点，但当使用块的时候，插入点就很难定位，所以为了作图方便应根据图形的结构选择正确的基点。一般基点选在块的对称中心、左下角或其他有特征的位置。

3）"对象"选项组：设置组成块的对象，包括以下按钮或选项。

①"在屏幕上指定"复选框：关闭对话框时，将提示用户指定对象。

② 选择对象 图标按钮：可以切换到绘图窗口选择组成块的各对象。

③ 快速选择 图标按钮（"选择对象"图标按钮右侧的图标按钮）：可以使用弹出的"快速选择"对话框设置所选择对象的过滤条件。

④"保留"单选按钮：确定创建块后是否仍在绘图窗口上保留组成块的各对象。

⑤"转换为块"单选按钮：确定创建块后是否将组成块的各对象保留并把它们转换成块。

⑥"删除"单选按钮：确定创建块后是否删除绘图窗口上组成块的原对象。

4）"设置"选项组：设置块的单位，单击 超链接 按钮可打开"输入超链接"对话框，插入超链接文档。

5）"方式"选项组：指定块为注释性、块是否按统一比例缩放及块参照是否可以被分解。

6）"说明"文本框：输入当前块的说明部分。

7）"在块编辑器中打开"复选框：若选中，用户单击 确定 按钮后，可以在块编辑器中打开当前的块定义。

2. 块的存储

使用 WBLOCK 命令可以将块以文件的形式写入磁盘。执行 "插入" 选项卡 ⇨ 块定义 ⇨ 写块 或 WBLOCK 命令将打开 "写块" 对话框，如图 7-22 所示。

1）在 "源" 选项组中，可以设置组成块的对象来源。选中 "块" 单选按钮，可在其后的下拉列表框中选择已定义的块名称，并将其写入磁盘。若当前没有定义的块，可选中 "对象" 单选按钮，用于指定需要写入磁盘的块对象。使用 "基点" 选项组设置块的插入基点位置，使用 "对象" 选项组设置组成块的对象。或选中 "整个图形" 单选按钮，将全部图形写入磁盘。

2）"目标" 选项组中可以设置块的保存名称和位置。"文件名和路径" 文本框用于输入块文件的名称和保存位置，用户也可以单击其后的图标按钮 ⋯，打开 "浏览文件夹" 对话框设置文件的保存位置。"插入单位" 下拉列表框用于设置块使用的单位。

图 7-22 "写块" 对话框

3. 插入块

采用面板法（"默认"/"插入" 选项卡 ⇨ 块 ⇨ 插入），会显示当前图形中块的库，如图 7-23 所示。从库中选择需插入的块，则在命令行中执行-Insert 命令。若要访问经典 "插入" 对话框，需使用 CLASSICINSERT 命令。

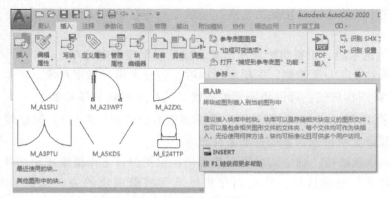

图 7-23 从库中选择块

命令：_-INSERT

输入块名或［?］<M_E9>:M_A3PTU　　　　（用鼠标选择一个块）

单位:无单位　转换：　　1.0000

指定插入点或 [基点 (B)/比例 (S)/X/Y/Z/旋转 (R)]: <u>R</u> ↙
指定旋转角度 <0>: <u>90</u> ↙
指定插入点或 [基点 (B)/比例 (S)/X/Y/Z/旋转 (R)]: <u>S</u> ↙
指定 XYZ 轴的比例因子 <1>: <u>50</u> ↙
指定插入点或 [基点 (B)/比例 (S)/X/Y/Z/旋转 (R)]: <u>B</u> ↙
指定基点:
指定插入点或 [基点 (B)/比例 (S)/X/Y/Z/旋转 (R)]:

命令选项说明:

1) 旋转 (R): 设置块插入时的旋转角度。

2) 比例 (S): 设置块在 X、Y、Z 轴的插入比例, 也可以单独确认 X、Y、Z 各方向的插入比例。

3) 基点 (B): 重新定义块的基点。

4) 插入点: 在屏幕上指定输入点位置。

采用面板法 ("默认"/"插入" 选项卡 ⇨ 块 ⇨ 最近使用的块), 将打开包括 "当前图形"、"最近使用" 和 "其他图形" 三个新增的选项卡, 如图 7-24 所示。

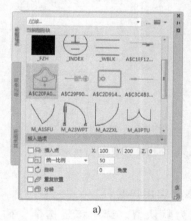

a)   b)   c)

图 7-24 新增插入块选项卡

a) "当前图形" 选项卡　b) "最近使用" 选项卡　c) "其他图形" 选项卡

1) "当前图形" 选项卡: 显示当前图形中所有的块。

2) "最近使用" 选项卡: 显示当前和上一个任务中最近插入或创建的块定义的预览或列表。这些块可能来自各种图形。在块上单击鼠标右键, 执行 【从 "最近使用" 列表中选择 "删除"】 快捷菜单, 可以从此选项卡中删除块。

3) "其他图形" 选项卡: 显示单个指定图形中块定义的预览或列表。将图形文件作为块插入还会将其所有块定义输入到当前图形中。单击选项板顶部的 ⋯ 控件, 以浏览到其他图形文件。

这三个选项卡使用了相同的 "插入选项", 如图 7-24a 中, "插入点" 和 "统一比例" 都预先设置, 双击块后会按 "插入选项" 的设置直接把块插入到图形中。图 7-24b 勾选了 "插入点", 单击块后执行 -INSERT 命令, 默认比例为 1, 插入点需要在屏幕上单击鼠标右键确定。勾选了"重复放置"复选框可重复插入块，勾选了"分解"复选框可把插入的块分解。

4. 设置图形插入基点

采用面板法（"默认"/"插入"选项卡 ⇨ 块 ⇨ 设置基点）和命令行法（BASE），可以设置当前图形的插入基点。当向其他图形插入当前图形或将当前图形作为其他图形的外部参照时，系统默认将当前图形的坐标原点作为插入点，这样会给绘图带来不便。用 BASE 命令可以为当前图形指定新的插入基点，新的基点将用作插入基点。

7.3.2　定义与编辑块的属性

1. 定义块属性

采用面板法（"插入"选项卡 ⇨ 块定义 ⇨ 定义属性）和命令行法（ATTDEF），打开"属性定义"对话框，如图 7-25 所示，利用该对话框可以创建块属性。

（1）"模式"选项组　可以设置属性的模式，包括如下选项。

1）"不可见"复选框：设置插入块后是否显示其属性。选中该复选框，则属性不可见，否则将显示相应的属性值。

2）"固定"复选框：用于设置属性是否为固定值。选中该复选框，则属性为固定值，由属性定义时通过"属性定义"对话框的"默认"文本框设置，插入块时该属性值不再变化。否则，插入块时可以输入任意值。

3）"验证"复选框：用于设置是否对属性值进行验证。选中该复选框，输入块时系统将

图 7-25　"属性定义"对话框

显示一次提示，让用户验证所输入的属性值是否正确，否则不要求用户验证。

4）"预设"复选框：用于确定是否将属性值直接预设成为默认值。选中该复选框，插入块时，系统将把"属性定义"对话框中"默认"文本框中输入的默认值自动设置成实际属性值，不再要求输入新值，反之可以输入新属性值。

（2）"属性"选项组　可以定义块的属性。可以在"标记"文本框中输入属性的标记，在"提示"文本框中输入插入块时系统显示的提示信息，在"默认"文本框中输入属性的默认值。

（3）"插入点"选项组　可以设置属性值的插入点，即属性文字排列的参照点。用户可直接在"X""Y""Z"文本框中输入点的坐标，也可以单击 拾取点 按钮，在绘图窗口上拾取一点作为插入点。在确定该插入点后系统将以该点为参照点，按照在"文字设置"选项组的"对正"下拉列表中确定的文字排列方式放置属性值。

（4）"文字设置"选项组　可以设定属性文字的对正、样式、高度和旋转。

此外，在该对话框中选中"在上一个属性定义下对齐"复选框，可以为当前属性采用上一个属性的文字样式、文字高度及旋转角度，且另起一行按上一行属性的对齐方式排列。

单击该对话框中的 确定 按钮，系统将完成一次属性定义，用户可以用上述方法为块定义多个属性。

2. 编辑块的属性

采用面板法（"默认"选项卡 ⇨ 块 ⇨ 编辑属性）和命令行法（EATTEDIT），均可以编辑块对象的属性。在绘图窗口中选择需要编辑的块对象后，系统将打开"增强属性编辑器"对话框，如图 7-26 所示。

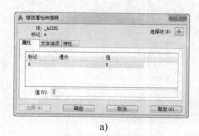

a) b) c)

图 7-26 "增强属性编辑器"对话框

a）"属性"选项卡 b）"文字选项"选项卡 c）"特性"选项卡

1）"属性"选项卡：该选项卡中的列表框显示了块中每个属性的标记、提示和值。在列表框中选择某一属性后，在"值"文本框将显示该属性对应的属性值，用户可以通过它来修改属性值。

2）"文字选项"选项卡：用于修改属性文字的格式。可以在"文件样式"下拉列表框中设置文字的样式，在"对正"下拉列表框中设置文字的对齐样式，在"高度"文本框中设置文字高度，在"旋转"文本框设置文字的旋转角度，使用"反向"复选框来确定在文字行是否反向显示，使用"倒置"复选框确定是否颠倒显示，在"宽度因子"文本框中设置文字的宽度系数，在"倾斜角度"文本框中设置文字的倾斜角度等。

3）"特性"选项卡：用于修改属性文字的图层以及其线宽、线型、颜色及打印样式等。

另外，在"增强属性编辑器"对话框中，单击 选择块 图标按钮，可以切换到绘图窗口并选择要编辑的块对象。单击 应用 按钮，可以确认已进行的修改。

7.3.3 块属性的使用

采用面板法（"默认"选项卡 ⇨ 块 ⇨ 块属性编辑器）和命令行法（BATTMAN），都可以打开"块属性管理器"对话框，如图 7-27 所示，可以进行块属性的使用。

在"块属性管理器"对话框中，各主要选项的功能说明如下。

1）选择块 图标按钮：可切换到绘图窗口，在绘图窗口中可以选择需要操作的块。

2）"块"下拉列表框：列出了当前图形中含有属性的所有块的名称，也可以通过该下拉列表框确定要操作的块。

3）属性列表框：显示了当前所选择块的所

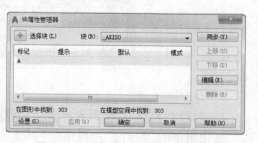

图 7-27 "块属性管理器"对话框

有属性，包括属性的标记、提示、默认值和模式等。

4）同步按钮：可以更新已修改的属性特性实例。

5）上移按钮：可以在属性列表框中将选中的属性行向上移动一行。但对属性值为定值的行不起作用。

6）下移按钮：可以在属性列表框中将选中的属性行向下移一行。

7）编辑按钮：将打开"编辑属性"对话框，在该对话框中可以重新设置属性定义的构成、文字特性和图形特性等。如图 7-28 所示，对"属性"选项卡中的"提示"和"默认"进行了修改。"文字选项"选项卡和"特性"选项卡与"增强属性编辑器"对话框是一样的。

图 7-28 "编辑属性"对话框

8）删除按钮：可以从块定义中删除在属性列表框中选中的属性定义，且块中对应的属性值也被删除。

9）设置按钮：将打开"设置"对话框，可以设置在"块属性管理器"对话框中的属性列表框中能够显示的内容。

7.3.4 制作标高块的示例

首先绘制一个标高符号，绘制过程参见 3.1.1 小节。

1）选择"默认"选项卡 ⇨ 文字 ⇨ 文字样式命令，打开"文字样式"对话框，如图 7-29 所示。新建一个名为"HZ"的文字样式，设置字体高度为 3，宽度因子为 0.8，并使用"romans.shx"西文字体和"gbcbig.shx"中文大字体，然后依次单击应用、置为当前与关闭按钮，关闭"文字样式"对话框。

图 7-29 "文字样式"对话框

2）选择"默认"选项卡 ⇨ 块 ⇨ 定义属性，打开"属性定义"对话框，然后在"属性"选项组中的"标记""提示""默认"文本框中分别输入"标高高度值""请输入标高值："及"1.000"；在"文字设置"选项组中设定文字样式为"HZ"，对正方式选择"右上", 如图 7-30 所示。单击 确定 按钮, 关闭 "属性定义" 对话框, 在绘图区标高符号上方需放置的地方单击, 以确定该属性的放置位置, 结果如图 7-31 所示。

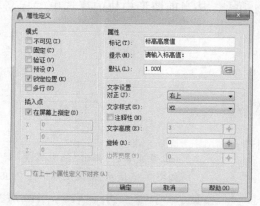

图 7-30 定义属性标记、提示及默认值

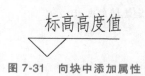

图 7-31 向块中添加属性

3）选择 "默认" 选项卡 ⇨ 块 ⇨ 创建, 打开 "块定义" 对话框。

4）在 "名称" 下拉列表框输入块名 "标高块", 单击 选择对象 图标按钮, 选中窗口中的所有对象, 单击 拾取点 图标按钮, 在标高符号底部的角点位置单击确定块的基点。"块定义" 对话框如图 7-32 所示。

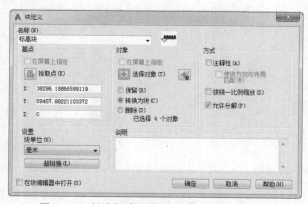

图 7-32 创建标高为块的 "块定义" 对话框

5）若在 "请输入标高值" 文本框中输入 "7.000", 然后单击 确定 按钮, 此时, 画面如图 7-33 所示。由图中可以看出, 图中的 "标高高度值" 属性标记已被此处输入的具体属性值所取代。如果保留 "请输入标高值" 文本框中的默认数值, 直接单击 确定 按钮的话, 将按先前设定的默认值代替图中 "标高高度值" 属性标记, 如图 7-34 所示。

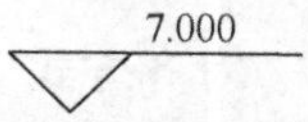

图 7-33 输入的新数值代替了属性标记

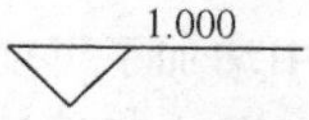

图 7-34 设定的默认值代替属性标记

6）执行 WBLOCK 命令, 打开 "写块" 对话框, 在 "源" 选项区中选中 "对象" 单选按钮, 然后在 "对象" 选项区中单击 选择对象 图标按钮, 选中已定义完属性的标高块, 然

后在"目标"选项区中的"文件名和路径"文本框中，输入文件名和要保存的路径，并在"插入单位"下拉列表框中选择"毫米"选项，如图 7-35 所示。

7）执行"默认"/"插入"选项卡⇨ 块 ⇨ 插入 ，从当前图形中块的库选中"标高块"，命令行提示如下：

命令：-INSERT

输入块名或[?]<标高块>：↵

单位：毫米　转换：　　1.0000

指定插入点或[基点（B）/比例（S）/X/Y/Z/旋转（R）]：s↵

指定 XYZ 轴的比例因子<1>：↵

指定插入点或[基点（B）/比例（S）/X/Y/Z/旋转（R）]：

指定旋转角度<0>：↵

（设置完毕后，弹出"编辑属性"对话框，如图 7-36 所示，修改属性值为 7.000）

图 7-35　"写块"对话框

图 7-36　输入标高值

7.4　动态块

在使用块的过程中，经常遇到同一个对象因为尺寸不同，需要制作很多块的问题。如在平剖面图上插入窗户，因为墙体的厚度不同，窗户的宽度不同，形成了很多不同尺寸的窗户规格。为了解决这个问题，使用者发明了一种单位块的概念，制作一个 1000×100 的单位窗块，插入时在 x 和 y 方向采用不同的比例，以形成不同规格的窗户。

动态块在块中增加了可变量，可以将不同长度、角度、大小、对齐方式、个数，甚至整个块图形样式等相关内容设计到一个块中，插入块后仅需要简单拖动几个变量就能实现块的修改，使块具有灵活性和智能性。

使用动态块的功能，可以无须定制很多外形类似而尺寸不同的图块，只需创建部分几何图形即可定义创建每一形状和尺寸的块所需要的所有图形，大大减少了重复工作。

7.4.1 动态块的使用

动态块在操作时可以轻松地更改图形中的动态块参照，可以通过自定义夹点和自定义特性来操作几何图形，根据需要在位调整块参照。

当插入动态块以后，在块的指定位置处出现动态块的夹点，单击夹点可以改变块的特性，如块的位置、反转方向、宽度、高度、可视性等，还可以在块中增加约束，如沿指定的方向移动等。

根据块的定义方式，可以通过这些自定义夹点和自定义特性来操作块。例如，在图形中插入一个动态块门后，可以选择门，激活动态夹点，然后拖动自定义夹点或在"特性"选项板中指定不同的大小就可以修改门的大小，如图 7-37a 所示；根据需要还可以改变门的打开角度，由 30°改为 90°，如图 7-37b 所示；另外，还可以为该门块设置对齐夹点，使用对齐夹点可以方便地将门块与门垛墙对齐，如图 7-37c 所示。

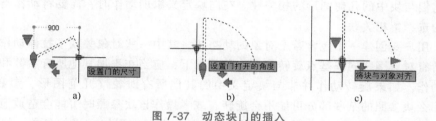

图 7-37 动态块门的插入

动态块中不同类型的自定义夹点，见表 7-1。相对应的动态块特性有线性特性、旋转特性、翻转特性、对齐特性、可见性特性和查寻特性。

表 7-1 动态块自定义夹点类型

夹点类型	图例	夹点在图形中的操作方式	参数:关联的动作
标准	■	平面内的任意方向	基点:无 点:移动、拉伸 极轴:移动、缩放、拉伸、极轴拉伸、阵列 XY:移动、缩放、拉伸、阵列
线性	▶	按规定方向或沿某一条轴往返移动	线性:移动、缩放、拉伸、阵列
旋转	●	围绕某一条轴	旋转:旋转
翻转	➡	单击以翻转动态块参照	翻转:翻转
对齐	▶	平面内的任意方向;如果在某个对象上移动,则使块参照与该对象对齐	对齐:无(隐含动作)
查寻	▼	单击以显示项目列表	可见性:无(隐含动作) 查寻:查寻

7.4.2　动态块的创建

1. 动态块创建步骤

动态块的使用虽然方便，但其创建过程还是比较烦琐的，因此，有必要先了解动态块创建的流程。

（1）在创建动态块之前规划动态块的内容　在创建动态块之前，应当了解其在图形中的使用方式，确定块中的哪些对象会更改或移动，以及这些对象将如何更改。另外，调整块参照的大小时可能会显示其他几何图形。这些因素决定了添加到块定义中的参数和动作的类型，以及如何使参数、动作和几何图形共同作用。

（2）绘制几何图形　可以在绘图区域、块编辑器上下文选项卡或块编辑器中为动态块绘制几何图形，也可以使用图形中的现有几何图形或现有的块定义。如果用户要使用可见性状态更改几何图形在动态块参照中的显示方式，可能不希望在此包括全部几何图形。

（3）了解块元素如何共同作用　在向块定义中添加参数和动作之前，应了解它们相互之间以及它们与块中的几何图形的相关性。在向块定义添加动作时，需要将动作与参数以及几何图形的选择集相关联。

例如，用户要创建一个包含若干对象的动态块。其中一些对象关联了拉伸动作。同时用户还希望所有对象围绕同一基点旋转。在这种情况下，应当在添加其他所有参数和动作之后添加旋转动作。如果旋转动作并非与块定义中的其他所有对象（几何图形、参数和动作）相关联，那么块参照的某些部分可能不会旋转，或者操作该块参照时可能会造成意外结果。

（4）添加参数　按照命令提示中的提示向动态块定义中添加适当的参数，块定义的参数按照动作参数、标注约束参数、参照参数、用户参数和属性等类别进行组织，动态块中参数与夹点、动作之间的关系，见表 7-2。使用"块编写选项板"的"参数集"选项卡可以同时添加参数和关联动作。

表 7-2　动态块动作参数类型

参数类型	夹点类型	可与参数关联的动作	说　　明
点	标准	移动、拉伸	在图形中定义一个 X 和 Y 位置。在块编辑器中，外观类似于坐标标注
线性	线性	移动、缩放、拉伸、阵列	可显示出两个固定点之间的距离。约束夹点沿预置的角度移动。在块编辑器中，外观类似于对齐标注
极轴	标准	移动、缩放、拉伸、极轴拉伸、阵列	可显示出两个固定点之间的距离并显示角度值。可以使用夹点和"特性"选项板来共同更改距离值和角度值。在块编辑器中，外观类似于对齐标注
XY	标准	移动、缩放、拉伸、阵列	可显示出距参数基点的 X 距离和 Y 距离。在块编辑器中，显示为一对标注（水平标注和垂直标注）
旋转	旋转	旋转	可定义角度。在块编辑器中，显示为一个圆
翻转	翻转	翻转	翻转对象。在块编辑器中，显示为一条投影线。可以围绕这条投影线翻转对象。将显示一个值，该值显示出块参照是否已被翻转
对齐	对齐	无（此动作隐含在参数中）	可定义 X 和 Y 位置以及一个角度。对齐参数总是应用于整个块，并且无须与任何动作相关联。对齐参数允许块参照自动围绕一个点旋转，以便与图形中的另一对象对齐。对齐参数会影响块参照的旋转特性。在块编辑器中，外观类似于对齐线

（续）

参数类型	夹点类型	可与参数关联的动作	说　明
可见性	查寻	无(此动作是隐含的,并且受可见性状态的控制)	可控制对象在块中的可见性。可见性参数总是应用于整个块,并且无须与任何动作相关联。在图形中单击夹点可以显示块参照中所有可见性状态的列表。在块编辑器中,显示为带有关联夹点的文字
查寻	查寻	查寻	定义一个可以指定或设置为计算用户定义的列表或表中的值的自定义特性。该参数可以与单个查寻夹点相关联。在块参照中单击该夹点可以显示可用值的列表。在块编辑器中,显示为带有关联夹点的文字
基点	标准	无	在动态块参照中相对于该块中的几何图形定义一个基点。无法与任何动作相关联,但可以归属于某个动作的选择集。在块编辑器中,显示为带有十字光标的圆

（5）添加动作　向动态块定义中添加适当的动作,确保将动作与正确的参数和几何图形相关联,使用"块编写选项板"的"参数集"选项卡可以同时添加参数和关联动作。

（6）定义动态块参照的操作方式　指定在图形中操作动态块参照的方式。在创建动态块定义时,用户将定义显示哪些夹点以及如何通过这些夹点来编辑动态块参照。另外还指定了是否在"特性"选项板中显示出块的自定义特性,以及是否可以通过该选项板或自定义夹点来更改这些特性。

（7）测试块　单击"块编辑器"选项卡 ➡ 打开/保存 面板 ➡ 测试块,在保存之前测试块。

用户可以从头创建块,也可以向现有的块定义中添加动态行为。另外,也可以像在绘图区域中一样创建几何图形。参数和动作仅显示在块编辑器中。将动态块参照插入到图形中时,将不会显示动态块定义中包含的参数和动作。

2. 动态块的元素

在动态块中,除几何图形外,通常包含一个或多个参数和动作。

（1）参数　使用"块编写选项板"上的"参数"选项卡可以添加参数,定义块的自定义特性,指定几何图形在块中的位置、距离和角度,如图 7-38 所示。可以在块编辑器中向动态块定义中添加参数。在块编辑器中,参数的外观与标注类似。参数可定义块的自定义特性。参数也可指定几何图形在块参照中的位置、距离和角度。向动态块定义添加参数后,参数将为块定义一个或多个自定义特性。

动态块定义中必须至少包含一个参数。例如,向动态块定义添加旋转参数后,该旋转参数将为该块参照定义角度特性。因此,如果图形中有一个门块,并且希望在编辑时能够旋转该块的位置,可使用参数来定义块的旋转轴。

（2）动作　使用"块编写选项板"上的"动作"选项卡,

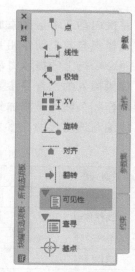

图 7-38　"块编写选项板"
的"参数"选项卡

可向动态块定义中添加动作，动作定义了在图形中操作动态块参照的自定义特性时，动态块参照的几何图形将如何移动或变化，如图 7-39 所示。动态块通常至少包含一个动作。向动态块定义中添加动作后，必须将该动作与参数、参数上的关键点以及几何图形相关联。关键点是参数上的点，编辑参数时该点将会驱动与参数相关联的动作。与动作相关联的几何图形称为选择集。

可以将多个动作指定给同一参数和几何图形。但是，如果两个动作均影响同一几何图形，那就不应该将两个或两个以上同一类型的动作指定给参数上的同一关键点。

（3）参数集　使用"块编写选项板"上的"参数集"选项卡可以向动态块定义添加一般成对的参数和动作，如图 7-40 所示。

向块中添加参数集与添加参数所使用的方法相同。参数集中包含的动作将自动添加到块定义中，并与添加的参数相关联。

图 7-39　"块编写选项板"的"动作"选项卡

图 7-40　"块编写选项板"的"参数集"选项卡

首次向动态块定义添加参数集时，每个动作旁边都会显示一个黄色警告图标。这表示需要将选择集与各个动作相关联。可以双击该黄色警示图标（或使用 BACTIONSET 命令），然后按照命令行上的提示将动作与选择集相关联。

如果插入的是查寻参数集，双击黄色警示图标时将会显示"特性查寻表"对话框。与查寻动作相关联的是添加到此表中的数据，而不是选择集。

块编写选项板的"参数集"选项卡中的选项类型及说明，见表 7-3。

表 7-3　块编写选项板的"参数集"选项卡中的选项类型及说明

参数集选项类型	说　　明
点移动	添加带有一个夹点的点参数和相关联的移动动作
线性移动	添加带有一个夹点的线性参数和关联移动动作
线性拉伸	添加带有一个夹点的线性参数和关联拉伸动作
线性阵列	添加带有一个夹点的线性参数和关联阵列动作
线性移动配对	添加带有两个夹点的线性参数和与每个夹点相关联的移动动作
线性拉伸配对	添加带有两个夹点的线性参数和与每个夹点相关联的拉伸动作

（续）

参数集选项类型	说　　明
极轴移动	添加带有一个夹点的极轴参数和关联移动动作
极轴拉伸	添加带有一个夹点的极轴参数和关联拉伸动作
环形阵列	添加带有一个夹点的极轴参数和关联阵列动作
极轴移动配对	添加带有两个夹点的极轴参数和与每个夹点相关联的移动动作
极轴拉伸配对	添加带有两个夹点的极轴参数和与每个夹点相关联的拉伸动作
XY 移动	添加带有一个夹点的 XY 参数和关联移动动作
XY 移动配对	添加带有两个夹点的 XY 参数和与每个夹点相关联的移动动作
XY 移动方格集	添加带有 4 个夹点的 XY 参数和与每个夹点相关联的移动动作
XY 拉伸方格集	添加带有 4 个夹点的 XY 参数和与每个夹点相关联的拉伸动作
XY 阵列方格集	添加带有 4 个夹点的 XY 参数和与每个夹点相关联的阵列动作
旋转集	添加带有一个夹点的旋转参数和关联旋转动作
翻转集	添加带有一个夹点的翻转参数和关联翻转动作
可见性集	添加带有一个夹点的可见性参数
查寻集	添加带有一个夹点的查寻参数和查寻动作

（4）约束　使用"块编写选项板"上的"约束"选项卡可以通过数学表达式控制标注约束的几何图形，如图 7-41 所示。将约束添加到动态块，就是通过设置规则以控制块中几何图形的位置、斜度、相切、标注和关系。

在将约束添加到动态块定义中时，一旦将块插入到图形中，就可以添加控制参数的可编辑特性。几何约束可用于限制块中关联的几何图形的移动或修改方式。例如，可以指定对象必须保持垂直、相切、同心还是与其他块几何图形重合。标注约束控制几何图形相对于图形或其他对象的大小、角度或位置。

虽然用户可以在块定义中使用标注约束和约束参数，但是只有约束参数可以为该块定义显示可编辑的自定义特性。约束参数包含可以为块参照显示或编辑的参数信息。

3. 动态块线性特性的创建

线性特性需要参数和动作的配合，也就是说，先给动态块添加一个线性参数，然后为这个参数添加需要的动作，如移动、拉伸、极轴拉伸、阵列等，这一切都是在块编辑器中进行的。

下面以一个简单的动态块矩形为例，说明动态块的概念以及线性特性的创建。

1）首先在 0 图层绘制一个 900×240 的矩形，用 B（Block）命令定义"矩形"块，其命令流如下：

图 7-41　"块编写选项板"的
"约束"选项卡

命令:REC ↵
RECTANG
指定第一个角点或[倒角(C)/标高(E)/圆角(F)/厚度(T)/宽度(W)]:
指定另一个角点或[面积(A)/尺寸(D)/旋转(R)]:@ 900,240 ↵
命令:B ↵　　　　　　　　　　　　　　　（打开图 7-21 的"块定义"对话框）
BLOCK 指定插入基点:　　　　　　　　　（先取矩形下边的中点为插入基点）
选择对象:指定对角点:找到 1 个　　　　　（选择矩形）
选择对象:

2) 执行"插入"选项卡 ⇨ 块定义 ⇨ 块编辑器，弹出"编辑块定义"对话框，选择要编辑的块"矩形"，按 确定 按钮，进入"块编辑器"选项卡，如图 7-42 所示。

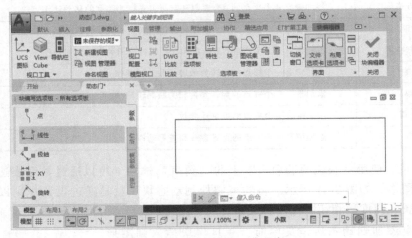

图 7-42　"块编辑器"选项卡

在"块编写选项板"的"参数"选项卡中，单击执行 线性 按钮，捕捉矩形的左上角和右上角，根据提示向上拉出一个合适的标签位置，如图 7-43 所示。其命令行窗口的操作命令流为:

命令:_BParameter 线性
指定起点或[名称(N)/标签(L)/链(C)/说明(D)/基点(B)/选项板(P)/值集(V)]:
　　　　　　　　　　　　　　　　　　（捕捉矩形左上角,作为起点）
指定端点:　　　　　　　　　　　　　　（捕捉矩形右上角,作为端点）
指定标签位置:　　　　　　　　　　　　（离开矩形一段距离,指定"距离 1"标签
　　　　　　　　　　　　　　　　　　的位置,这一过程如同线性尺寸标注）

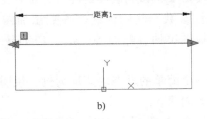

图 7-43　添加"线性"参数
a) 添加"线性"参数过程　b) 添加完"线性"参数后的图形

如果 AutoCAD 的"特性"选项板没有显现在桌面，按组合键<Ctrl+1>，将其显现。

3）选中这个添加到图形的线性参数"距离1"，按鼠标右键弹出快捷下拉菜单，单击【特性】菜单，弹出"特性"面板，修改"特性标签"里的"距离名称"为"D1"。

单击"特性"面板的"值集"中的"距离类型"下拉列表，选择"列表"；单击"距离值列表"右边带有三个点的图标按钮，在弹出的窗口中添加 1200、1500、1800、2100 四个值，为动态块矩形的宽度，如图 7-44 所示。也可以使用"增量"选项，设置"距离增量"为 300，"最小距离"为 900，"最大距离"为 2100。若使用"无"选项，就是没有增量限制，但可以设置"最小距离"为 900，"最大距离"为 2100。

4）在"块编写选项板"的"动作"选项卡中，单击执行拉伸按钮，选择"D1"参数，指定要与动作关联的参数点为矩形的右上角，拉伸框架用窗交模式选取矩形的右边和两水平线，选择矩形为要拉伸的对象，如图 7-45 所示。

图 7-44 线性参数
的"特性"面板

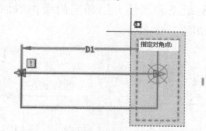

图 7-45 给线性参数添加拉伸动作（一）

其命令行窗口的操作命令流为：

命令:_BActionTool 拉伸
选择参数：　　　　　　　　　　　　　　　　　　　　　（选择"D1"线性参数）
指定要与动作关联的参数点或输入[起点(T)/第二点(S)]<第二点>：

　　　　　　　　　　　　　　　　　　　　　　　　　　（先取矩形右上角）
指定拉伸框架的第一个角点或[圈交(CP)]：　　　　　（圈交选择右侧，虚线框架部分）
指定对角点：
指定要拉伸的对象　　　　　　　　　　　　　　　　　（圈交矩形的右边和两水平线，
　　　　　　　　　　　　　　　　　　　　　　　　　　这与拉伸命令是一个概念）

选择对象:找到 1 个

5）执行"块编辑器"选项卡⇨ 打开/保存 ⇨ 保存块 ，保存块定义，然后执行 测试块 在块编辑器内显示一个窗口，以测试动态块，如图 7-46 所示。最后单击 关闭块编辑器 按钮，在弹出的对话框中单击 保存更改 按钮，退出"块编辑器"。

4. 动态块翻转特性的创建

前面的标高制作示例只是创建了一种标高符号，实际
上标高符号有向上、向下，文字在左、文字在右 4 种，下

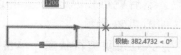

图 7-46 给线性参数添加拉伸动作（二）

面采用动态块的翻转特性创建一个动态块标高以解决这 4 种形态。

1) 选中前面的"标高块"图形，然后进入"块编辑器"。在"块编写选项板"的"参数"选项卡中单击 翻转 ，其命令行窗口的操作命令流为：

命令：_BParameter 翻转
指定投影线的基点或[名称(N)/标签(L)/说明(D)/选项板(P)]：　（捕捉并单击标高块倒三角图形下面的顶点）

指定投影线的端点：　（水平方向拖动鼠标一段距离后单击鼠标）

指定标签位置：

在"参数"选项卡中再次单击 翻转 ，AutoCAD 底部的命令窗口提示"指定参数位置或[名称(N)/标签(L)/说明(D)/选项板(P)]"，捕捉并单击图形上的三角形上面的直线中点；命令窗口接着提示"指定投影线的端点"，垂直方向拖动鼠标一段距离后单击鼠标；命令窗口又提示"指定标签位置"，在附近再次单击。

上述两个操作向标高块中添加了水平和垂直方向的两个镜像轴，如图 7-47 所示。

2) 在"块编写选项板"的"动作"选项卡中单击 翻转 ，AutoCAD 底部的命令窗口提示"选择参数"，单击图上的标签"翻转状态 1"（就是水平的镜像轴）；命令窗口接着提示"选择对象"，选择标高块的所有线条和属性。以相同的操作添加"翻转状态 2"（就是垂直的镜像轴）参数的翻转动作，如图 7-48 所示。

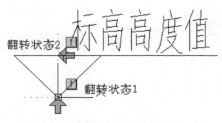
图 7-47　给翻转特性添加翻转参数

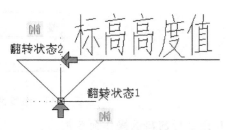
图 7-48　给翻转参数添加翻转动作

3) 执行"块编辑器"选项卡 ⇒ 打开/保存 ⇒ 保存块 ，保存块定义，然后测试动态块。最后关闭块编辑器。

4) 动态块标高插入后，再选择标高块，单击动态块上的水平或垂直翻转箭头，则标高的 4 种形态就会很容易出现，如图 7-49 所示。

5. 动态块可见性的创建和使用

在动态块中通过使用可见性状态，可以创建具有不同图形表示的块。可见性状态是一种自定义特性，仅允许指定的几何图形显示在块参照中。例如，单击"工具选项板-所有选项板"中的"盥洗室-公制"动态块，然后就可以从动态块中选择不同的类型和视图，如图 7-50 所示。

进入动态块编辑状态，单击 可见性模式 图标，就会发现在动态块中有 9 个重叠的视图，如图 7-51

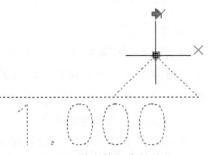
图 7-49　动态块标高的使用

所示。

　　动态块的可见性状态是由"块编写选项板"的 可见性 参数命令创建的，它不需要相关动作。执行"块编辑器"上下文选项卡⇨ 可见性 面板⇨ 可见性状态 ，显示"可见性状态"对话框，对动态块中的可见性状态进行创建、设置或删除，如图 7-52 所示。

　　掌握了动态块的方法后，可以建立工程设计中常用的图形库，再结合参数化绘图功能，将会使工程设计更加专业化。

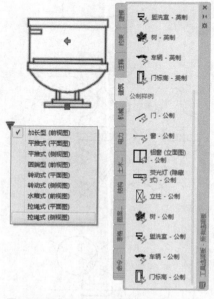

图 7-50　插入"盥洗室-公制"动态块

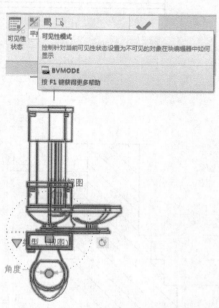

图 7-51　"盥洗室-公制"动态块中的视图

图 7-52　"可见性状态"对话框

练 习 题

　　1. 建立一个长 1000、宽 100 的单位窗块和宽 1000 的单位门块，并附加窗名和门名作为块的属性，如见图 7-53 所示，然后居中插入到第 3 章练习题 4 中房间的相应墙体中，其中窗宽为 2100，门宽为 1100（注：不必进行尺寸标注）。

　　2. 绘制如图 7-54 所示的砖基础剖面图，出图比例为 1 ∶ 10，并填充图案（注：不必进行尺寸标注）。

　　3. 绘制图 7-55a 所示的图形。（提示：按照图 7-55b 将圆 A、圆 B、圆 C 及矩形 D 创建成面域，并进行环形阵列，布尔运算即可）

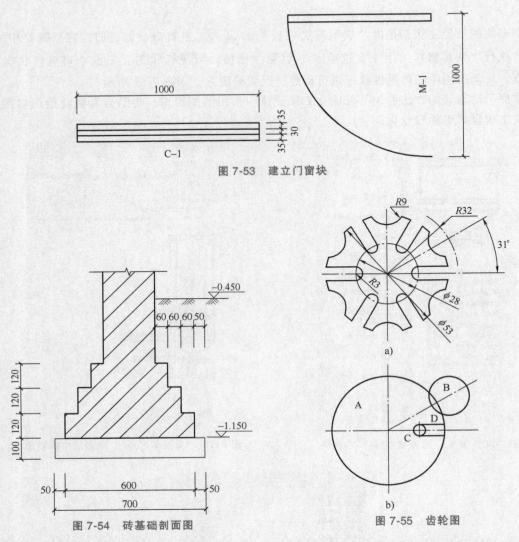

图 7-53　建立门窗块

图 7-54　砖基础剖面图

图 7-55　齿轮图

4. 制作一个图框动态块，可以插入 A1、A2、A3 大小的图框和标题栏，并适应不同的图纸比例。

第8章

布局与打印

8.1 模型空间与图纸空间

8.1.1 模型空间

AutoCAD 的图形对象都是在三维坐标系下创建的，图形模型具有三维信息，每个节点坐标由 X、Y、Z 三个轴表示。为了使用的方便，把 Z 坐标为 0 的图形对象称之为二维模型，可以认为是一种平面图形，在创建二维图形时，默认不需要输入 Z 坐标值。

从用户对图形对象的观察来看，AutoCAD 有模型空间和图纸空间两个工作空间。使用绘制和编辑命令构建几何模型时，是在模型空间完成的，创建过程需要从不同视点修改模型。尤其是在创建三维模型时，需从多视角观察图形对象，AutoCAD 在模型空间中，可将绘图区域分割成一个或多个矩形域，称为模型空间视口。

AutoCAD 启动后，默认处于模型空间和配置了四个相等的模型空间视口，把第一个视口（预设为"俯视"视口）处于"最大化视口"状态，这样在绘图区只看到了一个视口。在绘图区域左上角（也是视口的左上角）的"视觉样式控件"上，左键单击 — 按钮，单击弹出的快捷菜单【恢复视口】，则绘图区域出现四个相等的视口，单击【视口配置列表】则弹出"视口"对话框，如图 8-1 所示。

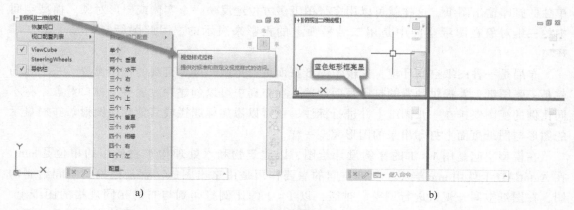

a)   b)

图 8-1 模型空间与模型视口

a）视觉样式控件与视口配置列表 b）恢复视口后的当前视口

单击图 8-1a 的【恢复视口】，直接显示默认的如图 8-1b 所示的四个相等的视口，左上角的第一个视口为当前视口，其矩形框以蓝色亮显，单击任意视口可以将其置为当前视口。在当前视口执行创建或修改对象的命令，但结果将应用到模型，并且显示在其他视口中。执行控制视图的命令（如平移和缩放）其效果仅适用于当前视口。俯视按钮可以选择预设的视图和自定义视图；二维线框按钮是用来选择一种视觉样式，大多数其他视觉样式用于三维可视化。

模型空间视口的配置和排列是可以保存和恢复的。通过面板法（"视图"选项卡⇨视口⇨命名）和命令法（VPORTS），在"视口"对话框的"新建视口"选项卡中，在"新名称"框中输入视口配置的名称。恢复时选择保存的名称即可。

可以在视口配置中修改模型空间视口的大小、形状和数量，拖动视口的边界以调整其大小，按住<Ctrl>键的同时拖动视口边界，以显示绿色分割条并创建新视口。或者，可以拖动最外层的分割条控件，将一个视口边界拖到另一个边界上，以删除视口。

视口是显示用户模型的不同视图的区域。在大型或复杂的图形中，显示不同的视图可以缩短在单一视图中缩放或平移的时间。在一个视图中可能漏掉的错误可能会在另一个视图中看到。

8.1.2 图纸空间

图纸空间可以看作一张工程上用的图纸，覆盖在模型空间上，可以按照图纸规格设置其大小。若要从图纸空间看模型空间的内容，必须在图纸开一"视口"，这视口一般是矩形的，也可以是任何形状，甚至可以按图纸上的对象开视口。图纸空间上的视口功能相当于一个相机的长焦镜头，通过镜头可以观察模型空间的对象，也可以执行缩放、平移等命令，调整图形显示的大小和显示模型的不同部分。

在一个图形文件中，模型空间和图纸空间都是只有一个，因三维模型太复杂，而图纸空间是二维的，故需布局多张图纸且在每张图纸上开多个视口，才能表达清楚三维模型的内容。也就是说图纸空间是以布局的形式来使用的，而布局可以设置多个，每个布局代表一张单独的打印输出图纸，这样就可以用多张图纸多方位地反映一个实体或图形对象。模型空间中的三维对象在图纸空间中是用二维平面上的投影来表示的，因此图纸空间是一个二维环境。

布局是一种图纸空间环境，它模拟图纸页面进行排版，提供直观的打印设置。一个布局就是一张图纸，并提供预置的打印页面设置。在布局中可以创建并放置多个视口对象，将不同比例的视图安排在一张图纸上并进行标注，还可以添加标题栏或其他几何图形。布局显示的图形与图纸页面上打印出来的图形完全一样。

在模型空间是用 1∶1 的比例设计绘图，因建筑物和水处理构筑物使用的单位是 mm，在 AutoCAD 上就用 mm 绘图。图纸空间的主要作用是用来出图的，就是把模型空间绘制的图，在图纸空间开视口进行调整、排版，以 1∶1 的比例打印到与布局相同规格的图纸上，如布局设置的图纸规格是 A1，则打印出图纸的大小也是 A1，而每一个图的比例是通过调整视口的比例实现的。一个布局中若有多个视口，可以用相同比例来显示三维模型的不同视图，也可以用不同比例来展示图形的整体和局部细节，应根据出图需要进行设置，以保证达到最佳的出图效果。

8.2 布局的创建与管理

模型空间和图纸空间分别用位于状态行最左侧的"模型"和"布局"选项卡切换。这些选项卡可以通过面板法（"视图" ⇨ 界面 ⇨ 布局选项卡）切换"模型"和"布局"选项卡的可见性。状态栏 模型/图纸 按钮也可显示和切换当的工作空间是模型空间还是图纸空间；在模型空间中，单击此按钮可显示最近访问的布局；在布局中，单击此按钮可从布局视口中的模型空间切换到图纸空间。

8.2.1 创建新布局

AutoCAD 默认提供了"布局 1"和"布局 2"两个选项卡，直接选择"布局 1"选项卡，就可以进入相应的图纸空间环境，查看相应的布局，如图 8-2 所示。在图纸空间中，可随时从状态行选择 模型 状态栏按钮（或命令行命令 MODEL）来返回模型空间，在模型空间中的所有修改都将反映到所有图纸空间视口中。也可以在当前布局栏中创建布局视口来访问模型空间。

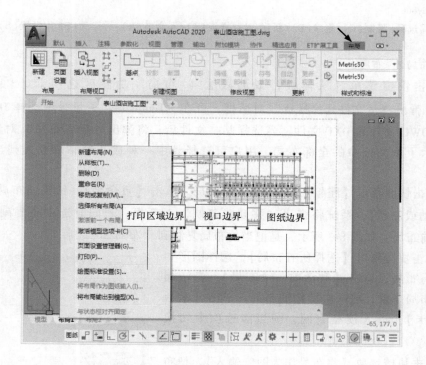

图 8-2　布局

这样新建的布局很粗糙，是 AutoCAD 按默认参数设置的，还需对图纸大小、方向进行设置，选择打印机类型，对打印区域边界设置，视口边界及范围也要调整，甚至可能需删除视口重建新的视口及多个视口。

8.2.2 管理布局

1. 功能

对布局进行创建、删除、复制、移动、保存、重命名、页面管理等各种操作。

2. 操作说明

激活"布局 1"后，在面板上会增加"布局"选项卡，在状态栏的 布局1 上单击鼠标右键，弹出快捷菜单，如图 8-2 所示。"布局"选项卡包括 布局 、 布局视口 、 创建视图 、 修改视图 、 更新 和 样式和标准 6 个面板，包括了快捷菜单中没有的更多功能，而快捷菜单只包括了一些主要操作。

1）单击快捷菜单【新建布局】或面板法（"布局"功能区选项卡 ⇨ 布局 面板 ⇨ 新建 ），使用默认设置来创建一个新的布局，默认名称为"布局 3"。执行快捷菜单【新建布局（N）】会直接建立一个"布局 3"，没有提示选项。而执行 布局 面板 ⇨ 新建 ，实际上是执行 LAYOUT 命令的"新建（N）"选项，并提示输入新布局名，默认为"布局 3"，命令行如下：

命令:_layout

输入布局选项[复制（C）/删除（D）/新建（N）/样板（T）/重命名（R）/另存为（SA）/设置（S）/?]<设置>:_new

输入新布局名 <布局 3>:

2）单击快捷菜单【从样板】或面板法（"布局"功能区选项卡 ⇨ 布局 面板 ⇨ 从样板 ），弹出"从文件选择样板"对话框，可在"Template"子目录中选择 DWT 样板文件，或者 DWG 文件和 DXF 文件。当选择某一文件后，将弹出"插入布局"对话框，该对话框中显示了该文件中的全部布局，用户可选择其中一种或几种布局插入到当前图形文件中。

3）单击快捷菜单【删除】，可删除当前布局。单击【重命名】，给当前布局重新命名。单击【移动或复制】，系统将弹出"移动或复制"对话框，若同时选中 创建副本 复选框，则复制当前布局。如图 8-3 所示，是把当前布局复制到"布局 2"之后。

4）单击快捷菜单【选择所有布局】，选择图形中定义的所有布局。单击【激活前一个布局】，激活相对于目前布局来讲，前一次操作的布局。单击【激活模型选项卡】，进入模型空间，则当前选项卡切换为 模型 。

图 8-3 "移动或复制"对话框

5）单击快捷菜单【将布局作为图纸输入】，把布局快速地输入到图纸集，如图 8-4 所示。如果一个布局已经属于一个图纸集，则必须创建包含该布局的图形的副本才能输入该布局。该操作要求"图纸集管理器"对话框打开并且建立了图纸集的情况下才能进行，也可以在"图纸集管理器"对话框上执行该命令。

6）单击快捷菜单【将布局输出到模型】，可以将当前布局所有视口中所有可见对象输出到新图形中的模型空间，以 DWG 文件的形式保存下来，若视口中显示的对象不全，也会把图形剪裁，此时保存文件的时间会较长。

　　7）单击快捷菜单【页面设置管理器】，系统将弹出"页面设置管理器"对话框，如图 8-5 所示。对准备要打印的图形或布局（当前"布局 1"），进行图形输出的设置。可以将某个页面设置应用到当前布局，也可以新建页面设置和修改页面设置，还可从其他图形中输入命名的页面设置。如果不希望每次新建图形布局时都出现"页面设置"对话框，那么可取消选中该对话框中的"创建新布局时显示"复选框。

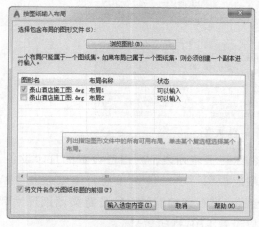

图 8-4　"按图纸输入布局"对话框

图 8-5　"页面设置管理器"对话框

8.2.3　页面设置

1. 功能

　　页面设置就是为准备打印或发布的图形指定许多定义图形输出的设置和选项，这些设置保存在命名的页面设置中。可以使用页面设置管理器将一个命名的页面设置应用到多个布局中，也可以从其他图形中输入命名页面设置并将其应用到当前图形布局中。

2. 操作说明

　　激活"页面设置管理器"的方法除了 8.2.2 小节介绍的以外，还可采用下拉菜单法（【文件】⇨【页面设置管理器】）执行命令。

　　在"页面设置管理器"对话框中，如图 8-5 所示，在页面设置选项组显示已有的布局和页面设置名，下侧显示对应选定页面设置的详细信息。 置为当前 按钮是将在列表中选中的命名页面设置激活并置为当前页面设置； 新建 按钮是新建命名页面设置； 修改 按钮是修改在列表中选中的命名页面设置； 输入 按钮是从文件中输入页面设置。

　　（1）新建页面设置　单击 新建 按钮，系统弹出"新建页面设置"对话框，输入新建页面设置名称，系统默认名字为"设置 n"；"基础样式"列表中显示可选择的页面设置的基础样式。单击 确定 按钮，系统弹出"页面设置"对话框，如图 8-6 所示，该对话框中各项设置如下：

　　1）页面设置：显示当前新建页面设置名称。

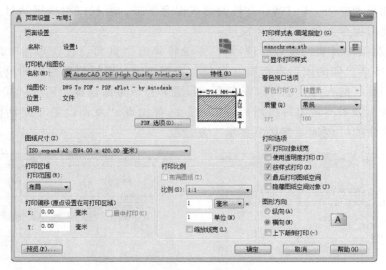

图 8-6　"页面设置"对话框

2）打印机/绘图仪：设置打印设备，打开"名称"下拉列表，列出已设置的打印设备，选择使用的打印设备，选择后会显示打印设备和相应说明。单击 特性 按钮，可以进入"绘图仪配置编辑器"对话框，如图 8-7 所示，可对绘图仪进行详细配置，如自定义图纸尺寸和修改标准图纸可打印区域。单击 PDF 选项 按钮可以设置 PDF 打印质量。

3）打印样式表（画笔指定）：选择或创建打印样式设置。打印样式表是通过确定打印特性（如线宽、颜色和填充样式等）来控制对象或布局的打印方式。一般工程图纸应选择下拉列表中的"mono-chrome.ctb"，该打印样式可以将所有颜色的图线都映射成黑色，确保打印出规范的黑白工程图纸。

4）图纸尺寸：下拉列表中给出了打印设备可用的标准图纸尺寸。如果没有选定打印机，则显示全部标准图纸尺寸。

5）打印区域：指定要打印输出的图形范围。"布局"表示打印范围为当前布局指定图纸尺寸页边距内的所有对象，绘图原点为布局页的（0，0）点，该项设置只在该"页面设置"应用于"布局"时才有。"窗口"表示由用户指定输出图形的区域。

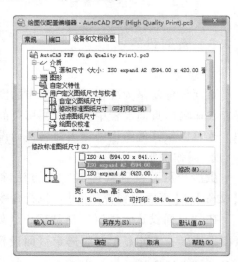

图 8-7　"绘图仪配置编辑器"对话框

"范围"表示打印图形界限命令（LIMITS）定义的绘图区域，该项设置只在该"页面设置"应用于"模型"时才有。"显示"表示打印区域为当前显示在屏幕视口中的图形。

6）打印比例：设置打印时的输出比例。布局页的打印比例一般选用默认值 1∶1，即按布局的实际尺寸打印输出。一般线宽是指对象图线的宽度，并按其宽度打印，与"打印比例"无关。如果选择"缩放线宽"项，则绘图输出时线宽的缩放与打印比例成正比。如果选择了"布满图纸"项，就不能再指定打印比例了。

7）打印偏移：设置输出区域的偏移，X、Y 偏移量是指打印区域相对于图纸原点的偏移距离。如选择"居中打印"，则 AutoCAD 自动计算偏移值，并将图形居中打印。

8）着色视口选项：指定着色和渲染视口的打印方式和打印分辨率。如果打印一个包含三维着色实体图形，可控制图形的着色模式。"按显示"表示按对象在屏幕上的显示方式打印，保留所有颜色。"线框"表示只显示直线和曲线，以表示对象的边界。"消隐"表示不打印位于其他对象之后的部分。"渲染"表示根据打印前设置的"渲染"选项，在打印前要对对象进行渲染。可以从"质量"下拉列表中选择打印精度，"草图"是将渲染模型和着色模型空间视图设置为线框打印，"常规"将渲染模型和着色模型空间视图中的打印分辨率设置为当前设备分辨率的一半，最大值为 300DPI。"DPI"用来指定渲染和着色视图的每英寸点数。

9）打印选项："打印对象线宽"复选框控制是否按对象的线宽设置绘图输出。"按样式打印"复选框控制是否按照布局或视口指定的打印样式进行打印。"最后打印图纸空间"复选框，是指先打印模型空间的图形，然后再打印图纸空间的图形，通常图纸空间布局的打印优于模型空间的图形。"隐藏图纸空间对象"复选框，控制在图形输出时是否输出隐藏线。此设置的效果反映在打印预览中，而不反映在布局中。

10）图形方向：确定图形在图纸上的方向，选择"纵向"表示用图纸的短边作为图形页面的顶部，而"横向"则表示图纸的长边作为图形页面的顶部。无论使用哪一种图形方式，都可以通过选择"上下颠倒打印"复选框来得到相反的打印效果。

完成以上设置后，可直接单击 预览 按钮来浏览打印效果。按<Esc>键返回到该对话框，然后单击 确定 按钮结束页面设置。

（2）修改页面设置和输入页面设置　在"页面设置管理器"列表中选中要修改的命名页面（如"设置 1"），单击 修改 按钮，系统弹出"页面设置"对话框，该对话框的功能与上述按下 新建 按钮后的"页面设置"相同。

在"页面设置管理器"列表中，选中要修改和建立的命名页面，单击 输入 按钮，弹出"从文件选择页面设置"对话框，输入指定的文件名，打开后，弹出"输入页面设置"对话框，选择该文件中的某个页面设置即可。

说明：页面设置可以为当前的布局设置也可以为模型设置，在"页面设置管理器"对话框中，如当前布局名显示为"模型"时，即为模型空间的页面设置。

8.3　布局视口

布局视口是联系模型空间和图纸空间的纽带，可将模型空间按一定比例缩放后摆放到图纸空间的虚拟图纸上的，是在布局上组织图形输出的重要手段。在图纸空间上建立的视口可视为图纸空间的图形对象，可对其进行编辑，移动视口的位置、调整视口的大小、删除视口、显示锁定视口，通过冻结（隐藏）不同的图层得到不同的打印效果。

为了在布局输出时只打印视图而不打印视口边框，视口要单独设置在一个图层上，设置为不可打印，也可在打印前关闭或冻结该图层。

1）根据需要在布局中创建多个布局视口，每个布局视口可以指定显示不同的模型空间图形，并通过视口对图形进行平移和缩放，多个布局视口间可以相互重叠或分离。

2）在布局视口区域内任意位置双击，可激活视口进入浮动模型空间，对模型空间中的对象进行编辑。

3）布局中的视口默认为矩形，也可以是任意形状的。

8.3.1 创建、编辑、删除布局视口

1. 创建布局视口

采用面板法（"布局" ⇨ 布局视口 ⇨ 矩形/多边形/对象）和命令行法（VPORTS）创建矩形、多边形或对象视口。其中，创建矩形视口，就是在图纸空间上定义一个矩形，可创建一个或多个矩形布局视口；若在图纸空间上定义一个随意多边形的边界，则可以创建一个多边形的布局视口；若在图纸空间绘制一个对象，则可以指定该对象并将其转换为视口对象，如图8-8所示。

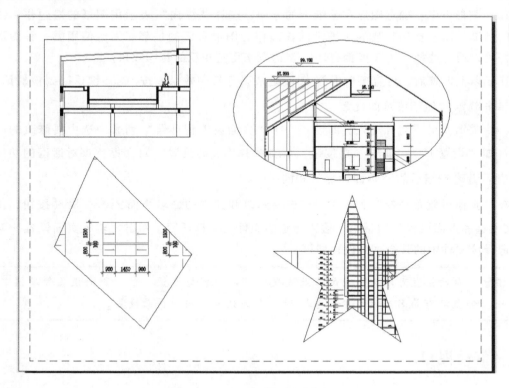

图8-8 矩形、多边形和对象视口

2. 编辑布局视口

在图纸空间中，视口也是图形对象，因此具有对象的特性，如颜色、图层、线型、线型

比例、线宽和打印样式等。用户可以使用 AutoCAD 任何一个修改命令对视口进行操作，如 Move、COpy、Stretch、SCale 和 Erase 等，也可以利用视口的夹点和特性进行修改。当擦除布局视口的边界时，其中的视图消失。当移动布局视口时，其内视图同时移动。

3. 删除布局视口

在布局中，选择布局视口边界，执行删除命令或按<Del>键，即可删除布局视口。

8.3.2 使用布局视口

1. 通过视口访问模型空间

在布局中工作时，可以在图纸空间中添加注释或其他图形对象，添加内容不会影响模型空间或其他布局。一般是把图框和标题栏以块的形式插入到布局，具体可以样板文件新建布局。

如果需要在布局中编辑模型，可用如下办法在视口中访问模型空间：双击布局视口内部，或单击状态栏上的 模型 按钮。从视口中进入模型空间后，可以对模型空间的图形进行操作。在模型空间对图形进行的任何修改都会反映到所有图纸空间的视口以及平铺的视口中。

如果需要从视口中返回图纸空间，则可使用如下方法：双击布局中布局视口以外的部分，或单击状态栏上的 图纸 按钮。

> 说明：在布局中执行 Pan 和 Zoom 命令，移动、放大或缩小的是整个图纸，用鼠标左键单击视口边界，可以选中视口，但无法选取图形；在布局视口上双击鼠标左键，视口边界变为粗线，坐标系图轴发生改变，表示已经进入模型空间视口，此时执行 Pan 和 Zoom 命令，移动、放大或缩小的是视口内的图形，并且可以选取图形；在布局视口外的布局区域双击鼠标左键，视口边界变为细线，坐标系图轴发生改变，表示返回到图纸空间。

2. 打开或关闭布局视口

新视口的默认设置为打开状态。对于暂不使用或不希望打印的视口，可以将其关闭。控制视口开关状态的方法有快捷菜单法和命令行法（-VPORTS）。

选中要控制的视口，单击鼠标右键，弹出快捷菜单，选择【特性】，如图 8-9 所示，弹出视口的"特性"对话框，如图 8-10 所示。

3. 调整视口的显示比例

一般情况下，布局的打印比例设置为 1:1，布局视口中图形的输出比例就是视口显示比例。新创建的视口默认的显示比例都是将模型空间中的全部图形最大化地显示在视口中。对于规范的工程图纸，需要使用规范的比例出图，因此必须为布局视口显示的图形确定一个精确的比例。调整视口的显示比例的方法包括命令行法（-VPORTS）、快捷菜单法（如图 8-10 中的"标准比例"）和状态行法等。

选定要调整的视口，则在状态行显示视口控件。打开视口比例列表，如图 8-11 所示，可以选择表中已定义的比例，也可以自定义比例数值。甚至可以删除不常用的比例数值，只保留常用的比例数值。

图 8-9　视口的快捷菜单

图 8-10　视口的"特性"对话框

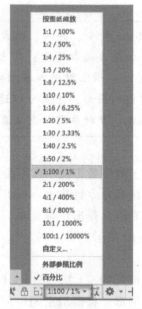

图 8-11　状态栏中视口控件

说明：-VPORTS 命令提供了更多的功能，调用该命令时系统将提示"指定视口的角点或 ［开（ON）/关（OFF）/布满（F）/着色打印（S）/锁定（L）/对象（O）/多边形（P）/恢复（R）/2/3/4]＜布满＞"，其中各项说明如下：

1）指定视口的角点：用户可直接指定两个角点来创建一个矩形视口。

2）开（ON）：打开指定的视口，将其激活并使它的对象可见；"关（OFF）"，关闭指定的视口。

3）布满（F）：创建充满整个显示区域的视口。视口的实际大小由图纸空间视图的尺寸决定。

4）着色打印（S）：指定如何打印布局中的视口是否着色打印。

5）恢复（R）：恢复保存的视口配置。

6）2、3、4：分别是将当前视口拆分为 2 个视口、3 个视口和 4 个视口。

7）锁定（L）：锁定当前视口。在"布局视口"面板和状态行上也有相应的图标按钮。

8）对象（O）：将图纸空间中指定的对象换成视口。

9）多边形（P）：指定一系列的点创建不规则形状的视口。

4. 锁定视口的比例

当激活视口并编辑修改空间模型时，常常会改变视口中视图的缩放大小，破坏了视图与模型空间图形间建立的比例关系。如果将视口的比例锁定，则修改当前视口中的几何图形时将不会影响视口比例。

锁定视口比例的方法有快捷菜单方式，选择【显示锁定】选项为"是"，如图 8-9 所示；视口的"特性"对话框，如图 8-10 所示；使用状态栏上的视口控件以及 布局视口 面板的 锁定 图标按钮。

锁定视口比例，只是锁定了视口内显示的视图，并不影响对布局视口内图形本身的编辑修改。为了防止视图比例的改变，也可采用最大化视口功能，方法是选择视口，单击鼠标右键，弹出相应的快捷菜单，在其中选择【最大化视口】，或者使用状态栏上的视口控件。

8.4 图形打印

8.4.1 使用模型空间打印

如果创建的是只有一个视图的二维图形，则可在模型空间完整地创建图形，并对图形进行标注，直接在模型空间中进行打印，而不必使用"布局"选项卡。这是 AutoCAD 创建图形的传统方法。

1. 操作说明

激活打印命令的方式有下拉菜单法（【文件】⇨【打印】）、快捷菜单法（在"模型"选项卡上单击右键，弹出快捷菜单，并选择【打印】）和命令行法（PLOT）等。

2. 打印操作步骤

激活打印命令后，弹出"打印-模型"对话框，单击右下角 后翻 图标按钮 可以显示更多内容。该对话框的内容与"页面设置"对话框类似，如图 8-12 所示。

1）页面设置：单击"名称"下拉列表框中的下拉箭头，可以列出图形中已命名或已保存的页面设置。单击 添加 按钮可基于当前设置创建一个新命名页面设置。

2）打印机/绘图仪：从"名称"下拉列表中选择打印设备。

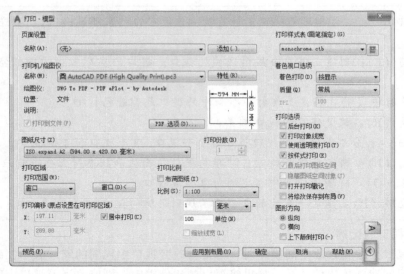

图 8-12 "打印-模型"对话框

3）图纸尺寸：从下拉列表中选择打印图纸规格。

4）打印区域：从"打印范围"下拉列表中选择"窗口"，此项选择将会切换到绘图窗口，由用户选择图幅的对角点为窗口范围。

5）打印比例：取消选中"布满图纸"复选框，在"比例"下拉列表中选择要输出图纸的比例。

6）打印偏移：可选中"居中打印"复选框，保证将图形居中图纸打印。

7）打印样式表：从下拉列表中选择"monochrome.ctb"，输出黑色线条图纸。

8）打印选项：指定线宽、打印样式、着色打印和对象的打印次序等选项。其中"后台打印"是指定在后台处理打印，"打印对象线宽"是指定是否打印为对象或图层指定的线宽，"打开打印戳记"是在每个图形的指定角点处放置打印戳记，并将戳记记录到文件中。打印戳记的信息一般包括图形名称、日期和时间、打印比例等。

9）图形方向：选择"纵向"或"横向"。

完成设置后，可单击 预览 按钮来浏览打印效果，此时光标变为实时缩放光标，对显示不清的部分可使用该功能进行局部放大。单击鼠标右键，从弹出的快捷菜单中单击【退出】返回原对话框。选择 应用到布局 按钮可将当前"打印"对话框设置保存到当前布局内。若满意打印效果，单击 确定 按钮开始打印。

选择虚拟的电子打印机，此时会弹出"浏览文件"对话框，提示将电子打印文件保存的位置，选择合适的目录后单击 保存 按钮，打印开始进行，打印完成后，屏幕右下角状态栏托盘中会出现"完成打印和作业发布"气泡通知。

8.4.2　使用布局打印和发布

使用布局打印时，有很多打印时需要的设置（如打印设备、图纸尺寸、打印方向、出图比例等）在布局中已预先设置了，打印时就不需要再进行设置了。在布局中激活打印命

令的方法同模型空间，在弹出的"打印"对话框中，单击
预览按钮来浏览打印效果，如果对打印效果满意，则单击鼠标
右键，从弹出的快捷菜单中选择【打印】选项开始打印。不过
要注意，使用布局打印时的打印比例是 1 : 1，因为它的打印对
象是图纸空间中的图纸，这与模型空间打印是有区别的。

　　在工程设计期间，中间过程更多的是使用电子文档进行交
流和审查，以"发布"的形式替代打印图形，可以通过将图形
发布为 DWF、DWFx 或 PDF 文件来创建电子图形集，通过图
纸集管理器可以发布整个图纸集，图纸集管理器可通过面板法
（"布局"选项卡⇨ 选项板 ⇨ 图纸集管理器）进行对需打印的
布局增加、修改、调整顺序等管理，如图 8-13 所示。

图 8-13　"图纸集管理
器"对话框

　　在"图纸集管理器"对话框的右上角中，单击 发布 按钮，
从弹出菜单中，选择以下一种输出："发布为 DWF""发布为
DWFx""发布为 PDF""发布到绘图仪"。PDF 文件格式广泛
用于在 Internet 上传输图形信息，还可以将 PDF 文件转换为 DWG 格式，但 PDF 图形仅限于
直线、三次 Bézier 曲线、填充、TrueType 文字、颜色和图层，对 CAD 特定设计数据的支持
是有限的。

　　在图纸集管理器中可以新建图纸集，启动"创建图纸集"向导。也可将布局作为图纸
输入，显示"将布局作为图纸输入"对话框，从中选择将发布的布局。

　　说明：注意，每一个打印设备都有自己所支持的最大幅面，要注意打印机硬件的限制。
通常以比例 1 : 1 绘制几何图形，并用出图比例创建文字、标注、其他注释和图框等，保证
在打印图形时正确显示大小。例如，在模型空间中绘制 1 : 1 的图形，以 1 : 100 的比例出
图，在标写文字和标注时必须将文字和标注放大 100 倍，线型比例也要放大 100 倍。

练 习 题

　　1. 理解图形单位和绘图比例在绘图时的作用，特别对于文字标注的字高设置值应根据绘图比例的不同
而设置为不同的值。对于 1 : 50 的图形，如果想得到 3.5mm 的字高，则绘图时应设文字高度为多少？

　　2. 制作一个简单的 A4 图框，并将图 7-54 在模型空间按比例 1 : 10 打印出来。

　　3. 用布局将图 7-54 和图 7-55 分别按比例 1 : 10 和 1 : 20 打印在同一张 A4 图纸上。

第9章

尺寸标注

本章主要介绍 AutoCAD 标注样式的概念和作用，并对标注样式管理器和尺寸标注类型进行详细说明。

9.1 尺寸标注样式

尺寸标注是与标注样式相关联的，标注样式用于控制标注的格式和外观。通过标注样式，用户可定义如下内容：

1) 尺寸线、尺寸界线、箭头和圆心标记的格式和位置。

2) 标注文字的外观、位置和对齐方式。

3) 标注文字、箭头与尺寸界线相对位置的调整。

4) 全局标注比例。

5) 主单位、换算单位和公差值的格式和精度。

AutoCAD 新建图形文件时，系统将根据样板文件来创建一个默认的标注样式。"acadiso. dwg"样板文件的默认样式为"ISO-25"，采用公制单位。"acad. dwt"样板文件的默认样式为"STANDARD"，采用的是英制单位。用户可通过标注样式管理器来创建新的标注样式或对标注样式进行修改和管理。

9.1.1 尺寸标注组成

尺寸标注是一种图形的测量注释，用以测量和显示对象的长度、角度等测量值，通常由以下几种基本元素构成，如图 9-1 所示。

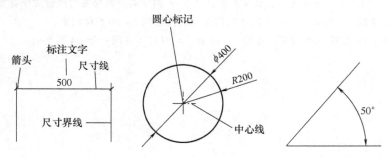

图 9-1 尺寸标注基本元素

1) 尺寸线：指示标注的方向和范围。通常使用箭头来指出尺寸线的起点和端点。对于角度标注和圆弧的长度标注，尺寸线是一段圆弧。

2）尺寸界线：也称为投影线，从被标注的对象延伸到尺寸线。尺寸界线一般与尺寸线垂直，但在特殊情况下也可以将尺寸界线倾斜。

3）箭头：也称为终止符号，显示在尺寸线的两端，表明测量的开始和结束位置。土木工程的绘图标准中通常采用建筑箭头，AutoCAD 提供了多种符号可供选择，用户也可以创建自定义符号。

4）标注文字：指示测量值的字符串。可以使用由 AutoCAD 自动计算出的测量值，并可附加公差、前缀和后缀等。用户也可以手动输入编辑文字或取消文字。

5）圆心标记：标记圆或圆弧中心的小十字。

6）中心线：标记圆或圆弧中心的虚线。

9.1.2 使用标注样式管理器

可采用面板法（"注释"选项卡 ⇨ 标注 面板 ⇨ 标注样式对话框启动器 ）和命令行法（DIMSTYLE、DL、DST 或 DIMSTY）等几种方式启动"标注样式管理器"对话框，如图 9-2 所示。

"标注样式管理器"对话框显示了当前的标注样式，以及在样式列表中被选中项目的预览图和说明。

1）在"样式"列表中显示标注样式名，可通过"列出"下拉列表设置显示的过滤条件，包括"所有样式"和"正在使用的样式"两个选项。如果用户选中"不列出外部参照中的样式"复选框，则在样式列表中不显示外部参照图形中的标注样式。选中指定样式，单击鼠标右键，可对其进行重命名或删除操作。但当前标注样式、当前图形中使用的标注样式和有相关联的子样式不能删除。

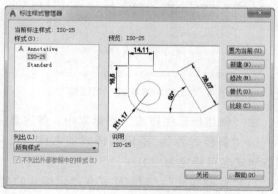

图 9-2 "标注样式管理器"对话框

2）在"预览"和"说明"区域中显示指定标注样式的预览图像和说明文字。

3）单击 置为当前 按钮可将选定的标注样式设置为当前样式，也可通过单击鼠标右键弹出的快捷菜单中的【置为当前】项完成此操作。

4）单击 修改 按钮可修改指定的标注样式。

5）单击 替代 按钮可为当前的样式创建样式替代。样式替代可以在不改变原样式设置的情况下，暂时采用新的设置来控制标注样式。如果删除了样式替代，则可继续使用原样式设置。

6）单击 比较 按钮弹出"比较标注样式"对话框，如图 9-3 所示。在该对话框中，可分别指定两种样式进行比较，AutoCAD 将以列表的形式显示这两种样式在特性上的差异。如果选择同一种标注样式，则 AutoCAD 显示这种标注样式的所有特性。完成比较后，用户可单击 复制 按钮将比较结果复制到 Windows 剪贴板上。图 9-3 中标注样式"ISO-25"和"Annotative" 的全局比例不一样。"ISO-25" 和 "Annotative" 标注样式都是 AutoCAD 自带的，使用的单位类型是公制，采用国际标准化组织的标准，与国标 GB 规范类似，但应是机械专业使用的标准，所以土木专业在使用时还必须修改一下。

> 注意："Annotative" 标注样式是指使标注对象具有注释性，采用注释性比例标注。文字、块、图案填充、多重引线等对象在创建时都可以勾选"注释性"，创建为注释对象。注释性对象在模型空间或布局中显示的尺寸和比例会自动进行调整，可以在一个布局中不同的视口以不同的比例显示的文字高度一致、标注的尺寸大小一致。

若新建一个标注样式，可单击 新建 按钮，弹出 "创建新标注样式" 对话框，如图 9-4 所示。

图 9-3　"比较标注样式" 对话框

图 9-4　"创建新标注样式" 对话框

在 "创建新标注样式" 对话框中，各项意义如下。

1) "新样式名"：指定新样式的名称，可用出图比例作为样式名，若按 1 : 100 出图，则新样式名可指定为 "100"。

2) "基础样式"：即新样式在指定样式的基础上创建，复制指定样式已定义的系统变量到新建标注样式，但两者并不相互关联。

3) "注释性" 复选框：指定标注样式为注释性，通过视口的浮动模型标注尺寸，其标注比例与当前的视口比例相同，不能事先确定具体的标注比例，若视口比例改变，必须更新一下标注尺寸，这样标注比例会修改为视口比例。

4) "用于"：如果选择 "所有标注" 项，则创建一个与起点样式相对独立的新样式。而选择其他各项时，则创建起点样式相应的子样式。用户可对该子样式进行单独设置而不影响其他标注类型。

9.1.3　标注样式详解

在 "标注样式管理器" 对话框中单击 新建 或 修改 按钮，会弹出一个 "新建标注样式" 或 "修改标注样式" 对话框，这两个对话框只是标题栏不同，内容完全相同。图 9-5 所示的是 "新建标注样式" 对话框。

1. "线" 选项卡

图 9-5 中 "线" 选项卡中的项目，可与图 9-6 所标出的注释对应，了解其含义。这些项目是构成尺寸标注样式的元素，都可以通过 "新建/修改标注样式" 对话框的元素特征值设

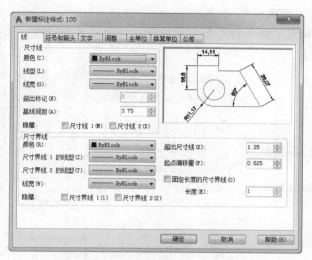

图 9-5 "新建标注样式"对话框

置出不同的标注样式。

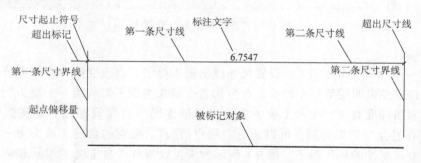

图 9-6 标注组成元素示意图

（1）尺寸线

1）"颜色""线型""线宽"：分别设置尺寸线的颜色、线型和线宽，默认为 ByBlock。

2）"超出标记"：设置超出标记的长度。该项在箭头被设置为"建筑""倾斜"和"无"等类型时才被激活。

3）"基线间距"：设置基线标注中各尺寸线之间的距离。

4）"隐藏"：分别指定第一条尺寸线、第二条尺寸线是否被隐藏。

（2）尺寸界线

1）"颜色""线型（包括尺寸界线 1 的线型和尺寸界线 2 的线型）""线宽"：分别设置尺寸界线的颜色、线型和线宽，默认为 ByBlock。

2）"超出尺寸线"：指定尺寸界线在尺寸线上方伸出的距离。

3）"起点偏移量"：指定尺寸界线到定义该标注的原点的偏移距离。

4）"隐藏"：分别指定第一条尺寸界线、第二条尺寸界线是否被隐藏。

5）"固定长度的尺寸界线"复选框：给尺寸界线设定固定的长度，在标注中所显现的就是无论尺寸线设定至何处，尺寸界线的长度始终是不变的。

2. "符号和箭头" 选项卡

设置箭头、圆心标记、弧长符号与半径标注折弯的格式和特性，如图 9-7 所示。标注中各部分元素的含义如下。

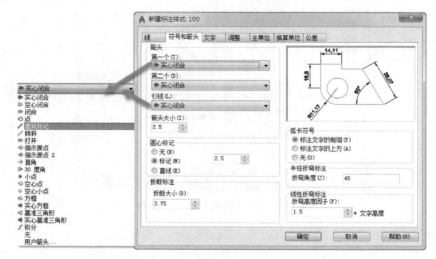

图 9-7 "符号和箭头" 选项卡

（1）箭头

1）"第一个" 和 "第二个"：设置尺寸线的箭头类型。当改变第一个箭头的类型时，第二个箭头自动改变以匹配第一个箭头。改变第二个箭头类型不影响第一个箭头的类型。箭头类型与专业制图标准有关，土木工程类专业线性标注选用 "建筑标记" 箭头类型，其他标注选用 "实心闭合" 箭头类型。可以选用 "用户箭头"，创建的自定义箭头为一个块，箭头大小取决于全局标注的比例因子。图 9-8 所示为天正建筑软件自定义的箭头和标注样式。不过，注释性块不能用作标注或引线的自定义箭头。

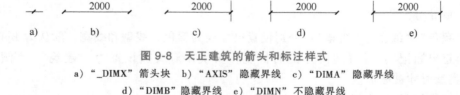

图 9-8 天正建筑的箭头和标注样式

a)"_DIMX" 箭头块　b)"AXIS" 隐藏界线　c)"DIMA" 隐藏界线

d)"DIMB" 隐藏界线　e)"DIMN" 不隐藏界线

2）"引线"：设置引线的箭头类型。

3）"箭头大小"：设置箭头的大小，与全局比例有关。

（2）圆心标记　设置圆心标记类型为 "无" "标记" 和 "直线" 三种情况之一。其中 "直线" 选项可创建中心线。用该区域中的下拉列表可设置圆心标记或中心线的大小。

（3）折断大小　显示和设定用于折断标注的间隙大小。

（4）弧长符号　控制弧长标注中圆弧符号的显示。"无" 表示不显示弧长符号。"标注文字的前缀" 表示将弧长符号放置在标注文字之前。"标注文字的上方" 表示将弧长符号放置在标注文字的上方。

（5）半径折弯标注　控制折弯（Z 字形）半径标注的显示，设置折弯角度。

（6）线性折弯标注 通过形成折弯的角度的两个顶点之间的距离确定折弯高度。

注意：在"箭头"区域的"第一个""第二个"和"引线"，都要选择箭头类型，Au-toCAD默认为"实心闭合"箭头类型，不同的专业因制图标准不同，其箭头类型也有不同的规定，对于土木工程类专业，尺寸线一般都要选择"建筑标记"箭头类型。当标注比较密集时，可选用"点"箭头类型。而引线、半径、直径、角度标注时，一般选择"实心闭合"箭头。

3. "文字"选项卡

设置标注文字的外观、位置和对齐方式，如图9-9所示。

（1）文字外观

1）"文字样式"：设置当前标注文字样式，默认为Standard。建议定义专用的文字样式，并设文字高度为0。

2）"文字颜色"和"填充颜色"：分别设置标注文字样式的颜色和背景颜色，建议采用默认值。

3）"文字高度"：设置当前标注文字样式的高度。只有在标注文字所使用的文字样式中的文字高度设为0时，该项设置才有效，否则标注的文字高度为文字样式中的文字高度。建议文字高度设为3.0或3.5，最小设为2.5。

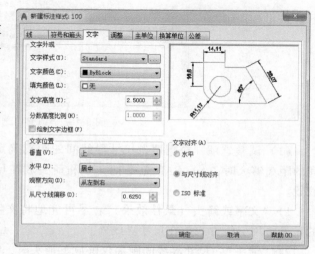

图9-9 "文字"选项卡

4）"分数高度比例"：设置与标注文字相关部分的比例。仅当在"主单位"选项卡中选择"分数"作为"单位格式"时，此选项才可用。

5）"绘制文字边框"复选框：在标注文字的周围绘制一个边框，默认不选中。

（2）文字位置

1）"垂直"：设置文字相对尺寸线的垂直位置，包括置中、上方、外部以及JIS（按照日本工业标准放置）。

2）"水平"：设置文字相对于尺寸线和尺寸界线的水平位置，包括置中、第一条尺寸界线、第二条尺寸界线、第一条尺寸界线上方和第二条尺寸界线上方。

3）"观察方向"：控制标注文字的观察方向。

4）"从尺寸线偏移"：设置文字与尺寸线之间的距离。

（3）文字对齐

1）"水平"：水平放置文字，文字角度与尺寸线角度无关。

2）"与尺寸线对齐"：文字角度与尺寸线角度保持一致。

3）"ISO标准"：当文字在尺寸界线内时，文字与尺寸线对齐。当文字在尺寸界线外时，文字水平排列。

4. "调整"选项卡

设置文字、箭头、引线和尺寸线的位置，如图 9-10 所示。

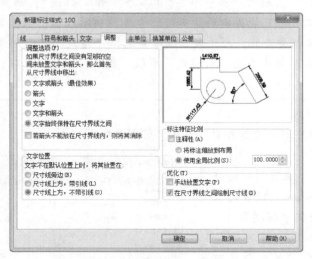

图 9-10 "调整"选项卡

（1）调整选项 根据两条尺寸界线间的距离确定文字和箭头的位置。当两条尺寸界线间的距离够大时，AutoCAD 总是把文字和箭头放在尺寸界线之间。否则，按如下规则进行放置。

1）"文字或箭头（最佳效果）"：尽可能地将文字和箭头都放在尺寸界线中，容纳不下的元素将用引线方式放在尺寸界线外。

2）"箭头"：尺寸界线间距离仅够放下箭头时，箭头放在尺寸界线内而文字放在尺寸界线外，否则文字和箭头都放在尺寸界线外。

3）"文字"：尺寸界线间距离仅够放下文字时，文字放在尺寸界线内而箭头放在尺寸界线外，否则文字和箭头都放在尺寸界线外。

4）"文字和箭头"：当尺寸界线间距离不足以放下文字和箭头时，文字和箭头都放在尺寸界线外。

5）"文字始终保持在尺寸界线之间"：强制文字放在尺寸界线之间，不允许文字用引线方式放在尺寸界线之外，建议选择此项。

6）"若箭头不能放在尺寸界线内，则将其消除"复选框：如果尺寸界线内没有足够的空间，则消除箭头。

（2）文字位置 设置标注文字非默认的位置。

1）"尺寸线旁边"：把文字放在尺寸线旁边。

2）"尺寸线上方，带引线"：如果文字移动到距尺寸线较远的地方，则创建文字到尺寸线的引线，建议不选用该项。

3）"尺寸线上方，不带引线"：移动文字时不改变尺寸线的位置，也不创建引线，建议选用该项。

（3）标注特征比例 设置注释性标注、全局标注比例和图纸空间比例。

1）"注释性（A）"：使用注释性比例缩放控制标注（显示在布局视口中）的全局比例，

这些标注将根据当前注释比例设置进行缩放并以正确大小自动显示。

2）"将标注缩放到布局"：如果在布局进行尺寸标注，则选用该项。根据当前模型空间视口和图纸空间的比例确定比例因子。

3）"使用全局比例"：如果在模型空间进行尺寸标注，则选用该项。设置指定大小、距离或包含文字的间距和箭头大小的所有标注样式的比例，如图9-11所示。

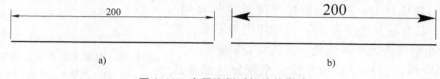

图 9-11　全局比例对标注的影响

a）"全局比例" = 5　b）"全局比例" = 10

> 说明：CAD 的标注可以在模型空间和布局中进行，模型空间标注时采用"全局比例"，其值为出图比例的倒数，若出图比例为 1：100，则其值为 100。如果采用布局标注，则使用"将标注缩放到布局"选项，通过视口进行标注。"标注特征比例"的设置不影响标注文字的值，只影响标注的样式和外观。

（4）优化　设置其他调整选项。

1）"手动放置文字"：忽略所有水平对正设置，并把文字放在指定位置。

2）"在尺寸界线之间绘制尺寸线"：无论 AutoCAD 是否把箭头放在测量点之外，都在测量点之间绘制尺寸线。

5. "主单位"选项卡

设置主标注单位的格式和精度，设置标注文字的前缀和后缀，如图9-12所示。

（1）线性标注　用于设置线性标注的格式和精度。

1）"单位格式"：设置标注类型的当前单位格式（角度除外），默认为"小数"。

2）"精度"：设置标注的小数位数，给水排水工程中一般设置为无小数，即整数类型。

3）"分数格式"：设置分数的格式。

4）"小数分隔符"：设置十进制格式的分隔符。

5）"舍入"：设置标注测量值的四舍五入规则（角度除外）。

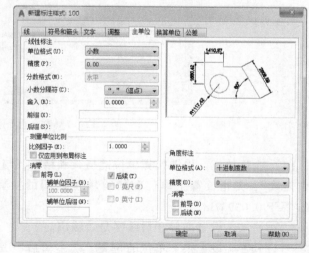

图 9-12　"主单位"选项卡

6）"前缀"与"后缀"：分别设置文字前缀与后缀，可以输入文字或用控制代码显示特殊符号。如果指定了公差，AutoCAD 也给公差添加前缀或后缀。

7）"测量单位比例"：设置线性标注测量值的比例因子（角度除外）。如果选中"仅应用到布局标注"复选框，则仅对在布局里创建的标注应用线性比例值。在模型空间中改变比例因子，会影响长度型标注的测量值，此功能可用于详图的尺寸标注。比例因子对标注的影响如图 9-13 所示，长度为 20 的直线放大了 10 倍后，需标注其长度仍为 20。若"测量单位比例"=1 则标注长度为 200，如图 9-13a 所示。需把"测量单位比例"设置为 0.1，其标注长度才为 20，但标注比例不变，即标注文字大小和箭头大小不变化，如图 9-13b 所示。

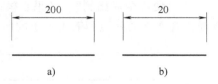

图 9-13　测量单位比例对标注的影响
a）"测量单位比例"=1
b）"测量单位比例"=0.1

（2）角度标注　用于显示和设置角度标注的格式和精度。

1）"单位格式"：设置角度单位格式。

2）"精度"：设置角度标注的小数位数。

3）"消零"：设置前导和后续零是否输出。

6．"换算单位"选项卡

指定标注测量值中换算单位的显示并设置其格式和精度，用于公制与英制之间的换算，如图 9-14 所示。

图 9-14　"换算单位"选项卡

（1）换算单位　设置换算单位的格式和精度，与"主单位"选项卡中基本相同。"换算单位倍数"，是指设置主单位和换算单位之间的换算系数，如换算系数为 0.03937，表示 1mm 等于 0.03937in。

（2）消零　设置前导和后续零是否输出。

（3）位置　设置换算单位的位置。"主值后"是把换算单位放在主单位之后。"主值下"是把换算单位放在主单位下面。

7．"公差"选项卡

控制标注文字中公差的格式，在此不进行详细叙述。

9.2 尺寸标注类型详解

所有的尺寸标注采用面板法（"默认"选项卡⇨ 注释 面板和"注释"选项卡⇨ 标注 面板）执行相关命令，而"注释"选项卡⇨ 标注 面板的功能最强，包括了所有的标注功能，如图 9-15 所示。

9.2.1 长度型尺寸标注

1. 线性标注

用于测量并标记两点之间连线在指定方向上的投影距离。图 9-16 所示的尺寸 X 和 Y 就是两个线性尺寸，其中 X 是水平尺寸，Y 是垂直尺寸。

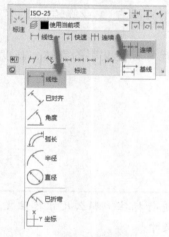

图 9-15 标注 面板

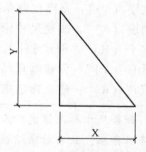

图 9-16 线性标注的定义

下面采用指定两点和选择对象两种方法，对图 9-17 所示的矩形进行线性标注。

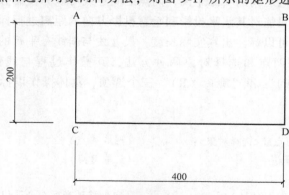

图 9-17 矩形的线性标注

命令:_dimlinear   （执行线性标注命令）
指定第一条尺寸界线原点或<选择对象>：   （启用对象捕捉方式，拾取矩形的 A 点）
指定第二条尺寸界线原点：   （拾取矩形的 C 点）

指定尺寸线位置或

　　　　［多行文字（M）/文字（T）/角度（A）/水平（H）/垂直（V）/旋转（R）］:

　　　　　　　　　　　　　　　　　　　　　　　（移动鼠标使尺寸标注位于矩形的左边合适位
　　　　　　　　　　　　　　　　　　　　　　　置后单击,则该点将成为尺寸线所在的位置）

　　　　标注文字＝200　　　　　　　　　　　　　（按自动测量 AC 线的长度 200 标注之）

　　　可以用选择对象的方法对一条直线快捷标注。

　　　命令:_dimlinear

　　　指定第一条尺寸界线原点或<选择对象>:↵　　　（回车,采用选择对象的方法）

　　　选择标注对象:　　　　　　　　　　　　　　（选取矩形的 CD 水平线）

　　　指定尺寸线位置或　　　　　　　　　　　　（移动鼠标至矩形的下方合适位置后单击,则该
　　　　　　　　　　　　　　　　　　　　　　　点将成为尺寸线所在的位置）

　　　［多行文字（M）/文字（T）/角度（A）/水平（H）/垂直（V）/旋转（R）］:

　　　标注文字＝400

　　　下面对"［多行文字（M）/文字（T）/角度（A）/水平（H）/垂直（V）/旋转（R）］:"的提示
项加以说明。

　　　1)"多行文字（M）":利用多行文本编辑器来改变尺寸标注文字的字体、高度等。默
认文字为"<>"码,表示度量的关联尺寸标注文字。

　　　2)"文字（T）":直接在命令行中指定标注文字。

　　　3)"角度（A）":改变尺寸标注文字的角度。

　　　4)"水平（H）":创建水平尺寸标注。

　　　5)"垂直（V）":创建垂直尺寸标注。

　　　6)"旋转（R）":建立指定角度方向上的尺寸标注。

> 　　说明:如果尺寸标注值进行人工输入,不自动测量进行标注,那么尺寸标注文字的尺
> 寸关联性将不存在,且当对象缩放时系统不再重新计算尺寸。

　　2. 对齐标注

　　　用于测量和标记两点之间的实际距离,两点之间连线可以为任意方向,对于非水平和垂
直线的标注,线性标注只能对其水平投影和垂直投影方向的距离进行标注,不能标注出其实
际长度。而对齐标注就可以标注出其实际长度,尺寸线与斜线是平行的。

　　　对齐标注也用指定两点和选择对象两种方法,其操作过程与线性标注相似,但少了
"水平（H）""垂直（V）"和"旋转（R）"三个选项,具体操作以标注正五边形为例加以
说明,如图 9-18 所示。

　　　命令:_dimaligned

　　　指定第一条尺寸界线原点或<选择对象>:　　　（选取 A 点）

　　　指定第二条尺寸界线原点:　　　　　　　　　（选取 B 点）

　　　指定尺寸线位置或

　　　［多行文字（M）/文字（T）/角度（A）］:　　　（向外移动光标在合适位置单击鼠标左键,单击的
　　　　　　　　　　　　　　　　　　　　　　　点即为尺寸线所在位置）

　　　标注文字＝100　　　　　　　　　　　　　　（自动测量正五边形的 AB 边长,标注为 100）

　　　命令:_dimaligned

指定第一条尺寸界线原点或<选择对象>：↵　　　　　（回车，采用选择对象的方法）
选择标注对象：　　　　　　　　　　　　　　　　（选取正五边形的 BC 边）
指定尺寸线位置或　　　　　　　　　　　　　　　（向外移动光标，确定尺寸线位置）
[多行文字(M)/文字(T)/角度(A)]：
标注文字 = 100

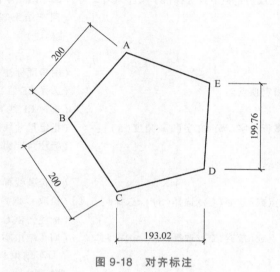

图 9-18　对齐标注

> 　　说明：绘制的正五边形的边长为 200，用"对齐标注"的方式标注的 AB 和 BC 边长也
> 为 200，但用"线性标注"只能对正五边形的投影进行标注，即只能标注出边长的水平和
> 垂直距离，并不能标注出其实际长度，因此，标注的 CD 的水平投影为 193.02，DE 边的垂
> 直投影为 199.76。

3. 基线标注

　　基线标注是自同一基线处测量的多个标注，它是以已存在标注的第一条界线为基准线进行的标注。进行基线标注，必须有基准标注存在，然后提示用户指定第二条界线。线性标注和角度标注都可以作为基准标注，如图 9-19 所示。

命令：　　　　　　　　　　　　　　　　　　　　（用"线性标注"方式标注 AB 两点）
DIMLINEAR
指定第一条尺寸界线原点或<选择对象>：
指定第二条尺寸界线原点：
指定尺寸线位置或
[多行文字(M)/文字(T)/角度(A)/水平(H)/垂直(V)/旋转(R)]：
标注文字 = 180

命令：_dimbaseline　　　　　　　　　　　　　　（执行基线标注命令）
指定第二条尺寸界线原点或[放弃(U)/选择(S)]<选择>：　（捕捉 C 点并指定为第二条尺寸界线原点，而 A 点自动定为第一条尺寸界线原点）

标注文字 = 300　　　　　　　　　　　　　　　　（AC 两点的距离为 300）

指定第二条尺寸界线原点或[放弃(U)/选择(S)]<选择>：	（继续捕捉 D 点）
标注文字 = 480	（AD 两点的距离为 480）
指定第二条尺寸界线原点或[放弃(U)/选择(S)]<选择>：	（继续捕捉 E 点）
标注文字 = 600	（AE 两点的距离为 600）
指定第二条尺寸界线原点或[放弃(U)/选择(S)]<选择>：↵	（回车结束本次基线标注）
选择基准标注：↵	（回车结束基线标注，或者选择另一基准标注）

命令：_dimangular	（用角度标注方式标注∠ECF 的角度）
选择圆弧、圆、直线或<指定顶点>：	（选择 CE 线）
选择第二条直线：	（选择 CF 线）
指定标注弧线位置或[多行文字(M)/文字(T)/角度(A)]：	（指定尺寸线位置）
标注文字 = 35	（标注角度为 35°）

命令：_dimbaseline	（执行基线标注命令）
指定第二条尺寸界线原点或[放弃(U)/选择(S)]<选择>：	（拾取 G 点）
标注文字 = 80	（标注∠ECG 的角度为 80°）
指定第二条尺寸界线原点或[放弃(U)/选择(S)]<选择>：↵	（回车结束本次基线标注）
选择基准标注：↵	（回车结束基线标注，或者选择另一基准标注）

在基线标注过程中，可以选择"选择基准标注："项，来重新指定基准界线。该命令可连续进行多个标注，系统会自动按间隔绘制。

4. 连续标注

用以前一个标注的第二条界线为基准，连续标注多个线性尺寸。该命令的用法与基线标注类似，区别之处在于，该命令是从前一个尺寸的第二条尺寸界线开始标注而不是固定于第一条界线。此外，各个标注的尺寸线将处于同一直线上，而不会自动偏移，如图 9-20 所示。

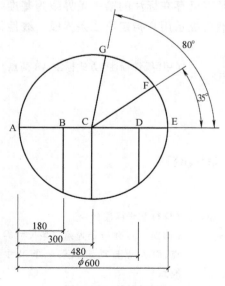

图 9-19　基线标注

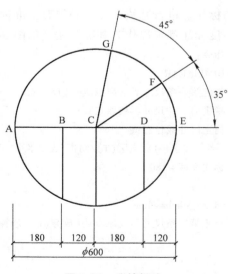

图 9-20　连续标注

与基线标注一样，首先用"线性标注"方式标注 AB 两点，然后运行连续标注命令。

命令：_dimcontinue   （执行连续标注命令）

指定第二条尺寸界线原点或［放弃（U）/选择（S）］<选择>：   （捕捉 C 点并指定为第二条尺寸界线原点，而 B 点自动定为第一条尺寸界线原点）

标注文字 = 120   （BC 两点的距离为 120）

指定第二条尺寸界线原点或［放弃（U）/选择（S）］<选择>：   （继续捕捉 D 点）

标注文字 = 180   （CD 两点的距离为 180）

指定第二条尺寸界线原点或［放弃（U）/选择（S）］<选择>：   （继续捕捉 E 点）

标注文字 = 120   （DE 两点的距离为 120）

指定第二条尺寸界线原点或［放弃（U）/选择（S）］<选择>：↵   （回车结束本次连续标注）

选择连续标注：↵   （回车结束连续标注，或者选择另一基准标注）

> 说明：基线标注和连续标注，必须是线性、坐标或角度关联尺寸标注，才可进行连续标注。

9.2.2 标注直径、半径和圆心

1. 直径标注和半径标注

用于测量和标记圆或圆弧的直径和半径。执行直径标注和半径标注命令后，系统提示选择圆或圆弧对象，其他选项同线性标注命令，如图 9-21 所示。

命令：_dimdiameter   （执行标注直径命令）

选择圆弧或圆：   （拾取圆的周边的任意点）

标注文字 = 600   （提示圆的直径为 600）

指定尺寸线位置或［多行文字（M）/文字（T）/角度（A）］：   （移动光标确定尺寸线的位置）

命令：_dimradius   （执行标注半径命令）

选择圆弧或圆：   （拾取圆弧的周边的任意点）

标注文字 = 250   （提示圆弧的半径为 250）

指定尺寸线位置或［多行文字（M）/文字（T）/角度（A）］：   （移动光标确定尺寸线的位置）

用直径标注，生成的尺寸标注文字以 φ 为前缀，以表示为直径尺寸。用半径标注，生成的尺寸标注文字以 R 引导，以表示半径尺寸。

2. 圆心标记

用于标记圆或椭圆的中心点，而不是标注对象。

圆心标记命令并不在 标注 面板上，而是在 中心线 面板。执行圆心标记命令后，系统将提示用户选择圆或圆弧对象，并以"+"的形式来标记该圆心。图 9-21 中的圆和圆弧没有进行圆心标记，圆心处是空白的。经过圆心标记的圆和圆弧，如图 9-22 所示，在圆心处有了"+"标记。

9.2.3 角度尺寸标注

角度标注用于测量和标记角度值，调用该命令后，系统提示如下：

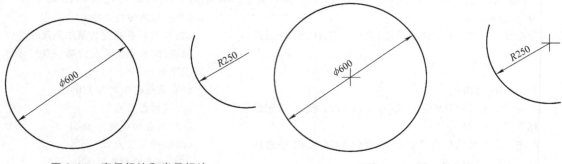

图 9-21 直径标注和半径标注　　　　　图 9-22 圆心标记

选择圆弧、圆、直线或<指定顶点>：

根据图 9-23 所示，对选项进行说明。

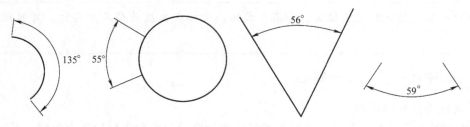

图 9-23 角度尺寸标注

1）选择圆弧，则对圆弧所对应的圆心角进行测量，并对该角标注。

2）选择圆，则以圆心作为角的顶点，测量并标记所选的第一个点和第二个点之间包含的圆心角，第一点和第二点可以是参照点，甚至可以是不存在的虚拟点。

3）选择两条非平行直线，则对两条直线形成的角度进行测量，并标注直线之间的角度。

4）在提示下直接回车，选择"指定顶点"项，则需分别指定角点、第一端点和第二端点来测量并标记该角度值。其中指定角点、第一端点和第二端点可以是参照点，甚至也可以是不存在的虚拟点。

9.2.4 坐标标注

坐标标注用于测量并标记当前 UCS 中的坐标点。运行该命令后，系统提示用户指定一点进行坐标标注。

命令：_dimordinate

指定点坐标：　　　　　　　　　　　　（单击拾取一点）

创建了无关联的标注。

指定引线端点或 [X 基准（X）/Y 基准（Y）/多行文字（M）/文字（T）/角度（A）]：

标注文字 = 100

系统将自动沿 X 轴或 Y 轴放置尺寸标注文字（X 或 Y 坐标），并提示用户确定引线的端点。在默认情况下，系统自动计算指定点与引线端点之间的差。如果 X 方向差值较大，则标注 Y 坐标，否则将标注 X 坐标。用户也可以通过选择"X 基准"或"Y 基准"明确地指定采用 X 坐标还是 Y 坐标来进行标注。如图 9-24 所示，为对一个矩形 4 个角进行的坐标标注，矩形左下角的绝对坐标是（200，100），矩形尺寸为 300×200。

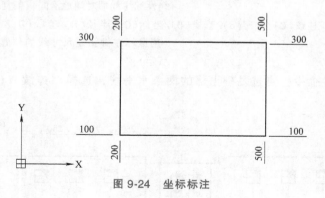

图 9-24　坐标标注

9.2.5　折弯标注

可以将折弯线添加到线性标注，用于表示不显示实际测量值的标注值，如图 9-25 所示。运行该命令后，系统提示用户指定选择需要添加折弯的线性标注。

命令：_DIMJOGLINE

选择要添加折弯的标注或 [删除（R）]：　　　（"R"选项可以删除折弯标注）

指定折弯位置（或按<Enter>键）：

折弯由两条平行线和一条与平行线成 40°角的交叉线组成。将折弯添加到线性标注后，可以使用夹点定位折弯。要重新定位折弯，可选择标注然后选择夹点。沿着尺寸线将夹点移至另一点。

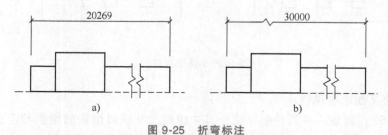

图 9-25　折弯标注
a）实际测量值的标注　b）折弯标注实际尺寸

9.2.6　快速标注

对选定对象快速创建一系列标注，用于一次对一系列相互关联的标注对象进行连续、基线、坐标、半径、直径或并列标注，也可以用于批量编辑若干个已有的标注对象。

下面以罗茨鼓风机的基础图为例，介绍快速标注的步骤。

命令：_qdim　　　　　　　　　　　　（从 标注 面板上执行快速标注命令）

关联标注优先级＝端点

选择要标注的几何图形：指定对角点：找到 13 个（圈交选择要标注的对象，如图 9-26a 所示）

选择要标注的几何图形：↵　　　　　　（空格或回车结束选择）

指定尺寸线位置或[连续(C)/并列(S)/基线(B)/坐标(O)/半径(R)/直径(D)/基准点(P)/编辑(E)/设置(T)]<连续>:↵　　　　　　　(选择"连续(C)"选项,则创建一系列连续标注,其中线性标注线端对端地沿同一条直线排列)

指定尺寸线位置或[连续(C)/并列(S)/基线(B)/坐标(O)/半径(R)/直径(D)/基准点(P)/编辑(E)/设置(T)]<连续>:　　　　　　　(用鼠标左键指定尺寸线的位置,标注结果如图 9-26b 所示)

再执行快速标注命令,点选基础上部的两条水平线,选择"连续(C)"选项标注,如图 9-26c 所示。

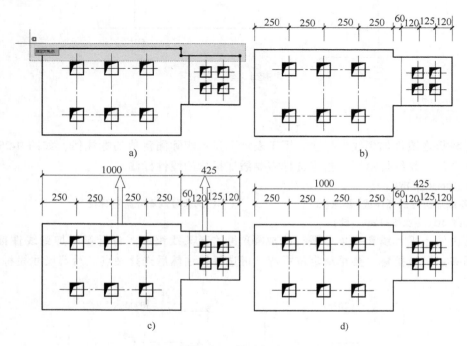

图 9-26　快速标注

快速标注的其他选项说明:

1)并列(S):创建一系列并列标注,其中线性尺寸线以恒定的增量相互偏移。并列标注是自中心向两侧发散的多个阶梯形标注。两个相邻标注的尺寸线之间的距离取决标注样式参数 DIMDLI(基线间距)。尺寸线的方向依据指定的尺寸线位置自动确定,或者水平,或者垂直。指定的尺寸线位置将定义最内侧标注对象的尺寸线。

2)基线(B):创建一系列基线标注,其中线性标注共享一条公用尺寸界线。

3)坐标(O):创建一系列坐标标注,其中元素将以单个尺寸界线以及 X 或 Y 值进行注释。相对于基准点进行测量。

4)半径(R)/直径(D):创建一系列半径/直径标注,其中将显示选定圆弧和圆的半径/直径值。

5)基准点(P):为基线和坐标标注设置新的基准点。命令提示"指定要删除的标注点或[添加(A)/退出(X)]",选择要删除的点或输入选项"A"切换到添加标注点模式,命令提示"指定要添加的标注点或[删除(R)/退出(X)]"。输入选项"X"、回车或按<Esc>

键将返回到上一提示。

6）编辑（E）：若用圈交选择标注对象，可能会多选或少选标注对象，在没有指定标注位置之前，即在生成标注之前，用编辑（E）选项可以删除选定的点位置，也可以增加标注点。

7）设置（T）：为指定尺寸界线原点（交点或端点）设置对象捕捉优先级。

> 说明：在 标注 面板上还有一个 标注 ⫶⫶ 按钮命令，执行 DIM 命令，用这一个命令就能创建多个标注和标注类型，如线性标注（垂直、水平和对齐）、坐标标注、角度标注、直径和半径以及折弯半径标注、弧长标注等。选择了直线对象会默认进行线性标注，圆弧默认为半径标注，圆默认为直径标注，通过选项可以在一个命令下完成大多数的尺寸标注，减少了命令的执行次数。

9.2.7　调整标注的间距

调整标注之间的间距可以自动调整图形中现有的平行线性标注和角度标注，以使其间距相等或在尺寸线处相互对齐。如果用户标注的两条或三条平行线性标注之间的距离不相等，或者因更改标注的文字大小或调整标注的比例而导致尺寸线和文字重叠，使用 DIMSPACE 命令可以将重叠或间距不等的线性标注和角度标注隔开。

```
命令:_DIMSPACE
选择基准标注:                          (如图 9-26c 所示,选择第一道尺寸线,如 250 的标注)
选择要产生间距的标注:找到 1 个         (选择第二道 1000 的尺寸线)
选择要产生间距的标注:找到 1 个,总计 2 个 (选择第二道 425 的尺寸线)
选择要产生间距的标注:↵                (空格或回车结束选择)
输入值或[自动(A)]<自动>:↵             (选择自动(A)选项,间距是选定基准标注的文字高度的两
                                      倍。或者直接输入数值确定间距,结果如图 9-26d 所示)
```

DIMSPACE 命令可以使平行标注的间距都保持一样，符合制图规范，也很美观。只要把基准标注定好位置，第二道尺寸线用 DIMSPACE 命令就很容易快速地确定等距位置。

9.3　多重引线

多重引线对象是一条直线或样条曲线，其中一端带有箭头，另一端带有多行文字对象或块。它用于通过引线将注释与对象连接，并不标注对象，只是做一个说明。AutoCAD 可以方便地为序号标注添加多个引线，可以合并或对齐多个引线标注。

多重引线对象由内容、基线、引线和箭头四个基本部分组成，如图 9-27 所示。内容为多行文字对象和块对象，也可以使内容为空只有一个箭头；在多重引线样式中可设置基线的长度、引线为直线或样条曲线、箭头的风格和大小等。多重

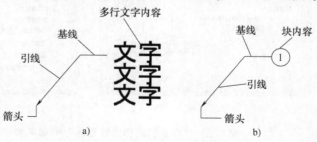

图 9-27　多重引线对象的组成
a）带有文字内容的引线　b）带有块内容的引线

引线对象可以包含多条引线，每条引线可以包含一条或多条线段，因此，一条说明可以指向图形中的多个对象。

9.3.1　多重引线样式

多重引线注释采用"面板法"（"默认"选项卡⇨ 注释 面板）执行引线注释命令，而"注释"选项卡⇨ 引线 面板还具有样式管理器的设置和管理功能。

1. 多重引线样式管理器

单击"注释"选项卡⇨ 引线 面板⇨ 对话框启动器 按钮，打开"多重引线样式管理器"对话框，如图9-28a所示，"当前多重引线样式："显示当前的样式名称，默认样式为 Standard。其他控件说明如下：

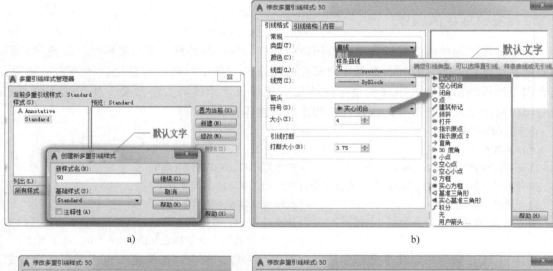

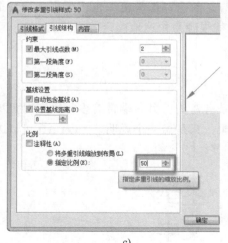

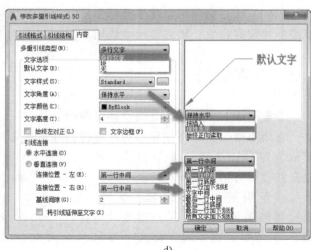

图9-28　"多重引线样式管理器"对话框和"修改多重引线样式"对话框

1)"样式"列表：显示所有样式，当前样式被亮显。

2）"列出"下拉列表：单击"所有样式"，可显示图形中可用的所有样式；单击"正在使用的样式"，仅显示当前图形中参照的样式。

3）"预览"框：显示"样式"列表中选定样式的预览图像。

4）置为当前按钮：将"样式"列表中选定的样式设定为当前样式。

5）新建按钮：显示"创建新多重引线样式"对话框以定义新样式，如图 9-28a 所示，新建样式名为"50"，意思是指定的比例为 1∶50，其基础样式为"Standard"，即新样式的设置参数与 Standard 一样。可以勾选"注释性"复选框，指定多重引线对象为注释性。单击继续按钮显示"修改多重引线样式"。

6）修改按钮：显示"修改多重引线样式"对话框，从中可以修改样式的参数，如图 9-28b、c、d 所示。

7）删除按钮：删除"样式"列表中选定的自定义的样式。不能删除图形中正在使用的样式，也不能删除 AutoCAD 自带的 Annotative 和 Standard 两个样式。

2．"修改多重引线样式"对话框

"修改多重引线样式"对话框具有"引线格式""引线结构""内容"三个选项卡，主要用来控制多重引线的基本外观。

（1）"引线格式"选项卡

1）"常规"框架里的"类型"下拉列表：可以选择直线引线、样条曲线或无引线。

2）"常规"框架里的"颜色""线型""线宽"下拉列表：确定引线的颜色、线型和线宽。

3）"箭头"框架里的"符号"下拉列表：设置多重引线的箭头符号，如图 9-29 所示，也可以选择自定义块。

4）"箭头"框架里的"大小"文本框和滚动条：显示和设置箭头的大小。

5）"引线打断"框架里的"打断大小"文本框和滚动条：显示和设置多重引线注释后，再用 DIMBREAK 命令折断大小，不执行 DIMBREAK 命令引线不会打断。

（2）"引线结构"选项卡

1）"约束"框架："最大引线点数"复选框是指定引线的最大点数，默认为 2 点。"第一段角度"和"第二段角度"复选框指定引线中的第一个点和第二个点的角度增量，这与极轴追踪的角度增量是一个概念，若设为 15°，则注释时引线的角度是以 15°增量确定的，即 15°、30°、45°、60°等，如图 9-30 所示。

图 9-29 引线格式
a）直线引线和实心闭合箭头
b）样条曲线引线和小点箭头

2）"基线设置"框架：基线是图 9-27 中的最后一段水平线，"自动包含基线"复选框是设置是否显示水平基线，"设置基线距离"复选框是设置基线的长度，默认为 8。

3）"比例"框架：与尺寸标注相类似。"注释性"复选框是指定多重引线是否为注释性；"将多重引线缩放到布局"单选按钮是根据模型空间视口和图纸空间视口中的缩放比例确定多重引线的比例因子；"指定缩放比例"单选按钮是指定多重引线的缩放比例，直接输入一数值。当多重引线不为注释性时，后两个选项可用。

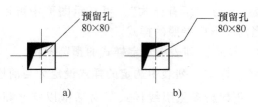

图 9-30　引线点数和角度

a）最大引线点数 = 2，第一段角度 = 45，无基线　b）最大引线点数 = 3，
第一、二段角度 = 15/60，基线距离 = 16

图 9-29a 的基线距离 = 8，图 9-30b 的基线距离 = 16，注意两者的差别。图 9-30a 没有水平基线。

（3）"内容"选项卡

1）"多重引线类型"下拉列表：选择多重引线标注出的对象分别是多行文字、块或没有内容。图 9-29 和图 9-30 标出的都是多行文字。如果将"多重引线类型"设置为"块"，此时系统将显示"块选项"设置区，如图 9-31 所示，可选择 AutoCAD 提供的块或自定义块，指定将块附着到多重引线对象的方式为插入点还是中心点，选择块的颜色和确定插入时块的缩放比例等。

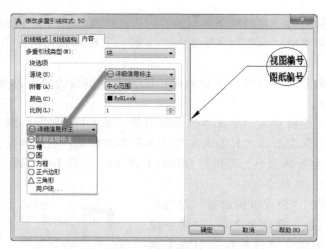

图 9-31　"多重引线样式管理器"对话框之"块选项"

2）"文字选项"选项组："默认文字"文本框用于确定多重引线标注中使用的默认文字，可以单击右侧的按钮，从弹出的文字编辑器中输入。"文字角度"下拉列表框确定文字的倾斜角度，"文字样式"下拉列表框确定所采用的文字样式，"文字颜色""文字高度"组合框确定文字的颜色与高度，"始终左对正"复选框确定是否使文字左对齐，"文字加框"复选框确定是否要为文字加边框。

3）"引线连接"选项组的"水平连接"单选按钮：表示所标注文字位于引线终点的左侧或右侧。"连接位置-左/右"下拉列表可选择所标注文字位于引线右/左侧时基线连接到文字的方式。

4）"引线连接"选项组的"垂直连接"单选按钮：垂直连接是指将引线插入到文字内

容的顶部或底部，但没有基线。"连接位置-上"是指将引线连接到文字内容的中上部，"连接位置-下"是指将引线连接到文字内容的底部，两者只有两个选项："居中"和"文字画线并居中"。

5）"引线连接"选项组的"基线间隙"文本框和滚动条：指定基线和文字之间的距离，采用默认值 2 即可。

6）"引线连接"选项组的"将引线延伸到文字"复选框：将基线延伸到附着引线的文字行边缘（而不是多行文本框的边缘）处的端点。

9.3.2　多重引线创建与编辑

1. 多重引线创建

采用面板法（"默认"选项卡⇨ 注释 面板⇨ 引线 按钮或"注释"选项卡⇨ 引线 面板⇨ 引线 按钮）执行多重引线创建命令：

命令:_mleader

指定引线箭头的位置或[引线基线优先(L)/内容优先(C)/选项(O)]<选项>:↵

输入选项[引线类型(L)/引线基线(A)/内容类型(C)/最大节点数(M)/第一个角度(F)/第二个角度(S)/退出选项(X)]<退出选项>:↵　　　　（与"修改多重引线样式"对话框的设置相同，可做临时修改）

指定引线箭头的位置或[引线基线优先(L)/内容优先(C)/选项(O)]<选项>:C↵　　　　（内容优先(C)）

指定文字的第一个角点或[引线箭头优先(H)/引线基线优先(L)/选项(O)]<引线箭头优先>:　　　　（如图 9-32 所示,首先确定多行文字输入框的第一角点 C）

指定对角点:　　　　（再选定对角点 D,输入和编辑文字后,关闭"文字编辑器"选项卡）

指定引线箭头的位置:　　　　（确定基线位置 B,再指定箭头位置 A）

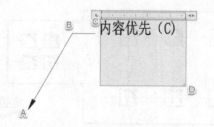

图 9-32　多重引线创建优化

> 说明："引线基线优先（L）"是先确定基线 B 点的位置，再指定引线箭头的位置 A，最后输入多行文字。"引线箭头优先（H）"是常用的注释顺序，先指定引线箭头的位置 A，再定基线位置 B，再输入多行文字。

2. 多重引线编辑

1）添加引线：将引线添加至多重引线对象。

如图 9-33a 所示，添加一条 80×80 预留孔的引线。

命令：MLEADEREDIT

选择多重引线：　　　　　　　　　　　　　　（选择 80×80 预留孔的引线）

找到 1 个

指定引线箭头位置或［删除引线（R）］：　　　（指定右侧的 80×80 预留孔，完成添加引线，如图 9-33b 所示）

指定引线箭头位置或［删除引线（R）］：↵　　（回车结束）

2）删除引线：从多重引线对象中删除引线。

命令：MLEADEREDIT

选择多重引线：　　　　　　　　　　　　　　（选择 80×80 预留孔的引线组，由 2 条引线组成）

找到 1 个

指定要删除的引线或［添加引线（A）］：　　　（选择多重引线中的其中 1 条引线）

指定要删除的引线或［添加引线（A）］：↵　　（回车结束）

3）引线对齐：对齐并间隔排列选定的多重引线对象。如图 9-33a 所示，对 3 个 100×100 预留孔的引线对象。

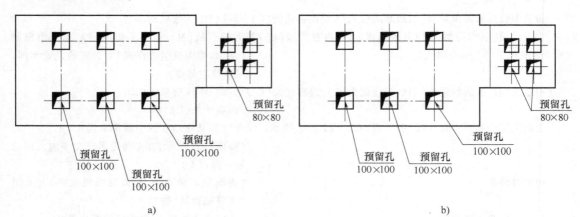

a)　　　　　　　　　　　　　　　　　　　　　　b)

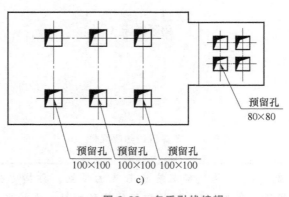

c)

图 9-33　多重引线编辑

命令：_mleaderalign

选择多重引线：指定对角点：找到 3 个　　　　（圈交选择 3 个 100×100 预留孔的引线对象）

选择多重引线：↵　　　　　　　　　　　　　（回车结束）

当前模式：使用当前间距

选择要对齐到的多重引线或［选项(O)］:<u>O</u> ↵

输入选项［分布(D)/使引线线段平行(P)/指定间距(S)/使用当前间距(U)］<使用当前间距>:<u>P</u> ↵

　　　　　　　　　　　　("分布(D)":将内容在两个选定的点之间均匀隔
　　　　　　　　　　　　开;"使引线线段平行(P)":放置内容,从而使选定
　　　　　　　　　　　　多重引线中的每条最后的引线线段均平行;"指定
　　　　　　　　　　　　间距(S)":指定选定的多重引线内容范围之间的
　　　　　　　　　　　　间距。)

选择要对齐到的多重引线或［选项(O)］:　　(选择要对齐的 1 条引线,作为参照物)

指定方向:　　　　　　　　　　　　　　　(指定对齐方向,如图 9-33c 所示)

　　4) 引线合并:仅对注释内容为块的多重引线有效,可将包含块的选定多重引线整理在一个位置排列成行或列中,并通过单引线显示结果。

9.4　编辑尺寸标注

　　在对图形中的尺寸标注好后,有时需对已标注好的尺寸进行修改,如修改尺寸线的位置、尺寸文字的位置或者尺寸文字的内容等,在 AutoCAD 中提供了如下几种用于编辑尺寸标注的命令。

9.4.1　编辑标注

　　可以同时改变多个标注对象的文字位置、方向、数值及旋转角度和倾斜尺寸界线成一定角度。

　　可采用面板法("注释"选项卡 ⇨ 标注 ⇨ 倾斜)和命令行法(DIMEDIT、DED 或 DIMED)等方式对多个标注对象进行编辑。

　　调用该命令后,其操作步骤如下。

命令:_dimedit ↵　　　　　　(单击"注释"选项卡 ⇨ 标注 ⇨ 倾斜,执行 DIMEDIT 命令,系统对
　　　　　　　　　　　　　　标注界线进行倾斜操作)

输入标注编辑类型［默认(H)/新建(N)/旋转(R)/倾斜(O)］<默认>:_o

　　　　　　　　　　　　　　(系统自动输入"O",选择"倾斜"为选项)

选择对象:找到 1 个　　　　　(选择标注对象)

选择对象:　　　　　　　　　(回车结束选择)

输入倾斜角度(按<Enter>表示无):<u>60</u> ↵ (尺寸界线倾斜 60°)

　　下面对"输入标注编辑类型［默认(H)/新建(N)/旋转(R)/倾斜(O)］<默认>:"提示选项加以说明。

　　1)"默认 (H)":用于将指定对象中的标注文字移回到默认位置。

　　2)"新建 (N)":选择该项将调用多行文字编辑器,用于修改指定对象的标注文字。

　　3)"旋转 (R)":用于旋转指定对象中的标注文字,选择该项后系统将提示用户指定旋转角度,如果输入"O",则把标注文字按默认方向放置。

　　4)"倾斜 (O)":调整线性标注尺寸界线的倾斜角度,选择该项后系统将提示用户选择对象并指定倾斜角度。

命令:_dimedit ↵　　　　　　　　　　("注释"选项卡 ⇨ 标注 面板 ⇨ 倾斜)

输入标注编辑类型［默认（H）/新建（N）/旋转（R）/倾斜（O）］<默认>:R↵　　（输入"R"）

指定标注文字的角度:60 ↵　　　　　　　　　　　　　　　　（标注文字倾斜 60°）

选择对象:找到 1 个

选择对象:↵　　　　　　　　　　　　　　　　　　　（回车结束,结果见图 9-34）

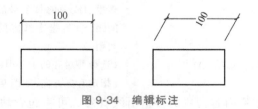

图 9-34　编辑标注

9.4.2　编辑标注文字

用于移动和旋转标注文字。可采用面板法（"注释"选项卡 ⇨ 标注 面板）和命令行法（DIMTEDIT）等方式对多个标注文字进行编辑。

9.4.3　标注更新

主要功能是改变标注对象以当前的标注样式进行标注,用当前标注样式的标注变量更新标注对象,提高了标注效率。

可采用面板法（"注释"选项卡 ⇨ 标注 ⇨ 更新 ）和命令行法（-DIMSTYLE）更新标注。

> 说明:"标注样式管理器"是以对话框的形式启动,其命令行命令为 DIMSTYLE。而
> "标注更新"是以命令行的形式执行,其命令为-DIMSTYLE。实际上,两者的命令是一样
> 的,只是启动的形式不同,一个是对话框形式,另一个是命令行形式。

如图 9-35a 所示,用样式名是"5"的样式进行线性标注的,其主要的设置是:"使用全局比例"为 5,"箭头"为"实心闭合","尺寸界线固定长度"为 2。现新建标注样式名"10",并设为当前标注样式,修改以上设置为:"使用全局比例"为 10,"箭头"为"建筑标记","尺寸界线固定长度"为 5。

下面用"更新标注"命令,用"10"标注样式对标注对象进行更新,其结果如图 9-35b所示。

命令:_-dimstyle　　　　　　　　　　　　（"注释"选项卡 ⇨ 标注 ⇨ 更新 ）

当前标注样式:10　　　　　　　　　　　　（提示当前标注样式为"10"）

输入标注样式选项

［保存（S）/恢复（R）/状态（ST）/变量（V）/应用（A）/?］<恢复>:_apply

　　　　　　　　　　　　　　　　　　（默认为"应用"选项）

选择对象:找到 1 个　　　　　　　　　（选择图 9-35a 中的标注对象,则标注更新为标注样式
　　　　　　　　　　　　　　　　　　"10"的设置）

选择对象:　　　　　　　　　　　　　　（继续选择其他标注对象,或回车结束）

下面对"［保存（S）/恢复（R）/状态（ST）/变量（V）/应用（A）/?］<恢复>:"提示下的各个选项进行说明。

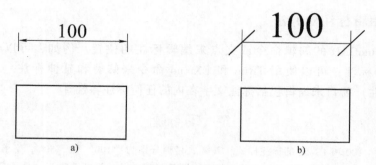

图 9-35　更新标注

a）更新前　b）更新后

1）"保存（S）"：把当前标注系统变量的设置保存到标注样式中。如果输入新的样式名称，则把当前标注系统变量的设置保存到该样式中，同时将这个新的标注样式设置为当前标注样式。输入已有标注样式的名称或在输入已有标注样式的名称前加上"~"，则可以用当前设置重新定义已有的标注样式或比较已有的标注样式。

2）"恢复（R）"：通过从已有的标注样式读取新设置来改变标注系统变量设置。用户可输入样式名来设置当前样式，或选择一个或多个标注，AutoCAD 将把选定标注的标注样式改成当前标注样式。

3）"状态（ST）"：显示所有标注系统变量的当前值。

4）"变量（V）"：列出标注样式或选定标注的标注系统变量的设置，但不改变当前设置。

5）"应用（A）"：更新选定的标注对象，使用标注系统变量的当前设置，包括标注样式和应用替代。

6）"?"：列出当前图形中已命名的标注样式。

9.4.4　重新关联标注

标注在默认情况下是关联的，当与其关联的几何对象被修改时，关联标注将自动调整其位置、方向和测量值，这为用户提供了方便。但在某些情况下，标注与对象会失去关联，成为非关联标注。无关联标注在其测量的几何对象被修改时不发生改变，如早期版本的 Auto-CAD 没有关联标注功能，其图形对象的标注就是非关联标注，部分图形经过修改后也有可能失去关联。

重新关联标注的功能就是用于将非关联性标注转换为关联标注，或改变关联标注的定义点。可采用面板法（"注释"选项卡 ⇨ 标注 ⇨ 重新关联）和命令行法（DIMRE-ASSOCIATE）调用重新关联标注命令，在系统的提示下选择要重新关联的标注，并拾取标注点。

如果用户选择的是关联标注，则该标注的定义点上显示"⊠"标记；而如果用户选择的是非关联标注，则该标注的定义点上显示"×"标记。无论选择何种标注，系统均进一步要求对其重新指定标注界线或标注对象，并由此将非关联标注转换为关联标注，或对关联标注重新定义。

9.4.5 其他编辑标注的方法

可以使用 AutoCAD 的编辑命令或夹点来编辑标注的位置。例如，可以使用夹点或者 Stretch 命令拉伸标注；可以使用 TRim 和 EXtend 命令来修剪和延伸标注。此外，还通过 PRoperties（特性）窗口来编辑包括标注文字在内的任何标注特性。

练 习 题

1. 建立一个 1∶100 和 1∶50 的标注样式，其样式名称分别为"100"和"50"。要求"固定长度的延伸线"的长度为 15，线性标注的箭头为"建筑标记"类型，而其他标注的箭头为"实心闭合"类型，"文字高度"设为 3。

2. 对图 3-56 按比例 1∶100 进行标注。

3. 对图 4-36 和图 5-60 按比例 1∶50 进行标注。

4. 对图 7-55 按比例 1∶10 进行标注。

5. 简述在模型空间中如何实现对不同比例出图的图形进行标注。

第 10 章

三维模型的创建与编辑

本章主要讲述 AutoCAD 三维绘图的基础知识，介绍 AutoCAD 的三维环境、三维坐标系和各种三维坐标形式，讲述世界坐标系（WCS）和用户坐标系（UCS）的使用方法。重点讲述三维模型的创建以及常用的三维模型编辑命令。

10.1 设置三维环境

传统的工程设计图纸只能表现二维图形，即使是三维轴测图也是设计人员利用轴测图画法把三维模型绘制在二维图纸上，本质上仍然是二维的。

AutoCAD 的图形空间实际上是一个三维空间，可以在 AutoCAD 三维空间中的任意位置构建三维模型。AutoCAD 提供了"草图与注释""三维基础""三维建模"3 个工作空间，切换到"三维基础"或"三维建模"工作空间，就可以方便轻松地构建三维图形。

在快速访问工具栏的"工作空间"下拉列表或状态栏的"切换工作空间"图标切换不同的工作空间，也可单击【工作空间设置】弹出"工作空间设置"对话框，如图 10-1 所示。

图 10-1 工作空间切换方式

a）状态栏的"切换工作空间" b）快速访问工具栏的"工作空间" c）"工作空间设置"对话框

"三维建模"工作空间的功能区选项卡和面板进行了重新布置，与"草图与注释"工作空间相比，增加了"实体""曲面""网格""可视化"4 个选项卡，"常用"选项卡的内容也完全发生了变化。工作绘图区默认为"二维线框"视觉样式，可执行"视图"选项卡 ➡ 选项板 面板 ➡ 视觉样式 图标命令，弹出视觉样式管理器，对视觉样式进行修改，如图 10-2 所示。

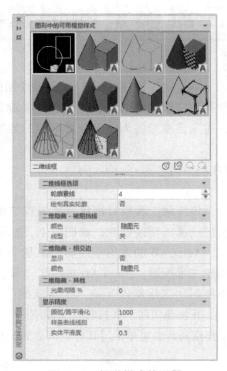

对三维对象的渲染，需选择不同的视觉样式进行比较，同时还要保证显卡和显示器渲染的真实度。可用的视觉样式有 10 种，以行排列依次为：

1）二维线框：使用直线和曲线显示对象，是平常使用的二维绘图环境使用的视觉样式。

2）概念：使用平滑着色和古氏面样式显示三维对象。古氏面样式在冷暖颜色而不是明暗效果之间转换。效果缺乏真实感，但是可以更方便地查看模型的细节。

3）隐藏：使用线框显示三维对象，并隐藏表示背面的直线。

4）真实：使用平滑着色和材质显示三维对象。

5）着色：使用平滑着色显示三维对象。

6）带边着色：使用平滑着色和可见边显示三维对象。

7）灰度：使用平滑着色和单色灰度显示三维对象。

8）勾画：使用线延伸和抖动边修改器显示手绘效果的二维和三维对象。

9）线框：仅使用直线和曲线显示三维对象。将不显示二维实体对象的绘制顺序设置和填充。与二维线框视觉样式的情况一样，更改视图方向时，线框视觉样式不会导致重新生成视图。在大型三维模型中将节省大量的时间。

图 10-2　视觉样式管理器

10）X 射线：以局部透明度显示三维对象。

"三维建模"工作空间新增选项卡的内容，如图 10-3 所示。

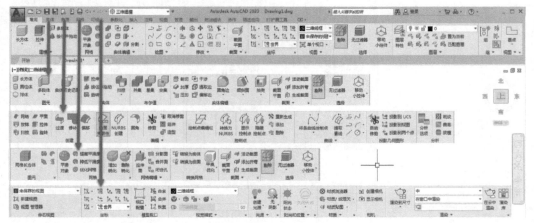

图 10-3　"三维建模"工作空间功能区面板

"三维基础"工作空间功能面板内容比"三维建模"减少了许多，如图 10-4 所示。

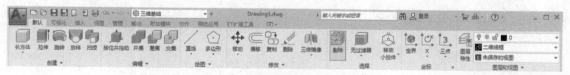

图 10-4　"三维基础"工作空间界面

10.2　三维坐标系

三维坐标系由三个通过同一点且彼此垂直的坐标轴构成，分别称为 X 轴、Y 轴和 Z 轴，交点为坐标系的原点，任意一点的位置可以由三维坐标系上的坐标（x，y，z）唯一确定。AutoCAD 三维坐标系的构成如图 10-5 所示。

10.2.1　三维坐标系的形式

AutoCAD 可使用的三维坐标系的形式，包括直角坐标系、柱坐标系、球坐标系以及其相对形式。三维空间中的任意一点，可以分别使用直角坐标、柱坐标或球坐标描述，其结果完全相同，在实际操作中可以根据具体情况任意选择某种坐标形式。

1. 直角坐标系

三维空间中的任意一点都可以用直角坐标（x，y，z）的形式表示，这与二维空间坐标（x，y）相似，即在 x 和 y 值基础上增加 z 值，x、y 和 z 分别表示该点在三维坐标系中 X 轴、Y 轴和 Z 轴上的坐标值。

2. 柱坐标形式

柱坐标与二维极坐标类似，但增加了从所要确定

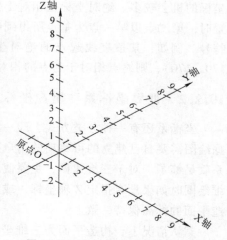

图 10-5　AutoCAD 的三维坐标系

的点到 XOY 平面的距离值。即三维点的柱坐标可通过该点与 UCS 原点的连线在 XOY 平面上的投影长度，该投影与 X 轴夹角，以及该点垂直于 XOY 平面的 Z 值来确定。

柱坐标用"L<a，z"的形式表示，其中 L 表示该点在 XOY 平面上的投影到原点的距离，a 表示该点在 XOY 平面上的投影和原点之间的连线与 X 轴的交角，z 为该点在 Z 轴上的坐标。例如，坐标"8<30，4"表示某点与原点的连线在 XOY 平面上的投影长度为 8 个单位，其投影与 X 轴的夹角为 30°，在 Z 轴上的投影点的 Z 值为 4，如图 10-6 所示。

3. 球坐标形式

球面坐标也类似于二维极坐标。在确定某点时，应分别指定该点与当前坐标系原点的距离，二者连线在 XOY 平面上的投影与 X 轴的夹角，以及二者连线与 XOY 平面的夹角。

球坐标用"L<a<b"的形式表示，其中 L 表示该点到原点的距离，a 表示该点与原点的连线在 XOY 平面上的投影与 X 轴之间夹角，b 表示该点与原点的连线与 XOY 平面的夹角。例如，坐标"8<30<20"表示一个点，它与当前 UCS 原点的距离为 8 个单位，两点连线在 XOY 平面的投影与 X 轴的夹角为 30°，两点连线与 XOY 平面的夹角为 20°，如图 10-7 所示。

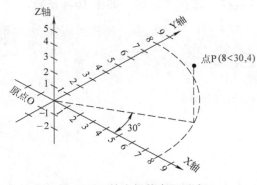

图 10-6　柱坐标的表示形式

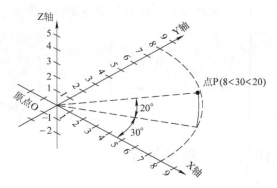

图 10-7　球坐标的表示形式

4. 坐标的输入方式

二维图形大多使用相对坐标输入方式，而绘制三维图形会经常用到用户坐标系，用绝对坐标的机会较多。绝对坐标是相对于坐标系原点而言的，相对坐标是指连续指定两个点的位置时，第二点以第一点为基点所得到的相对坐标形式。相对坐标输入时要在坐标前加"@"符号。例如，某条直线起点的绝对坐标为（130，120，140），终点的绝对坐标为（180，170，170），则终点相对于起点的相对坐标为（@50，50，30）。

10.2.2　世界坐标系和用户坐标系

坐标系还有一种分类方式，即一种是固定不变的世界坐标系（WCS），另一种是用户根据绘图需要自己建立的可移动的用户坐标系（UCS）。对于二维平面绘图，只使用世界坐标系就足够了。对于三维建模，主要使用用户坐标系。因为三维空间绘图多了一个 Z 坐标，三维绘图时如果没有指定 Z 轴坐标，或直接使用光标在屏幕上拾取点，则该点的 Z 坐标将与构造平面的标高保持一致。

默认情况下，构造平面为三维坐标系中的 XOY 平面，即构造平面的标高为 0，于是为了绘图方便，用户有必要建立自己的坐标系来改变坐标原点的位置和 XOY 平面的方向，这对于三维绘图非常有用。对于用户坐标系，可以进行定义、保存、恢复、删除等操作。

1. 世界坐标系（WCS）

在 AutoCAD 的每个图形文件中，都包含一个唯一的、固定不变的、不可删除的基本三维坐标系，这个坐标系称为世界坐标系（World Coordinate System，WCS）。WCS 为图形中所有的图形对象提供了一个统一的度量，是其他三维坐标系的基础，不能对其重新定义。

2. 用户坐标系（UCS）

在一个图形文件中，除了 WCS 之外，AutoCAD 还可以定义多个用户坐标系（User Coordinate System，UCS）。顾名思义，用户坐标系是可以由用户自行定义的一种坐标系。AutoCAD 的三维空间中，可以在任意位置和方向指定坐标系的原点、XOY 平面和 Z 轴，从而得到一个新的用户坐标系。

3. 创建用户坐标系

创建一个用户坐标系即改变原点（0，0，0）的位置以及 XOY 平面和 Z 轴的方向。可采用面板法（功能区"可视化"选项卡➡ 坐标 面板，如图 10-8 所示）和命令行法（UCS）

等创建 UCS，新建的 UCS 将成为当前 UCS。

图 10-8　"坐标"面板

新建 UCS 的命令调用方式和执行过程如下。

命令: UCS ↵

当前 UCS 名称: ＊世界＊　　　　　　　　（表示当前坐标系为世界坐标系）

指定 UCS 的原点或[面(F)/命名(NA)/对象(OB)/上一个(P)/视图(V)/世界(W)/X/Y/Z/Z 轴(ZA)]<世界>:

UCS 命令包括以下几种命令选项:

1）直接输入三维坐标，相当于选择"指定 UCS 的原点"命令选项，AutoCAD 将根据原来 UCS 的 X 轴、Y 轴和 Z 轴方向和新的原点定义新的 UCS，即相当于平移原来的 UCS，如图 10-9 所示。

2）"面（F）"选项: 可以选择实体对象中的面定义 UCS。用户可以选择实体对象上的任意一个面，AutoCAD 将该面作为 UCS 的 XOY 面，X 轴将与最近的边对齐，从而定义 UCS，如图 10-10 所示。

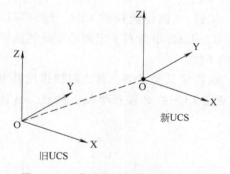

图 10-9　"指定 UCS 的原点"选项

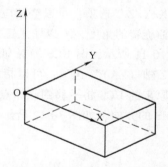

图 10-10　"面（F）"选项

3）"命名（NA）"选项: 可以保存当前 UCS 的定义，或恢复或删除已保存的 UCS 命名。

4）"对象（OB）"选项: 将根据用户指定的对象定义 UCS。在图形中选择图形对象时，AutoCAD 根据不同的对象类型选择相应的方法定义 UCS，其中新 UCS 的 Z 轴正方向与选定对象的正法向保持一致，一些典型的定义方法见表 10-1。

表 10-1　根据对象定义 UCS 的方法

对象	定义方法
圆弧	圆弧的圆心成为新 UCS 的原点。X 轴通过距离选择点最近的圆弧端点
圆	圆的圆心成为新 UCS 的原点。X 轴通过选择点
标注	标注文字的中点成为新 UCS 的原点。新 X 轴的方向平行于当绘制该标注时生效的 UCS 的 X 轴

（续）

对象	定 义 方 法
直线	离选择点最近的端点成为新 UCS 的原点。将设置新的 X 轴，使该直线位于新 UCS 的 XOZ 平面上。在新 UCS 中，该直线的第二个端点的 Y 坐标为 0
点	该点成为新 UCS 的原点
二维多段线	多段线的起点成为新 UCS 的原点。X 轴沿从起点到下一顶点的线段延伸
实体	二维实体的第一点确定新 UCS 的原点。新 X 轴沿前两点之间的连线方向
宽线	宽线的"起点"成为 UCS 的原点，X 轴沿宽线的中心线方向
三维面	取第一点作为新 UCS 的原点，X 轴沿前两点的连线方向，Y 轴的正方向取自第一点和第四点。Z 轴由右手定则确定
形、文字、块参照、属性定义	该对象的插入点成为新 UCS 的原点，新 X 轴由对象绕其拉伸方向旋转定义。用于建立新 UCS 的对象在新 UCS 中的旋转角度为 0

5）"上一个（P）"选项：恢复上一个 UCS。程序会保留在图纸空间中创建的最后 10 个坐标系和在模型空间中创建的最后 10 个坐标系。

6）"视图（V）"选项：可以以平行于屏幕的平面为 XOY 平面定义 UCS，UCS 原点保持不变。

7）"世界（W）"选项：可以将当前 UCS 设置为 WCS。

8）"X/Y/Z"选项：可以绕相应的坐标轴旋转 UCS，从而得到新的 UCS。用户可以指定绕旋转轴旋转的角度，可以输入正或负的角度值，AutoCAD 根据右手定则确定旋转的正方向。如图 10-11 所示，旧 UCS 绕 X 轴旋转后创建新的 UCS。

9）"Z 轴（ZA）"选项：可以指定 Z 轴正半轴，从而定义新 UCS。首先需要指定新 UCS 的原点，原来的 UCS 将平移到该原点处，然后指定新建 UCS 的 Z 轴正半轴上的点，从而确定新建 UCS 的方向，如图 10-12 所示。

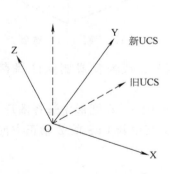

图 10-11 "X/Y/Z"选项

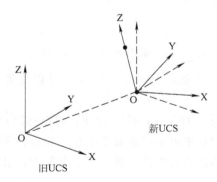

图 10-12 "Z 轴（ZA）"选项

在"新建 UCS 菜单"中，选择"三点"命令选项，可以指定新 UCS 的原点及其 X 轴和 Y 轴的正方向，AutoCAD 将根据右手定则确定 Z 轴。即用户依次指定新 UCS 的原点、X 轴正方向上一点和 Y 轴正方向上一点，AutoCAD 根据这三点得到 UCS 的 XOY 平面，然后由右手定则自动确定 UCS 的 Z 轴。

4. 动态 UCS

使用动态 UCS 功能，可以在创建对象时使 UCS 的 XOY 平面自动与实体模型上的平面临时对齐。动态 UCS 功能由状态栏上的"动态 UCS"工具开关控制。图标表示"动态 UCS"处于启用状态（默认），表示关闭状态。

在实际操作时，先激活创建对象的命令，然后将光标移动到想要创建对象的平面，该平面就会自动亮显，表示当前的 UCS 被对齐到此平面上，接下来就可以在此平面上继续创建命令完成创建。动态 UCS 实现的 UCS 创建是临时的，当前的 UCS 并不真正切换到这个临时的 UCS 中，创建完对象后，UCS 还是回到创建对象前所在的状态。

10.3 设置三维视图

虽然 AutoCAD 中的模型空间是三维的，但只能在屏幕上看到二维的图像，并且只是三维空间的局部沿一定的方向在平面上的投影。根据一定的方向和一定的范围显示在屏幕上的图像称为三维视图。为了能够在屏幕上从各种角度、各种范围观察图形，需要不断地变换三维视图。

10.3.1 预置三维视图

可采用面板法（"常用"/"可视化"/"视图"选项卡 ⇨ 视图/命名视图/命名视图 面板，如图 10-13 所示）和命令行法（命令行命令-VIEW 和对话框命令 VIEW，如图 10-14 所示等调用预置三维视图的命令。AutoCAD 为用户预置了 6 种正交视图和 4 种等轴测视图，用户可以根据这些标准视图的名称直接调用，无须自行定义。

图 10-13 "视图"面板

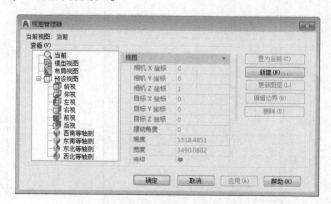

图 10-14 "视图管理器"对话框

10.3.2 设置平面视图

平面视图是指查看坐标系 XOY 平面（构造平面）的视图，相当于俯视图。AutoCAD 可以随时设置基于当前 UCS、命名 UCS 或 WCS 的平面视图。可采用命令行法，执行 PLAN 命令。

1）"当前 UCS（C）"选项：生成基于当前 UCS 的平面视图，并自动进行范围缩放，以便所有图形都显示在当前视口中。

2）"UCS（U）"选项：生成基于以前保存的命名 UCS 的平面视图。

3）"世界（W）"选项：生成基于 WCS 的平面视图，并自动进行范围缩放，以便所有图形都显示在当前视口中。

10.3.3 使用视点预设

视点预设就是通过设置视线在 UCS 中的角度确定三维视图的观察方向，可以看成是观察三维模型时观察方向的起点，从视点到观察对象的目标点之间的连线可以看成表示观察方向的视线。

可采用命令行法（DDVPOINT），视点预设命令调用后，弹出"视点预设"对话框，如图 10-15 所示。

在指定的 UCS 中，三维视图的观察方向可以用两个角度确定，一个是该方向在 XOY 平面上与 X 轴的夹角，另一个是该方向与 XOY 平面的夹角。在"视点预设"对话框中，可以通过这两个角度的设置来确定三维视图的方向。

1）首先需要指定一个基准坐标系，作为设置观察方向的参照。

选中"绝对于 WCS"单选按钮，可以相对于 WCS 设置查看方向，而不受当前 UCS 的影响。选中"相对于 UCS"单选按钮，可以相对于当前 UCS 设置查看方向。用户的设置将保存在系统变量 WORLDVIEW 中。

2）在"自：X 轴"和"自：XY 平面"文本框中，可以分别指定观察方向在基准 UCS 中与 X 轴的角度和与 XOY 平面的角度，如图 10-16 所示。用户也可以在其上部的图像控件中单击光标来指定新的角度，此时图像控件中将用一个白色的指针指示新角度，红色指针指示当前角度。

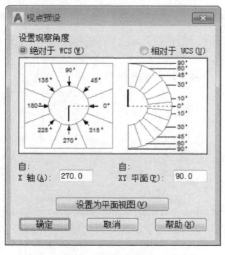

图 10-15 "视点预设"对话框

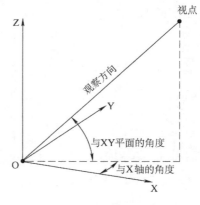

图 10-16 视点预设示意

3）单击 设置为平面视图 按钮，可以将视图设置为相对于基准坐标系的平面视图，即俯视图。

10.3.4 设置视点

除了使用视点预设之外，还可以直接指定视点的坐标，或动态显示并设置视点。可采用

"命令行法"（VPOINT）调用和执行设置视点的命令。

命令：VPOINT ↵

当前视图方向：VIEWDIR = 1.0000, 0.0000, 0.0000

指定视点或［旋转（R）］<显示指南针和三轴架>：

执行 VPOINT 命令，可以用三种方式设置视点：

1）直接指定视点的 X、Y 和 Z 三维坐标，AutoCAD 将以视点到坐标系原点的方向进行观察，从而确定三维视图。

2）选择"旋转（R）"命令选项，可以分别指定观察方向与坐标系 X 轴的夹角和与 XOY 平面的夹角。

3）选择"显示指南针和三轴架"命令选项，将显示指南针和三轴架。

10.3.5　使用动态观察和导航工具查看三维模型

AutoCAD 提供了动态观察和导航工具，方便观察三维模型。动态观察可以动态、交互式、直观地观察显示三维模型，从而使创建三维模型更为方便。导航工具用于更改三维模型的方向和视图。通过放大或缩小对象，可以调整模型的显示细节。用户可以创建用于定义模型中某个区域的视图，也可以使用预设视图恢复已知视点和方向。

1. 三维动态观察

可采用面板法（"视图"选项卡 ⇨ 导航 面板）和命令行法（3DORBIT）启用三维动态观察。三维动态观察提供了自由、连续和受约束的三种动态观察模式，在命令行中执行 3DORBIT 命令，需按鼠标右键弹出快捷菜单，切换不同的观察模式，如图 10-17 所示。

1）自由动态观察有一个三维动态圆形轨道，轨道的中心是目标点。当光标位于圆形轨道的 4 个小圆上时，光标图形变成椭圆形，此时拖动鼠标，三维模型将会绕中心的水平轴或垂直轴旋转；当光标在圆形轨道内拖动时，三维模型绕目标点旋转；当光标在圆形轨道外拖动时，三维模型将绕目标点顺时针方向（或逆时针方向）旋转。

2）连续动态观察需按住鼠标左键拖动模型旋转一段后松开鼠标，模型会沿着拖动的方向继续旋转，旋转的速度取决于拖动模型旋转时的速度。可通过再次单击并拖动来改变连续动态观察的方向，或者单击一次来停止转动。

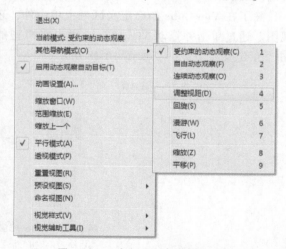

图 10-17　动态观察命令快捷菜单

3）受约束的动态观察是更易用的观察，基本使用方法和自由动态观察差不多。与自由动态观察不同的是，在进行动态观察的时候，垂直方向的坐标轴（通常是 Z 轴）会一直保持垂直，这对于工程模型特别是建筑模型的观察非常有用，这个观察器将保持建筑模型的墙体一直是垂直的，不至于将模型旋转到一个很不易理解的倾斜角度。

实际上，在进行这三种动态观察的时候，随时都可以通过右键快捷菜单切换到其他观察模式。

三维动态观察提供了多个命令，可以实现以下功能：

1）实时平移或缩放、动态或连续变换三维视图。

2）调整视点的位置和方向。

3）设置和控制前向与后向剪裁平面。

4）指定视图的投影方式和着色模式。

5）控制形象化辅助工具的显示。

6）恢复初始视图或预设视图。

2. ViewCube 三维导航工具

ViewCube 是专用于三维图形系统的导航工具，在二维图形系统不显示。通过 ViewCube，用户可以在标准视图和等轴测视图间切换，调整模型的视点。ViewCube 三维导航工具默认显示在绘图区的右上角，可通过"选项"对话框或 NAVVCUBE 命令设置 ViewCube 导航工具。

将光标悬停在 ViewCube 上方时，ViewCube 将变为活动状态。用户可以切换至可用预设视图之一、滚动当前视图或更改为模型的主视图。ViewCube 提供了 26 个已定义区域，按类别分为 3 组：角、边和面。6 个代表模型的标准正交视图：上、下、前、后、左、右。通过单击 ViewCube 上的一个面设置正交视图。使用其他 20 个已定义区域可以访问模型的带角度视图。单击 ViewCube 上的一个角，可以基于模型三个侧面所定义的视点，将模型的当前视图更改为 3/4 视图。单击一条边，可以基于模型的两个侧面，将模型的视图更改为 3/4 视图。

除了在 ViewCube 的已定义区域上单击外，还可以通过单击并拖动 ViewCube 来更改模型视图。通过单击并拖动 ViewCube，可以将模型的视图更改至一个自定义视点，而非提供的 26 个预定义视点之一，如图 10-18 所示。

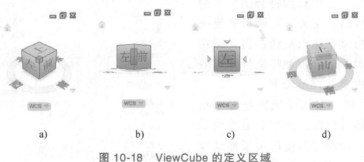

图 10-18　ViewCube 的定义区域
a）角　b）边　c）面　d）自定义

（1）ViewCube 快捷菜单　可在 ViewCube 导航工具上单击鼠标右键，弹出 ViewCube 快捷菜单，如图 10-19 所示。

ViewCube 快捷菜单提供多个选项，用于定义 ViewCube 的方向、切换于平行投影和透视投影之间、为模型定义主视图以及控制 ViewCube 的外观。

1）【主页】：恢复随模型一起保存的主视图。

2）【平行】：将当前视图切换至平行投影。

3）【透视】：将当前视图切换至透视投影。

4）【使用正交面的透视】：将当前视图切换至透视投影（除非当前视图与 ViewCube 上定义的面视图对齐）。

5）【将当前视图设定为主视图】：根据当前视图定义模型的主视图。

6）【ViewCube 设置】：单击后显示 "ViewCube 设置" 对话框，如图 10-20 所示，用户可以在其中调整 ViewCube 的外观和行为，设置 ViewCube 的屏幕位置、大小、透明度、UCS 菜单与指南针的显示。

图 10-19　ViewCube 快捷菜单

（2）使用指南针　ViewCube 的指南针用于指示为模型定义的北向，基于由模型的 WCS 定义的北向和向上方向。可以通过 "ViewCube 设置" 对话框设置是否显示指南针。

（3）设置视图投影模式　ViewCube 支持两种不同的视图投影：透视投影和平行投影。透视投影视图基于理论相机与目标点之间的距离进行计算。相机与目标点之间的距离越短，透视效果表现得越明显；较长的距离将使模型上的透视效果表现得较不明显。平行投影视图显示所投影的模型中平行于屏幕的所有点。

（4）通过 ViewCube 更改 UCS　通过 ViewCube，可以将用于模型的当前 UCS 更改为随模型一起保存的已命名 UCS 之一，或定义新 UCS。

位于 ViewCube 下方的 UCS 菜单显示了模型中当前 UCS 的名称。通过该菜单上的 WCS 项，可以将坐标系从当前 UCS 切换为 WCS。通过【新UCS】，可以基于一个、两个或三个点旋转当前 UCS 以定义新 UCS。单击【新 UCS】时，将以默认名称 "未命名" 定义一个新 UCS。要使用另一名称保存该 UCS 以便之后将其恢复，可使用【已命名】选项。

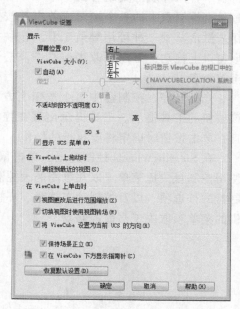

图 10-20　"ViewCube 设置" 对话框

3. SteeringWheels 控制盘

SteeringWheels 是以控制盘形式表现的一种追踪菜单。控制盘被划分为不同部分，可以按钮的形式进行操作，并执行一种如平移、缩放等的导航命令。SteeringWheels 控制盘将多个常用导航工具结合到一个单一界面中，提供在各种导航工具之间快速切换的控制盘集合，从而为用户节省了时间。

SteeringWheels 控制盘并不是独立地浮动在操作界面上的，而是安置在导航栏里，如图 10-21 所示。导航栏归纳了 SteeringWheels、平移、缩放、动态观察、ShowMotion 等 Auto-CAD 所有的导航工具，其中缩放工具是一组导航工具，用于增大或缩小模型的当前视图的比例，动态观察工具是用于旋转模型当前视图的导航工具集。通过单击导航栏上的按钮之一，或选择在单击分割按钮的较小部分时显示的列表中的某个工具，可以启动导航工具。

导航栏默认在当前绘图区域的右上方浮动，通过"固定位置"设置可在绘图区的四个角浮动，采用面板法（"视图"选项卡 ⇨ 视口工具 面板 ⇨ 导航栏）开关可控制"导航栏"的显示与关闭。

SteeringWheels 控制盘位于导航栏的第一个，它将多个常用导航工具结合到一个单一界面中，单击下方的 ▼ 图标弹出下拉菜单，选择导航工具的类型，如图 10-22 所示。

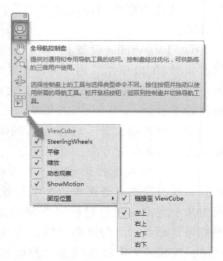

从图 10-22 可以看出，SteeringWheels 是划分为不同部分（称为按钮）的追踪菜单，控制盘上的每个按钮代表一种导航工具。SteeringWheels 也称为控制盘，将多个常用导航工具结合到一个单一界面中，可以通过单击控制盘上的一个按钮或单击并按住鼠标上的按钮来激活其中一种可用导航工具。按住按钮后，在图形窗口上拖动，可以更改当前视图。松开按钮可返回至控制盘。

光标悬停在控制盘中每个按钮上方时，都会显示该按钮的工具提示。工具提示出现在控制盘下方，并且在单击按钮时确定将要执行的操作。

图 10-21　ViewCube 导航栏

在 SteeringWheels 控制盘上，单击鼠标右键可弹出控制盘快捷菜单，如图 10-23 所示。使用控制盘快捷菜单可以在可用的大控制盘与小控制盘之间切换、转至主视图、更改当前控制盘的首选项，以及控制动态观察、环视和漫游三维导航工具的行为。控制盘快捷菜单上提供的菜单项取决于当前控制盘。

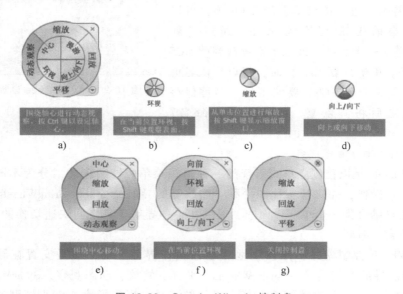

图 10-22　SteeringWheels 控制盘

a）全导航控制盘　b）全导航控制盘（小）　c）查看对象控制盘（小）

d）巡视建筑控制盘（小）　e）查看对象控制盘　f）巡视建筑控制盘　g）二维控制盘

控制盘快捷菜单包含以下选项。

1）【查看对象控制盘（小）】：显示查看对象控制盘的小版本。

2）【巡视建筑控制盘（小）】：显示巡视建筑控制盘的小版本。

3）【全导航控制盘（小）】：显示全导航控制盘的小版本。

4）【全导航控制盘】：显示全导航控制盘的大版本。

5）【基本控制盘】：显示查看对象控制盘或巡视建筑控制盘的大版本。

6）【转至主视图】：恢复随模型一起保存的主视图。

7）【布满窗口】：调整当前视图大小并将其居中以显示所有对象。

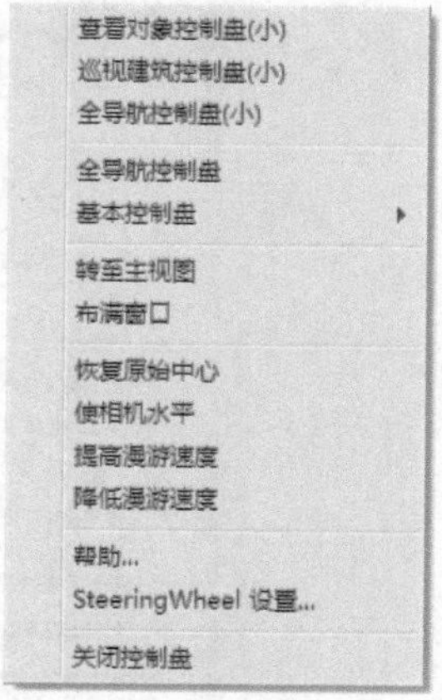

图 10-23　SteeringWheels
控制盘快捷菜单

8）【恢复原始中心】：将视图的中心点恢复至模型的范围。

9）【使相机水平】：旋转当前视图以使其与 XOY 地平面相对。

10）【提高漫游速度】：将用于"漫游"工具的漫游速度提高一倍。

11）【降低漫游速度】：将用于"漫游"工具的漫游速度降低一半。

由此可以看出，控制盘有大版本和小版本。大控制盘大于光标，控制盘中的每个按钮上都有标签。小控制盘与光标大小大致相同，控制盘按钮上不显示标签。二维导航控制盘仅有大版本。

控制盘分为以下 4 种类型。

1）二维导航控制盘：用于模型的基本导航，划分为 平移 、 缩放 和 回放 按钮。 平移 按钮用于通过平移重新放置当前视图。 缩放 按钮用于调整当前视图的比例。 回放 按钮用于恢复上一视图，可以在先前视图中向后或向前查看。

2）查看对象控制盘：用于三维导航，可以从外部观察三维对象，划分为 中心 、 缩放 、 回放 和 动态观察 按钮。 中心 按钮可以在模型上指定一个点以调整当前视图的中心，或更改用于某些导航工具的目标点。 动态观察 按钮可以绕固定的轴心点旋转当前视图。

3）巡视建筑控制盘：用于三维导航，可以在模型内部导航，划分为 向前 、 环视 、 回放 和 向上/向下 按钮。 向前 按钮用于调整视图的当前点与所定义的模型轴心点之间的距离。 环视 按钮，用于回旋当前视图。 回放 用于恢复上一视图。 向上/向下 按钮，用于沿屏幕的 Y 轴滑动模型的当前视图。

4）全导航控制盘：将查看对象控制盘和巡视建筑控制盘上的二维和三维导航工具结合到了一起。

用户可以通过"SteeringWheels 设置"对话框，控制控制盘的外观、工具提示和工具的消息等，如图 10-24 所示。

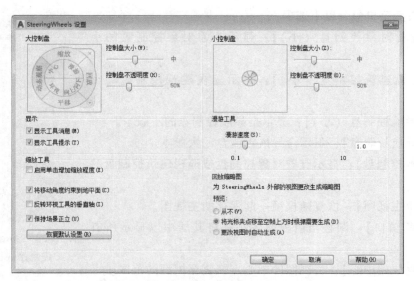

图 10-24　"SteeringWheels 设置" 对话框

10.4　三维实体模型的创建与编辑

三维实体模型的创建是 AutoCAD 的重要部分，可以由基本实体命令创建，也可以由二维平面图形生成三维实体模型。编辑三维实体模型的指定面、指定边以及体，使用布尔运算可以把基本实体创建出复杂的三维实体模型。

本节主要讲述三维模型的分类、基本三维模型的创建、复杂三维模型的创建以及常用的三维模型编辑命令。

10.4.1　三维模型的分类

AutoCAD 的三维模型分为线框模型、网格模型和实体模型。可以从头开始或从现有对象创建三维实体和曲面，然后可以结合这些实体和曲面创建实体模型，也可以通过模拟曲面（三维厚度）表示为线框模型或网格模型。

1. 线框模型

线框模型仅由描述对象边界的点、直线和曲线组成。由于构成线框模型的每个对象都必须单独绘制和定位，因此，这种建模方式可能最为耗时。使用线框模型可以较好地表现出三维对象的内部结构和外部形状，但不能支持隐藏、着色和渲染等操作。

通过将任意二维平面对象放置到三维空间的任何位置可创建线框模型，可以直接输入（X，Y，Z）坐标定义三维点的位置，可以使用三维多段线、三维样条曲线等直接创建三维对象，也可以在 UCS 的 XY 平面创建平面对象然后将其移动、复制或旋转至其三维位置。可以使用 XEDGES 命令从面域、三维实体和曲面来创建线框几何体。XEDGES 将提取选定对象或子对象上所有的边。

（1）线框模型的作用　虽然构建线框模型较为复杂，且不支持着色、渲染等操作，但使用线框模型可以具有以下几种作用。

1）可以从任何有利位置查看模型。

2）自动生成标准的正交和辅助视图。

3）易于生成分解视图和透视图。

4）便于分析空间关系，包括最近角点和边缘之间的最短距离以及干涉检查。

5）减少原型的需求数量。

（2）线框模型实例　下面用一组道路纵向高程测量数据，绘制一条断面线，表 10-2 为测量数据。

表 10-2　某道路纵向高程测量数据

桩号	K9+ 150	K9+ 175	K9+ 200	K9+ 225	K9+ 250	K9+ 275	K9+ 300	K9+ 325	K9+ 350	K9+ 375	K9+ 400	K9+ 425	K9+ 450	K9+ 475	K9+ 500
高程 Z	3.823	3.864	3.900	3.928	3.949	3.961	3.966	3.962	3.957	3.951	3.946	3.941	3.935	3.930	3.924
相对距离 X	0	25	50	75	100	125	150	175	200	225	250	275	300	325	350
桩号	K9+ 525	K9+ 550	K9+ 575	K9+ 600	K9+ 625	K9+ 650	K9+ 675	K9+ 700	K9+ 725	K9+ 750	K9+ 775	K9+ 800	K9+ 825	K9+ 850	K9+ 875
高程 Z	3.919	3.913	3.908	3.902	3.987	3.891	3.885	3.877	3.864	3.846	3.825	3.800	3.773	3.747	3.720
相对距离 X	375	400	425	450	475	500	525	550	575	600	625	650	675	700	725

1）首先在"草图与注释"工作空间，"俯视"视图的 XY 平面上，绘制由相对距离、高程构成的平面坐标点（X，Y）。为了减少工作量，在此使用 SCR 脚本文件方法，批量绘制 30 个点，SCR 脚本文件可以由记事本编辑，文件名为 P.SCR，内容如下：

```
point 0，382.3          point 375，391.9
point 25，386.4         point 400，391.3
point 50，390           point 425，390.8
point 75，392.8         point 450，390.2
point 100，394.9        point 475，389.7
point 125，396.1        point 500，389.1
point 150，396.6        point 525，388.5
point 175，396.2        point 550，387.7
point 200，395.7        point 575，386.4
point 225，395.1        point 600，384.6
point 250，394.6        point 625，382.5
point 275，394.1        point 650，380
point 300，393.5        point 675，377.3
point 325，393          point 700，374.7
point 350，392.4        point 725，372
```

注意的是 point 后面只有一个空格。

2）分别设置点的样式系统变量 PDMODE = 32，PDSIZE = 10，在命令窗口输入 SCRIPT，调用并执行脚本文件 P.SCR，批量绘制 30 个点。

3）设置对象捕捉模式，选择"节点"。执行 SPLINE 样条曲线命令，捕捉 30 个点为控制点，绘制一条样条曲线，如图 10-25 所示。

图 10-25　高程纵断面样条曲线

4）切换到"三维建模"工作空间，视图设置为"西南等轴测"，执行三维旋转 3DROTATE 命令，把高程 Y 轴旋转为 Z 轴，基点应选择原点（0，0，0），如图 10-26 所示。若选择第一个高程点为基点，还需使用三维移动 3DMOVE 命令调整 Z 值坐标。

线框模型可实现对坐标值的准确变换，对三维曲线的变换虽然最简单，但在给水排水工程中却是实用的。

2. 网格模型

网格模型包括对象的边界，还包括对象的表面，比线框对象复杂。网格具有面的特性，支持隐藏、着色和渲染等功能。由于网格面是平面的，因此网格只能近似于曲面。AutoCAD 的曲面对象并不是真正的曲面，而是由多边形网格近似表示的，网格的密度决定了曲面的光滑程度。可以使用网格创建不规则的几何体，如山脉的三维地形模型。

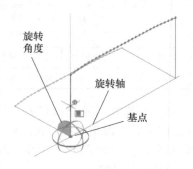

图 10-26　三维旋转更换坐标轴

AutoCAD 可以创建多种类型的网格，其相关含义如下。

1）三维面（3DFACE）：创建具有三边或四边的平面网格。

2）直纹网格（RULESURF）：在两条直线或曲线之间创建一个表示直纹曲面的多边形网格。

3）平移网格（TABSURF）：创建多边形网格，该网格表示通过指定的方向和距离（称为方向矢量）拉伸直线或曲线（称为路径曲线）定义的常规平移曲面。

4）旋转网格（REVSURF）：通过将路径曲线或轮廓（直线、圆、圆弧、椭圆、椭圆弧、闭合多段线、多边形、闭合样条曲线或圆环）绕指定的轴旋转创建一个近似于旋转曲面的多边形网格。

5）边界定义的网格（EDGESURF）：创建一个多边形网格，此多边形网格近似于一个由 4 条邻接边定义的孔斯曲面片网格。孔斯曲面片网格是一个在 4 条邻接边（这些边可以是普通的空间曲线）之间插入的双三次曲面。

6）预定义的三维网格（3D）：沿常见几何体（包括长方体、圆锥体、球体、圆环体、楔体和棱锥体）的外表面创建三维多边形网格。

7）矩形网格（3DMESH）：在 M 和 N 方向（类似于 XOY 平面的 X 轴和 Y 轴）上创建开放的多边形网格。因网格点数较多，一般情况是将 3DMESH 命令与脚本或 AutoLISP 程序配合使用。

8）多面网格（PFACE）：创建多面（多边形）网格，每个面可以有多个顶点，与创建矩形网格类似。

图 10-27 所示，是执行 3DMESH 命令后，在提示下输入每个顶点的坐标值创建的网格。

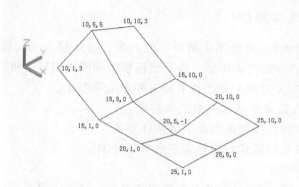

图 10-27　三维网格的创建

命令:3DMESH
输入 M 方向上的网格数量:4↵
输入 N 方向上的网格数量:3↵
为顶点 (0,0)指定位置:10,1,3↵
为顶点 (0,1)指定位置:10,5,5↵
为顶点 (0,2)指定位置:10,10,3↵
为顶点 (1,0)指定位置:15,1,0↵
为顶点 (1,1)指定位置:15,5,0↵
为顶点 (1,2)指定位置:15,10,0↵
为顶点 (2,0)指定位置:20,1,0↵
为顶点 (2,1)指定位置:20,5,-1↵
为顶点 (2,2)指定位置:20,10,0↵
为顶点 (3,0)指定位置:25,1,0↵
为顶点 (3,1)指定位置:25,5,0↵
为顶点 (3,2)指定位置:25,10,0↵

除了预定义的三维网格曲面之外，AutoCAD 还提供多种创建网格曲面的方法。用户可以将二维对象进行延伸和旋转以定义新的曲面对象，也可以将指定的二维对象作为边界定义新的曲面对象。

3. 实体模型

与线框模型和网格模型相比，实体模型不仅包括对象的边界和表面，还包括对象的体积，因此具有质量、体积和质心等质量特性。使用实体对象构建模型比线框模型和网格模型更为容易，而且信息完整，歧义最少。此外，还可以通过 AutoCAD 输出实体模型的数据，提供给计算机辅助制造程序使用或进行有限元分析。

AutoCAD 提供了多种预定义的三维实体模型，包括多段体、长方体、楔体、圆锥体、球体、圆柱体、圆环体和棱锥体等。

除了预定义的三维实体模型之外，还可以将二维对象拉伸或旋转来定义新的实体对象，也可以使用并、差和交等布尔操作创建各种组合实体。而对于已有的实体对象，AutoCAD 提供各种修改命令，可以对实体进行圆角、倒角、切割等操作，并可以修改实体对象的边、面、体等组成元素。

10.4.2　绘制三维实体模型

实体模型是 AutoCAD 三维绘图中最重要的内容，给水排水工程设计主要涉及实体模型的创建和编辑，故重点介绍实体模型，而对线框模型和网格模型不再做深入介绍。

AutoCAD 中三维实体模型主要通过下面三种方法来创建。

1）利用 AutoCAD 提供的基本三维实体对象。

2）通过旋转或拉伸二维对象创建三维实体对象。

3）通过实体间的布尔运算创建复杂三维实体对象。

1. 创建基本实体模型

AutoCAD 提供了 8 种预定义的基本三维实体对象，这些对象提供了各种常用的、规则的三维实体模型组件。可以通过面板法和命令行法执行绘制命令，下面介绍创建这 8 种基本实体模型的操作要点，仅提供命令流。

（1）多段体（Polysolid）　该命令的功能是创建矩形轮廓的实体，也可以将现有直线、二维多段线、圆弧或圆转换为具有矩形轮廓的实体，类似建筑墙体，命令流如下：

命令:_Polysolid 高度 = 80.0000,宽度 = 5.0000,对正 = 居中

指定起点或[对象(O)/高度(H)/宽度(W)/对正(J)]<对象>:H↵

指定高度<80.0000>:3000 ↵　　　　　　　　　　　　　（设置墙高为 3000）

高度 = 3000.0000,宽度 = 5.0000,对正 = 居中

指定起点或[对象(O)/高度(H)/宽度(W)/对正(J)]<对象>:W↵

指定宽度<5.0000>:240 ↵　　　　　　　　　　　　　　（设置宽度为 240,实为墙的厚度）

高度 = 3000.0000,宽度 = 240.0000,对正 = 居中

指定起点或[对象(O)/高度(H)/宽度(W)/对正(J)]<对象>:J↵　（设置对正方式）

输入对正方式[左对正(L)/居中(C)/右对正(R)]<居中>:C↵　（回车默认为居中对正方式）

高度 = 3000.0000,宽度 = 240.0000,对正 = 居中

指定起点或[对象(O)/高度(H)/宽度(W)/对正(J)]<对象>:　　（指定起点）

指定下一个点或[圆弧(A)/放弃(U)]:<正交开>6000 ↵　　　（墙的轴线中心距为 6000）

指定下一个点或[圆弧(A)/放弃(U)]:3600 ↵　　　　　　　（墙的轴线中心距为 3600）

指定下一个点或[圆弧(A)/闭合(C)/放弃(U)]:6000 ↵　　　（墙的轴线中心距为 6000）

指定下一个点或[圆弧(A)/闭合(C)/放弃(U)]:C↵　　　　　（闭合,如图 10-28 所示）

通过"高度"和"宽度"命令项可以指定墙体的高度和厚度，"对正"命令项可以选择墙体的对正方式，"对象"命令项可以将现有的直线、多线段、圆弧和圆转换为墙体。如本例，可以绘制一个 3600×6000 的矩形，用"对象"命令选项，选择矩形则直接转换为高为 3000、厚为 240 的封闭墙体。

（2）长方体（box）　该命令的功能是创建长方体实体，命令流如下：

命令:box ↵

指定第一个角点或[中心(C)]:　　　　　　　　　　　（选取构成长方体的 XOY 平面上的第一个角点）

指定其他角点或[立方体(C)/长度(L)]:@ 100,200 ↵　　（确定 XOY 平面上的第二个点）

指定高度或[两点(2P)]<200.0000>:400 ↵　　　　　　（指定 Y 轴上值为长方体的高度）

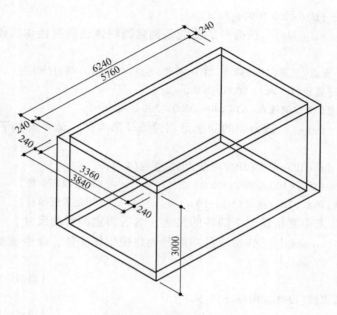

图 10-28 创建多段体

该命令可通过指定空间长方体 XOY 平面两对角点的位置来创建长方体实体，在选取命令的不同选项后，根据相应提示进行操作或输入数值即可。应该注意的是，该命令创建的实体边或长宽高方向均与当前 UCS 的 X 轴、Y 轴、Z 轴平行。

（3）楔体（wedge）　该命令的功能是创建楔体实体，命令流如下：

命令：wedge ↵

指定第一个角点或［中心（C）］：　　　　　　　　　　（选取构成楔体的 XOY 平面上的第一个角点）

指定其他角点或［立方体（C）/长度（L）］：@ 100,200 ↵ （确定 XOY 平面上的第二个角点）

指定高度或［两点（2P）］<-200.0000>:50 ↵　　　　　（指定 Y 轴上值为楔体的高度）

创建楔体与创建长方体的命令相似，但要注意楔体的倾斜方向，楔体的高度在第一角点的直线上。

（4）圆锥体（cone）　该命令的功能是创建圆锥体或椭圆锥体实体，命令流如下：

命令：cone ↵

指定底面的中心点或［三点（3P）/两点（2P）/切点、切点、半径（T）/椭圆（E）］：

指定底面半径或［直径（D）］:100 ↵

指定高度或［两点（2P）/轴端点（A）/顶面半径（T）］<40.6333>:t ↵

指定顶面半径<0.0000>:,15 ↵

指定高度或［两点（2P）/轴端点（A）］<40.6333>:150 ↵

创建圆锥体或椭圆锥体需要先在 XOY 平面中绘制一个圆或椭圆，然后给出高度。默认的顶面半径为 0，若顶面半径与底面半径相等，则绘制（椭）圆柱体。若顶面半径与底面半径不相等，则绘制（椭）圆柱台。该命令可以取代绘制圆柱体命令。

（5）球体（sphere）　该命令的功能是创建球体实体，命令流如下：

命令：_sphere

指定中心点或［三点（3P）/两点（2P）/切点、切点、半径（T）］：

指定半径或[直径(D)]<200.0000>:50 ↵

（6）圆柱体（cylinder） 该命令的功能是创建圆柱体或椭圆柱体实体，命令流如下：

命令:_cylinder

指定底面的中心点或[三点(3P)/两点(2P)/切点、切点、半径(T)/椭圆(E)]:

指定底面半径或[直径(D)]<50.0000>:100 ↵

指定高度或[两点(2P)/轴端点(A)]<400.0000>:300 ↵

（7）圆环体（torus） 该命令的功能是创建圆环形实体，命令流如下：

命令:_torus

指定中心点或[三点(3P)/两点(2P)/切点、切点、半径(T)]:

指定半径或[直径(D)]<100.0000>:300 ↵　　　　　　　（指定圆环半径）

指定圆管半径或[两点(2P)/直径(D)]:50 ↵　　　　　　　（指定圆管半径）

创建圆环体首先需要指定整个圆环的尺寸，然后指定圆管的尺寸。

（8）棱锥体（pyramid） 该命令的功能是创建棱锥体实体，命令流如下：

命令:_pyramid

5 个侧面　外切　　　　　　　　　　　　　　　　　　　　（当前设置）

指定底面的中心点或[边(E)/侧面(S)]:S ↵

输入侧面数<5>:6 ↵　　　　　　　　　　　　　　　　　　（设置侧面数为 6）

指定底面的中心点或[边(E)/侧面(S)]:

指定底面半径或[内接(I)]<247.2136>:300 ↵　　　　　　（指定外切半径为 300）

指定高度或[两点(2P)/轴端点(A)/顶面半径(T)]<500.0000>:t ↵　（可设定顶面半径）

指定顶面半径<0.0000>:

指定高度或[两点(2P)/轴端点(A)]<500.0000>:300 ↵　　　（设定棱锥体高度为 300,见图
　　　　　　　　　　　　　　　　　　　　　　　　　　　　10-29a）

　　创建棱锥体命令操作的前面部分类似于创建二维的正多边形，不同的是，完成多边形创建后还需要指定棱锥面的高度。另外，默认的顶面半径为 0，可以设置为非 0，创建棱锥台，如图 10-29b 所示。

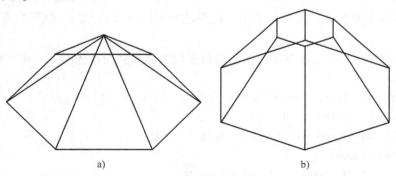

a)　　　　　　　　　　　　　　　　b)

图 10-29　创建棱锥体

a）顶面半径为 0　b）顶面半径非 0

2. 由二维对象生成三维实体

（1）创建拉伸实体 对于 AutoCAD 中的平面三维面和一些闭合的对象，可以将其沿指定的高度或路径进行拉伸，根据被拉伸对象所包含的面和拉伸的高度或路径形成一个三维实体，即 AutoCAD 的拉伸实体对象。

可采用面板法（"实体"选项卡⇨实体⇨拉伸）和命令行法（EXTRUDE）方式创建拉伸实体。

在使用 EXTRUDE 命令创建拉伸实体之前，需要先创建进行拉伸的平面三维面或闭合对象。能够用于创建拉伸实体的闭合对象包括面域、圆、椭圆、闭合的二维和三维多段线以及样条曲线等。对于要进行拉伸的闭合多段线，其顶点数目必须在 3～500。如果多段线具有宽度，AutoCAD 将忽略其宽度并且从多段线路径的中心线处拉伸。在选择被拉伸的对象时，AutoCAD 连续提示，选择一个或多个对象进行拉伸，并回车结束选择。

以下创建一个平面尺寸为 6000×3600，高度为 3000 的单间，其命令流如下：

命令：_rectang
指定第一个角点或[倒角（C）/标高（E）/圆角（F）/厚度（T）/宽度（W）]：
指定另一个角点或[面积（A）/尺寸（D）/旋转（R）]：@6000,3600 ↵　　（建立一个轴线矩形，如图 10-30a 所示）

命令：_offset
当前设置：删除源=否　图层=源　OFFSETGAPTYPE=0
指定偏移距离或[通过（T）/删除（E）/图层（L）]<通过>：120 ↵　　（向内外各偏移 120，以构成 240 厚的墙体，如图 10-30b 所示）

选择要偏移的对象，或[退出（E）/放弃（U）]<退出>：
指定要偏移的那一侧上的点，或[退出（E）/多个（M）/放弃（U）]<退出>：
选择要偏移的对象，或[退出（E）/放弃（U）]<退出>：
指定要偏移的那一侧上的点，或[退出（E）/多个（M）/放弃（U）]<退出>：
选择要偏移的对象，或[退出（E）/放弃（U）]<退出>：↵
命令：_region
选择对象：找到 1 个　　　　　　　　　　　　（选择偏移后的矩形，形成面域）
选择对象：找到 1 个，总计 2 个
选择对象：↵
已提取 2 个环。
已创建 2 个面域。
命令：_subtract 选择要从中减去的实体或面域...
选择对象：找到 1 个　　　　　　　　　　　　（对形成的两个矩形面域进行差集运算，构成墙体，如图 10-30c 所示）

选择对象：↵
选择要减去的实体或面域..
选择对象：找到 1 个
选择对象：↵
命令：_extrude
当前线框密度：　ISOLINES=4
选择要拉伸的对象：找到 1 个　　　　　　　　（选择差集后的面域，拉伸 3000 高度，如图 10-30d 所示）

选择要拉伸的对象：↵
指定拉伸的高度或[方向（D）/路径（P）/倾斜角（T）]<300.0000>：3000 ↵

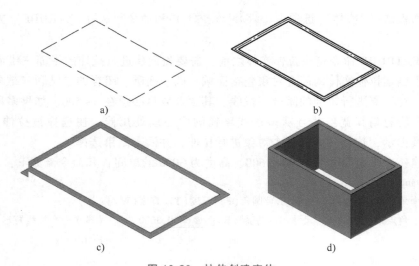

图 10-30　拉伸创建实体

a）轴线矩形　b）内外偏移 120　c）面域差集运算　d）拉伸为实体

除了指定拉伸高度之外，也可以选择"路径（P）"命令选项指定拉伸路径。拉伸路径可以是直线、圆、圆弧、椭圆、椭圆弧、多段线或样条曲线等，且不能与被拉伸的对象在同一平面内。例如，在图 10-31 中，如果将图 10-31a 所示圆环面域作为拉伸对象，样条曲线作为拉伸路径，则可以创建图 10-31b 所示的拉伸实体。

（2）创建旋转实体　在 AutoCAD 中，可以将某些闭合的对象绕指定的旋转轴进行旋转，根据被旋转对象包含的面和旋转的路径形成一个三维实体，即 AutoCAD 的旋转实体对象。可采用面板法（"实体"选项卡 ⇨ 实体 ⇨ 旋转）和命令行法（REVOLVE）方式创建旋转实体。

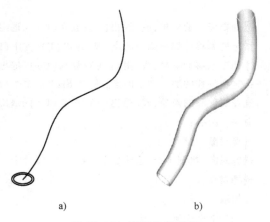

a）　　　　　　　　　　b）

图 10-31　指定拉伸路径

a）被拉伸的圆和路径　b）拉伸的弯曲管道

命令：REVOLVE ↵

当前线框密度：ISOLINES = 4

选择要旋转的对象：指定对角点：找到 3 个　　　　（选择三个要旋转对象，如图 10-32a 所示）

选择要旋转的对象：↵　　　　　　　　　　　　　（回车，结束选择）

指定轴起点或根据以下选项之一定义轴[对象（O）/X/Y/Z]<对象>：

指定轴端点：

指定旋转角度或[起点角度（ST）]<360>：↵　　　（效果如图 10-32b 所示）

使用 REVOLVE 命令创建旋转实体，则需要先创建要旋转的平面三维面或闭合对象。能够用于创建旋转实体的闭合对象包括面域、圆、椭圆、闭合的二维和三维多段线以及样条曲线等。若要旋转的对象为三维直线、曲线或圆弧等，则会创建三维曲面。

（3）布尔运算创建实体　多个二维面域对象可以进行并集、差集和交集等操作，同样，在三维空间也可以对实体对象进行布尔运算，根据多个实体对象创建各种组合的实体模型。

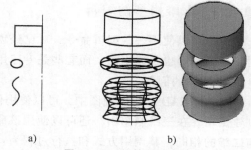

图 10-32　旋转创建实体
a）被旋转的矩形和旋转轴　b）旋转后的圆柱体

合并已有的两个或多个实体对象为一个组合的实体对象，新生成的实体包含了所有源实体对象所占据的空间，这种操作称为实体的并集。将一组实体的体积从另一组实体中减去，剩余的体积形成新的组合实体对象，这种操作称为实体的差集。提取一组实体的公共部分，并将其创建为新的组合实体对象，这种操作称为实体的交集。

可采用面板法（"实体"选项卡⇨ 布尔值 ）和命令行法［UNION（并集）、SUBTRACT（差集）和 INTERSECT（交集）］进行布尔运算。下面用布尔运算的差集方式绘制图 10-33 所示的实体，命令流如下：

```
命令:_box
指定第一个角点或[中心(C)]:
指定其他角点或[立方体(C)/长度(L)]:@6240,3840 ↵
指定高度或[两点(2P)]:3000 ↵
命令:_box
指定第一个角点或[中心(C)]:
指定其他角点或[立方体(C)/长度(L)]:@5760,3360 ↵
指定高度或[两点(2P)]<3000.0000>:↵
命令:_subtract 选择要从中减去的实体或面域...
选择对象:找到 1 个
选择对象:
选择要减去的实体或面域..
选择对象:找到 1 个
选择对象:↵
```
（效果如图 10-33b 所示）

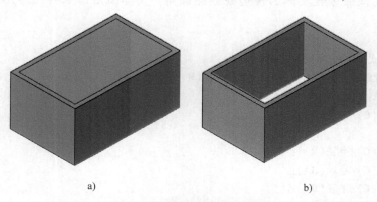

a）　　　　　　　　　　　b）

图 10-33　差集运算创建实体
a）创建两个长方体　b）长方体的差集运算

10.4.3 三维模型的编辑

用户可以使用一些编辑命令，对已经创建好的三维图形进行编辑。这些编辑命令，有些对于二维图形也是通用的，而有些是专门用于三维图形编辑的。

1. 实体的倒角

在 AutoCAD 的二维制图中，可以使用倒角命令在两条直线之间或多段线对象的顶点处创建倒角。在三维制图中，还可以使用该命令在实体的棱边处创建倒角。三维实体倒角命令与二维的相同，其调用方式和执行过程为：

命令：CHAMFER ↵

（"修剪"模式）当前倒角距离 1 = 0.0000，距离 2 = 0.0000

选择第一条直线或[放弃(U)/多段线(P)/距离(D)/角度(A)/修剪(T)/方式(E)/多个(M)]：

基面选择 ...

输入曲面选择选项[下一个(N)/当前(OK)]<当前(OK)>：OK

指定基面的倒角距离：10 ↵

指定其他曲面的倒角距离<10.0000>：↵

选择边或[环(L)]：

选择边或[环(L)]：

选择边或[环(L)]：

选择边或[环(L)]：↵

使用倒角命令为实体对象创建倒角时，首先需要选择实体对象上的边，AutoCAD 将以该边相邻的两个面之一作为基面，并高亮显示。然后选择"下一个 (N)"命令选项将另一个面指定为基面，分别指定基面上的倒角距离和在另一个面上的倒角距离。完成对倒角的基面和倒角距离的设置后，可以进一步指定基面上需要创建倒角的边。也可以连续选择基面上的多个边来创建倒角，如果选择"环 (L)"命令选项，则可以一次选中基面上所有的边来创建倒角。

2. 实体的圆角

与倒角命令类似，实体圆角命令不仅可以在两条直线之间或多段线对象的顶点处创建圆角，还可以使用该命令在实体的棱边处创建圆角。实体圆角命令与二维图形的圆角命令相同。

命令：Fillet ↵

当前设置：模式 = 修剪，半径 = 0.0000

选择第一个对象或[放弃(U)/多段线(P)/半径(R)/修剪(T)/多个(M)]：

输入圆角半径：20 ↵

选择边或[链(C)/半径(R)]：

已拾取到边。

选择边或[链(C)/半径(R)]：

选择边或[链(C)/半径(R)]：

选择边或[链(C)/半径(R)]：↵

已选定 4 个边用于圆角。

使用圆角命令为实体对象创建圆角时，首先需要选择实体对象上的边，然后指定圆角的半径。也可以进一步选择实体对象上其他需要倒圆角的边，或选择"链 (C)"命令选项一次选择多个相切的边进行倒圆角。

在选择棱边的过程中，可以随时选择"半径（R）"命令选项改变圆角的半径，修改后的圆角半径只用于其后选择的边，而对改变圆角半径之前选中的边不起作用，由此可以直接创建一系列半径不等的圆角。

3. 三维阵列

三维阵列命令在三维空间中创建指定对象的多个副本，并按指定的形式排列。同二维阵列命令类似，三维阵列命令也可以生成矩形阵列和环形阵列，而且可以进行三维排列。

命令：3DARRAY↙

选择对象：↙

选择对象：↙

输入阵列类型［矩形(R)/环形(P)］<矩形>：↙

在创建三维阵列之前，首先需要构造对象选择集，AutoCAD 将把整个选择集作为一个整体进行三维阵列操作。

4. 三维镜像

三维镜像命令在三维空间中创建指定对象的镜像副本，源对象与其镜像副本相对于镜像平面彼此对称。

命令：MIRROR3D↙

选择对象：找到 1 个

选择对象：

指定镜像平面(三点)的第一个点或

［对象(O)/最近的(L)/Z 轴(Z)/视图(V)/XY 平面(XY)/YZ 平面(YZ)/ZX 平面(ZX)/三点(3)］<三点>：

在镜像平面上指定第二点：在镜像平面上指定第三点：

是否删除源对象？［是(Y)/否(N)］<否>：N↙

在创建三维镜像之前，首先需要构造对象选择集，AutoCAD 将把整个选择集作为一个整体进行三维镜像操作。在指定镜像平面时，可以使用多种方法进行定义，具体的方法及其操作过程如下：

1）由三个不共线的点可唯一定义一个平面，因此定义镜像平面的最直接的方法是分别指定该平面上不在同一条直线上的三个点。AutoCAD 将根据用户指定的三个点计算出镜像平面的位置。

2）定义镜像平面的第二种方法是选择"对象（O）"命令选项，然后指定某个二维对象。AutoCAD 将该对象所在的平面定义为镜像平面。

能够用于定义镜像平面的对象可以是圆、圆弧或二维多段线等。

3）定义镜像平面的第三种方法是选择"最近的（L）"命令选项，此时将使用最后一次定义的镜像平面进行镜像操作。

4）定义镜像平面的第 4 种方法是选择"Z 轴（Z）"命令选项，然后指定两点作为镜像平面的法线，从而定义该平面。

5）定义镜像平面的第 5 种方法是选择"视图（V）"命令选项，并指定镜像平面上任意一点，AutoCAD 将通过该点并与当前视口的视图平面相平行的平面作为镜像平面。

6）定义镜像平面的最后一种方法是选择"XY 平面（XY）""YZ 平面（YZ）"或"ZX

平面（ZX）"命令选项，并指定镜像平面上任意一点，AutoCAD 将通过该点并且与当前 UCS 的 XOY 平面、YOZ 平面或 ZOX 平面相平行的平面定义为镜像平面。

定义了镜像平面后，AutoCAD 将根据镜像平面创建指定对象的镜像副本，并根据用户的选择确定是否删除源对象。

5. 三维旋转

三维旋转命令在三维空间中将指定的对象绕旋转轴进行旋转，以改变其在三维空间中的位置。

命令：<u>ROTATE3D</u> ↵
当前正向角度：ANGDIR＝逆时针 ANGBASE＝0
选择对象：找到 1 个
选择对象：↵
指定轴上的第一个点或定义轴依据
[对象（O）/最近的（L）/视图（V）/X 轴（X）/Y 轴（Y）/Z 轴（Z）/两点（2）]：↵
指定轴上的第二点：
指定旋转角度或[参照（R）]：<u>30</u> ↵

在进行三维旋转之前，首先需要构造对象选择集，AutoCAD 将把整个选择集作为一个整体进行三维旋转操作。在指定旋转轴时，可以使用多种方法进行定义，具体的方法及其操作过程如下：

1）定义旋转轴的第一种方法是直接指定两点定义旋转轴。

2）定义旋转轴的第二种方法是选择"对象（O）"命令选项，然后指定某个二维对象。AutoCAD 将根据该对象定义旋转轴。能够用于定义镜像平面的对象可以是直线、圆、圆弧或二维多段线等。其中，如果选择圆、圆弧或二维多段线的圆弧段，则 AutoCAD 将垂直于对象所在平面并且通过圆心的直线作为旋转轴。

3）定义旋转轴的第三种方法是选择"最近的（L）"命令选项，此时将使用最后一次定义的旋转轴进行旋转操作。

4）定义旋转轴的第 4 种方法是选择"视图（V）"命令选项，并指定旋转轴上任意一点，AutoCAD 将通过该点并与当前视口的视图平面相垂直的直线作为旋转轴。

5）定义旋转轴的最后一种方法是选择"X 轴（X）""Y 轴（Y）"或"Z 轴（Z）"命令选项，并指定旋转轴上任意一点，AutoCAD 将通过该点并且与当前 UCS 的 X 轴、Y 轴或 Z 轴相平行的直线作为旋转轴。

定义了旋转轴后，AutoCAD 还要指定旋转角度，正的旋转角度将使指定对象从当前位置开始沿逆时针方向旋转，而负的旋转角度将使指定对象沿顺时针方向旋转。如果选择"参照（R）"选项，可以进一步指定旋转的参照角和新角度，AutoCAD 将以新角度和参照角之间的差值作为旋转角度。

6. 编辑实体对象的面和边

可以使用 SOLIDEDIT 命令编辑三维实体对象的面和边，可从面板按钮上执行该命令，然后根据不同的选项进行操作，如图 10-34 所示。

（1）拉伸面　按指定距离或路径拉伸实体的指定面。

图 10-34　SOLIDEDIT 编辑命令

命令：_solidedit

实体编辑自动检查：SOLIDCHECK＝1

输入实体编辑选项［面（F）/边（E）/体（B）/放弃（U）/退出（X）］<退出>：_face

输入面编辑选项

［拉伸（E）/移动（M）/旋转（R）/偏移（O）/倾斜（T）/删除（D）/复制（C）/颜色（L）/材质（A）/放弃（U）/退出（X）］<退出>：

_extrude

选择面或［放弃（U）/删除（R）］：找到一个面。

选择面或［放弃（U）/删除（R）/全部（ALL）］：↵

指定拉伸高度或［路径（P）］：200 ↵

指定拉伸的倾斜角度<0>：

已开始实体校验。

已完成实体校验。

输入面编辑选项

［拉伸（E）/移动（M）/旋转（R）/偏移（O）/倾斜（T）/删除（D）/复制（C）/颜色（L）/材质（A）/放弃（U）/退出（X）］<退出>：X ↵

实体编辑自动检查：SOLIDCHECK＝1

输入实体编辑选项［面（F）/边（E）/体（B）/放弃（U）/退出（X）］<退出>：X ↵

拉伸面是一个编辑命令，只对实体上的某个面进行拉伸，还有一个绘图命令是实体拉伸，两者不能混淆。

（2）移动面　按指定距离移动实体的指定面。

命令：_solidedit

实体编辑自动检查：　SOLIDCHECK＝1

输入实体编辑选项［面（F）/边（E）/体（B）/放弃（U）/退出（X）］<退出>：_face

输入面编辑选项

［拉伸（E）/移动（M）/旋转（R）/偏移（O）/倾斜（T）/删除（D）/复制（C）/颜色（L）/材质（A）/放弃（U）/退出（X）］<退出>：_move

选择面或［放弃（U）/删除（R）］：找到一个面。

选择面或［放弃（U）/删除（R）/全部（ALL）］：↵

指定基点或位移：

指定位移的第二点：

已开始实体校验。

已完成实体校验。

输入面编辑选项

［拉伸（E）/移动（M）/旋转（R）/偏移（O）/倾斜（T）/删除（D）/复制（C）/颜色（L）/材质（A）/放弃（U）/退出（X）］<退出>：X ↵

实体编辑自动检查：　SOLIDCHECK＝1

输入实体编辑选项［面（F）/边（E）/体（B）/放弃（U）/退出（X）］<退出>：X ↵

移动面可以像移动二维对象一样移动实体上的面，但实体也会随着变化，从编辑结果上看，与拉伸面有相似之处。

可以选择编辑选项，对面进行旋转、偏移、倾斜、删除、复制、着色、赋材质等操作，甚至可以编辑实体，执行抽壳、压印和分割实体的操作。抽壳用于将规则实体创建成中空的壳体，抽壳时会提示删除部分面以使抽壳后的空腔露出来。如图 10-35 所示，顶面删除后被抽壳。压印可以通过使用与选定面相交的对象压印三维实体上的面，修改该面的外观。可以通过压印圆弧、圆、直线、二维和三维多段线、椭圆、样条曲线、面域、体和三维实体，组合对象和面，来创建三维实体上的新面和边。如图 10-36a 所示，为长方体顶面上书写的文字，把文字分解后创建成面域，然后压印到长方体的顶面上，则文字被压印到实体平面上。图 10-36b 为压印到平面上的文字经过拉伸面操作形成的，说明文字已与实体平面组合成了一个新的面。

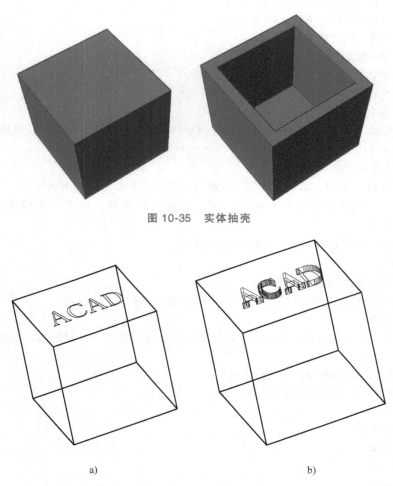

图 10-35　实体抽壳

a)　　　　　　　　　　　　　　　　　　b)

图 10-36　实体压印

a）平面上的独立文字　b）文字压印到实体面上

10.4.4　创建三维建筑实体模型示例

对于建筑模型的创建，可以将墙线直接拉伸成墙体，下面将二维住宅平面图转化为三维实体，如图 10-37 所示。

1）冻结或关闭"轴线""标注""门窗"图层，保留"墙线"图层，创建"三维"图层并设为当前层。

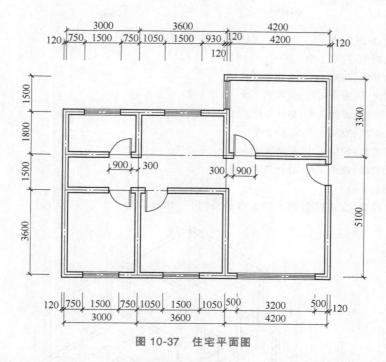

图 10-37　住宅平面图

2）采用面板法（"常用"选项卡⇨ 绘图 ⇨ 边界 ）打开"边界创建"对话框，如图 10-38 所示。单击 拾取点 图标按钮，拾取平面图每段墙线内的位置，创建墙线的多段线截面。

创建面域也可以拉伸成三维实体，并且创建面域的操作更简单。但创建面域有一个限制条件，就是拒绝所有交点和自交曲线，本例有两个封闭区域无法形成面域。

3）在窗口位置画一条中心直线，以备形成窗台用。然后用"西南等轴测"的视图观察形成多段线的平面图，视觉样式为"二维线框"，如图 10-39 所示。

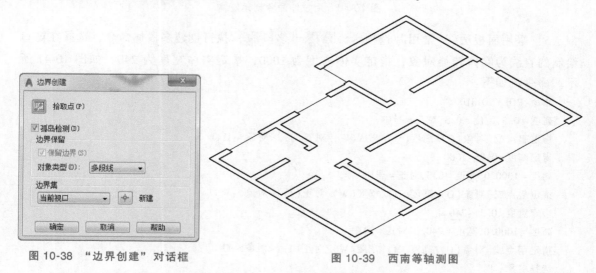

图 10-38　"边界创建"对话框

图 10-39　西南等轴测图

4）关闭"墙线"图层，然后将创建的全部墙线截面作为拉伸对象，进行三维拉伸操作，拉伸高度为 2800，创建出墙体，如图 10-40 所示。命令流如下：

命令 :_extrude

当前线框密度 : ISOLINES = 4

选择要拉伸的对象 : 找到 1 个

选择要拉伸的对象 : 找到 1 个, 总计 2 个

选择要拉伸的对象 : 指定对角点 : 找到 1 个, 总计 3 个

选择要拉伸的对象 : 找到 1 个, 总计 4 个

选择要拉伸的对象 : 找到 1 个, 总计 5 个

选择要拉伸的对象 : 找到 1 个, 总计 6 个

选择要拉伸的对象 : 找到 1 个, 总计 7 个

选择要拉伸的对象 :

指定拉伸的高度或 [方向(D)/路径(P)/倾斜角(T)] : 2800 ↵

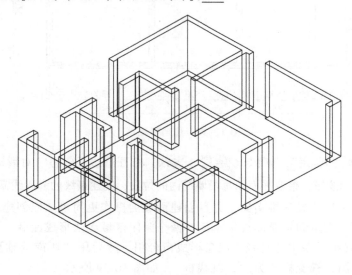

图 10-40　用拉伸命令创建墙体

5）采用面板法（"常用" 选项卡⇨ 建模 ⇨ 多段体 ）执行创建多段体命令，选择在窗口绘制的直线为实体转换对象，指定实体高度为 1000，指定实体宽度为 240，如图 10-41 所示。命令流如下：

命令 : POLYSOLID

高度 = 0.5, 宽度 = 0.3, 对正 = 居中

指定起点或 [对象(O)/高度(H)/宽度(W)/对正(J)]<对象> : H ↵

指定高度 <0.5> : 1000 ↵

高度 = 1000.0, 宽度 = 0.3, 对正 = 居中

指定起点或 [对象(O)/高度(H)/宽度(W)/对正(J)]<对象> : W ↵

指定宽度 <0.3> : 240 ↵

高度 = 1000.0, 宽度 = 240.0, 对正 = 居中

指定起点或 [对象(O)/高度(H)/宽度(W)/对正(J)]<对象> : O ↵

选择对象 : ↵

6）在门窗口的上端绘制中点直线，如图 10-42 所示。绕 X 轴旋转当前 UCS，使 Z 轴方向向下，采用多段体命令转换门窗上端的直线为实体，分别创建高 700 的门楣和高 500 的窗

楣，如图 10-43 所示。

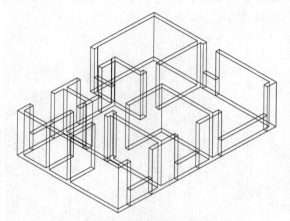

图 10-41 用多段体命令创建窗台

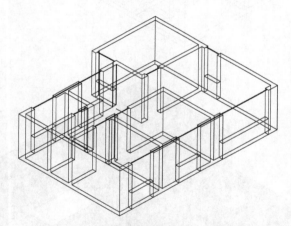

图 10-42 在门窗口的上端绘制直线

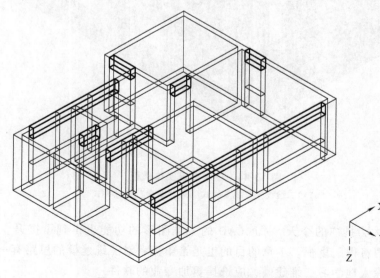

图 10-43 用多段体命令创建门楣和窗楣

7）使用布尔运算并集命令将墙体、门楣、窗楣和窗台全部合并在一起，最后完成的住宅三维实体模型，如图 10-44 所示。

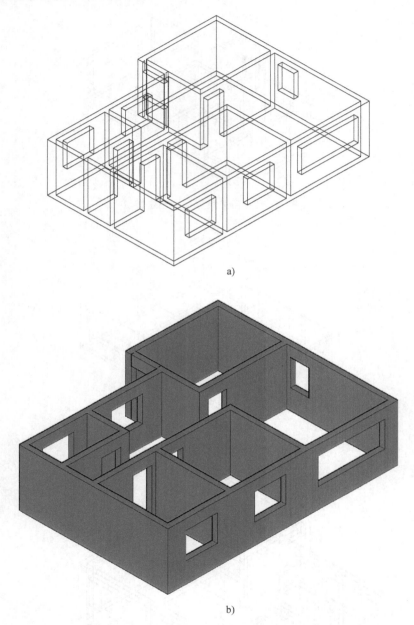

a)

b)

图 10-44　住宅三维实体模型

a)"二维线框"视觉样式　b)"概念"视觉样式

在 BIM 技术大力推广的今天，AutoCAD 的三维图形的功能也得到了提升，在给水排水工程设计中的应用将得到重视。本章的目的也是希望读者对三维建模的思路有一个大致的了解，如果想要更深入地学习三维建模，应选择更加专业的软件。

练 习 题

1. 创建一个角点在坐标原点，长×宽×高为 100mm×150mm×200mm 的长方体。
2. 创建一个直径为 300mm 的球体。
3. 创建一个外径×内径×高度为 φ200×φ100×300 的筒形实体。
4. 按本章示例，创建一个三层住宅楼的三维实体模型。
5. 绘制图 10-45 所示组合体的表面模型。
6. 绘制图 10-46 所示组合体的实心体模型。

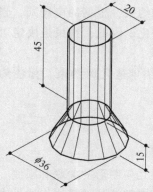

图 10-45　组合体的表面模型

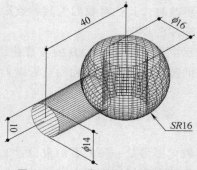

图 10-46　组合体的实心体模型

第 11 章

参数化图形

AutoCAD 的参数化图形功能就是为二维几何图形添加约束，根据约束规则，当对一个对象进行更改时，其他对象因受其参数影响也相应地发生变化。因此，约束是决定对象彼此位置及其标注的规则。

本章主要介绍 AutoCAD 的参数化绘图功能，重点介绍创建几何约束、标注约束、编辑受约束的图形、约束设置和约束管理器。

11.1 参数化图形简介

参数化图形是一项具有约束设计的技术，应用于二维几何图形的关联和限制。常用的约束有几何约束和标注约束，其中，几何约束控制对象相对于彼此的关系，标注约束控制对象的距离、长度、角度和半径值等。

使用约束设计技术，可以通过约束图形中的几何图形来保持设计规范和要求，也可以立即将多个几何约束应用于对象。可以在标注约束中包括公式和函数，也可以通过更改变量值快速进行设计更改。通常先应用几何约束来确定设计的形状，然后再应用标注约束确定对象的具体大小。

利用 AutoCAD 创建或更改设计时，图形的状态有三种，即未约束、欠约束和完全约束。未约束是指任何几何图形都没有受到约束，欠约束是指将部分图形进行了约束，完全约束是指将所有相关几何约束和标注约束应用于几何图形。完全约束不仅要限制几何图形的形状和尺寸，还要至少用一个固定约束来锁定几何图形的位置。

一般情况下，通过约束进行设计的方法有两种：一种是首先创建一个新图形，对新图形进行完全约束，然后以独占方式对设计进行控制，如释放并替换几何约束，更改标注约束中的参数值。另一种是建立欠约束的图形，之后可以对其进行更改，如使用编辑命令和夹点的组合，添加或更改约束等。

可以应用约束的对象有：图形中的对象与块参照中的对象；某个块参照中的对象与其他块参照中的对象（而非同一个块参照中的对象）；外部参照的插入点与对象或块，而非外部参照中的所有对象。

AutoCAD 在"草图与注释"工作空间提供了"参数化"选项卡，包括 几何 、 标注 和 管理 3 个面板，如图 11-1 所示。在 几何 和 标注 面板中都有 显示/隐藏 、 全部显示 和 全部隐藏 图标，其中 全部显示 和 全部隐藏 命令用于设置显示或隐藏所有几何约束或标注约束，而 显示/隐藏 命令用于设置显示或隐藏部分选择的几何约束或标注约束。 自动约束 命令用于对选择对象自动创建几何约束，删除约束命令用于删除选择对象上的所有约束条件。

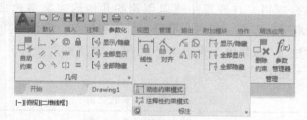

图 11-1 "参数化"选项卡

11.2 创建几何约束

几何约束用来控制对象相对于彼此的关系，即几何约束可以确定对象之间或对象上的点之间的关系，对图形使用约束后，对一个对象所做的更改可能会影响其他对象。如图 11-2 所示，三条直线约束与圆相切，直线端点位于圆上，直线 ab 与 bc 约束为相等并且两个端点 b 重合约束，直线 de 受水平约束，那么更改该圆的位置、更改圆的半径大小、移动重合点 b 的位置等时所有的约束关系都保持不变，即直线还是与圆相切并切点一直位于圆上，直线

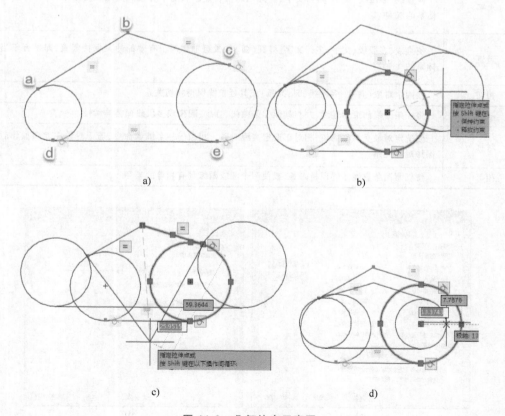

图 11-2 几何约束示意图

a) 源图 b) 移动圆心 c) 移动交点 b d) 改变圆半径

ab 与 bc 保持相等,直线 de 保持水平。

(1) 各种几何约束应用　在图形中可以创建的几何约束类型包括重合、共线、同心、固定、平行、垂直、水平、竖直、相切、平滑、对称和相等,它们的功能见表 11-1。可以利用"约束设置"对话框("参数化"选项卡⇨ 几何 ⇨ 对话框启动器)控制约束栏上显示或隐藏的几何约束类型,如图 11-3a 所示。

表 11-1　几何约束的功能

类型	功　　能
重合	确保两个对象在一个特定点上重合,此特定点也可以位于经过延长的对象之上。可以使对象上的约束点与某个对象重合,也可以使其与另一对象上的约束点重合
共线	使第二个对象和第一个对象位于同一个直线上
同心	使两个圆、圆弧或椭圆形(或三者中的任意两个)保持同心关系
固定	将对象上的一点固定在世界坐标系的某一坐标上。将固定约束应用于对象上的点时,会将节点锁定在位,可以围绕锁定节点移动对象,将固定约束应用于对象时,该对象将被锁定且无法移动
平行	使两条直线、多段线、文字、多行文字和椭圆(弧)的长短轴保持平行关系
垂直	使两条直线、多段线、文字、多行文字和椭圆(弧)的长短轴保持垂直关系
水平	使直线、多段线、文字、多行文字、椭圆(弧)的长短轴和两个有效的约束保持水平,即平行于当前坐标系的 X 轴
竖直	使直线、多段线、文字、多行文字、椭圆(弧)的长短轴和两个有效的约束保持竖直,即平行于当前坐标系的 Y 轴
相切	使两个对象(直线、多段线、圆、圆弧)或其延长线保持相切关系
平滑	将样条曲线约束为连续,并与其他样条曲线、直线、圆弧或多段线保持连续性
对称	使选定对象受对称约束,相对于选定直线对称。相当于一个镜像命令,若干对象在此项操作后始终保持对称关系
相等	使任意两条直线始终保持等长,或使两个圆或圆弧具有相等的半径

a)

b)

图 11-3　"约束设置"对话框

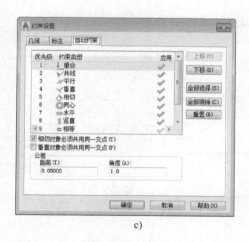

c)

图 11-3 "约束设置"对话框（续）

在绘图过程中可对二维图形对象上的点与点、点与对象和对象与对象建立几何约束。创建几何约束的步骤很简单，即选择所需的约束命令或图标后，再选择相应的有效对象或参照即可。但所选的第一个对象非常重要，因为第二个对象将根据第一个对象的位置进行调整，第二个对象是随着第一个对象变化的。

下面用几何约束的方法完成图 11-2 所示的图形。

1）在"草图与注释"工作空间，先随意画一个草图，如图 11-4a 所示。

2）为直线 A、直线 B 的交点创建重合几何约束。单击"参数化"选项卡 ⇨ 几何 ⇨ 重合 图标，选择"自动约束"选项，然后交叉窗选直线 A、直线 B 两条直线，其命令流如下：

命令：_GcCoincident

选择第一个点或[对象(O)/自动约束(A)]<对象>:a↵　　　　　　（选择"自动约束(A)"选项）

选择对象:指定对角点:找到 2 个

选择对象:↵

已应用 1 个重合约束

3）为直线 A 与圆 1，直线 B 与圆 2，直线 C 与圆 1、圆 2 创建重合和相切几何约束。首先创建直线 A 下端点与圆 1 的重合约束，其命令流如下：

命令：_GcCoincident

选择第一个点或[对象(O)/自动约束(A)]<对象>:　　　　　　（捕捉直线 A 的下端点）

选择第二个点或[对象(O)]<对象>:o ↵　　　　　　（选择"对象(O)"选项）

选择对象:　　　　　　（拾取圆 1）

然后创建直线 A 与圆 1 的相切约束，其命令流如下：

命令：_GcTangent

选择第一个对象:　　　　　　（拾取直线 A）

选择第二个对象:　　　　　　（拾取圆 1）

直线 B 与圆 2，直线 C 与圆 1、圆 2 重合和相切几何约束的创建类同直线 A 与圆 1 的操作，如图 11-4b 所示。

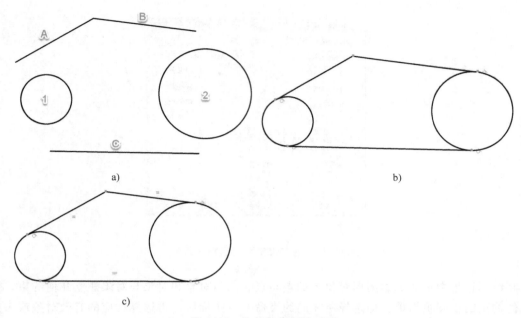

图 11-4　几何约束创建过程

a) 源图　b) 重合与相切几何约束创建　c) 相等与水平几何约束创建

　　4) 创建直线 A、直线 B 相等几何约束，命令执行后，先后选择直线 A 和直线 B，即通过直线 A、直线 B 的相等几何约束，其结果如图 11-4c 所示。其命令流如下：

命令:_GcEqual

选择第一个对象或[多个(M)]:　　　　　　　　（选择直线 A）

选择第二个对象:　　　　　　　　　　　　　（选择直线 B,则创建了直线 A 与直线 B 的相等几何约束）

　　创建直线 C 的水平几何约束。其命令流如下：

命令:_GcHorizontal

选择对象或[两点(2P)]<两点>:　　　　　　　（选择直线 C,则创建了水平几何约束）

　　（2）自动约束　可以将几何约束快速地自动应用于选定对象或图形中的所有对象，其设置方式类似于对象的自动捕捉。在使用自动约束时，使用"约束设置"对话框，设置可以控制自动约束的相关参数，如图 11-3c 所示。

　　1) "约束类型"列表框：显示自动约束的类型以及优先级。可以通过单击 上移 和 下移 按钮调整优先级的先后顺序。约束类型可以全部选择，也可以选择或去掉某约束类型作为自动约束类型。

　　2) "相切对象必须共用同一交点"复选框：指定两条曲线必须共用一个点（在距离公差范围内）应用相切约束。

　　3) "垂直对象必须共用同一交点"复选框：指定直线必须相交或者一条直线的端点必须与另一条直线或直线的端点重合（在距离公差内指定）。

　　4) "公差"选项组：设定可接受的公差值以确定是否可以应用约束。距离公差应用于重合、同心、相切和共线约束，角度公差应用于水平、竖直、平行、垂直、相切和共线约束。

在使用自动约束时，建议不要选择所有的约束类型，最好选择常用的和适合自动约束操作的约束类型。

（3）使用约束栏　约束栏是图形对象应用了约束后在附近显示的图标，它提供了有关如何约束对象的信息。约束栏显示一个或多个图标，这些图标表示已应用于对象的几何约束。约束栏可以显示一个或多个与图形中的对象关联的几何约束。有时为了获得满意的图形表达效果，可以将图形中的某些约束栏移到合适的位置。此外还可以控制约束栏是处于显示状态还是隐藏状态。

当鼠标在约束栏上滚动浏览约束图标时，将亮显与该几何约束关联的对象，如图 11-5 所示。当鼠标悬停或选中已应用几何约束的对象时，会亮显与该对象关联的所有约束栏，如图 11-6 所示。

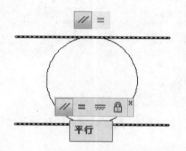

图 11-5　在约束栏上浏览约束图标时

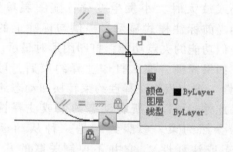

图 11-6　将鼠标悬停或选中对象时

11.3　创建标注约束

标注约束会使几何对象之间或对象上的点之间保持指定的距离和角度，还会确定某些对象的大小，这与在草图上标注尺寸相似。同样，设置尺寸标注线，也会建立相应的表达式，不同的是，可以在后续的编辑工作中实现尺寸的参数化驱动。例如，在砖中开一个直径为 30 的孔，如图 11-7 所示，指定水平直线的长度始终为 240，垂直直线的长度始终保持为水平直线长度的一半，即 120，开孔圆的直径尺寸始终保持为 30，圆心离直线距离都为 60。将标注约束应用于对象时，系统会自动创建一个约束变量以保留约束量，约束变量的默认名称为 "d1"、"d2" 或 "直径 1" 等，允许用户在参数管理器中对其进行重命名。

在生成标注约束时，用户可以选择草图曲线、边、基准平面或基准轴上的点，以生成水平、竖直、平行、垂直和角度尺寸。系统会生成一个表达式，其名称和值显示在一个文本框中，用户可以在其中编辑该表达式的名和值。只要选中了几何体，其尺寸及其延伸线和箭

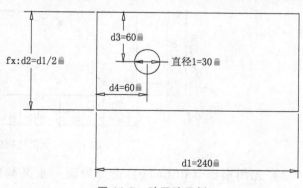

图 11-7　砖开孔示例

头就会全部显示出来。将尺寸拖动到位，然后单击，就完成了尺寸约束的添加。完成标注约束后，用户还可以随时更改尺寸约束，只需在绘图区选中该值双击，就可以使用生成过程中所采用的方式编辑其名称、值或位置。

1. 标注约束的形式

标注约束可以创建为动态约束和注释性约束两种形式。

（1）动态约束　初始默认情况下，创建的标注约束是动态约束。它具有这些特征：缩小或放大时保持大小相同；可以在图形中轻松全局打开或关闭；使用固定的预定义标注样式进行显示；自动放置文字信息，并提供三角形夹点，可以使用这些夹点更改标注约束的值；打印图形时不显示。当需要控制动态约束的标注样式时，或者需要打印标注约束时，可以使用"特性"选项板的"约束形式"将"动态"更改为"注释性"，如图 11-8 所示。

（2）注释性约束　注释性约束具有下列特征：缩小或放大时大小发生变化；随图层单独显示；使用当前标注样式显示；提供与标注上的夹点具有类似功能的夹点功能；打印图形时显示。

如果需要，那么打印注释约束后，可以使用"特性"选项板将注释性约束转换回动态约束。

此外，可以将所有动态约束或注释性约束转换为参照约束。参照约束是一种从动标注约束（动态或注释性），它并不控制关联的几何图形，

图 11-8　更改约束形式和参照约束

但是会将类似的测量报告给标注对象。参照约束中的文字信息始终显示在括号中，需要通过"特性"选项板来设置，如图 11-8 所示。

2. 创建标注约束

对于已经绘制好的图形，用户可以通过标注约束来控制其长度、角度及直径等，进行标注约束后程序自动会调整对象的长度或圆弧的半径。创建标注约束的步骤与尺寸标注相似，但标注约束在指定尺寸线的位置后，可输入值或指定表达式。

下面以某品牌水泵的基础安装图（图 11-9）为例，说明标注约束的操作。

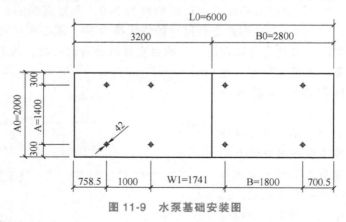

图 11-9　水泵基础安装图

1）先用矩形（RECtang）命令绘制一水泵基础平面图，如图 11-10 所示。其命令流如下：

命令：_RECTANG

指定第一个角点或［倒角（C）/标高（E）/圆角（F）/厚度（T）/宽度（W）］：

指定另一个角点或［面积（A）/尺寸（D）/旋转（R）］：

命令：_LINE

指定第一个点：_nea 到

指定下一点或［放弃（U）］：

指定下一点或［放弃（U）］：

2）单击"参数化"选项卡 ⇨ 几何 ⇨ 水平 图标，对矩形的两条水平边创建水平约束。单击 竖直 图标，对矩形的两条竖直边和矩形中的分界线创建竖直约束，如图 11-11 所示。其命令流如下：

命令：_GcVertical

选择对象或［两点（2P）］<两点>：

命令：_GcHorizontal

选择对象或［两点（2P）］<两点>：

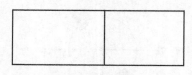

图 11-10　水泵平面草图

图 11-11　创建水平和竖直约束

3）对矩形中竖直线与矩形的两条水平边创建重合约束。单击"参数化"选项卡 ⇨ 几何 ⇨ 重合 图标，根据命令流提示拾取分界线的端点，选择"对象（O）"选项，选取矩形的水平边，如图 11-12 所示。其命令流如下：

命令：_GcCoincident

选择第一个点或［对象（O）/自动约束（A）］<对象>：　　　　　　（拾取分界线的端点）

选择第二个点或［对象（O）］<对象>：o ↵　　　　　　　　　（选择"对象（O）"选项）

选择对象：　　　　　　　　　　　　　　　　　　　　　　　（拾取矩形水平边）

4）创建固定水泵和电动机用的地脚螺栓动态块。因为不同型号的水泵其地脚螺栓的规格也不同，所以采用标注约束的动态块形式，先画一个圆表示螺栓，然后再绘制水平和竖直轴线，如图 11-13a 所示，插入基点为圆心，创建块后进入块编辑器。

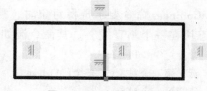

图 11-12　创建重合约束

单击"块编辑器"选项卡 ⇨ 管理 ⇨ 编写选项板 图标，打开"块编写选项板"，选中"约束"选项卡，对两条轴线创建水平和竖直约束，对两条轴线的中心点和圆心共三个点创建重合约束，如图 11-13b 所示。其命令流如下：

命令：_GeomConstraint

输入约束类型［水平（H）/竖直（V）/垂直（P）/平行（PA）/相切（T）/平滑（SM）/重合（C）/同心（CON）/共线（COL）/对称（S）/相等（E）/固定（F）］<平行>：_Horizontal

选择对象或[两点(2P)]<两点>:

命令:_GeomConstraint

输入约束类型[水平(H)/竖直(V)/垂直(P)/平行(PA)/相切(T)/平滑(SM)/重合(C)/同心(CON)/共线(COL)/对称(S)/相等(E)/固定(F)]<水平>:_Vertical

选择对象或[两点(2P)]<两点>:

命令:_GeomConstraint

输入约束类型[水平(H)/竖直(V)/垂直(P)/平行(PA)/相切(T)/平滑(SM)/重合(C)/同心(CON)/共线(COL)/对称(S)/相等(E)/固定(F)]<竖直>:_Coincident

选择第一个点或[对象(O)/自动约束(A)]<对象>:_mid 于

选择第二个点或[对象(O)]<对象>:_mid 于

　　创建圆的标注约束,约束圆的直径,其变量名为"直径1",赋值为42。然后创建水平轴线的水平约束,规定轴线长度等于圆直径加30,其变量名为"d1",赋值为表达式"直径1+30",同样,创建竖直轴线的竖直约束,其变量名为"d2",赋值为表达式"直径1+30",地脚螺栓动态块创建完成,如图11-13c所示。

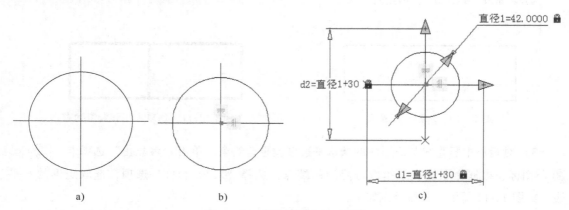

图 11-13　创建地脚螺栓动态块

　　5) 在水泵基础平面上插入8个地脚螺栓动态块(图11-14a),分别对上下两行的4个动态块创建共线约束,_GcCollinear命令要求选择对象时,需要选择动态块中的水平轴线(图11-14b),以保证4个动态块在一个水平线上;然后再对4列的动态块创建共线约束,_GcCollinear命令要求选择对象时,需要选择动态块中的竖直轴线(图11-14c),以保证两个动态块在一个垂直线上。其命令流如下:

命令:_GcCollinear

选择第一个对象或[多个(M)]:m ↵　　　　　　　(选择"多个(M)"选项,同时对4个动态块共线约束)

选择第一个对象:

选择对象以使其与第一个对象共线:

选择对象以使其与第一个对象共线:

命令:GCCOLLINEAR

选择第一个对象或[多个(M)]:　　　　　　　　(对两个竖直的动态块创建共线约束)

选择第二个对象:

　　6) 对水泵基础的总长和总宽创建水平标注约束和竖直标注约束,总长的水平标注约束变量名默认为"d1",重命名为"L0";总宽的竖直标注约束变量名默认为"d2",重命名

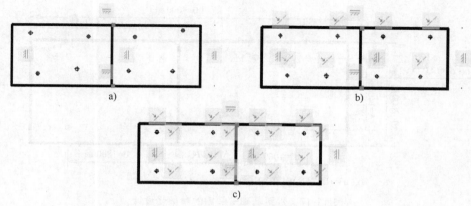

图 11-14　插入并几何约束地脚螺栓动态块

为 "A0"。分界线离矩形右边的距离为水平标注约束，其变量名默认为 "d3"，重命名为 "B0"，如图 11-15 所示。

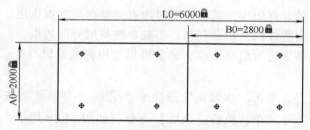

图 11-15　标注约束基础尺寸

7) 对地脚螺栓的位置创建水平标注约束和竖直标注约束。螺栓在竖向间距用竖直标注约束，其变量名命名为 "A"，螺栓在竖向方向离矩形的水平边的距离用竖直标注约束，其变量值用表达式表示，为（A0-A）/2。螺栓在水平方向的定位用水平标注约束，方法同竖直标注约束，如图 11-16 所示。

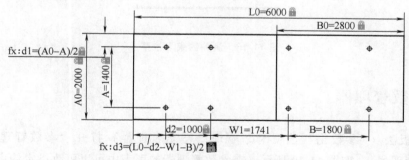

图 11-16　标注约束地脚螺栓动态块的位置

8) 地脚螺栓的定位不能仅靠标注约束，还需要几何约束，这样才能共同完成参数化绘图，如图 11-17 所示。水泵基础安装图经过参数化技术设计完成后，通过 "参数管理器" 选项卡修改变量名，就能在很短的时间内完成其他规格水泵基础安装图的绘制，达到了 "一劳永逸" 的目的。

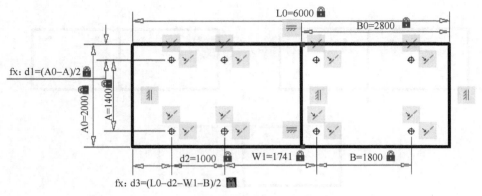

图 11-17　水泵基础安装图的参数化设计

11.4　编辑受约束的几何图形

对于未完全约束的几何图形，编辑它们时约束会精确地发挥作用。不过有时会出现意外结果，要把几何约束与标注约束结合起来，不能单独使用用标注约束。

对受约束的几何图形进行设计更改，通常可以使用标准编辑命令、"特性"选项板、参数管理器和夹点模式。

删除约束的方法是，单击"参数化"选项卡⇨ 管理 ⇨ 删除约束 按钮，或者在约束栏上单击鼠标右键，弹出下拉菜单，执行【删除】命令，如图 11-18 所示。

图 11-18　删除约束下拉菜单

11.5　参数管理器

采用面板法（"参数化"选项卡⇨ 管理 ⇨ 参数管理器 ）打开"参数管理器"选项卡（简称参数管理器），如图 11-19 所示。在参数管理器的列表中可以更改指定约束的名称、表达式和值，删除选定参数，也可以创建新的用户参数。

在本例中，可以创建一个新的用户参数，默认变量名为"user1"，把变量名更改为"M"；默认值为 1，修改默认值并赋值为 30，作为一个模数。然后修改约束变量"直径 1"的表达式为"M"、"d4"为"2 * M"、"d2"为"4 * M"、"d1"为"8 * M"，它们的值不变。同时发现，参照参数 d3 的表达式并不能编辑和更改。最后结果如图 11-20 所示。

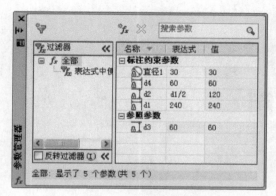

图 11-19　参数管理器

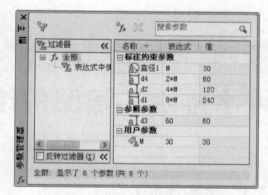

图 11-20　标注约束的参数编辑

第12章
给水排水工程图的绘制

12.1 给水排水工程制图规则

给水排水工程图绘制的基本要求包括图纸幅面与格式、比例、字体、图线、标题栏和会签栏等内容。在绘图过程中，需根据国家相关标准所规定的内容进行必要的基本设置，具体可参照 2000 年 10 月发布的《CAD 工程制图规则》（GB/T 18229—2000）。

1. 图纸幅面与格式

工程图绘制过程中，其图纸幅面和格式应符合《技术制图 图纸幅面和格式》（GB/T 14689—2008）的规定。具体图纸幅面如图 12-1 所示，图纸基本尺寸见表 12-1 和表 12-2。

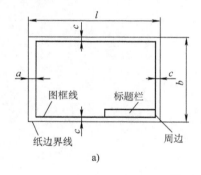
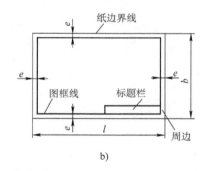

a)   b)

图 12-1 图纸幅面

a）带有装订边的图纸幅面 b）不带装订边的图纸幅面

表 12-1 图纸规格   （单位：mm）

幅面代号	A0	A1	A2	A3	A4
$b \times l$	841×1189	594×841	420×594	297×420	210×297
e	20			10	
c	10			5	
a	25				

注：在 CAD 绘图中对图纸有加长的要求时，应按基本幅面的长边（l）成整数倍增加。其中：A0 以 1/8 的倍数加长；A1 和 A2 以 1/4 的倍数加长；A3 以 1/2 的倍数加长，具体加长尺寸见表 12-2。

在同一个工程设计图纸中，每个专业所使用的图纸规格应一致，如有困难时，不宜超过两种规格（图纸目录及表格所使用的 A4 除外）。

表 12-2　图纸长边加长尺寸　　　　　　　　　　　　（单位：mm）

幅面代号	长边尺寸	长边加长后的尺寸
A0	1189	1486（A0+1/4*l*）　1783（A0+1/2*l*） 2080（A0+3/4*l*）　2378（A0+*l*）
A1	841	1051（A1+1/4*l*）　1261（A1+1/2*l*）　1471（A1+3/4*l*）　1682（A1+*l*） 1892（A1+5/4*l*）　2102（A1+3/2*l*）
A2	594	743（A2+1/4*l*）　891（A2+1/2*l*）　1041（A2+3/4*l*）　1189（A2+*l*） 1338（A2+5/4*l*）　1486（A2+3/2*l*）　1635（A2+7/4*l*）　1783（A2+2*l*） 1932（A2+9/4*l*）　2080（A2+5/2*l*）
A3	420	630（A3+1/2*l*）　841（A3+*l*）　1051（A3+3/2*l*）　1261（A3+2*l*） 1471（A3+5/2*l*）　1682（A3+3*l*）　1892（A3+7/2*l*）

注：本表数据引自《房屋建筑制图统一标准》（GB/T 50001—2017）。

CAD 绘图时可以根据需要直接在模型空间绘制合适的图纸幅面；也可在模型空间用 LIMITS 命令设置绘图极限，建立实体模型，并在图纸空间按要求绘制图框和标题栏，用 LAYOUT 设置图纸大小，再切换到模型空间安排图形需输出部分并设置比例。

> 说明：给水排水工程图绘制时，常以 1∶100 的比例绘制出 A0、A1、A2、A3、A4 不同图幅的图签，并将其制作成块文件，在开始新的绘图任务之前，可以按照各自的图形尺寸，放大或缩小图签，比例因子 100 与缩放倍数的乘积便是绘制图形的出图比例。

2. 比例

图中图形与其实物相应要素的线性尺寸之比称为比例。CAD 工程图中需要按比例绘制图样时，应根据《技术制图　比例》（GB/T 14690—1993）中所规定的系列选取适当的比例，常见的绘图比例见表 12-3。

表 12-3　常用比例

种　类	比　　例		
原值比例	1∶1		
放大比例	5∶1 $5 \times 10^n∶1$	2∶1 $2 \times 10^n∶1$	 $1 \times 10^n∶1$
缩小比例	1∶2 $1∶2 \times 10^n$	1∶5 $1∶5 \times 10^n$	1∶10 $1∶10 \times 10^n$

注：n 为正整数。

3. 字体

《技术制图　字体》（GB/T 14691—1993）中规定：在图样中书写汉字、字母、数字时，字体的高度（用 h 表示）的公称尺寸系列为：1.8mm、2.5mm、3.5mm、5mm、7mm、10mm、14mm、20mm，如需要书写更大的字，其字体高度应按 $\sqrt{2}$ 的比率递增，字体的高度代表字体的号数。图样上的汉字应写成长仿宋体字，并采用国家正式公布推行的简化字，汉字的高度 h 不应小于 3.5mm。字母和数字分 A 型和 B 型两种。A 型字体的笔画宽度为字高的 1/14，B 型字体的笔画宽度为字高的 1/10，但在同一图样上，只允许选用一种型式的字体。字母和数字可写成斜体和直体，斜体字的字头向右倾斜，与水平基准线成 75°。常见的字体高度设定见表12-4。

表 12-4　字体高度设定　　　　　　　　　　　　　（单位：mm）

内　　容	字　　高	
	文字	数字
图名	7	6.5
标题栏中(工程名称、子项名称、单位图名)	5	4.5
说明、表格内文字	4	3.5
标题栏中(设计号、图别、日期、图号)图中字体	3.5	3.0
坐标网值、比例、指北针、风玫瑰图		5
坐标值、标高值、尺寸		2.5

> **注意**：绘图过程中表12-4中所规定的字高与比例因子的乘积为实际绘制字高。

> **说明**：《CAD工程制图规则》（GB/T 18229—2000）规定，无论图幅大小，图样中字母和数字一律采用3.5号字；汉字一律采用5号字。

4. 图线

《技术制图 图线》（GB/T 17450—1998）中规定工程制图基本线型可分为实线、虚线、间隔画线等15种。所有线型的图线宽度应按图样的类型和尺寸大小在下列数值中选择：0.13mm、0.18mm、0.25mm、0.35mm、0.5mm、0.7mm、1.0mm、1.4mm、2mm。根据《CAD工程制图规则》（GB/T 18229—2000）相关规定，每个图样应根据图形的复杂程度与比例大小，先选定基本线宽b，再选用表12-5中的线宽组。图纸中图框线、标题栏线可采用表12-6中的线宽。

表 12-5　线宽组　　　　　　　　　　　　　（单位：mm）

线　宽　比	线　宽　组					
b	2.0	1.4	1.0	0.7	0.5	0.35
$0.5b$	1.0	0.7	0.5	0.35	0.25	0.18
$0.25b$	0.5	0.35	0.25	0.18		

注：1. 需要微缩的图纸，不宜采用0.18或更细的线宽。

　　2. 同一张图纸内，各不同线宽中的细线，可统一采用较细的线宽组的细线。

表 12-6　图框线、标题栏线的宽度　　　　　　　　　　　　　（单位：mm）

幅面代号	图框线	标题栏外框线	标题栏分格线、会签栏线
A0、A1	1.4	0.7	0.35
A2、A3、A4	1.0	0.7	0.35

> **说明**：①同一张图纸内，相同比例的各种图样，应选用相同的线宽组；②图线不得与文字、数字或符号重叠、混淆，不可避免时，应首先保证文字等清晰。

5. 其他

对于标题栏、会签栏，应遵守《CAD 工程制图规则》（GB/T 18229—2000）、《房屋建筑制图统一标准》（GB/T 50001—2017）的有关规定，其具体内容可根据实际情况或各设计单位要求进行绘制。

12.2 给水排水制图标准

在基本制图规则的基础上，《建筑给水排水工程制图标准》（GB/T 50106—2010）更加详细地对给水排水专业图纸做出了标准性的规定，以做到图面清晰、简明，符合设计、施工、存档的要求。

1. 一般规定

（1）图线 给水排水专业制图常用的各种线型应符合表 12-7 所示的规定。其中线宽 b 宜为 0.7mm 或 1.0mm。

表 12-7 基本线型

名 称	线 型	线 宽	用 途
粗实线	——————	b	新设计的各种排水和其他重力流管线
粗虚线	— — — — —	b	新设计的各种排水和其他重力流管线的不可见轮廓线
中粗实线	——————	$0.75b$	新设计的各种给水和其他压力流管线；原有的各种排水和其他重力流管线
中粗虚线	— — — — —	$0.75b$	新设计的各种给水和其他压力流管线及原有的各种排水和其他重力流管线的不可见轮廓线
中实线	——————	$0.50b$	给水排水设备、零（附）件的可见轮廓线；总图中新建的建筑物和构筑物的可见轮廓线；原有的各种给水和其他压力流管线
中虚线	— — — — —	$0.50b$	给水排水设备、零（附）件的不可见轮廓线；总图中新建的建筑物和构筑物的不可见轮廓线；原有的各种给水和其他压力流管线的不可见轮廓线
细实线	——————	$0.25b$	建筑的可见轮廓线；总图中原有的建筑物和构筑物的可见轮廓线；制图中的各种标注线
细虚线	— — — — —	$0.25b$	建筑的不可见轮廓线；总图中原有的建筑物和构筑物的不可见轮廓线
单点长画线	—— · —— ·	$0.25b$	中心线、定位轴线
折断线	——／\———	$0.25b$	断开界线
波浪线	～～～～	$0.25b$	平面图中水面线；局部构造层次范围线；保温范围示意线等

说明：如果线宽设定为 0.5mm，对于一般线型，无论图纸放大还是缩小，其打印出来的线宽都为 0.5mm；而多线段的线宽为对象线宽，它与图纸比例有关，如果 1∶100 图纸，则其线宽应设定为 50mm。

（2）比例 给水排水专业制图常用的比例应符合表 12-8 所示的规定，而在实际绘图过程中，可根据图形特点对表中所规定的比例进行调整。

表 12-8 给水排水专业制图常用比例

名　称	比　例	备　注
区域规划图 区域位置图	1：50000、1：25000、1：10000、 1：5000、1：2000	宜与总图专业一致
总平面图	1：1000、1：500、1：300	宜与总图专业一致
管道纵断面图	纵面：1：200、1：100、1：50 横向：1：1000、1：500、1：300	
水处理厂（站）平面图	1：500、1：200、1：100	
水处理构筑物、设备间、卫生间、泵房平、剖面图	1：100、1：50、1：40、1：30	
建筑给水排水平面图	1：200、1：150、1：100	宜与建筑专业一致
建筑给水排水轴测图	1：150、1：100、1：50	宜与相应图纸一致
详图	1：50、1：30、1：20、1：10、1：5、1：2、1：1、2：1	

在管道纵断面图中，可根据需要对纵向与横向采用不同的组合比例；在建筑给排水轴测图中，如局部表达有困难时，该处可不按比例绘制；水处理流程图、水处理高程图和建筑给排水系统原理图均不按比例绘制。

（3）标高 标高宜以米（m）为单位，并至少取至小数点后 2 位，不足时以"0"补齐。构筑物和建筑物剖面图的标高一般标注到小数点第 3 位，污（净）水厂平面布置图和室外管线平面图标注到小数点第 2 位。

室内工程应标注相对标高，室外工程宜标注绝对标高，当无绝对标高资料时，可标注相对标高，但应与总图专业一致。

压力管道应标注管中心标高；沟渠和重力流管道宜标注沟（管）内底标高。

在下列部位应标注标高：①沟渠和重力流管道的起讫点、转角点、连接点、变坡点、变尺寸（管径）点及交叉点；②压力流管道中的标高控制点；③管道穿外墙、剪力墙和构筑物的壁及底板等处；④不同水位线处；⑤构筑物和土建部分的相关标高。

标准中还规定了不同情况下标高的标注方法。

1）平面图中，管道标高表示如图 12-2 所示。

2）平面图中，沟渠标高表示如图 12-3 所示。

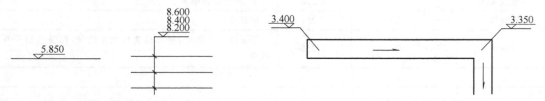

图 12-2 平面图中管道标高标注法　　　　　图 12-3 平面图中沟渠标高标注法

3）剖面图中，管道及水位标高表示如图 12-4 所示。

4）轴测图中，管道标高表示如图 12-5 所示。

说明：在建筑工程中，管道也可标注相对本层建筑地面的标高，标注方法为 $h+$ ×.×××，h 表示本层建筑地面标高（如 $h+0.250$）。

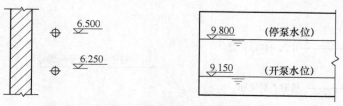

图 12-4　剖面图中管道及水位标高标注法

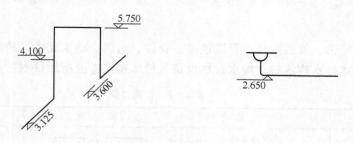

图 12-5　轴测图中管道标高标注法

　　（4）管径　管径应以 mm 为单位，但单位 mm 不需标注。

　　管径的表达方式应符合下列规定：①水煤气输送钢管（镀锌或非镀锌）、铸铁管等管材，管径宜以公称直径 DN 表示（如 DN15、DN50）；②无缝钢管、焊接钢管（直缝或螺旋缝）、铜管、不锈钢管等管材，管径宜以外径 D×壁厚表示（如 D108×4、D159×4.5 等）；③钢筋混凝土（或混凝土）管、陶土管、耐酸陶瓷管、缸瓦管等管材，管径宜以内径 d 表示（如 d230、d380 等）；④塑料管材，管径宜按产品标准的方法表示；⑤当设计均用公称直径 DN 表示管径时，应有公称直径 DN 与相应产品规格对照表。

　　管径的标注方法如图 12-6 所示。

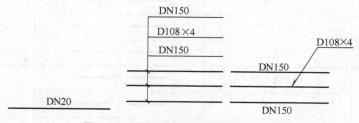

图 12-6　单根及多根管道管径标注法

　　（5）编号

　　1）当建筑物的给水引入管或排水排出管的数量超过 1 根时，宜进行编号，表示方法如图 12-7 所示。

　　2）建筑物内穿越楼层立管的数量超过 1 根时，宜进行编号，表示方法如图 12-8 所示。

　　3）在总平面图中给排水附属构筑物的数量超过 1 根时，宜进行编号。①编号方法：构筑物代号-编号；②给水构筑物的编号顺序宜为：从水源至干管，再从干管至支管，最后到用户；③排水构筑物的编号顺序宜为：从上游到下游，先干管后支管。

4）给排水机电设备的数量超过1台时宜进行编号，并应有设备编号与设备名称对照表。

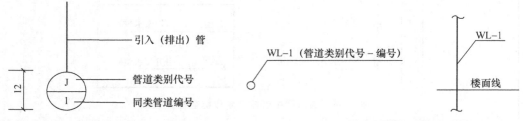

图12-7　引入管（排出管）编号表示法　　　　图12-8　平面及系统图中立管编号表示法

2. 图例

主要包括管道、管道附件、管道连接、管件、阀门、给水配件、消防设施、卫生设备及水池、小型给水排水构筑物、给水排水设备、给水排水专业所用仪表的图例，见表12-9。

表12-9　常用图例

序　号	名　称	图　例	备　注
1	生活给水管	—— J ——	
2	热水给水管	—— RJ ——	
3	热水回水管	—— RH ——	
4	中水给水管	—— ZJ ——	
5	循环给水管	—— XJ ——	
6	循环回水管	—— XH ——	
7	热媒给水管	—— RM ——	
8	热媒回水管	—— RMH ——	
9	蒸汽管	—— Z ——	
10	凝结水管	—— N ——	
11	废水管	—— F ——	可与中水源水管合用
12	压力废水管	—— YF ——	
13	通气管	—— T ——	
14	污水管	—— W ——	
15	压力污水管	—— YW ——	
16	雨水管	—— Y ——	
17	压力雨水管	—— YY ——	
18	虹吸雨水管	—— HY ——	

（续）

序　号	名　称	图　例	备　注
19	膨胀管	—— PZ ——	
20	保温管		
21	伴热管		
22	多孔管		
23	地沟管		
24	防护套管		
25	管道立管	XL-1 平面　　XL-1 系统	X：管道类别 L：立管 1：编号
26	空调凝结水管	—— KN ——	
27	排水明沟	坡向　——→	
28	排水暗沟	坡向　——→	

注：分区管道用加注角标方式表示：如 J_1、J_2、RJ_1、RJ_2 等。

3. 图样画法

（1）一般规定

1）工程设计中，本专业的图样应单独绘制。在同一个工程项目的设计图样中，图例、术语、绘图表示方法应一致。在同一个工程子项的设计图纸中，图纸规格应一致。如有困难时，不宜超过两种规格。

2）图纸编号应遵守下列规定：规划设计采用水规-××，初步设计采用水初-××，水扩初-××，施工图采用水施-××。

3）图纸的排列应符合下列要求：初步设计的图纸目录应以工程项目为单位进行编写；施工图的图纸目录应以工程单体项目为单位进行编写。工程项目的图纸目录、使用标准图目录、图例、主要设备器材表、设计说明等，如果一张图纸幅面不够使用，可采用两张图纸编排。

4）图纸图号应按下列规定编排：①系统原理图在前，平面图、剖面图、放大图、轴测图、详图依次在后；②平面图中应地下各层在前，地上各层依次在后；③水净化（处理）流程图在前，平面图、剖面图、放大图、详图依次在后；④总平面图在前，管道节点图、阀门井示意图、管道纵断面图或管道高程表、详图依次在后。

说明：在实际绘图过程中，图纸规格、编号以及编排次序一般按照各设计院要求与习惯进行设定。

（2）总平面图的画法

1）建筑物、构筑物、道路的形状、编号、坐标、标高等应与总图专业图纸相一致。

2）给水、排水、雨水、热水、消防和中水等管道宜绘制在一张图纸上。当管道种类较多、地形复杂，在同一张图纸上表示不清楚时，可按不同管道种类分别绘制。

3）应按规定的图例绘制各类管道，阀门井、消火栓井、洒水栓井、检查井、跌水井、水封井、雨水口、化粪池、隔油池、降温池、水表井等，并按规定进行编号。

4）绘出城市同类管道及连接点的位置、连接点井号、管径、标高、坐标及流水方向。

5）绘出各建筑物、构筑物的引入管、排出管，并标注出位置尺寸。

6）图上应注明各类管道的管径、坐标或定位尺寸。①用坐标时，管道标注弯转点（井）等处坐标，构筑物标注中心或两对角处坐标；②用控制尺寸时，以建筑物外墙或轴线，或道路中心线为定位起始基线。

7）仅有本专业管道的单体建筑物局部总平面图，可从阀门井、检查井绘制引出线，线上标注井盖面标高；线下标注管底或管中心标高。

8）图面的右上角应绘制风玫瑰图，如无污染源可绘制指北针。

（3）给水管道节点图的画法

1）管道节点图可不按比例绘制，但节点位置、编号应与总平面图一致。

2）管道应注明管径、管长及泄水方向。

3）节点应绘制节点平面形状和大小、阀门、管件、连接方式、管径及定位尺寸。

4）必要时，阀门井节点应绘制剖面示意图。

（4）管道纵断面图的画法

1）压力流管道用单粗实线绘制。注意：当管径大于 400mm 时，压力流管道可用双中粗实线绘制，但对应平面示意图用单中粗实线绘制。

2）重力流管道用双中粗实线绘制，但对应平面示意图用单中粗实线绘制。

3）设计地面线、阀门井或检查井、竖向定位线用细实线绘制，自然地面线用细虚线绘制。

4）绘制与本管道相交的道路、铁路、河谷以及其他专业管道、管沟及电缆等的水平距离和标高。

5）重力流管道不绘制管道纵断面图时，可采用管道高程表，管道高程表应按表 12-10 的规定绘制。

表 12-10 管道高程表

序号	管段编号		管长/m	管径/mm	坡度（%）	管底坡降/m	管底跌落/m	设计地面标高/m		管内底标高/m		埋深/m		备注
	起点	终点						起点	终点	起点	终点	起点	终点	

（5）水处理构筑物高程图的画法

1）构筑物之间的管道以中粗实线绘制。

2）各种构筑物必要时按形状以单细实线绘制。

3）各种构筑物的水面、管道、构筑物的底和顶应注明标高。

4）构筑物下方应注明构筑物名称。

（6）净水和污水处理系统流程图的画法

1）水处理流程图可不按比例绘制。

2）水处理设备及附加设备按设备形状以细实线绘制。

3）水处理系统设备之间的管道以中粗实线绘制，辅助设备的管道以中实线绘制。

4）各种设备用编号表示，并附设备编号与名称对照说明。

5）初步设计说明中可用框图表示水的净化流程图。

（7）建筑给水排水平面图的画法

1）建筑物轮廓线、轴线号、房间名称、绘图比例等均应与建筑专业一致，并用细实线绘制。

2）各类管道、用水器具及设备、消火栓、喷洒头、雨水斗、阀门、附件、立管位置等应按图例以正投影法绘制在平面图上，线型按规定执行。

3）安装在下层空间或埋设在地面下而为本层使用的管道，可绘制于本层平面图上；如有地下层，排出管、引入管、汇集横干管，可绘于地下层内。

4）各类管道应标注管径。生活热水管要标出伸缩装置及固定支架位置；立管应按管道类别和代号自左至右分别进行编号，且各楼层相一致；消火栓可按需要分层按顺序编号。

5）引入管、排出管应注明与建筑轴线的定位尺寸、穿建筑外墙标高、防水套管形式。

6）±0.000标高层平面图应在右上方绘制指北针。

（8）屋面雨水平面图的画法

1）屋面形状、伸缩缝位置、轴线号等应与建筑专业一致，不同层或标高的屋面应注明屋面标高。

2）绘制出雨水斗位置、汇水天沟或屋面坡向、每个雨水斗汇水范围、分水线位置等。

3）对雨水斗进行编号，并宜注明每个雨水斗汇水面积。

4）雨水管应注明管径、坡度，无剖面图时应在平面图上注明起始及终止点管道标高。

（9）管道系统原理图的画法

1）多层建筑、中高层建筑和高层建筑的管道以立管为主要表示对象，按管道类别分别绘制立管系统原理图。如绘制立管在某层偏置（不含乙字管）设置，该层偏置立管宜另行编号。

2）以平面图左端立管为起点，顺时针自左向右按编号依次顺序均匀排列，不按比例绘制。

3）横管以首根立管为起点，按平面图的连接顺序，水平方向在所在层与立管相连接，如水平呈环状管网，则绘制两条平行线并于两端封闭。

4）立管上的引出管在该层水平绘出。当支管上的用水或排水器具另有详图时，其支管可在分户水表后断掉，并注明详见图号。

5）楼地面线、层高相同时应等距离绘制，夹层、跃层、同层升降部分应以楼层线反映，在图纸的左端注明楼层层数和建筑标高。

6）管道阀门及附件（过滤器、除垢器、水泵接合器、检查口、通气帽、波纹管、固定支架等）、各种设备及构筑物（水池、水箱、增压水泵、气压罐、消毒器、冷却塔、水加热器、仪表等）均应示意绘出。

7）系统的引入管、排水管绘出穿墙轴线号。

8）立管、横管均应标注管径，排水立管上的检查口及通气帽注明距楼地面或屋面的高度。

（10）平面放大图的画法

1）管道类型较多，正常比例表示不清时，可绘制放大图。

2）比例等于或大于 1∶30 时，设备和器具按原形用细实线绘制，管道用双线以中实线绘制。

3）比例小于 1∶30 时，可按图例绘制。

4）应注明管径和设备、器具附件、预留管口的定位尺寸。

（11）剖面图的画法

1）设备、构筑物布置复杂，管道交叉多，轴测图不能表示清楚时，宜辅以剖面图，管道线型应符合规定。

2）表示清楚设备、构筑物、管道、阀门及附件位置、形式和相互关系。

3）注明管径、标高、设备及构筑物有关定位尺寸。

4）建筑、结构的轮廓线应与建筑及结构专业相一致。本专业有特殊要求时，应加注附注予以说明，线型用细实线。

5）比例等于或大于 1∶30 时，管道宜采用双线绘制。

（12）轴测图的画法

1）卫生间放大图应绘制管道轴测图。

2）轴测图宜按 45°正面斜轴测投影法绘制。

3）管道布图方向应与平面图一致，并按比例绘制。

4）局部管道按比例不易表示清楚时，该处可不按比例绘制。楼地面线、管道上的阀门和附件应予以表示，管径、立管编号与平面一致。

5）管道应注明管径、标高（也可标注距楼地面尺寸），接出或接入管道上的设备、器具宜编号或注字表示。

6）重力流管道宜按坡度方向绘制。

（13）详图的画法

1）无标准设计图可供选用的设备、器具安装图及非标准设备制造图，宜绘制详图。

2）安装或制造总装图上，应对零部件进行编号。

3）零部件应按实际形状绘制，并标注各部尺寸、加工精度、材质要求和制造数量，编号应与总装图一致。

12.3　给水排水工程图的表达内容

12.3.1　初步设计阶段的设计图

1. 给水排水总平面图

1）全部建筑物和构筑物的平面位置、道路等，并标出主要定位尺寸或坐标、标高，指北针（或风玫瑰图）等；给水、排水管道平面位置，标注出干管的管径、流水方向、闸门井、消火栓井、水表井、检查井、化粪池等和其他给排水构筑物位置；场地内给水、排水管道与城市管道系统连接点的控制标高和位置；消防系统、中水系统、冷却水循环系统、重复利用水系统的管道的平面位置，标注出干管的管径。

2）取水构筑物平面布置图。如自建水源的取水构筑物距离较远，应单独绘出取水构筑物平面，包括取水头部（取水口）、取水泵房、转换闸门井、道路平面位置、坐标、标高、方位等，必要时还应绘出流程示意图，各构筑物之间的高程关系。

3）水处理厂（站）总平面布置及工艺流程图。如工程设计项目有净化处理厂（站）（包括给水、污水、中水），应单独绘出水处理构筑物总平面布置图及流程标高示意图。各构筑物是否要绘制单独的平、剖面图，可视工程的复杂程度而定。在上述图中，还应列出建（构）筑物一览表，表中内容包括建（构）筑物的平面尺寸、结构形式等。

2. 建筑给水排水图

1）绘制给水排水底层、标准层、管道和设备复杂层的平面布置图，标出室内外接管位置、管径等。

2）绘制机房（水池、水泵房、热交换间、水箱间、游泳池、水景、冷却塔等）平面布置图（在上款中已表示清楚的，可不另出图）。

3）绘制给水系统、排水系统、各类消防系统、循环水系统、热水系统、中水系统等原理图，标注干管管径、设备设置标高、建筑楼层编号及层面标高。

4）绘制水处理流程图（或框图）。

12.3.2　施工图设计阶段的设计图

1. 给水排水总平面图

1）绘出各建筑物的外形、名称、位置、标高、指北针（或风玫瑰图）。

2）绘出全部给排水管网及构筑物的位置（或坐标）、距离、检查井、化粪池型号及详图索引号。

3）对较复杂工程，应将给水、排水（雨水、污废水）总平面图分开绘制，以便施工（简单工程可以绘在一张图上）。

4）给水管注明管径、埋设深度或敷设的标高，宜标注管道长度，并绘制节点图，注明节点结构、闸门井尺寸、编号及引用详图（一般工程给水管线可不绘节点图）。

5）排水管标注检查井编号和水流坡向，标注管道接口处市政管网的位置、标高、管径、水流坡向。

2. 给水排水管道高程表和纵断面图

1）绘制给水排水管道高程表，将排水管道的检查井编号、井距、管径、坡度、地面设计标高、管内底标高等写在表内。对于简单的工程，可将上述内容直接标注在平面图上，不列表。

2）对地形复杂的给水排水管道以及管道交叉较多的给水排水管道，应绘制管道纵断面图，图中应表示出设计地面标高、管道标高（给水管道标注管中心，排水管道标注管内底）、管径、坡度、井距、井号、井深，并标出交叉管的管径、位置、标高；纵断面比例宜为竖向 1：100（或 1：50、1：200），横向 1：500（或与总平面图的比例一致）。

3. 取水工程图

1）取水工程总平面图：绘出取水工程区域内（包括河流及岸边）的地形等高线、取水头部、吸水管线（自流管）、集水井、取水泵房、栈桥、转换闸门及相应的辅助建筑物、道路的平面位置、尺寸、坐标，以及管道的管径、长度、方位等，并列出建（构）筑物一览表。

2）取水工程流程图：一般工程可与总平面图合并绘在一张图上，较大且复杂的工程应单独绘制。图中标明各构筑物间的标高关系以及水源地最高、最低、常年水位线和标高等。

3）取水头部（取水口）平面、剖面及详图：绘出取水头部所在位置及相关河流、岸边的地形平面布置，图中标明河流、岸边与总体建筑物的坐标、标高、方位等。详图应详细标注各部分尺寸、构造、管径和引用详图等。

4）取水泵房平面、剖面及详图：绘出各种设备基础尺寸（包括地脚螺栓孔位置、尺寸），相应的管道、阀门、配件、仪表、配电、起吊设备的相关位置、尺寸、标高等，列出设备材料表，并应标注出各设备型号和规格以及管道、阀门的管径，配件的规格。

5）其他建筑物平面、剖面及详图：内容应包括集水井、计量设备、转换闸门井等。

6）输水管线图：在带状地形图（或其他地形图）上绘制及附属设备、闸门等的平面位置、尺寸，图中注明管径、管长、标高及坐标、方位。是否需要另绘管道纵断面图，应视工程地形的复杂程度而定。

4. 水处理厂图

1）总平面布置图及高程系统图：绘出各建（构）筑物的平面位置、道路、标高、坐标，连接各建（构）筑物之间的各种管线及管径，闸门井、检查井和堆放药物、滤料等堆放场地的平面位置和尺寸。高程系统图应表示各构筑物之间的标高、流程关系。

2）各处理构筑物和辅助建筑物平面、剖面及详图：分别绘制各建筑物、构筑物的平面、剖面及详图，图中详细标出各细部尺寸、标高、构造、管径及管道穿池壁预埋管的管径或加套管的尺寸、位置、结构形式和引用的详图。

3）水泵平面、剖面图：一般指利用城市给水管网供水压力不足时设计的加压泵房，净水处理后的二次升压泵房或地下水取水泵房的平面、剖面图。平面图应绘出水泵基础外框、管道位置，列出主要设备材料表，标出设备型号和规格，管道管径，以及阀件、起吊设备、计量设备等位置、尺寸。如需设真空泵或其他引用水设备，要绘出有关的管道系统和平面位置及排水设备。剖面图应绘出水泵基础剖面尺寸、标高，水泵轴线管道、阀门安装标高，防水套管位置及标高。简单的泵房，用系统轴测图能交代清楚时，可不绘剖面图。

4）水塔（箱）、水池配管及详图：分别绘出水塔（箱）、水池的进水、出水、泄水、溢水、透气等各种管道平面、剖面图或系统轴测图及详图，标注管径、标高、最高水位、最低水位、消防储备水位等及贮水容积。

5）循环水构筑物的平面、剖面及系统图：有循环水系统时，应绘出循环冷却水系统的构筑物（包括用水设备、冷却塔等），循环水泵房及各种循环管道的平面、剖面及系统图（当绘制系统轴测图时，可不绘制剖面图）。

6）污水（泥）处理：当有集中的污水或污泥处理时，绘出污水（泥）处理站（间）平面、高程流程图，并绘出各构筑物平面、剖面及详图，其深度可参照给水部分的相应图纸内容。

5. 建筑给水排水图

1）绘出与给水排水、消防给水管道布置有关各层的平面，内容包括主要轴线编号、房间名称、用水点位置，注明各种管道系统编号（或图例）。

2）绘出给水排水、消防给水管道平面布置、立管位置及编号。

3）当采用展开系统原理图时，应标注管道管径、标高（给水管安装高度变化处，应在变化处用符号表示清楚），并分别标出标高（排水横管应标注管道终点标高），管道密集处应在该平面图中画横断面图将管道布置定位表示清楚。

4）底层平面应注明引入管、排出管、水泵接合器等与建筑物的定位尺寸、穿建筑外墙管道的标高、防水套管形式等，还应绘出指北针；标出各楼层建筑平面标高（如卫生设备间平面标高有不同，应另加注），灭火器放置地点；若管道种类较多，在一张图纸上表示不清楚时，可分别绘制给水排水平面图和消防给水平面图；对于给排水设备及管道较多处，如泵房、水池、水箱间、热交换站、饮水间、卫生间、水处理间、报警阀门、气体消防贮瓶间等，当上述平面图不能交代清楚时，应绘出局部放大图。

5）对于给水排水系统和消防给水系统，一般宜按比例分别绘出各种管道系统轴测图。图中标明管道走向、管径、仪表及阀门、控制点标高和管道坡度（设计说明中已交代的，图中可不标注管道坡度），各系统编号，楼层卫生设备和工艺用水设备的连接点位置。如各层（或某几层）卫生设备及用水点接管（分支管段）情况相同时，在系统轴测图上可只绘制一个有代表性楼层的接管图，其他各层注明同该层即可。复杂的连接点应局部放大绘制。在系统轴测图上，应注明建筑楼层标高、层数、室内外建筑平面标高差。卫生间管道应绘制轴测图。

6）对于用展开系统原理图将设计内容表达清楚的，可绘制展开系统原理图。图中标明立管和横管的管径、立管编号、楼层标高、层数、仪表及阀门、各系统编号、各楼层卫生设备和工艺用水设备连接，排水管标注立管检查口、通风帽等距地（板）高度等。如各层（或某几层）卫生设备及用水点接管（分支管段）情况完全相同时，在展开系统原理图上可只绘制一个有代表性楼层的接管图，其他各层注明同该层即可。

7）当自动喷水灭火系统在平面图中已将管道管径、标高、喷头间距和位置标注清楚时，可简化表示从水流指示器至末端试水装置（试水阀）等阀件之间的管道和喷头。

8）简单管段在平面上注明管径、坡度、走向、进出水管位置及标高，可不绘制系统图。

9）当建筑物内有提升、调节或小型局部给排水处理设施时，可绘出其平面图、剖面图（或轴测图），或注明引用详图、标准图号。

10）特殊管件无定型产品又无标准图可利用时，应绘制详图。

12.4　水处理构筑物平面图与剖面图绘制

水处理构筑物有沉淀池、沉砂池、过滤池、清水池等，绘图前首先设置好绘图环境，如图形单位、标注样式等；其次搞清特定的水处理构筑物有哪些组成部分，分别建立哪些图层，定义各图层颜色、线型、线宽、名称等内容；最后运用绘图命令和修改命令进行图形的绘制和编辑。

12. 4. 1 竖流式沉淀池平面图

下面以竖流式沉淀池（图 12-9）初步设计为例，说明绘图过程，具体操作步骤如下：

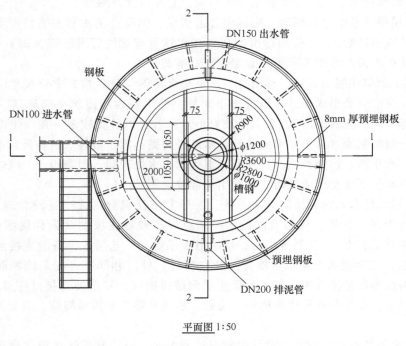

平面图 1：50

图 12-9 平面图

（1）创建新文件

（2）创建新图层 图层的定义是整个绘图过程中的关键步骤。图层的设置原则：

1）图层应按设计对象来定义，而不要以线宽或颜色来定义。无论是什么专业，哪个设计阶段的图纸，图纸上所有的图形对象都可以用一定的规律来组织整理。例如，建筑的实体可以分为：柱、墙、轴线、尺寸标注、一般标注、门窗、家具等，可以按照这些实体来定义图层，如柱图层、墙图层、轴线图层等，然后，在画图的时候，根据图形对象的类别把该图形对象放到相应的图层中去。

2）图层颜色的定义。一般来说不同的图层要定义不同的颜色，以便通过颜色把图形对象区分开来。如果两个层定义相同的颜色，那么，在显示时，就很难判断正在操作的图形对象是在哪一个层上。

3）线型和线宽的设置。线型样式是根据专业要求来选择的，若从图纸空间出图，可以采用默认的线型比例，但从模型空间出图，则需要设置线型比例。AutoCAD 把线型文件搞复杂了，在使用线型比例时，一个简单的办法是线型选择 ISO 的线型样式，只用全局变量 LTSCALE 设置比例，尽量少用局部变量 CELTSCALE。这样，只要设置 LTSCALE 全局变量的值为出图比例的倒数即可。竖流式沉淀池平面图的比例为 1：50，则设置 LTSCALE 的值为 50。

根据本专业需要建立图层，分别确定图层的名字、颜色、线型和线宽。如给水管道层：

蓝色、Continious、0.7；池壁层：白色、Continious、0.5 等，如图 12-10 所示。

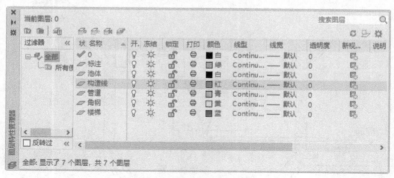

图 12-10 图层设置

（3）图形界限 设置图形界限是将要绘制的图形布置在这个区域内，有利于精确设计和绘图，即按需要把图框画出来，本例右上角点输入（59400，42000），打开栅格，然后利用绘图工具绘制出 2 号图框和利用插入表格制作标题栏或者制作标题栏的图块随后插入。

（4）绘制平面图 平面图主要绘制步骤如下：

1）绘制对称轴。可在构造线层用点画线绘制，点画线需要设置全局比例因子 50。

2）绘制池体大体轮廓。用 Circle 命令，各个圆半径依次为 3600、3550、3520、2800、2500、2200、2100、900、600、500。粗线可以用 Line 命令，并设置线宽为 0.4mm；也可以用 PLine 命令，线宽为 20 或用 DOnut 命令来完成。

3）绘制楼梯、三角钢架、槽钢等附属设备。在绘制楼梯时，注意应用 Offset 及 ARray 命令，三角钢架可灵活应用 ARray 命令。

4）绘制管道。用 PLine 命令，也可用 Line 命令并设置线宽，绘制套管。

5）绘制盖板，并根据可见与否调整虚实线。在钢板下方的各线段应使用虚线，可用 BReak 命令，在板与各线交点附近打断，然后改变板下方的各线段的线型。

（5）标注

1）标注尺寸。

2）标注文字。

说明：文字的标注，可以只标注一处，然后用 COpy 命令将文字多重复制到其他需要标注文字的位置，再用 DDEDIT 命令修改文字内容即可。由于角度尺寸的起止符号与建筑不同，可以采用当前样式的替代方式标注角度，或重新建立一个新的角度标注样式进行标注。

12.4.2 竖流式沉淀池剖面图

竖流式沉淀池的 1—1 剖面图如图 12-11 所示。

绘制剖面图时，建议绘制在原平面图中，这样可以充分利用平面图的初始设置。具体的剖面图绘制步骤如下：

1）从平面图引出关键点的构造线（如图中的对称轴线等），采用 XLine 命令绘制，如

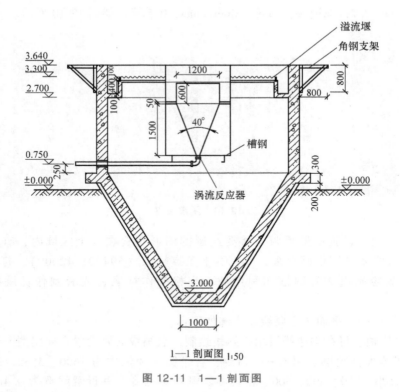

1—1 剖面图 1:50

图 12-11 1—1 剖面图

图 12-12 所示。

2）绘制栏杆、三角钢架、钢槽等附属设备。

3）绘制管道，用 PLine 命令。

4）对池体剖面用 BHatch 命令进行填充，图案类型选择 ANSI 中的 ANSI 31（金属线）和 other predefined（其他预定义）中的 AR—CONC（混凝土），对图中所需填充部位先后进行填充。

5）标注尺寸。

说明：

1）由于图形对称，应灵活应用 MIrror 命令。

2）填充图案要选择合适的比例，小于 1 的是使图案加密，大于 1 的是使图案变疏。在填充时，可将不必要的线型在 LAyer 层中暂时关闭，以免使填充边界复杂。本例中可关闭构造线层，ANSI 31（金属线）、AR—CONC（混凝土）比例设置为 2。

3）标高符号可以制成块插入和可多次复制。

同理，可以画出 2—2 剖面图（图 12-13）和详图（图 12-14 和图 12-15）。

12.4.3 排水管道纵断面图

排水管道纵断面图与平面图密切联系，绘制并不复杂。这里，给出一个排（污）水管道平面图，如图 12-16 所示。本例中比例为 1∶1000。

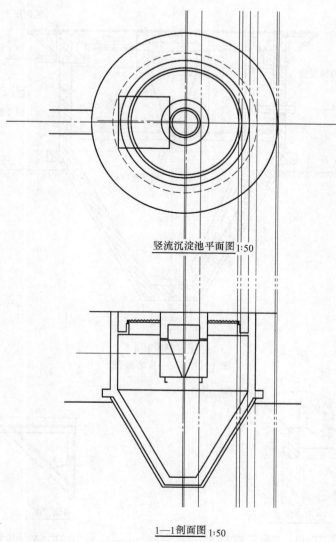

竖流沉淀池平面图 1:50

1—1剖面图 1:50

图 12-12　绘制构造线

1. 文件初始设置

1）新建图层：命名，改变颜色，选择线型、线宽等，如将"轴线"设为红色，"井"的颜色设为蓝色，"管道"设为白色，"尺寸标注"设为浅蓝色，"地面标高"设为黄色，"标注文字"等设为粉红色。

2）确定横向比例 1：1000 和纵向比例 1：30。

2. 绘制排水管道纵断面图

排（污）水管道纵断面图如图 12-17 所示。

1）绘制纵断面坐标图。

2）根据设计要求绘出设计地面线，排水管道、排水井以及与之相交的管道如给水管道、雨水管道等。设计地面线、阀门井或检查井、竖向定位线用细实线绘制，自然地面线用细虚线绘制，排水管道一般用双中粗实线绘制，线宽 0.5mm。

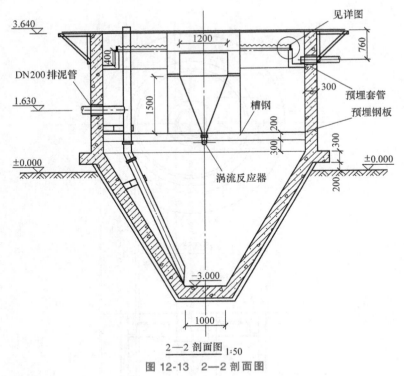

2—2 剖面图 1:50

图 12-13　2—2 剖面图

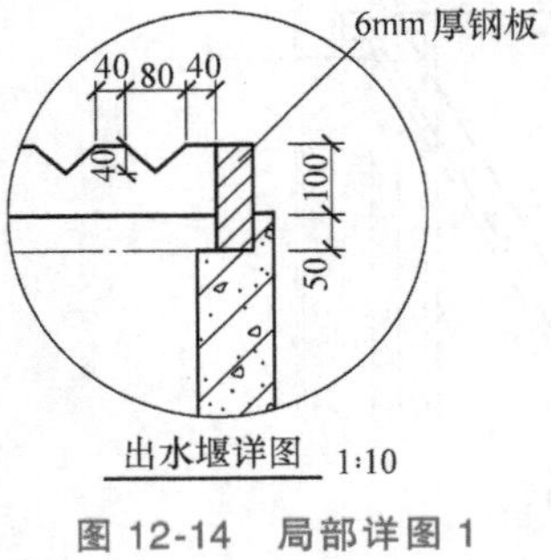

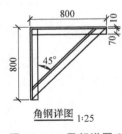

出水堰详图 1:10

图 12-14　局部详图 1

角钢详图 1:25

图 12-15　局部详图 2

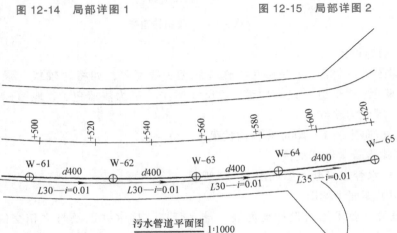

污水管道平面图 1:1000

图 12-16　排（污）水管道平面图

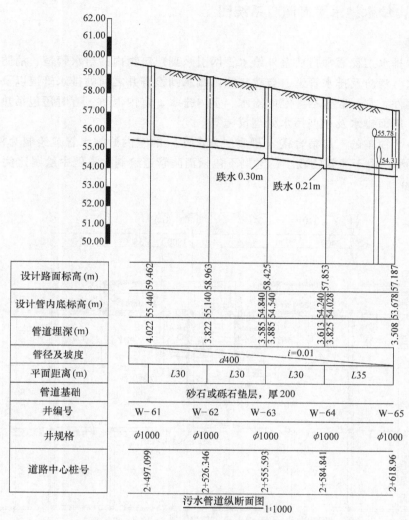

设计路面标高 (m)	59.462	58.963	58.425	57.853	57.187
设计管内底标高 (m)	55.440	55.140	54.840 54.540	54.240 54.028	53.678 53.508
管道埋深 (m)	4.022	3.822	3.585 3.885	3.613 3.825	3.508
管径及坡度	d400			i=0.01	
平面距离 (m)	L30	L30	L30	L35	
管道基础	砂石或砾石垫层，厚200				
井编号	W-61	W-62	W-63	W-64	W-65
井规格	φ1000	φ1000	φ1000	φ1000	φ1000
道路中心桩号	2+497.099	2+526.346	2+555.593	2+584.841	2+618.96

污水管道纵断面图 1:1000

图 12-17 排（污）水管道纵断面图

3）绘制轴线。选择"轴线"图层为当前图层，绘制 W-61 检查井的中心轴线，然后分别偏移 30000、30000、30000、35000 得到其他轴线。

4）绘制地面线。选择"地面"图层，画一水平线，调整水平线的两端点的标高得到地面线，在地面线下面插入自然土壤符号。

5）绘制检查井。向左右两侧偏移检查井轴线作为辅助线，偏移距离为 60，捕捉偏移轴线与地面线的交叉点，画出所需要的井线，将偏移轴线删除。

6）绘制管线。打开管线图层，捕捉井的端点，分别得到管下底线和管上底线。

7）绘制标尺。选择"标尺"图层，绘制一垂直线，用定距等分命令按距离为 1 对直线等分。

3. 文字和尺寸标注

用单行文字标注检查井编号，标注管道直径、长度和坡度等。

12.4.4 室内给水排水平面图与系统图

1. 平面图

室内给水排水工程通常指从室外给水管网引水到建筑物内的给水管道、消防管道，建筑物内部的给水、消防及排水管道，自建筑物内排水到检查井之间的排水管道以及相应的卫生器具和管道附件。它一般包括：室内给水、室内排水、室内消防，有时还包括热水供应、局部给水处理、屋面排水及小型污水处理设施等。

本节以一个简单的三层宿舍楼（最底层为车库）的室内给排水管道绘制为例进行介绍，如图 12-18 所示，由于建筑物较小，本例不包括消防管道绘制，本例中绘图比例 1∶1，出图比例为 1∶100。

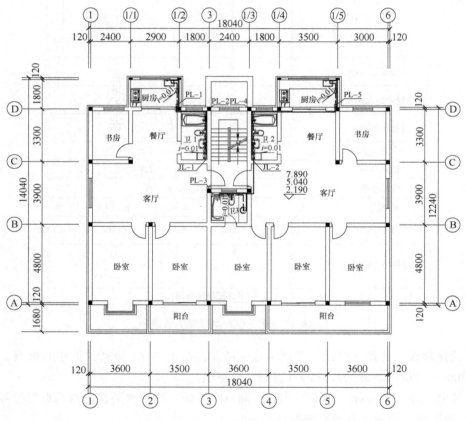

图 12-18　一至三层给水排水平面图

（1）建立图层　打开一样板文件或创建新文件进行初始设置，建立如图 12-19 所示的图层。

（2）引入建筑平面图　可以插入块，也可以引入外部参照，还可以直接打开建筑平面图另存为给水排水平面图。在插入建筑平面图后，应删除不必要的建筑细部及标注，如门窗编号等。建筑平面图中一般已经插入了卫生器具，可以根据需要对卫生器具的位置进行适当调整。

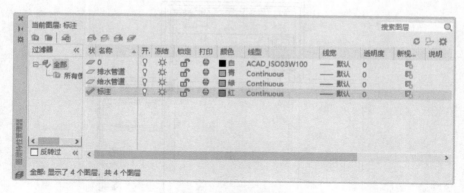

图 12-19 创建图层

（3）绘制给水立管和给水横管 在室内合适的位置绘制给水立管。本例中可在卫生间右下墙角处用 Circle 命令绘制立管，可与墙相切，直径设为 100，如图 12-20 所示。

采用 PLine 命令沿墙绘制给水横管，线宽为 35，或用 Line 命令设置线宽为 0.35mm，并插入给水管道附件，如闸阀等，如图 12-21 所示。

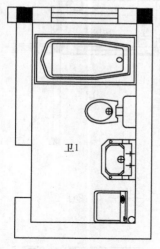

图 12-20 绘制立管

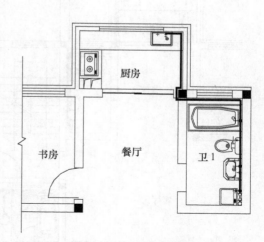

图 12-21 绘制给水横管

说明：在实际建筑给水排水设计中，由于比例较小，且给水排水平面图主要是示意管道的连接，立管及管道的布置可以不必画得很精确，立管只要大概绘制在墙角附近，管线沿墙绘制即可。

（4）绘制排水管道 先绘制排水立管，可与给水管道相切，直径 150；再用 PLine 命令绘出排水管道，线宽可设为 50，或用 Line 命令设置线宽为 0.50mm；在排水管道适当位置绘制地漏，即直径 200 的圆，并填充（也可插入绘制好的块），如图 12-22 所示。

利用对称性，用 MIrror 命令绘出与之对称的卫生间的管道，再把不同的地方加以修改。同理，可以绘出卫生间 3（图中卫 3）的给水排水平面图，如图 12-23 所示。

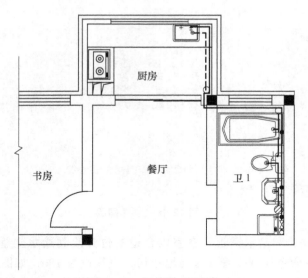

图 12-22　绘制排水管道

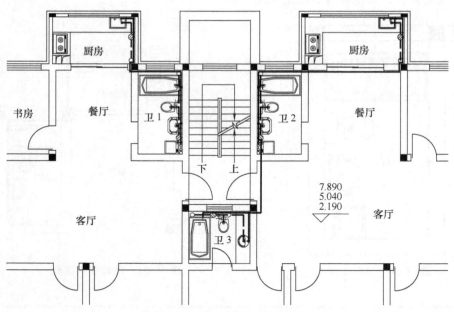

图 12-23　卫生间给水排水管道

（5）标注　绘制完管道后，应对立管管径进行标注。对于排水管及室内地坪，还应标注其排水坡度，或统一在"设计施工说明"中加以说明。立管的编号一般由左往右排列，对称的管道可以加′号来标注，如 PL-1 可标注为 PL-1′，由于比例较小，可只在平面图中标注立管编号，管径在放大图中标注即可，如图 12-24 所示。

> 说明：可以先标注一个立管，再将文字标注多重复制到其他需标注的位置，最后修改标注文字即可。

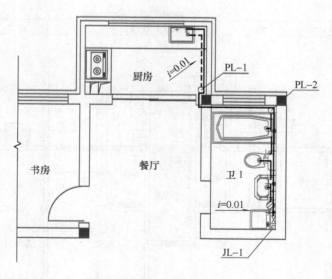

图 12-24　标注

（6）绘制其他平面给水排水管道　对于与一至三层（标准层）不同的车库，可以采用 COpy 命令，带基点复制出立管位置，在选择基点时，可选择固定的柱或墙角，以保证不同楼层间的立管位置对齐，再进行设计与调整，如图 12-25 和图 12-26 所示。

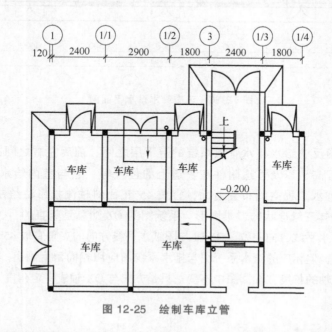

图 12-25　绘制车库立管

说明：根据《建筑给水排水制图标准》（GB/T 50106—2010），给水管道和排水管道图例应以字母表示，此图中管道较少，为方便读者看清，仍以实线和虚线分别表示给水管道和排水管道。

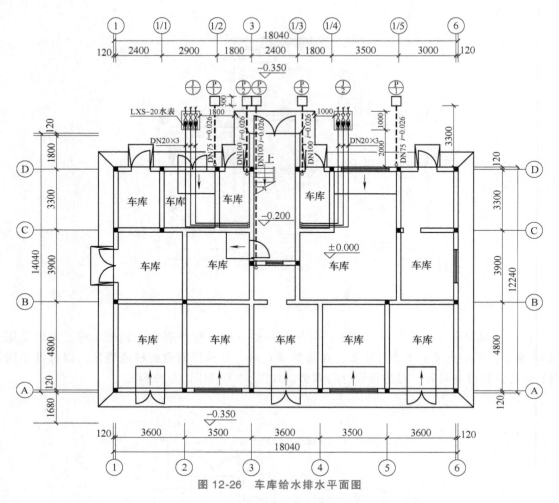

图 12-26 车库给水排水平面图

2. 系统图

给水排水系统图反映给水排水管道系统的上下层之间、前后左右之间的空间关系，各管段的管径、坡度和标高，以及管道附件在管道上的位置等。它与室内给水排水平面图一起，表达建筑物的给水排水工程空间布置情况，宜按 45°正面斜轴测投影法绘制。

系统图是反映物体三维形状的二维图形，系统图的 OZ 轴总是竖直的，OX 轴与其相应的给水排水平面图图纸的水平线方向一致，OY 轴与图纸水平线方向的夹角宜取 45°，如图 12-27 所示。有时也可取 30°、60°，但相应的给水系统图与排水系统图应用相同角度画出。三轴的轴向变形系数均为 1，即原来 Y 轴的长度在轴测图中不变，只是方向与 OX 轴成一定角度。

图 12-27 轴测坐标

说明：根据《建筑给水排水制图标准》（GB/T 50106—2010），对于高层建筑，按原来绘制轴测图的方法，管道系统的轴测图很难表示清楚，因此可绘制系统原理图。在系统原理图中，立管上的引出管在该层水平绘出，当支管上的用水或排水器具另有详图时，其支管可在分户水表后断掉，并注明详见图号。对于卫生间放大图应绘制管道轴测图。管道布图方向应与平面图一致，并按比例绘制。局部管道按比例不易表示清楚时，该处可不按比例绘制。在本例中仍称系统原理图为系统图。

　　这里给出上例中的给水系统图，如图 12-28 所示，绘制步骤如下：

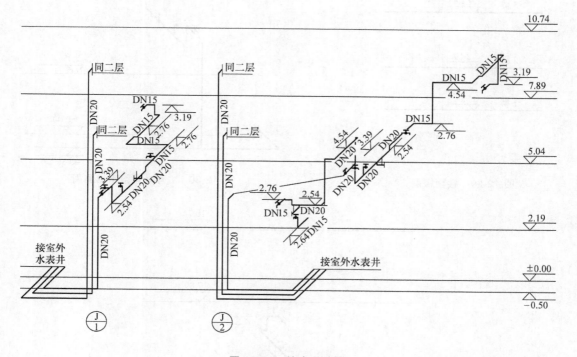

图 12-28　给水系统图

　　（1）初始设置　打开一个样板文件或创建新文件进行初始设置。

　　（2）绘制楼面线　用 Line 命令绘制直线表示各层楼面线，然后在楼面线左端标明楼面标高及楼层，如图 12-29 所示。

　　（3）绘制给水管道系统图　绘制给水管道系统图的主要步骤如下。

　　1）将图层"给水管道"设置为当前层，运用 PLine 命令绘制给水管道，线宽设置为0.35。轴测图宜按 45°正面斜轴测投影法绘制。管道布图方向应与平面图一致，并按比例绘制。局部管道按比例不易表示清楚时，该处可不按比例绘制。根据给水平面图中各立管的位置按照从左至右的顺序绘制系统的轴测图。首先绘制 1 号立管，绘制完管道后，接着应绘制阀门、水表等管道附件，或插入已绘制好的块，如图 12-30 所示。

　　2）对于各管线进行标注，管道应注明管径、标高（也可标注距楼地面尺寸），如图 12-31 所示。

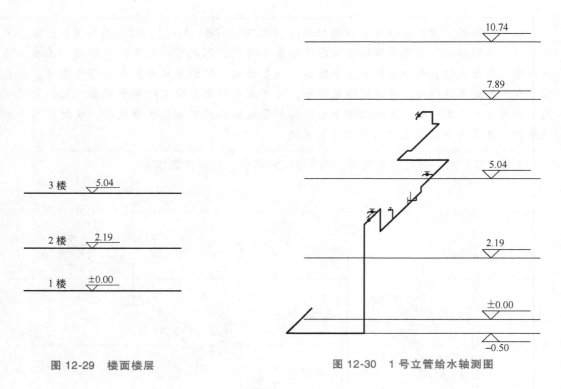

图 12-29　楼面楼层

图 12-30　1号立管给水轴测图

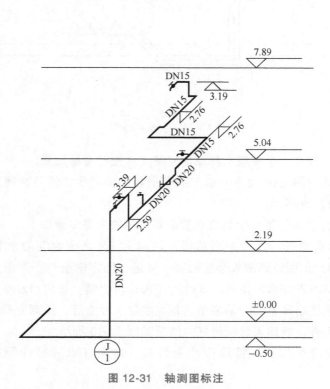

图 12-31　轴测图标注

3）对于其他楼层，由于管道布置与二层相同，因此只需画出干管，在剖断处标注"同二层"即可，如图 12-32 所示。

说明：如果其他楼层管道的布置与标准层不同，则系统图中应单独绘制这一楼层的支管。

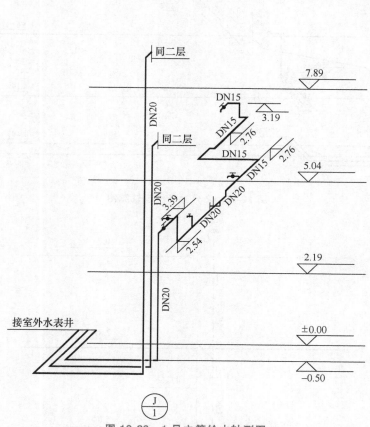

图 12-32 1 号立管给水轴测图

4）同理，可绘出其他管道的轴测图。如果不按比例绘制，还是不能清楚表达，则可以从支管处引出细线后，再画出支管的轴测图，如图 12-33 所示。

（4）绘制排水系统图 用 PLine 命令绘制排水管，插入排水附件，并尺寸标注，如图 12-34 和图 12-35 所示。

说明：

1）绘制轴测图时可以利用极轴追踪显示由指定的极轴角（如 45°角）所定义的临时对齐路径。

2）为提高工作效率、节省绘图时间，在绘制完一幅图后，用户应养成随时将一些典型的图形写入块的习惯，以方便今后绘图时的调用。如在本例中，可将系统图中的水嘴、阀门、水表等写入相应名称的块中。

3）块的插入也可以使用设计中心组合键<Ctrl+2>来插入别的图中已用的块。

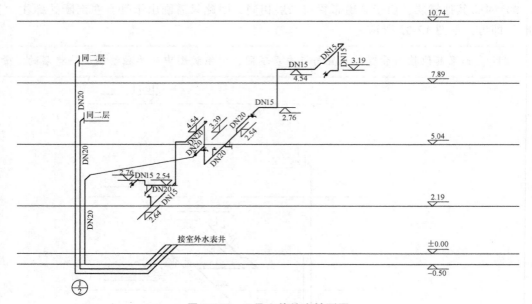

图 12-33　2 号立管给水轴测图

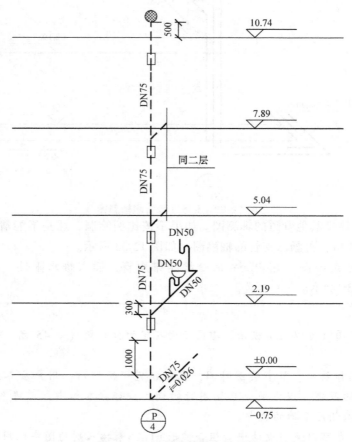

图 12-34　1 号立管排水轴测图

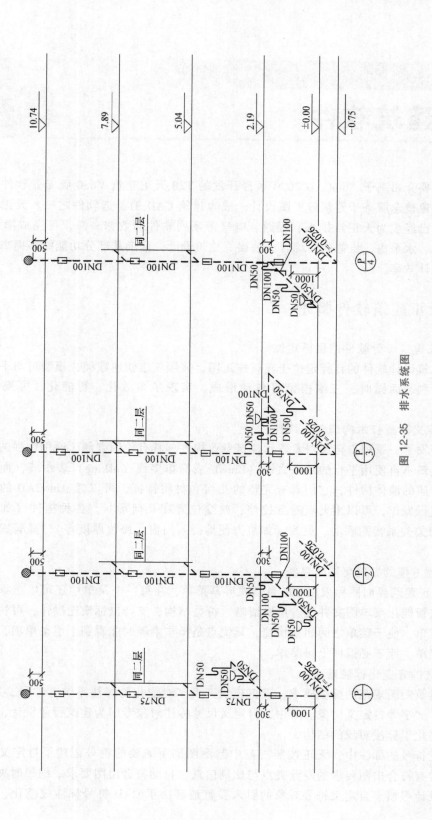

图 12-35　排水系统图

第13章
天正建筑软件

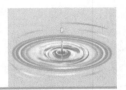

本章主要介绍基于 AutoCAD 2020 平台开发的 T20 天正建筑 V6.0 版专业软件，其以先进的建筑对象概念服务于建筑施工图设计，成为建筑 CAD 的首选软件之一。天正建筑创建的建筑模型已经成为天正给排水、暖通、电气等系列软件的数据来源，可完成净（污）水厂的加药间、水泵房、维修间、综合办公楼等建筑设计，借助其部分功能能够提高水厂处理构筑物的设计效率。

13.1　天正建筑软件概述

1. 天正建筑设计软件的目标定位

天正建筑设计软件的目标定位于建筑施工图，兼顾三维快速建模，模型可与平面图同步完成。在绘制平面图时，三维模型可自动形成，实现了高效化、智能化、可视化的绘图目标。

2. 自定义对象技术构造专业构件

天正开发了一系列自定义对象表示建筑专业构件，具有使用方便、通用性强的特点。例如，天正建筑不再使用平行的两条直线（Line）或简单多线（MLine）表示墙，而是预先建立了各种材质的墙体构件，它们具有完整的几何和材质特征，可以像 AutoCAD 的普通图形对象一样进行操作，可以用夹点随意拉伸、改变位置和几何形状。各种构件（如墙与门窗等）可按相关关系智能联动、更改（如可方便地插入门窗、修改厚度等），显著提高了编辑效率。

3. 快捷方便的智能化菜单系统

T20 天正建筑界面图标采用 256 色新式屏幕菜单，在每一个菜单中还可以选择不同的使用风格。该智能化菜单图文并茂、层次清晰、折叠结构，支持鼠标滚轮操作，可快速拖动个别过长的菜单，使子菜单之间切换快捷，其优点是操作中随时能看到上层菜单项，可直接切换其他子菜单，而不必返回上级菜单。

4. 先进的专业化标注系统

按照建筑制图规范的标注要求，天正建筑开发了专业化的标注系统，轴号、尺寸标注、符号标注、文字等自定义对象。其中，自定义尺寸标注对象专门为建筑行业设计，在使用方便的同时简化了标注对象的结构。

在专业符号的标注中，天正按照规范中制图图例所需要的符号创建了自定义的符号对象，各自带有符合出图要求的专业夹点与比例信息，自动符合出图要求。编辑时夹点拖动的行为符合设计习惯。自定义符号对象的引入妥善地解决了 CAD 符号标注规范化、专业化的问题。

5. 全新设计文字表格功能

AutoCAD 完成图纸中的尺寸与文字说明里，普遍存在中文与数字或符号大小不一、排列参差不齐的问题。为此，天正新开发了自定义文字对象，可方便地书写和修改中西文混合文字，可使组成天正文字样式的中西文字体有各自的宽高比例，方便地输入和变换文字的上下标、输入特殊字符等。天正建筑的在位编辑文字功能为整个图形中的文字编辑服务，双击文字即可进入编辑框，操作前所未有地方便。

天正的表格命令使用的是先进的表格对象，具有层次结构，用户可以完整地把握如何控制表格的外观，制作出个性化的表格。表格对象除了独立绘制外，还可在门窗表等处应用。同时，天正表格还实现了与 Excel 的数据交换，更方便用于工程制表。

6. 强大的图库管理系统和图块功能

天正的图库系统采用图库组 TKW 文件格式，通过分类明晰的树状目录使整个图库结构一目了然，类别区、名称区和图块预览区之间可随意调整最佳可视大小及相对位置，图块支持拖曳排序、批量改名、新入库自动以"图块长 * 图块宽"的格式命名等功能，在最大程度上方便用户。

13.2　T20 天正建筑界面

T20 天正建筑软件 V6.0 版运行系统为 Windows 7 32/64 位、Windows 10 64 位。运行 CAD 平台为 32 位 AutoCAD 2010~2016、2018、2019 和 64 位 AutoCAD 2010~2020 图形平台。基于 AutoCAD 2020 的主界面如图 13-1 所示。左侧为天正建筑软件的主菜单，可执行天正建筑的所有功能，热键<Ctrl+=>可显示或关闭屏幕菜单。建议在界面上显示常用图层快捷工

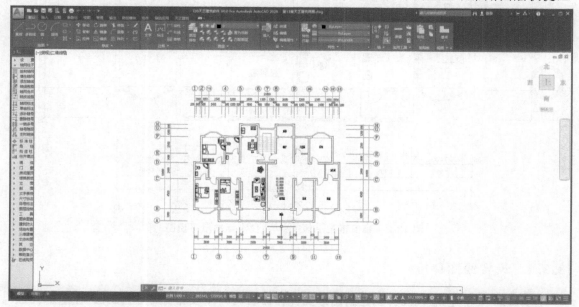

图 13-1　T20 天正建筑主界面

具，可按鼠标右键设置显示其他天正工具栏。

T20 天正建筑 V6.0 版支持建筑设计各个阶段的需求，无论是初期的方案设计还是最后阶段的施工图设计，除了具有相关关系的必须严格遵守的流程外，操作上没有严格的先后顺序限制。建筑平面图设计流程基本如下：创建工程⇨绘制轴网（轴网标注）⇨绘制墙体⇨绘制门窗⇨楼梯绘制⇨尺寸标注（文字标注、符号标注）⇨图块图案⇨文件布图⇨导出打印。

13.3 建筑平面图绘制

建筑平面图是指在窗台以上的位置，通过一个假想水平剖切面将建筑物剖开，移除观察者与剖切面之间的部分，作出剩余部分的水平投影图。下面以泰安市某小区 $127m^2$ 住宅标准层平面图（图 13-2）为例，介绍建筑平面图的绘图步骤和方法。

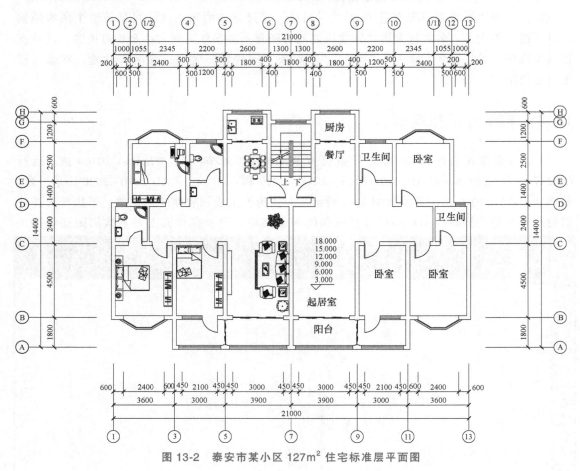

图 13-2 泰安市某小区 $127m^2$ 住宅标准层平面图

13.3.1 设置绘图环境

打开 T20 天正建筑 V6.0，创建新图形文件，命名为"泰安市某小区 $127m^2$ 住宅标准层平面图"。可采用菜单法（单击天正主菜单⇨【设置】⇨【自定义】或【设置】⇨【天正选项】）和命令行法（**ZDY** 和 **TZXX**）等几种方式打开"天正自定义"和"天正选项"对话框，如图 13-3 和图 13-4 所示。用户可根据实际需要设定"屏幕菜单""操作配置""快捷键"及"当前比例""当前层高"等。

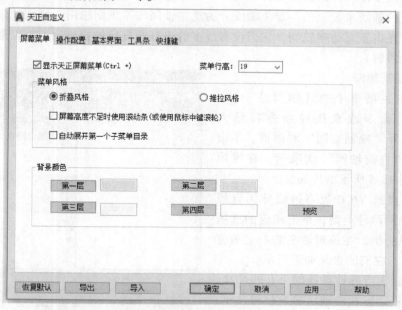

图 13-3 "天正自定义"对话框

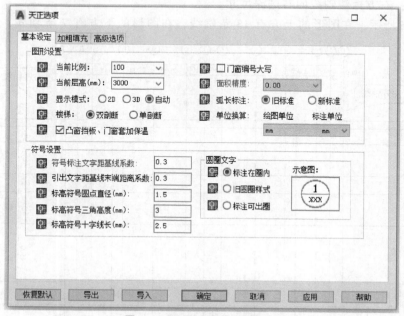

图 13-4 "天正选项"对话框

> 说明：天正建筑在绘图的过程中直接形成图层、图名、颜色、线型等，文字样式及尺寸样式也已设定，用户可根据需要自行调整。

13.3.2 绘制和标注轴网

建筑平面图中体现出的建筑构件如门窗、墙体等，在空间中都有固定的尺寸及布置，这些就是通过定位轴线来设定的。定位轴线分为规则轴网与不规则轴网，规则的定位轴线比较简单，类似于正南正北的建筑物，它们没有过多的造型和复杂的拐角，本节以最常见的规则轴网为例进行讲解。

1. 绘制规则轴网

单击天正主菜单中的【轴网柱子】⇨【绘制轴网】命令或直接在命令行输入"HZZW"，打开"绘制轴网"对话框，单击该对话框中"直线轴网"选项卡，在视图中会出现如图13-5所示的界面。

T20天正建筑 V6.0 版将轴线分为直线轴网和圆弧轴网两种类型，单击相应的选项卡可切换轴线类型。在该对话框的右上角有4个单选按钮，它们的含义如下所示：

1）上开：上方标注轴线的上开间尺寸。

2）下开：下方标注轴线的下开间尺寸。

3）左进：左方标注轴线的左进深尺寸。

4）右进：右方标注轴线的右进深尺寸。

图 13-5　"绘制轴网"对话框

如图13-6所示，在图形的上方有13条轴线，在图形的下方有7条轴线，在图形的左

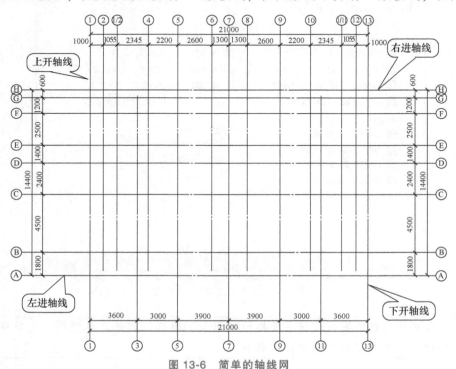

图 13-6　简单的轴线网

方、右方各有 8 条轴线，将图形四周的这些轴线之间的间距，分别输入"绘制轴网"对话框中，如图 13-7 所示。

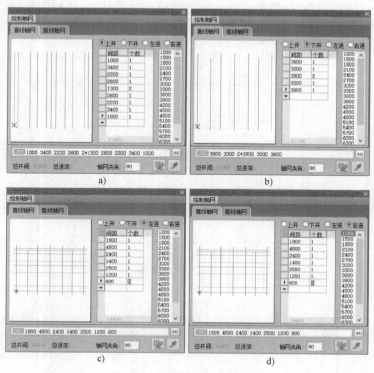

图 13-7　"绘制轴网"对话框

a) 上开轴网　b) 下开轴网　c) 左进轴网　d) 右进轴网

> 说明："天正建筑"在绘图的过程中应首先选择"上开""下开""左进""右进"，再依次分别输入"轴间距"数值，以便于后续轴网标注，最后单击"确定"按钮。

输入这些尺寸值后，在视图窗口中单击一点，即选择插入点位置，确定轴网在视图中的位置，如图 13-8 所示。

为了方便叙述，单击天正主菜单中的【轴网柱子】➡【轴网标注】命令，先对绘制的轴网进行快速标注，如图 13-9 所示。

2. 轴网编辑

在建筑平面图中，主要承重构件（如承重墙、柱子等）都要用定位轴线来表示其构件与构件之间的位置，非承重构件（如分隔墙、次要的承重构件等）则用附加轴线来表示，这种情况就需要绘制特殊轴网或对已经绘制好的轴网进行编辑修改。

（1）添加轴线　利用添加轴线命令可以在建筑平面图已有轴网基础上添加附加轴线及轴号等内容，通过此命令，在绘制轴线网时可以更灵活地处理错综复杂的轴网。

在 T20 天正建筑 V6.0 版中，通过天正-菜单中的【轴网柱子】➡【添加轴线】选项，启用添加轴线功能，弹出如图 13-10 所示"添加轴线"对话框。根据需要选择双侧/单侧，附加/重排轴号。

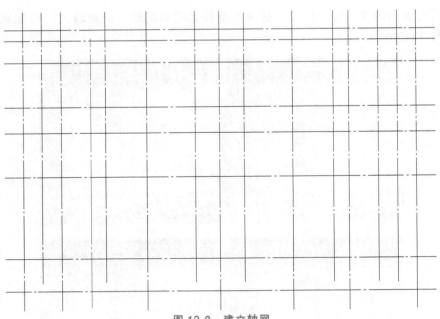

图 13-8　建立轴网

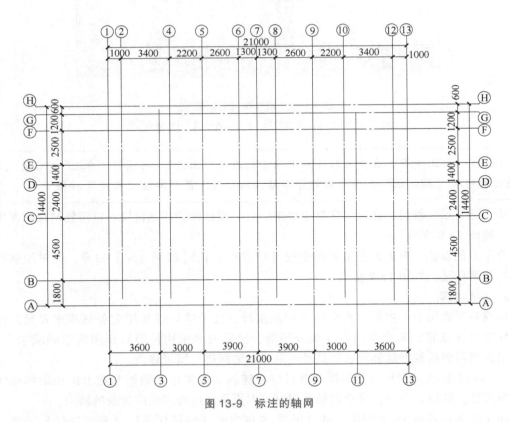

图 13-9　标注的轴网

　　本例中，选择单侧添加，附加轴号并重排轴号。可选择"2轴线""12轴线"作为参考轴线；距参考轴线的距离分别输入"1050"，即可得到如图13-11所示的含有附加轴线的轴网图。

在命令行都会显示以下指示信息。

命令：TInsAxis

选择参考轴线<退出>：

距参考轴线的距离<退出>：1050 ↵

图 13-10　添加轴线

> 说明：
>
> 1) 当显示出"选择参考轴线"时，可以在已有的轴网中用鼠标左键单击将要作为添加轴线的参考轴线。
>
> 2) 当出现"距参考轴线的距离"信息时，以键盘的方式输入新增轴线距参考轴线的距离，在 T20 天正建筑中，也可以通过跟随光标动态输入具体的数值。

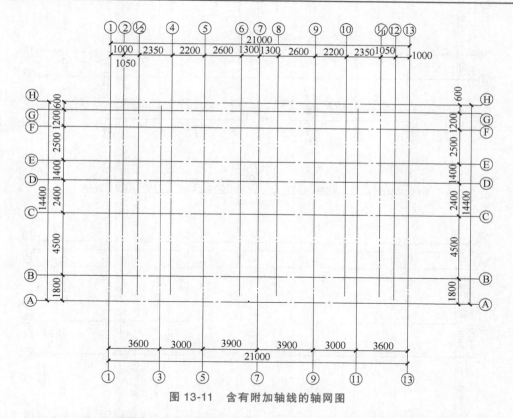

图 13-11　含有附加轴线的轴网图

（2）轴线裁剪　使用轴线裁剪命令所修剪的是包括在矩形虚线框内的轴线，所有位于矩形虚线框以外的轴线并没有被修剪，如图 13-12 所示。除了拖动矩形框来确定剪裁的区域外，通过命令行提示信息可以知道，也可以使用多边形确定裁剪的区域。当命令行出现提示信息时，在命令行输入"P"，即可在视图中绘制多边形区域，按回车键确认。

命令：TClipAxis

矩形的第一个角点或[多边形裁剪（P）/轴线取齐（F）]<退出>：p ↵

多边形的第一点<退出>：

下一点或[回退（U）]<退出>：

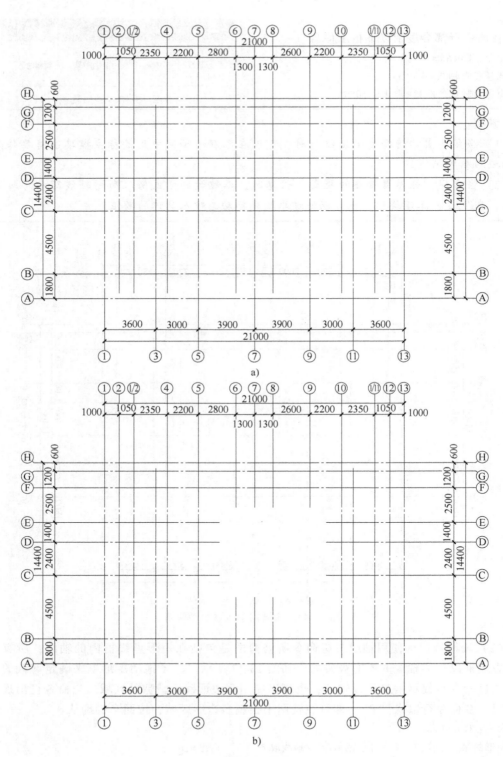

图 13-12 矩形裁剪

a) 使用鼠标左键拖动矩形　b) 矩形框角点确定执行裁剪后

在 T20 天正建筑中，还有一种轴线裁剪的方法，就是轴线取齐命令，在当前图形中选择一条轴线，然后再确定出裁剪的是哪一边的轴线，即可以选择的轴线为边界将其他的轴线裁剪对齐，会出现如图 13-13 所示的效果。

命令：TClipAxis

矩形的第一个角点或［多边形裁剪（P）/轴线取齐（F）］<退出>:F↙

请输入裁剪线的起点或选择一裁剪线：

请输入裁剪线的终点：

请输入一点以确定裁剪的是哪一边：

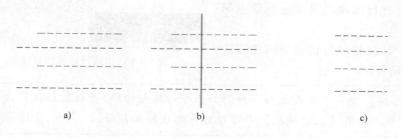

图 13-13　轴线取齐

（3）轴改线型　轴改线型命令主要是用于更改定位轴线的线型。假如新创建的轴线网中的线型为实线，执行该命令后可以将它改为点画线；反之，假如原来轴线网中的线型为点画线，则执行该命令后将转为实线。

线型比例的数值越大，点画线的长度越长。如果使用模型空间出图，则线型比例用 10 倍当前比例决定，当出图比例为 1∶100 时，默认线型比例为 1000。如果使用图纸空间出图，天正建筑软件内容已经考虑了自动缩放。

注意：在使用 T20 天正建筑 V6.0 版绘制建筑轴网时，系统默认使用的线型是 DOTE 线型，各用户可根据实际需要在使用时通过轴改线型命令改为相应线型。

3. 轴网标注

轴网的标注包括轴号标注和尺寸标注，轴号可按规范要求用数字、大写字母等方式标注。对选择的两条轴（起始轴线和终止轴线）之间所有轴线对象进行单侧或双侧的轴号标注和尺寸标注。软件一次完成标注，但轴号标注和尺寸标注二者属独立存在的不同对象，不能联动编辑，用户修改轴网时应注意自行处理。

单击天正主菜单中的【轴网柱子】⇨【轴网标注】命令或在命令行直接输入 "ZWBZ" 命令，命令行中会显示出提示信息，要求用户指定需要进行轴网标注的起始轴线和终止轴线，此时选定起始轴线和终止轴线后，系统会弹出 "轴网标注" 对话框（图 13-14），根据实际需要选择起始轴线 "1" 或者 "A"，选择 "双侧标注" "单侧标注" 或 "对侧标注"，即可标注轴线号以及开间和进深的尺寸，绘制出轴线网图形。本例中，上开和下开轴网标注需在起始轴号处分别输入 "1"，双侧标注；左进和右进轴网可在起始轴号处输入 "A"，双侧标注。

"轴网标注" 对话框中的选项含义如下：

1）输入起始轴号：设置起始轴的编号，输入编号后也就确定了编号的样式。

2）共用轴号：用于当标注的轴网和其他轴网链接并且有公共使用的轴号时，则把前一个轴网对象的最后一个轴号作为当前标注的轴网对象的起始编号，形成一个轴网标注。当对前一个轴网对象的轴号进行修改时，则当前的轴网对象的编号将会自动进行重排（本例中暂不使用）。

3）单侧标注：进行标注时只标注当前选择的那一侧轴号。

4）双侧标注：标注轴号时包括当前选择的一侧和另外一侧的轴号。

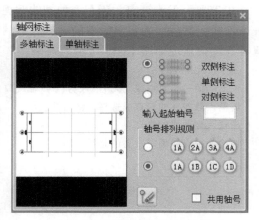

图 13-14　"轴网标注"对话框

> 注意：【主附转换】功能可实现主轴号与附加轴号的互相转换，【轴网标注】命令只能把轴线标注为主轴号，使用【主附转换】命令很容易形成附加轴号。

13.3.3　绘制墙体

墙体是 T20 天正建筑 V6.0 版最基本、最重要的构件之一，是天正建筑中比较智能的对象。通过模拟实际墙体的专业特性构建而成，可实现墙角的自动修剪、墙体之间按材料特性连接、墙体与柱子和门窗互相关联等智能特性。墙体也是建筑房间的划分依据，墙对象不仅包含位置、高度和厚度等几何信息，而且还包括墙类型、材料和内外墙等内在属性。绘制命令主要有【绘制墙体】【等分加墙】【单线变墙】等，最常用【绘制墙体】命令。

单击"天正主菜单"中的【墙体】⇨【绘制墙体】命令，打开如图 13-15a 所示的"绘制墙体"对话框。直接在命令行输入"TWall"，则打开如图 13-15b 所示的"绘制墙体"对话框。

1）高度：可以设置墙体的高度值，一般取默认值层高。

2）底高：底面高差，一般取默认地平线 0。

3）材料：选择绘制的墙体类型，能自动处理不同材料墙体交接处的优先级。材料的优先级，从高到低依次为钢筋混凝土墙、砖墙、填充墙、玻璃幕墙、隔墙。优先级高的墙体能穿过优先级低的墙体。

4）用途：选择不同绘制墙体的用途，绘制的墙体在视图中将以不同的颜色和样式显示，主要有卫生隔断、虚墙、矮墙等。

5）左宽和右宽：设置墙线向中心轴线偏移的距离，通过这两个参数可控制墙体的宽度值。以画墙体前进方向区分左宽和右宽，如果按顺时针顺序画墙线，则左宽在外侧。

常见的砖墙绘制尺寸：24 墙、12 墙、18 墙、37 墙。24 墙，墙厚 240mm，一般绘制时以轴线等分墙厚，设置左宽 120，右宽 120；12 墙，墙厚 120mm，一般设置左宽 60，右宽 60；18 墙，墙厚 180mm，一般设置左宽 90，右宽 90；37 墙，墙厚 360mm，一般设置左宽 240，右宽 120。左右宽的数据可以调换，注意绘制时的方向，以绘制走向来定左右。

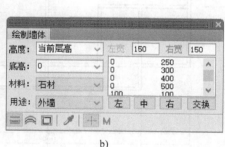

a)   b)

图 13-15 "绘制墙体"对话框

a）单击命令时弹出的对话框   b）输入命令时弹出的对话框

说明：对砖墙而言，一般 37 墙在建筑物的外圈，而 24 墙在内部。南方地区 24 墙也用于建筑物外墙，12 墙和 18 墙一般用于卫生间做隔断等。钢筋混凝土墙厚度根据设计而定。

使用天正建筑画出的墙体，可以被剪切和延伸，也可以直接使用夹点拖动对其进行编辑。在墙体上删除门窗洞口后，墙体自动闭合。

在本例中，设置好"材料""用途"，并输入"左宽""右宽"数据后，即可绘出建筑平面图的墙体，如图 13-16 所示。

命令：TWall

起点或[参考点(R)]<退出>：　　　　　　　（画直墙的操作类似于 LINE 命令,可连续输入直墙下一
　　　　　　　　　　　　　　　　　　　　　点,或以回车结束绘制）

直墙下一点或[弧墙(A)/矩形画墙(R)/闭合(C)/回退(U)]<另一段>：
　　　　　　　　　　　　　　　　　　　　　（连续绘制墙线）

直墙下一点或[弧墙(A)/矩形画墙(R)/闭合(C)/回退(U)]<另一段>：
　　　　　　　　　　　　　　　　　　　　　（右击停止绘制）

起点或[参考点(R)]<退出>：↵　　　　　　　（回车结束,见图 13-15）

注意：因为天正软件中的门窗必须要有墙才能插入，因此，在使用 T20 天正建筑绘制墙体时，不需要考虑门窗断开的位置，此处与 AutoCAD 有较大区别。

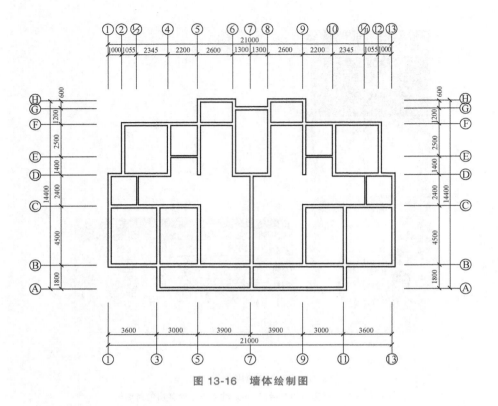

图 13-16　墙体绘制图

13.3.4　绘制门窗

门窗是组成建筑物的重要围护及装饰构件，为了方便用户操作、有效提高工作效率，天正建筑将原来的多种门窗类型（普通门窗、卷帘门、推拉门、组合门窗、凸窗等）整合到门窗对话框中。

1. 门窗的插入

为了方便作图，可以从门窗图库中分别挑选门窗的二维形式和三维形式，插入适当的图形位置，从而节约大量的作图时间，提高了工作效率。

单击天正主菜单中的【门窗】⇨【门窗】，弹出"门"和"窗"对话框，如图 13-17 和 13-18 所示。选择 ▯ 或者 ▦ ，对所要插入的门窗的基本参数进行设置。另外为了后期绘制建筑立面图，可以在绘制平面图的时候同时设置二维视图及三维视图的形式。单击打开"天正图库管理系统"对话框选择门窗形式，如图 13-19 所示。

图 13-17　"门"对话框

图 13-18 "窗"对话框

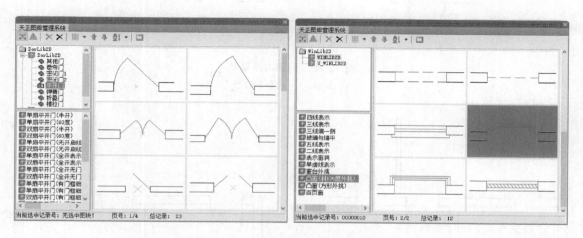

图 13-19 门、窗的天正图库管理系统

在图 13-17 所示的"门"对话框中，左下角的一组控制按钮可以选择门窗的插入类型。下面以常用的 沿点取位置两侧轴线等分插入 、 点取墙段等分插入 、 踩宽定距插入 进行讲解。

（1） 沿点取位置两侧轴线等分插入 　该命令可以选择墙体的两侧轴线间距进行等分插入，如果墙段没有轴线，则自动按墙体等分插入。

（2） 点取墙段等分插入 　该命令类似 沿点取位置两侧轴线等分插入 ，不同的是该命令是针对所选墙体等分，而 沿点取位置两侧轴线等分插入 是针对所选墙体两端的轴线等分。

（3） 踩宽等距插入 　该命令可以自动选取墙体边线离点距离位置最近的特征点，并快速插入门窗，踩宽距离在"门窗参数"面板中可以预设。

2. 门窗的编辑
用于修正在门窗插入过程中产生的某些错误或不足。

（1）内外翻转　用于将某些需要内外翻转的门窗进行修改，适用于一次处理多个门窗的情况，使门窗的方向翻转为原来的相反方向，如图 13-20 所示。

（2）左右翻转　与内外翻转类似，用于将门窗的方向进行修改，适用于一次处理多个门窗的情况，如图 13-21 所示。

布置门窗后如图 13-22 所示。

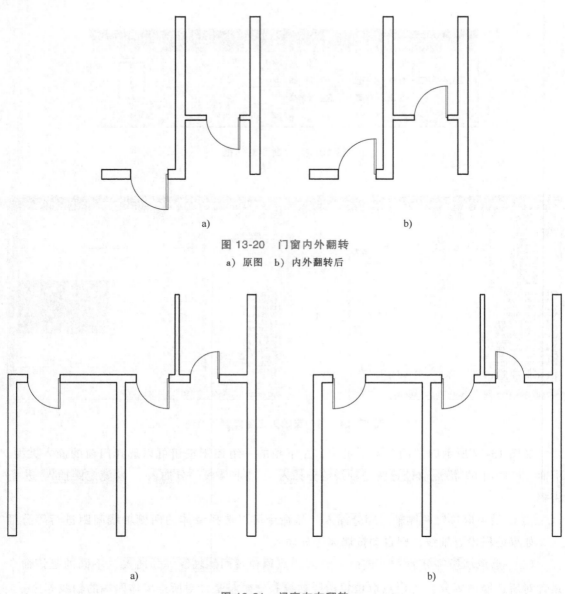

a)   b)

图 13-20　门窗内外翻转

a）原图　b）内外翻转后

a)   b)

图 13-21　门窗左右翻转

a）原图　b）左右翻转后

13.3.5　绘制楼梯

　　T20 天正建筑提供了由自定义对象建立的基本梯段对象，包括直线梯段、圆弧梯段、任意梯段等形式，由梯段组成了常见的双跑楼梯、多跑楼梯等对象，同时考虑了楼梯对象在二维与三维视口下的不同可视特性。

　　双跑楼梯是最常见的楼梯形式，由两跑直线梯段、一个休息平台、内外侧扶手以及内外侧栏杆构成的自定义对象。常见的构件组合形式变化包括是否有外侧扶手、踏步取齐方式、休息平台是矩形或弧形、层类型是中间层或其他等，双跑楼梯梯段可方便地改为坡道、矩形

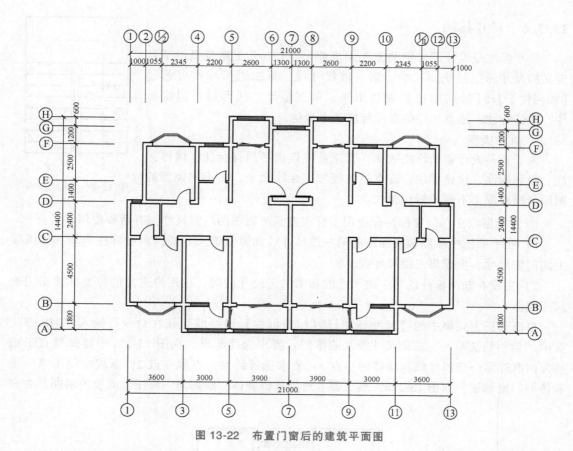

图 13-22 布置门窗后的建筑平面图

休息平台可改为弧形休息平台，各上下行方向标识符号可以自动绘制，尽量满足建筑的个性化要求。

单击天正主菜单中的【楼梯其他】⇨【双跑楼梯】，弹出"双跑楼梯"对话框，如图 13-23 所示。对参数进行设置，点取插入点后在平面图中插入双跑楼梯，如图 13-24 所示。注意，对于三维视图，不同楼层特性的扶手是不一样的，其中顶层楼梯实际上只有扶手，而没有梯段。双跑楼梯为自定义对象，可以通过拖动夹点进行编辑，也可以双击楼梯进入对象编辑重新设定参数。

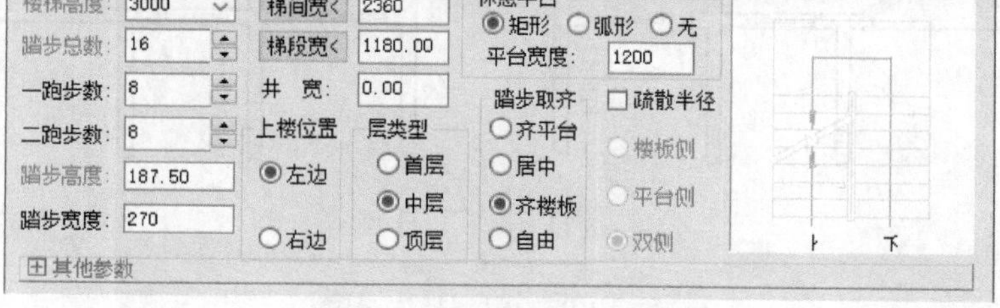

图 13-23 "双跑楼梯"对话框

13.3.6 尺寸标注

尺寸标注是设计图样中的重要组成部分，T20 天正建筑提供了自定义的尺寸标注系统，其中，第一道尺寸线、第二道尺寸线可通过【轴网柱子】⇨【轴网标注】表达出来，第三道尺寸线可通过门窗标注、快速标注、逐点标注等常用标注命令表达。

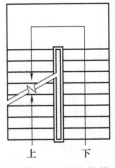

图 13-24　双跑楼梯

1. 标注类型

为了提高设计者的绘图效率，天正系统提供了门窗标注、墙厚标注、两点标注、快速标注、逐点标注等常用标注命令，对不同类型的图形分别匹配了不同的标注样式。

（1）门窗标注　门窗标注命令用于标注建筑平面图的门窗尺寸，有两种使用方式：

1）在平面图中参照轴网标注的第一道尺寸线和第二道尺寸线，自动标注直墙和圆弧墙上的门窗尺寸，生成第三道尺寸线。

2）在没有轴网标注的第一道尺寸线和第二道尺寸线时，在用户选定的位置标注出门窗尺寸线。

单击天正主菜单中的【尺寸标注】⇨【门窗标注】命令或直接在命令行输入"TDim3"，提示"请用线选第一、二道尺寸线及墙体！"；要求选择起点，在图 13-25a 中选择垂直于墙体方向取过第一道尺寸线与墙体的起点 1；要求选择终点，点取终点 2，系统绘制出第一段墙体的门窗标注，如图 13-25b；然后要求选择其他墙体，添加同一轴线上或被内墙断开的多

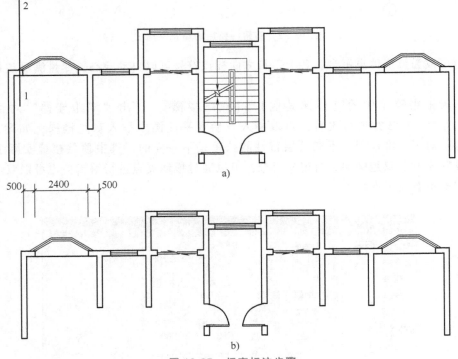

a)

b)

图 13-25　门窗标注步骤

a）选择起点和终点　b）第一段墙体的门窗标注

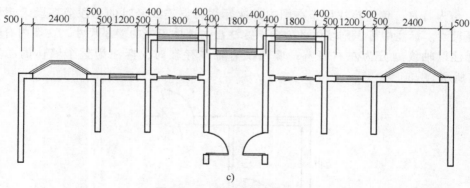

图 13-25　门窗标注步骤（续）

c）其他墙体的门窗标注

段墙体上的门窗尺寸，按回车键结束。其中墙体的标注以轴线为基准，门窗的标注以门窗的两侧为基准，如图 13-25c 所示。

> **注意**：对于多段墙体上都含有窗户的墙体，该工具将不可用，必须分别对各段墙体进行标注。但可以对该段墙体平行的其他墙体进行标注。选择一段墙体进行标注后，可以选择与该段墙体平行的其他墙体进行标注，当用户选择不能进行标注的墙段时，命令行将提示："没有正确选中一段墙!"

完成门窗标注后如图 13-26 所示。

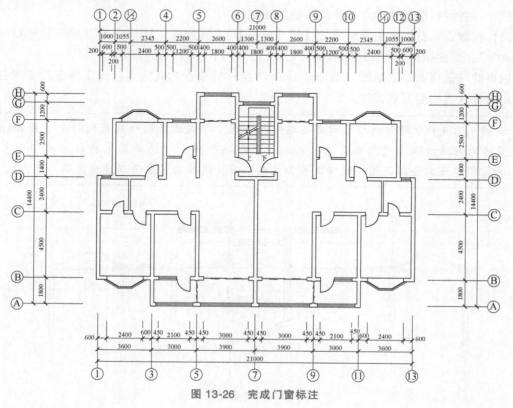

图 13-26　完成门窗标注

（2）墙厚标注　墙厚标注用于在图中一次标注两点连线经过的一段或多段天正墙体对象的墙厚尺寸。标注中可识别墙体的方向，标注出与墙体正交的墙厚尺寸。在墙内有轴线存在时，标注以轴线划分为左右墙宽；墙内没有轴线存在时，标注为整个墙体的总宽，如图 13-27 所示。

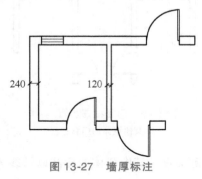

图 13-27　墙厚标注

> 说明：如果不希望标注轴线，则在视图中用鼠标左键选择需要隐藏的轴线，单击右键快捷菜单⇨【通用编辑】⇨【局部隐藏】或者在天正菜单栏选择【工具】⇨【局部隐藏】，将选择的轴线隐藏起来；如果需要将隐藏的物体显示出来，则可以在天正菜单栏中选择【工具】⇨【恢复可见】。

（3）两点标注　两点标注用于为两点连线附近有关的轴线、墙线、门窗、柱子等构件标注尺寸，并可标注各墙中点或添加其他标注点。

操作步骤：单击天正主菜单中的【尺寸标注】⇨【两点标注】命令或直接在命令行输入"TDimTP"，标注结果如图 13-28 所示。

取点时可选用有对象捕捉（快捷键<F3>切换）的取点方式定点，天正将前后多次选定的对象与标注点一起完成标注。

> 说明：两点标注默认的标注对象是墙体和轴线，即使选择的两端点内的需要标注的门窗，最终的标注结果也将忽略门窗，因此，当命令行提示"选择其他要标注的门窗或柱子"时，用户还需要在视图中选择需要标注的门窗，选择的对象将以虚线显示。

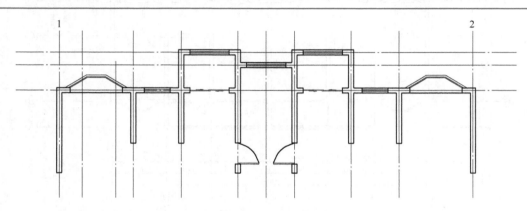

图 13-28　两点标注

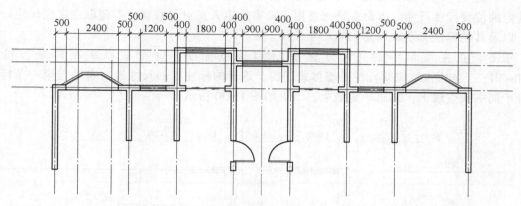

图 13-28　两点标注（续）

（4）快速标注　本命令类似 AutoCAD 的同名命令，适用于天正对象，特别适用于选取平面图后快速标注外包尺寸线，它是比较常用的标注方法。快速标注提供了三种标注样式：整体，是从整体图形创建外包尺寸线；连续，是提取对象节点创建连续直线标注尺寸；连续加整体，是两者同时创建。

单击天正主菜单中的【尺寸标注】⇨【快速标注】命令或直接在命令行输入"KSBZ"，视图中的标注尺寸会跟随鼠标而移动，拖动尺寸线到合适的位置，单击鼠标确认或输入相应字母获取相应的标注形式，结果如图 13-29 所示。

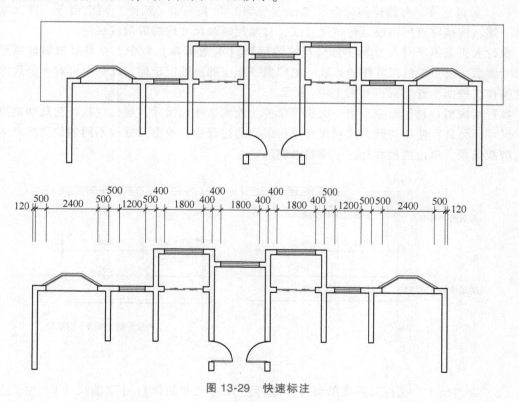

图 13-29　快速标注

（5）逐点标注　　该命令是一个通用的灵活标注工具，对选取的一串给定点沿指定方向和选定的位置标注尺寸。本命令特别适用于没有指定天正对象特征，需要取点定位标注的情况，以及其他标注命令难以完成的尺寸标注。

单击天正主菜单中的【尺寸标注】➡【逐点标注】命令或直接在命令行输入"TDimMP"，依次点取需要标注的墙体或门窗，选择的标注点的尺寸线将自动与第一条标注线处于同一条直线上，按回车键结束，结果如图 13-30 所示。

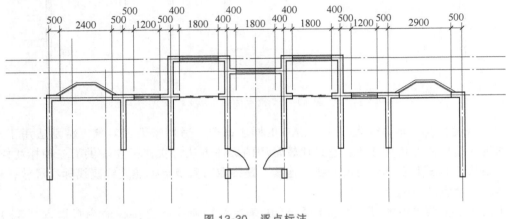

图 13-30　逐点标注

2. 尺寸标注的编辑

（1）剪裁延伸　　剪裁延伸综合了 Trim（剪裁）和 Extend（延伸）两个命令，在尺寸线的某一端，按指定点剪裁或延伸该尺寸线，自动判断对尺寸线的剪裁或延伸。

执行天正菜单项【尺寸标注】➡【尺寸编辑】➡【剪裁延伸】命令，点取要做剪裁或延伸的尺寸线后，所点取的尺寸线的点取一端即做了相应的剪裁或延伸。此命令可对多条尺寸线依次操作，按回车键结束，如图 13-31 所示。

执行两次剪裁延伸命令，第一次执行延伸功能构造外包尺寸，第二次执行剪裁功能执行剪裁尺寸。另外，使用剪裁方式对尺寸进行编辑的过程中，单击尺寸线不同的位置将产生不同的剪裁结果，单击的尺寸标注一端将被删除。

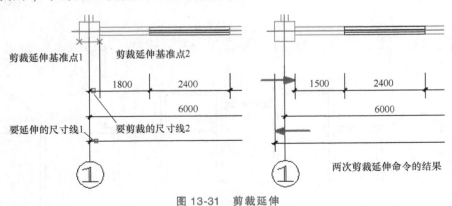

图 13-31　剪裁延伸

（2）取消尺寸　　执行天正菜单项【尺寸标注】➡【尺寸编辑】➡【取消尺寸】，用于把整体的天正自定义尺寸标注对象在指定的尺寸界线上打断，成为两段互相独立的尺寸标注对象，可以各自拖动夹点、移动和复制，如图 13-32 所示。

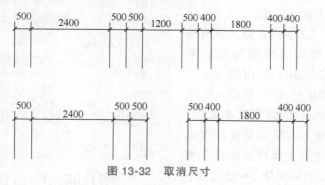

图 13-32　取消尺寸

（3）合并区间　执行天正菜单项【尺寸标注】⇨【尺寸编辑】⇨【合并区间】，用于将多段需要合并的尺寸标注合并到一起，如图 13-33 所示。

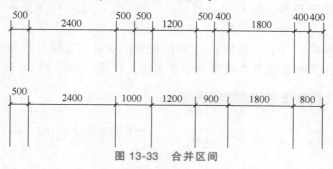

图 13-33　合并区间

（4）增补尺寸　执行天正菜单项【尺寸标注】⇨【尺寸编辑】⇨【增补尺寸】，用于在一个天正自定义直线标注对象中增加区间，增补新的尺寸界线断开原有区间，但不增加新标注对象，如图 13-34 所示。

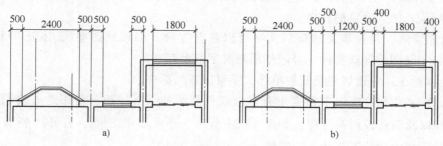

图 13-34　增补尺寸

其他尺寸编辑命令，如等分区间、等式标注、对齐标注、切换角标、尺寸转化等，可以根据实际情况灵活掌握，本书不再介绍。

13.3.7　文字表格

1. 文字

虽然 AutoCAD 简体中文版有文字、字高一致的配套中英文字体，但完成图样中的尺寸与文字说明里，依然存在中文与数字符号大小不一、排列参差不齐的问题，T20 天正建筑很好地解决了这些问题。

（1）文字样式 文字样式即文字的高度、宽度、字体、样式名称等特征的集合，为天正自定义文字样式的组成。由于天正扩展了 AutoCAD 的文字样式，因此可以分别控制中英文字体的宽度和高度，达到文字的名义高度与实际可量度高度统一的目的，字高由使用文字样式的命令确定。"文字样式"对话框如图 13-35 所示。

（2）单行文字 用天正文字样式输入单行文字，可以方便地为文字设置上下标、加圆圈、添加特殊符号、导入专业词库等内容。

图 13-35 "文字样式"对话框

单击天正主菜单中的【文字表格】⇨【单行文字】命令或直接在命令行输入"DHWZ"⇨设定相关参数⇨在视图中移动并单击可确定文本插入位置，如图 13-36 所示。

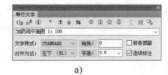

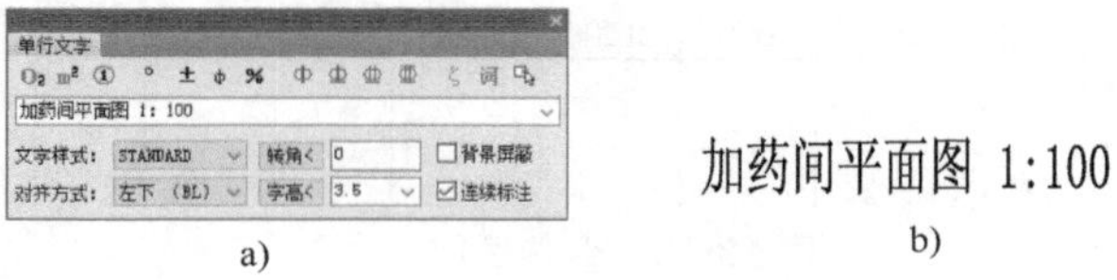

加药间平面图 1:100

a)   b)

图 13-36 单行文字

a)"单行文字"对话框 b) 单行文字效果

1）文字样式：在下拉列表中选用已由 AutoCAD 或天正文字样式命令定义的文字样式。

2）转角<：输入文字的转角。

3）背景屏蔽：勾选该复选框后文字可以遮盖背景（如填充图案），本选项利用 AutoCAD 的 WipeOut 图像屏蔽特性，屏蔽作用随文字移动存在。

4）连续标注：勾选该复选框后单行文字可以连续标注。

另外，在"单行文字"对话框中有多个红色显示的工具按钮，使用这些按钮可以得到上标、上标以及钢筋级别符号等，如图 13-37 所示。还可以单击 词 ，打开"特殊符号集"，在弹出的对话框中选择需要插入的符号。

建筑平面图 1:100

a)   b)

图 13-37 单行文字特殊标注

a)"单行文字"对话框 b) 单行文字特殊效果

（3）多行文字 使用天正文字样式，按段落输入多行中文文字，可以方便地设定页宽与硬回车位置，并随时拖动夹点改变页宽。本命令的自动换行功能特别适合输入以中文为主的设计说明文字。“多行文字”对话框如图 13-38 所示。

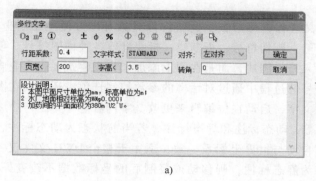

多行文字
行距系数: 0.4
文字样式: STANDARD
对齐: 左对齐
确定
页宽< 200
字高< 3.5
转角: 0
取消
设计说明:
1 本图平面尺寸单位为mm，标高单位为m；
2 水厂地面相对标高为%%p0.000；
3 加药间的平面面积为380m^U2^U。
设计说明
1.本图平面尺寸单位为mm，标高单位为m；
2.水厂地面相对标高为±0.000；
3.加药间的平面面积为380m²。
a)
b)

图 13-38 多行文字编辑

a）“多行文字”对话框 b）多行文字效果

2. 表格

天正表格是一个具有层次结构的复杂对象，天正表格对象常用在门窗表和图纸目录、日照表等处。

（1）新建表格 用于从已知行列参数通过对话框新建一个表格，提供以最终图纸尺寸值（mm）为单位的行高与列宽的初始值，考虑了当前比例后自动设置表格尺寸大小。天正表格通过表格全局设定、行列特征和单元格特征三个层次控制表格的表现，可以制作出各种不同外观的表格。

（2）门窗表 单击天正主菜单中的【门窗】⇨【门窗表】，选择门窗，然后确定，结果如图 13-39 所示。

门窗表

类型	设计编号	洞口尺寸(mm)	数量	图集名称	页次	选用型号	备注
普通门		1800×2100	2				
		1500×2100	2				
		900×2100	6				
		800×2100	4				
		3000×2100	2				
		1000×2100	2				
门连窗		2100×2400	2				
普通窗		3400×1500	2				
		2500×1500	2				
		1200×1500	2				
		600×1500	2				
		1800×1500	3				
凸窗		2400×1500	4				

图 13-39 门窗表

其他表格编辑及单元编辑命令，如【全屏编辑】【拆分表格】【合并表格】【表列编辑】【表行编辑】【增加表行】【删除表行】【单元编辑】【单元递增】【单元复制】【单元累加】

【单元合并】【单元插图】等，用户可以根据实际情况灵活掌握。

13.4　符号标注

T20 天正建筑提供了一整套自定义工程符号对象，这些符号对象可以方便地绘制坐标、标高、箭头引注、引出标注、索引符号、剖切符号、折断线、指北针等各种详图符号。使用自定义工程符号对象，不是简单地插入符号图块，而是在图上添加了代表建筑工程专业含义的图形符号对象。用户除了在插入符号的过程中通过对话框的参数控制选项，还可以在图上已插入的工程符号上，双击符号中的文字，启动在位编辑来更改文字内容。

T20 天正建筑提供了两种标注状态：动态标注和静态标注。若当前状态为动态标注，则移动或复制后的坐标数据或标高数据自动与世界坐标系一致，适用于整个 DWG 文件仅仅布置一个总平面图的情况。若当前状态为静态标注，则移动或复制后的坐标数据不改变原值，例如，在一个 DWG 上复制同一总平面，绘制绿化、交通等不同类别图样，此时只能使用静态标注。

13.4.1　坐标标注

坐标标注在工程制图中用来表示某个点的平面位置，在给排水科学与工程专业主要用于给水排水管网工程设计和净（污）水厂平面图布置，也用于城镇的规划设计中。

（1）坐标标注　用于在总平面图上标注测量坐标或者施工坐标，取值根据世界坐标或者当前用户坐标（UCS）。

单击天正主菜单中的【符号标注】⇨【坐标标注】命令或直接在命令行输入"TCoord"，在默认的世界坐标系下，用测量坐标和施工坐标两种类型标注一个 20m×10m 的矩形对角坐标。可重复点取坐标标注点，按回车键结束，如图 13-40 所示。

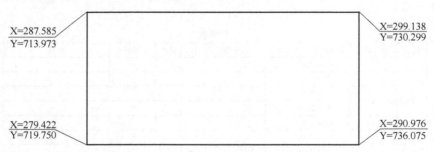

图 13-40　世界坐标系下的坐标标注

测量坐标类型为 XY 型式，施工坐标类型为 AB 形式，两者可以通过"坐标标注"对话框加以修改，如图 13-41 所示。

按照《总图制图标准》（GB/T 50103—2010）2.4.1 条的规定，南北向的坐标为 X（A），东西方向坐标为 Y（B），与建筑绘图习惯使用的 XOY 坐标系是相反的。

如果图上插入了指北针符号，在"坐标标注"对话框中单击 选指北针< 按钮，从图中选择了指北针，那么系统以它的指向为 X（A）方向标注新的坐标点。

默认图形中的建筑坐北朝南布置，北向角度< 为 90（图纸上方），如正北方向不是图纸

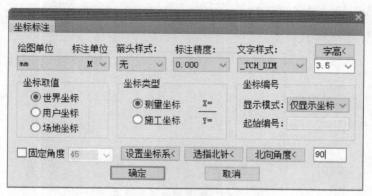

图 13-41　"坐标标注"对话框

上方，单击 北向角度< 按钮给出正北方向。

T20 天正建筑中的批量标注如图 13-42 所示。可以在"批量标注"对话框中的"标注位置选项"选项组中进行端点和圆心的批量标注，提高坐标标注的效率。

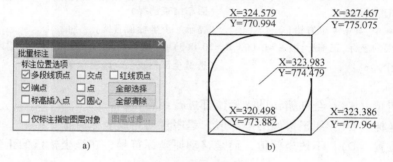

图 13-42　批量标注

（2）坐标检查　用于在总平面图上检查测量坐标或者施工坐标，避免由于人为修改坐标标注值而导致设计位置的错误，本命令可以检查世界坐标系（WCS）下的坐标标注和用户坐标系（UCS）下的坐标标注，但注意只能选择基于其中一个坐标系进行检查，而且应与绘制时的条件一致。

在给水排水工程设计中，常采用用户坐标系，执行天正菜单项【符号标注】⇨【坐标检查】，弹出如图 13-43 所示的对话框，设置"坐标取值"为"用户坐标"，单击 设置坐标系< 按钮，选取图 13-40 中的矩形左下角，修改坐标值为（0，0），然后按 确定 按钮，选择待检查的其他坐标，对错误坐标值进行全部纠正，结果如图 13-44 所示。

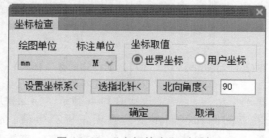

图 13-43　"坐标检查"对话框

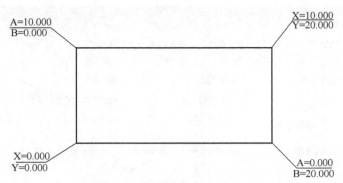

A=10.000
B=0.000

X=10.000
Y=20.000

X=0.000
Y=0.000

A=0.000
B=20.000

图 13-44　检查后的用户坐标

命令：TcheckCoord　　　　　　　　　　　（弹出如图 13-43 所示的对话框，修改为"用户坐标"）

点取参考点：　　　　　　　　　　　　　（选取矩形左下角）

输入坐标值<-19316.8,21228.6>：<u>0,0</u>↵　（输入用户坐标系的原点值）

选择待检查的坐标：指定对角点：找到 4 个　　（窗交选取待检查的坐标）

选择待检查的坐标：↵　　　　　　　　　　（回车结束选择）

选中的坐标 4 个，其中 4 个有错！　　　　（提示 4 个坐标值有错）

第 1/4 个错误的坐标，正确标注(A = 0.000,B = 20.000)或[全部纠正(A)/纠正坐标(C)/纠正位置(D)/

退出(X)]<下一个>：<u>a</u>↵　　　　　　　（选择全部纠正(A)选项）

选项含义如下。

1）全部纠正（A）：全部错误的坐标值都进行纠正。

2）纠正坐标（C）：纠正错误的坐标值，程序自动完成坐标纠正。

3）纠正位置（D）：不改坐标值，而是移动原坐标符号，在该坐标值的正确坐标位置进行坐标标注。

13.4.2　标高标注

标高标注用来表示某个点的高程或者垂直高度，在平面图上用于楼面标高与地坪标高标注，在立剖面图上用于标注楼面标高和构筑物标高。标高有绝对标高和相对标高两种形式，绝对标高的数值来自当地测绘部门，而相对标高则是设计单位设计的，一般是室内一层地坪为±0.000，与绝对标高有相对关系。

（1）标高标注　执行天正菜单项【符号标注】➡【标高标注】，弹出"标高标注"对话框，可在此对话框中进行相关设置，如图 13-45 所示。

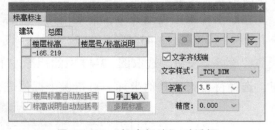

图 13-45　"标高标注"对话框

命令：TMElev

请点取标高点或[参考标高(R)]<退出>：　　　　（可选取已知的参考标高）

请点取标高方向<退出>：　　　　　　　　　　（调整标注符号的方向）

下一点或[第一点(F)]<退出>：　　　　　　　（如图 13-46 所示，对 4 层楼层的标高任意标注）

（2）标高检查　用于在立面图和剖面图上检查天正标高数值，也实现了标高的自动修改。首先双击图 13-46 中的底层标高值，进入在位编辑状态，直接修改标高数值为"%%

p0.000"作为参考标高,如图 13-47 所示。然后执行天正菜单项【符号标注】⇨【标高检查】,自动修正其他标高对象为正确的标高数值。

命令:TCheckElev

选择参考标高或[参考当前用户坐标系(T)]<退出>　　　(选择底层标高为参考标高)

选择待检查的标高标注:指定对角点:找到 4 个　　　(窗交选择其他标高为待检查标高)

选择待检查的标高标注:↵　　　(回车结束对象选择)

选中的标高 4 个,其中 4 个有错!

第 1/4 个错误的标注,正确标注(12.000)或[全部纠正(A)/纠正标高(C)/纠正位置(D)/退出(X)]<下一个>:A↵　　　(选择[全部纠正(A)]选项,对标高全部修改)

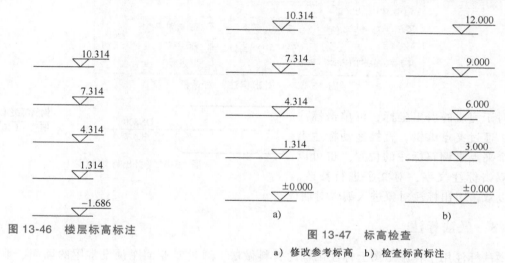

图 13-46　楼层标高标注

图 13-47　标高检查

a) 修改参考标高　b) 检查标高标注

13.4.3　箭头引注

"箭头引注"对话框(图 13-48)用于绘制带有箭头的引出标注,文字可从线端标注也可从线上标注,引线可以转折多次。新添半箭头作为国标的坡度符号,如图 13-49 所示。在该对话框中输入引线端部要标注的文字,可以从下拉列表选取命令保存的文字历史记录,也可以不输入文字只画箭头,该对话框中还提供了更改箭头长度、样式的功能,箭头长度按最终图纸尺寸为准,以毫米为单位给出。箭头样式有箭头、半箭头、点和十字等,对齐方式有在线端、齐线中和齐线端。

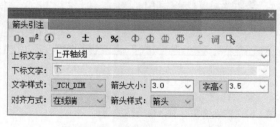

图 13-48　"箭头引注"对话框

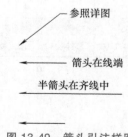

图 13-49　箭头引注样图

双击箭头引注中的文字,即可进入在位编辑框修改文字。

13.4.4 引出标注

引出标注用于对多个标注点进行说明性的文字标注，自动按端点对齐文字，具有拖动自动跟随的特性。在使用上与"箭头引注"类似，其设置对话框如图 13-50 所示。引出标注样图如图 13-51 所示。

图 13-50 "引出标注"对话框

对于完成的引出坐标，可单击标注对象，通过夹点编辑，直接拖动标注上的三个夹点来调整标注的位置。也可以直接双击标注文字，对文字进行修改。还可以双击引出标注对象进入编辑对话框。

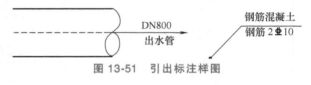

图 13-51 引出标注样图

13.4.5 做法标注

做法标注用于在施工图上标注工程的材料做法，通过专业词库预设常用的墙面、地面、楼面、顶棚和屋面标准做法，如图 13-52 所示。做法标注样图如图 13-53 所示。

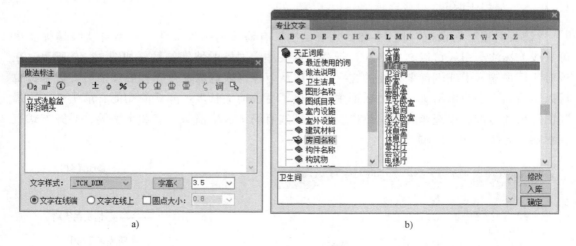

图 13-52 做法标注

a)"做法标注"对话框　b)"专业文字"对话框

对于完成的做法标注，可以通过双击该标注的文本，直接对文本进行修改，通过移动夹点可以调节标注的位置。

13.4.6　指向索引及剖切索引

索引符号在 T20 天正建筑 V6.0 版中拆分为指向索引和剖切索引两个独立的命令,指向索引新增两种索引范围标识形式,剖切索引在高级选项中增加默认剖切线宽度和剖切线距引线端头距离两项参数。"指向索引"对话框如图 13-54 所示。指向索引样图如图 13-55 所示。"剖切索引"对话框及样图如图 13-56 所示。

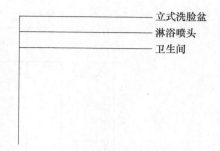

图 13-53　做法标注样图

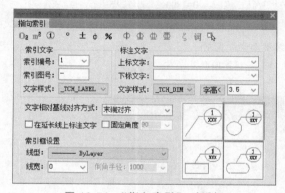

图 13-54　"指向索引"对话框

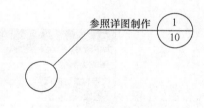

图 13-55　指向索引样图

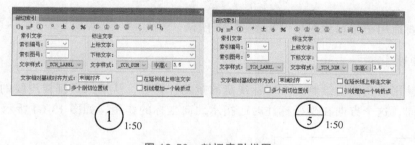

图 13-56　剖切索引样图

13.4.7　剖切符号

在图中标注国标规定的剖面剖切符号和断面剖切符号,如图 13-57 所示。"剖切符号"对话框如图 13-58 所示。其中 剖面剖切 用于标注剖面剖切符号,其用于定义编号的剖面图,表示剖切断面上的构件以及从该处沿视线方向可见的建筑部件,生成剖面中要依赖此符号定义剖面方向。 断面剖切 用于标注断面剖切符号,即不画剖视方向线的剖切符号,其以指向断面编号的方向表示剖视方向,在生成剖面中要依赖此符号定义剖面方向。

标注完成后,拖动不同夹点即可改变剖面符号的位置以及改变剖切方向。

13.4.8　加折断线

加折断线用于在图中绘制折断线,形式符合制图规范的要求,并可以依照当前比例更新

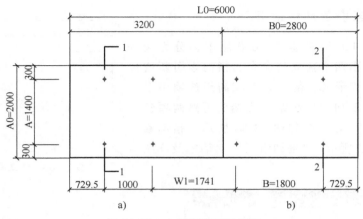

图 13-57　水泵基础剖面剖切

a）1—1 剖面剖切　b）2—2 断面剖切

图 13-58　"剖切符号"对话框

其大小，主要适用于工程详图中，如图 13-59 所示。

13.4.9　画指北针

画指北针用于在图上绘制一个国标规定的指北针符号，从插入点到橡皮线的终点定义为指北针的方向，这个方向在坐标标注时起指示北向坐标的作用，如图 13-60 所示。

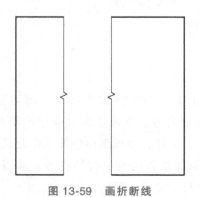

图 13-59　画折断线

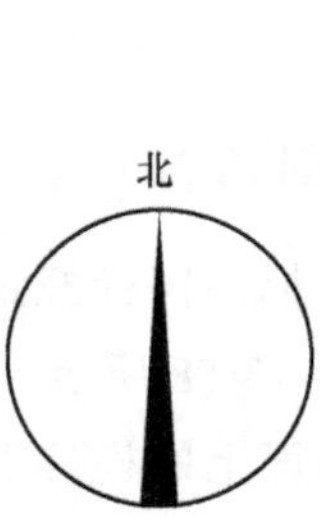

图 13-60　画指北针

13.4.10　图名标注

一个图形中绘有多个图形或详图时，需要在每个图形下方标出该图的图名，并且同时标注比例，比例变化时会自动调整其中文字的合理大小，如图 13-61 和图 13-62 所示。

图 13-61 "图名标注"对话框

平流式沉淀池平面图 1:100

图 13-62 图名标注国标样式样图

13.5 文件布图

在 T20 天正建筑软件中，建筑对象在模型空间设计时都是按 1:1 比例的实际尺寸创建的，布图后在图纸空间中相应缩小了出图比例的倍数。执行当前比例和改变比例命令，不改变建筑对象的大小，只是改变图中的文字、工程符号和尺寸标注等注释对象的大小。因此，应当首选用 TArch 绘制、标注建筑图，便于确定打印比例。

13.5.1 工程管理

工程管理命令用于建立由各楼层平面图组成的楼层表，在界面上方提供了创建立面、剖面、三维模型等图形的工具栏图标。

工程管理并不要求用户的平面图必须一个楼层平面按一个 DWG 文件保存，允许用户使用一个 DWG 文件保存多个楼层平面。工程管理命令可以接受一部分楼层平面在一个 DWG 文件，而另一些楼层在其他 DWG 文件的情况，如某项工程的一个天正图样集，其中一层和二层平面图都保存在一个 A. DWG 文件，而其他平面图保存在 B. DWG 和 C. DWG 文件，立面图 E 以及其他图形的概念则通过工程管理命令创建。

13.5.2 插入图框

插入图框命令用于在当前模型空间或图纸空间插入图框，插入图框前可按当前参数拖动图框，以测试图幅是否合适。图框和标题栏均统一由图框库管理，能使用的标题栏和图框样式不受限制，新的带属性标题栏支持图纸目录生成。

执行天正菜单项【文件布图】⇨【插入图框】，弹出"插入图框"对话框，如图 13-63 所示。确定"图幅""样式""比例"等，单击 会签栏、标准标题栏、附件栏、直接插图框 等图标按钮可弹出"天正图库管理系统"对话框，可自主选择图库中预设的样式，在选中的图形上双击即

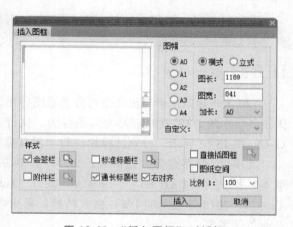

图 13-63 "插入图框"对话框

实时组成图框插入，最后单击 插入 按钮即可。

13.5.3 改变比例

改变比例命令用于改变模型空间中指定范围内图形的出图比例（包括视口本身的比例）。如果修改成功，会自动作为新的当前比例。改变比例命令可以在模型空间使用，也可以在图纸空间使用，执行后建筑对象大小不会变化，但包括工程符号的大小、尺寸和文字的字高等注释相关对象的大小会发生变化。

命令：TChScale
请输入新的出图比例 1：<100>：50 ↵　　　　（输入新比例）
请选择要改变比例的图元：　　　　　　　　（点取图上要修改比例的视口或选择对象）
请选择要改变比例的图元：↵　　　　　　　（回车结束）

13.5.4 旧图转换

由于天正软件升级版本图形格式变化较大，因此，为了用户升级时可以重复利用旧图资源继续设计，旧图转换命令用于对低版本格式的平面图进行转换，将原来用 CAD 图形对象表示的内容升级为新版的自定义专业对象格式。

旧图转换命令可以对当前工程统一设置三维参数，在转换完成后，对不同的情况再进行对象编辑。如果仅转换图上的旧版本图形部分，可选择相应对话框中的"局部转换"，系统按照指定的范围进行转换。"旧图转换"对话框如图 13-64 所示。

图 13-64　"旧图转换"对话框

转换完成后，还可对连续的尺寸标注运用连接尺寸命令，否则，虽然是天正标注的对象，但是依然是分段的。

13.5.5 图形导出

T20 天正建筑图形导出命令可分为整图导出、局部导出和批量导出，将 TArch 图档导出为天正各版本的 DWG 图或者各专业条件图。执行天正菜单项【文件布图】⇨【整图导出】，如图13-65~图 13-67 所示，分别选择相应的"保存类型""CAD 版本"和"导出内容"选项。

其中，"保存类型"提供天正 3、天正 5~9 版本、T20 V2-V6 等的图形格式转换。"CAD版本"提供 AutoCAD R14、AutoCAD 2000、AutoCAD 2004、AutoCAD 2007、AutoCAD 2013、AutoCAD 2018 等版本的 DWG 格式转换。导出内容可选择三维模型、结构基础条件图、设备专业条件图等。

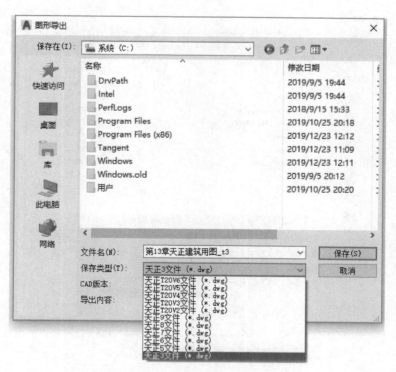

图 13-65　"整图导出"对话框（一）

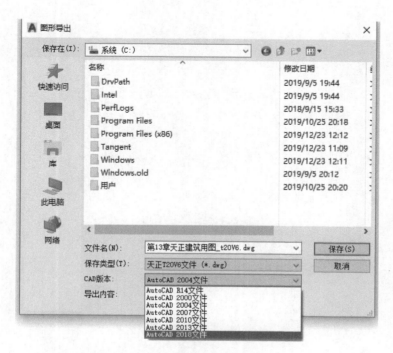

图 13-66　"整图导出"对话框（二）

图 13-67 "整图导出" 对话框 (三)

第 14 章

天正给排水软件

　　天正给排水是一款基于 AutoCAD 平台进行二次开发的智能化设计软件。本章以 T20V6.0 最新版本为例，介绍软件的功能、操作及其应用，包括用户界面、参数设置、建筑平面图、管线、给水排水平面图、消防平面图、系统图等。

14.1　主要功能

　　T20V6.0 可在 AutoCAD 2020 最高版本上运行，符合《建筑设计防火规范》（GB 50016—2014）（2018 年版）、《消防给水及消火栓系统技术规范》（GB 50974—2014）、《自动喷水灭火系统设计规范》（GB 50084—2017）等规范，可按专业规范快速布置室内平面图，便捷生成系统图并进行各系统的计算。T20V6.0 的主要功能如下：

　　（1）建筑图绘制　　内嵌天正建筑软件的部分功能，可绘制具有天正自定义对象的建筑平面图。该软件在给水排水平面图设计中全面支持天正建筑各个版本绘制的建筑条件图。

　　（2）室内给水排水设计　　全新的图库收纳最新规范的图例，所有管线设计实现动态 3D 预演，所见即所得，最终自动统计生成整楼设备材料表。用户可以按自己的需要进行个性化设置，包括标注文字大小、标注风格、管道线宽、颜色、线型、立管圆圈大小等，极大地满足了不同用户的需求。卫生器具与管线自动相连，平面图完成后可自动生成系统图。软件还提供一系列工具，方便实现系统图的完善。特别是具有了用于大型公共建筑（如体育场馆）和大型屋面厂房的设计（如烟厂）的虹吸雨水设计内容。

　　（3）消防喷淋系统设计　　提供多种布置消防设备的方案，如【任意布置】【直线喷头】【矩形喷头】【等距喷头】等。喷头可自动或指定位置布置，自动连接喷洒干管，并自动计算管径和起点压力，最后出 Word 格式计算书。动态进行喷头位置调整，管线和尺寸线联动。随意修改喷头类型及接管方式，所连管线自动进行遮挡相应处理。消火栓系统原理图可读平面图生成或直接通过【消防系统】绘制，并可进行计算，出 Word 格式计算书。

　　（4）室外给水排水设计　　快速绘制出各种管网系统及构筑物，并进行管网水力计算和纵断面图绘制。

　　（5）水泵房、水箱设计　　可绘制泵房平面图，并实现三维仿真显示管道、水泵、阀门的实体效果；由平面图直接生成剖面图，并且用户可自行扩充水泵的图库；提供标准方形、圆形水箱及自定水箱，以及水箱间的平面、剖面设计。

　　（6）材料表统计，完成各种专业计算并导出计算书　　绘制平面图后，不用手工添加任何数据，可以直接在平面图上进行材料统计，并生成材料表。统计内容包括管材的管径和管长，阀门的种类和数量，弯头的材料和数量。具体的统计内容可由用户自行确定。采用最新规范，具有室内、室外常用水力计算功能。计算直接读图，操作简易。结果表格化，方便打印并作为计算书。

（7）查询功能　可检索关于给水排水设计的各类资料，以及常用数据（如用水定额）和设计规范。

（8）标注功能　通用、方便的标注工具能快速完成尺寸、管径、标高、坡度等复杂烦琐的标注任务；所有标注工具都可用于标注，用户可以任意使用 AutoCAD 命令绘制的图元，没有任何限制。这样，即使用户一时难以学会天正给排水软件的其他功能，也可以利用这些标注功能来完成烦琐的标注任务。

（9）文字表格　提供可随意扩充的专业字库，方便地书写中西文等高文字及其上下标、特殊字符等。耳目一新的表格操作类似 Excel，并与 Excel 进行导入导出，还可以导出 Word。

（10）在线帮助　天正给排水软件的在线帮助和在线演示令上手更容易。操作中按<F1>键进入该命令帮助内容，并可观看教学演示。同时天正给排水软件以 HTML 帮助形式内置常用给排水工程设计规范，实现在线查询。

14.2　用户界面

如图 14-1 所示，T20V6.0 的工作界面在 AutoCAD 2020 的界面基础上增加了如下内容。

（1）屏幕菜单　天正给排水软件的所有功能调用都可以在天正软件的屏幕菜单上找到，大部分菜单项都有图标，当光标移到菜单项上时，在 AutoCAD 的状态行出现简短提示。

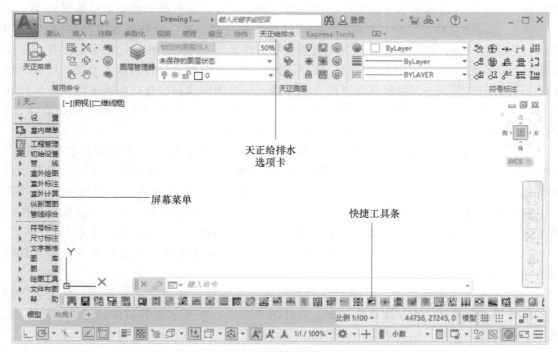

图 14-1　天正给排水软件工作界面

（2）快捷工具条　天正工具条汇集了使用频率比较高的命，执行菜单【设置】⇨【工具条】命令，弹出"定制天正工具条"对话框，如图 14-2 所示，可以将经常使用的一些命令添加到工具条里，也可以调整命令在工具条的位置。

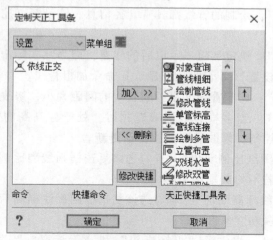

图 14-2 "定制天正工具条"对话框

14.3 天正给排水设置与操作

14.3.1 初始设置

菜单方式：【设置】⇨【初始设置】

功能：设置绘图中图块比例、管线信息、文字字形、字高和宽高比等初始信息。

菜单上选取该命令后，屏幕上出现如图 14-3 所示对话框，选择该对话框的"天正设置"选项卡，进入初始设置界面。

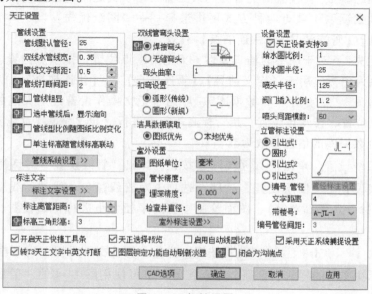

图 14-3 初始设置

利用此对话框可以对绘图时的一些默认值进行修改,该对话框中的主要选项说明如下。

(1) 管线设置

1)"管线默认管径":绘制的管线都具有管径信息,该设置可控制【绘制管线】管径参数的默认值。

2)"双线水管线宽":设定加粗显示以后的线宽,即为在实际出图时的线宽。可以通过选择屏幕菜单中【管线设置】⇨【管线粗细显示】命令加粗管线。

3)"管线文字断距":调节管线文字打断管线的间距大小,修改后当前图自动更新。

4)"管线打断间距":当多根管线形成遮挡时,处于标高高的管线会打断标高低的管线,其打断的间距在此控制,修改后当前图自动更新。

5)"管线型比例随图纸比例变化":若勾选该复选框则线型比例与图纸比例关联,图纸中显示线型疏密效果。若不勾选则不关联。

6)"单注标高随管线标高联动":若勾选该复选框则标注标高后,支持标高与管线标高的联动。若不勾选则不联动。

(2) 双线管弯头设置 提供了"焊接弯头"和"无缝弯头"两种形式,"弯头曲率"控制双线水管弯头的曲率半径和变径管的长度。

(3) 扣弯设置 可选择"弧形传统"和"圆形(新规)"两种扣弯表示方式。

(4) 立管标注设置 立管标注共有五种样式可供选择,圆形可设置圆半径大小。

(5) 设备设置

1)"天正设备支持 3D":选中该复选框后插入的设备阀门以三维形式显示。

2)"给水圆比例"和"排水圆半径":用于修改给水和排水圆半径大小。

3)"喷头半径":设置平面喷头的半径。

4)"阀门插入比例":设定阀门阀件在插入时的比例大小,此值可以在双击阀门后出现的修改对话框中查看、修改。

5)"喷头间距模数":设置沿支管方向或支管间两喷头之间的距离。

(6) 洁具数据读取 共有两种方式可供选择——"图纸优先"与"本地优先",该位置对【定义洁具】【管连洁具】【快连洁具】有效。

1)"图纸优先":对于图中的洁具属性,无论给水点位置、排水点位置、接管标高等均以图中洁具属性为主,应用于【定义洁具】【管连洁具】与【快连洁具】中。

2)"本地优先":后台存在"数据库",应用于记忆操作者曾经定义过的洁具的各个数值,包括给水点位置、排水点位置、接管标高等,当进行【定义洁具】【管连洁具】【快连洁具】时以后台数据库的信息参数为准。

(7) 管线系统设置 单击 管线系统设置 按钮,弹出"管线设置"对话框,如图 14-4 所示。通过"管线设置""图层设置"这两个选项卡对管线颜色、线宽、线型(可自创新线型)、标注、管材、立管(双管)、图面绘制立管的半径大小进行初始设置,并可强制修改已画管线。

(8) 标注文字 单击 标注文字设置 按钮,弹出"标注文字设置"对话框,如图 14-5 所示。可以设置标注文字的样式、字高、宽高比等。也可使用图 14-4 的"管线设置"对话框进行设置。

管线设置

| 图层标准: | 当前标准(TWT) | 置为当前标准 | 新建标准 | 删除标准 | 天正线型库 | 图层转换 | 旧转新 |

| 管线设置 | 图层设置 | 标注文字样式 |

管线系统	管线线宽	标注	管材	立管样式	立管半径	水流状态	备注
给水							
给水	0.35	J	PP-R	单圆圈	0.5	压力流	
给水中	0.35	J	PP-R	单圆圈	0.5	压力流	
给水高	0.35	J	PP-R	单圆圈	0.5	压力流	
热给水							
热回水							
污水							
污水	0.35	W	排水PVC-U	单圆圈	0.5	重力流	
废水							
雨水							
雨水	0.35	Y	排水铸铁管	单圆圈	0.5	重力流	
虹吸雨水							
中水							
消防							
消防	0.35	X	镀锌钢管	单圆圈	0.5	压力流	
消防中	0.3	X	镀锌钢管	单圆圈	0.5	压力流	
消防高	0.3	X	镀锌钢管	单圆圈	0.5	压力流	
喷淋							
喷淋	0.35	ZP	镀锌钢管	单圆圈	0.5	压力流	
喷淋中	0.3	ZP	镀锌钢管	单圆圈	0.5	压力流	
喷淋高	0.3	ZP	镀锌钢管	单圆圈	0.5	压力流	
凝结							

| 添加分区 | 删除分区 | 修改分区 | 添加系统 | 删除系统 | 上移 | 下移 | 展开 | 折叠 |
| 添加图层 | 删除图层 | 批量线型 |

☐ 本图已绘制管线强制修改（线宽、管材、立管半径）　　　| 更新文件 | 确定 | 取消 |

图 14-4 "管线设置"对话框

"标注离管距离"用于调整标注文字距管道之间距离。

标注文字设置

标注	文字样式	中文字体	英文字体	WIN字体	字体样式	字高	宽高比	编码
管径标注	_TWT_PIPEDN	HZTXT	SIMPLEX	否	常规	3.500	0.800	
立管标注	_TWT_SERIAL	HZTXT	SIMPLEX	否	常规	3.500	0.800	
管线文字	_TWT_PIPETEXT	HZTXT	SIMPLEX	否	常规	3.500	0.800	
圆中文字	_TWT_CIRCLE	HZTXT	SIMPLEX	否	常规	3.500	1.100	
洁具标注	_TWT_SANITARY	宋体		是	常规	3.500	0.800	CHINESE_GB2312
标高文字	_TWT_DIM_ELE	HZTXT	SIMPLEX	否	常规	3.500	0.800	
井标注	_TWT_WELL	HZTXT	SIMPLEX	否	常规	3.500	0.800	
表格文字	_TWT_SHEET	HZTXT	SIMPLEX	否	常规	3.500	0.800	
其他标注	_TWT_DIM	HZTXT	SIMPLEX	否	常规	3.500	0.800	
文字线形	TG_LINETYPE	HZTXT	SIMPLEX	否	常规	3.500	0.800	

| 查询WIN字体: | 请输入待查询WIN字体关键字... | 查询字体 | 指定字体 | 确定 | 取消 |

图 14-5 "标注文字设置"对话框

（9）室外标注设置　单击 室外标注设置 按钮，可修改室外标注样式、井编号标注样式、管底标注样式以及管底标注的引出角度，如图 14-6 所示。

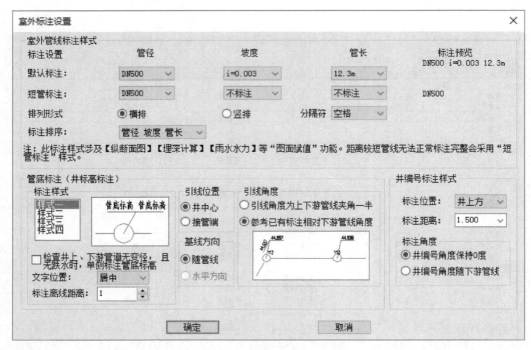

图 14-6 "室外标注设置" 对话框

14.3.2 工程管理

执行菜单【设置】⇨【工程管理】，屏幕上出现如图 14-7 所示的界面。

功能：管理用户定义的工程设计项目中参与生成立面剖面三维的各平面图形文件或区域定义。

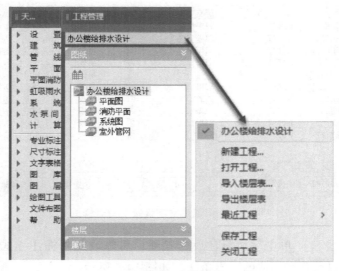

图 14-7 工程管理

单击下拉列表,可以打开【工程管理】下拉菜单,选择【打开工程】【新建工程】等命令。【新建工程】为当前图形建立一个新的工程,并为工程命名,如办公楼给水排水设计。打开已有工程只需单击工程名称下拉列表,可以看到建立过的工程列表,单击其中一个工程即可;打开已有图纸只需在图纸栏下列出当前工程打开的图纸,双击图纸文件名即可。

界面中的"图纸"栏,用于管理以图纸为单位的图形文件,预设有平面图、系统图、消防平面等多种图形类别,在图纸栏用鼠标右键单击工程名称,弹出快捷菜单,在其中可以为工程添加图纸或子工程分类。

14.3.3 天正管线系统

天正管线系统包括管线、设备和附件三部分。管线包括单管线和双管线;设备包括节点附件、给水附件、排水附件、消防设备和室外设备,设备的详细内容见表14-1;附件包括阀门阀件和管道附件。

表14-1 天正设备内容

设备名称	设备内容	设备名称	设备内容
节点附件	三通、四通、弯头、堵头	消防设备	消火栓、喷淋头
给水附件	给水点、水龙头、混合水龙头、淋浴头	室外设备	雨水口、各种井
排水附件	排水点、地漏、清扫口、雨水斗、排水漏斗		

(1)管线与管线的关系 管线标高相同的情况如下:

1)生成四通:断线,无相互遮挡关系。

2)管线置上:不断线,有遮挡关系(先画的管线A在下,后画的管线B在上,后画管线B遮挡先画的管线A)。

3)管线置下:不断线,有遮挡关系(先画的管线A在上,后画的管线B在下,后画管线B被先画的管线A遮挡)。

管线标高不相同的情况:不会生成四通,系统会根据管线各自的标高形成置上或置下的遮挡关系,即标高较高的置上,遮挡标高较低的管线。

> 说明:遮挡原则是在标高相同的情况下,级别高的遮挡级别低的管线;而标高优先于遮挡级别;移动或删除两交叉管线之一后,管线自动打断或合拢。

(2)管线与设备的关系

1)设备与管线独立,不随管线的变化而变化。

2)可以接多条管线。

3)每个设备上都有接线点和插入点。

4)管线是否被遮挡。

5)移动、删除或缩放设备后,管线自动断线或合拢,表现形式与附件相同。

6)在设备图块的外包线内画管线,管线自动连接设备。

7)管线穿过多个设备时,自动打断。

8)节点附件包括三通、四通、弯头和堵头,它们属于隐形附件,不在图中显示出来,能够进行材料统计。

（3）管线与附件的关系　附件包括阀门、管道附件和文字，它从属于管线，当删除管线时，其上的附件一并被删除。附件上都有接线点和插入点，插入时管线将连在接线点上，并同时与管线形成遮挡关系，但不打断管线。移动、删除、缩放附件后，管线自动断线或合拢。

14.4　平面图绘制

14.4.1　转条件图

菜单方式：【建筑】⇨【转条件图】或【平面】⇨【转条件图】（ZTJT），如图 14-8 所示。

功能：对当前打开的一张建筑图根据需要进行给水排水条件图转换，在此基础上进行给水排水平面图的绘制。

转条件图步骤如下：

1）在该对话框中选择在转条件图时需要保留的图层，未选图层及其上的图元信息将被自动删除。

2）执行 转条件图 命令。打开 预演 按钮，框选转图范围，可以清楚地看到转条件图后的 DWG图，能够达到用户要求时，再执行命令。

3）如果不能达到用户的要求，从预演状态回到该对话框，使用该对话框中"修正非天正图元"选项组中的"同层整体修改"和"改为××层"，依次对每一层进行修正，同时在修改层时系统会自动伴随"预演"查看效果，每层预演状态的所有待转图元成虚线显示，如果用户还要保留另外的未转图元时，可直接在预演状态下的图元上点

图 14-8　"转条件图" 对话框

取，程序会自动搜索到这一类图元，将它们变为虚线显示。

4）如果图样特别复杂，反复修改后仍不能达到要求，就可采用该对话框中的"柱子空心"命令，预演满意后，方可执行"转条件图"。也可执行菜单【建筑】中的"删除窗名"和"柱子空心"命令。

14.4.2　给水排水平面图的绘制

1. 立管布置

菜单方式：【管线】⇨【立管布置】（LGBZ）。执行此命令后，弹出如图 14-9 所示的"绘制立管"对话框。

1）"管线类型""标注"：绘制管线前，先选取相应类别的管线。

2）"管径"：选择或输入管线的管径，在【初始设置】中可定义默认管径值。

3）"编号"：立管的编号由程序以累计加一的方式自动按序标注，也可采用手动输入编号方式。

4）"布置方式"：分为三种。"任意布置"可以随意放置立管在任何位置；"墙角布置"是选取要布置立管的墙角，在墙角布置立管；"沿墙布置"是选取要布置立管的墙线，靠墙布置立管。

5）"底标高""顶标高"：根据需要输入立管管底、管顶标高，简化了生成系统图的步骤。

> 说明：图样上立管圆的绘制半径，可在【初始设置】【管线系统设置】中定义，也可双击立管调出修改对话框进行设置。
>
> 在绘制管线和布置立管时，可以先不用确定管径和标高的数值，而采用默认管径和标高，之后在设计过程中确定了管径和标高后再用【单管标高】【管径标注】或【修改管线】命令对标高、管径进行赋值；或者选择管线后在对象特性工具栏中进行修改。如果在已知管径和标高的情况下，于绘制之前编辑输入，则所画出的管线与设置一致。

2. 绘制管线

菜单方式：【管线】⇨【绘制管线】（HZGX），出现如图 14-10 所示的"绘制管线"对话框。部分选项说明如下：

图 14-9　"绘制立管"对话框

图 14-10　"绘制管线"对话框

1）管线设置：见【初始设置】。

2）"管线类型"标注：绘制管线前，先选取相应类别的管线。

3）"管径"：选择或输入管线的管径，在【初始设置】中可定义其默认值。在绘制管线时可以不用输入管径，可采用默认管径，之后在设计过程中确定了管径后再用【标注管径】或【修改管径】对管径进行赋值或修改。

4）"标高"：与管径相同，可以在确定了标高后再用【单管标高】或【修改管线】命令进行修改。

5）"等标高管线交叉"：对管线交叉处的处理有三种方式，即生成四通、管线置上和管线置下。

对上述各项设置后，就可以按选择的管线类型进行管线的绘制。屏幕命令行提示：

命令：hzgx

绘制管线

请点取管线的起始点[输入参考点（R）/切换分区（E）/切换系统（Q）]<退出>：

点取起始点后，命令行反复提示：

[给水（J）/污水（W）/废水（F）/雨水（Y）/中水（Z）/消防（X）/喷淋（H）]

请点取管线的终止点[轴锁0度（A）/轴锁30度（S）/轴锁45度（D）/选取行向线（G）/弧管线（R）/切换分区（E）/切换系统（Q）/回退（U）]<结束>（当前标高：0）：

① 输入字母"A"，进入轴锁0°，在关闭正交的情况下，可以任意角度绘制管线。

② 输入字母"S"，进入轴锁30°方向上绘制管线。

③ 输入字母"D"，进入轴锁45°方向上绘制管线。

④ 输入字母"G"，选取参考线进行平行绘制管线。

⑤ 输入字母"R"，绘制弧线水管线。

绘制管线后再单击【管线文字】命令自动读取标注管线类型。读取的管线文字标注以及管线的颜色、线宽、线型都可在【管线设置】中设定。

3. 沿线绘管

菜单方式：【管线】⇨【沿线绘管】（YXHG）。

功能：根据已有的线段（Line、Pline、Arc或天正墙线）进行平行绘制管线。

执行该命令如下：

命令：yxhg

请点取管线的起始点（注意，点取靠近线的一侧，不要点在线上）[输入参考点（R）]<退出>：

请拾取布置管线需要沿的直线、弧线、墙线<退出>：

请输入距线距离<100>：200 ↵

请拾取下一段Pline、直线、弧线<退出>：

4. 碰撞检查

菜单方式：【管线】⇨【碰撞检查】。执行本命令后，弹出如图14-11所示的对话框。当选择好需要碰撞检查的对象后，该对话框会显示结果，并在图中以红色圆圈显示。

功能：可方便且快捷地实现水、暖、电专业间的管线综合、管线检查，并可与天正建筑门、柱等实体实现三维碰撞检查并可标注碰撞点信息。

5. 套管插入

菜单方式：【管线】⇨【套管插入】（TGCR）。

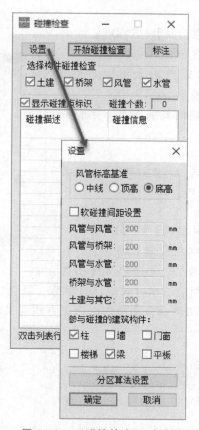

图 14-11 "碰撞检查"对话框

功能：选择管线或墙体后，根据墙体厚度，自动添加套管。

说明：1）在一段管线上引出另一段管线时，引出管线的类型、管径、标高值等都会自动读取被引管线的信息。

2）当管线要连接到与其标高不同的设备上时，系统会自动完成连接。设备的标高会自动跟随管线的标高。

3）管线的绘制过程中伴随有距离的预演，也可以直接在命令行输入数据进行绘制。

4）执行菜单命令或右键重复命令后，点选或框选需添加断管符号的管线，单击鼠标右键确认后，系统将自动在管线末端生成断管符号。

5）执行菜单或双击管线，会弹出"修改管线"对话框，用户可以在此对话框中对所选管线的所有信息和属性进行修改，包括"更改线型""更改图层""更改颜色""更改线宽""更改管材""更改管径""更改遮挡"和"修改管线标高"几个选择框，用户如果要更改管线的某个属性只需选中选择框，这时后面的文本框或下拉菜单就变为可编辑的状态了。

6）在平面图中同时绘制多条管线时用【绘制多管】命令，绘制单根管线也可用【沿线绘管】命令。

6. 任意洁具

菜单方式：【平面】⇨【任意洁具】（RYJJ）。

功能：在厨房或厕所中任意布置卫生洁具。

执行本命令后，系统会弹出"T20 天正给排水软件图块"对话框，如图 14-12 所示。

根据以下命令行提示，指定洁具插入点，完成布置洁具的操作。

命令：ryjj

请指定洁具的插入点［90 度旋转（A）/左右翻转（F）/放大（E）/缩小（D）/距墙距离（C）/替换（P）]<退出>：

7. 定义洁具

菜单方式：【平面】⇨【定义洁具】（DYJJ）。

功能：定义卫生洁具的给水点及排水点。

由命令行提示选择洁具图块后，系统会先弹出如

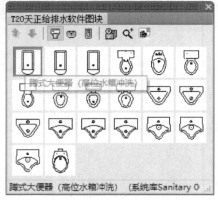

图 14-12　布置任意洁具

图 14-13 所示的选项框，选择相应给水方式的洁具项后，就会进入图 14-14 所示的"定义洁具"对话框，完成设置后，此图块会自动转为以天正方式定义的洁具图块。

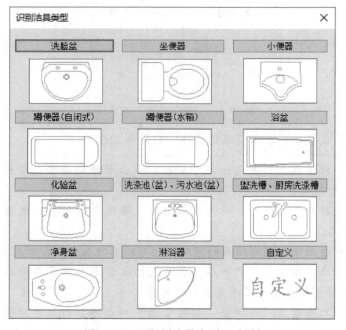

图 14-13　"识别洁具类型"对话框

在图 14-14 所示的"定义洁具"对话框中，单击 冷水给水点位置 按钮，在当前图洁具中选取冷水给水点位置，并相应选择显示给水点样式（"无""圆圈""十字叉"），设置相应的"给水点标高"，点取"系统图块"，根据需要选择给水点附件形式。单击 指定排水点位置 或 选择已有排水圆 按钮，在当前图洁具中选取排水点位置，点取"系统图块"，根据需要选择排水点附件形式。设置好计算参数和安装样式后，洁具定义成功。

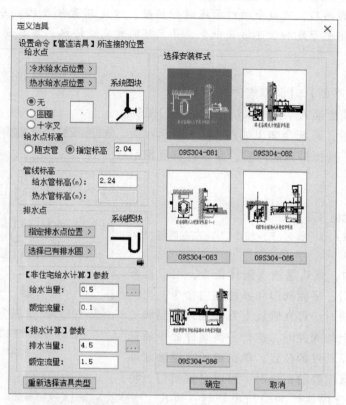

图 14-14　"定义洁具"对话框

8. 管连洁具

菜单方式：【平面】⇨【管连洁具】（GLJJ）。

功能：将已定义的洁具连接到冷水管、热水管和污水管上。

执行本命令后，命令行提示如下：

请框选立管或靠近立管的管线及需要连接的洁具 ｛连接设置（S）｝ <退出>：

> 说明：给水附件的给水点是直接插入在管线上的，故在由平面图转系统图的过程中，连接洁具与管线的短管只在平面图中显示而不生成系统图。当要删除不使用或画错的洁具时，平面图上的连接管线和给水点是不会自动删除的，需要用户特别注意将支管上的给水点删除。
>
> 排水系统的管连洁具，指定的排水点或排水圆在洁具上，而与管线之间的连接管是由系统自动生成的，平面图和轴侧图上都有此连接管，不存在删除管线上排水点的问题。

9. 快连洁具

菜单方式：【平面】⇨【快连洁具】（KLJJ）。

功能：一键框选立管与洁具，自动识别洁具类型，快速完成管线与洁具的连接。

执行本命令后，命令行提示如下：

请框选立管或靠近立管的管线及需要连接的洁具｛连接设置(S)｝<退出>：

> 说明：完成连接后，可以手动对管线进行调整，以达到最佳效果。另外，快连洁具可以同时代替绘制横支管线和管连洁具命令，并且可同时完成给水、排水设置。

10. 阀门阀件

菜单方式：【平面】⇨【阀门阀件】（FMFJ）。

功能：在管线上插入平面或系统形式的阀门图块。

执行本命令后，系统会弹出如图 14-15 所示对话框。选择本命令，选择插入阀门后，命令行反复提示如下：

命令：fmfj

当前阀门插入比例：1.2

请指定阀件的插入点〔放大(E)/缩小(D)/左右翻转(F)〕<退出>：

图 14-15 "T20 天正给排水软件图块"对话框

在图 14-15 中，默认是插入阀件命令，可以选择替换阀件、造阀门、平面阀门和系统阀门命令。当图库中有所需的图块时，可在管线上直接插入。当要更换已插入在管线上的阀件时，执行替换阀件命令后选择新阀件，点取原阀件的位置，单击鼠标右键确定即可。当图库中没有需要的图块时，可以自造阀门，将其加入天正图库管理系统的阀门类别后，再次执行【阀门阀件】命令时，新的自造阀门就可以直接用来插入了。双击已插入的阀门，可以直接调出"阀门编辑"对话框，可直接修改阀门大小和种类，或加双线法兰形式。

11. 给水附件

菜单方式：【平面】⇨【给水附件】（GSFJ）。

功能：在管线上插入平面或系统形式的给水附件图块。

执行命令后，系统会弹出"给水附件"对话框，如图 14-16 所示。在"附件类型"选择不同的附件后，在右侧的"平面"和"系统"会显示相对应的图标，若单击"系统"图标，则弹出选项表，可选择不同的形式。其他选项按设计意图进行选择和设置。

执行本命令并进行对话框设定后，命令行提示如下：

请指定附件在管线上的插入点｛旋转 90 度"A"/放大"E"/缩小"D"｝<退出>：

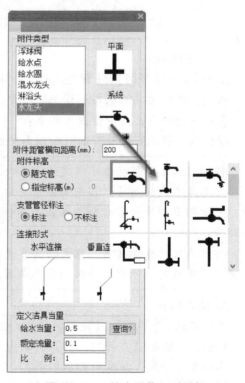

图 14-16 "给水附件"对话框

说明：管线中间位置插入时，在平面图上会生成预设距离的一段短管，但此短管不会随平面图生成系统图。管线末端插入时，直接点取端点、生成附件，平面图可完整转为系统图。除使用上述【管连洁具】可在布置平面图时连接洁具与管线外，还可使用【给水附件】实现这一平面布置，两者生成的系统图相同。

12. 排水附件、管道附件和常用仪表

　　使用与【给水附件】相似的菜单命令和操作方式，可以在管线上插入排水附件。【管道附件】和【常用仪表】也与【阀门阀件】一样，插入或替换如波形管、管堵、减压孔板、真空表、水表等图块，也可以定义图块入库，具有较强的灵活性。

13. 修改附件

　　菜单方式：【平面】⇨【修改附件】（XGFJ）。

　　功能：修改图中所有给水和排水附件的属性。可以改变原有比例，对设备进行缩放编辑，改变附件插入的角度，改变原有标高值，设定当量值等。

14. 基础洞和楼板洞

　　菜单方式：【平面】⇨【基础洞】（JCD）或【楼板洞】（LBD）。

　　功能：【基础洞】是在天正墙体中进行开洞，并可对暗装消火栓预留孔洞。【楼板洞】是在楼板上进行楼板洞绘制。

14.4.3　消防平面图的绘制

1. 布消火栓

　　菜单方式：【平面消防】⇨【布消火栓】（BXHS），弹出"平面消火栓"对话框，如图 14-17 所示。

　　功能：设置平面消火栓的形式，以及系统接管方式，在平面图中布置消火栓。

　　该对话框中的选项介绍如下。

　　1）"样式尺寸"：选择要布置的消火栓的样式，可以点选消火栓平面样式图块进行选择。

　　2）常用尺寸：增加、修改消火栓箱的尺寸，以提供选择。

　　3）"布置方式"：选择消火栓布置方式。

　　4）"距墙距离"：选择消火栓沿墙布置时距墙的距离。

　　5）"保护半径"：选择或输入保护半径值。保护半径按钮可点选，插入时不但可显示出当前插入消火栓的半径，同时也可以选择是否显示出以往所插入的消火栓的半径。

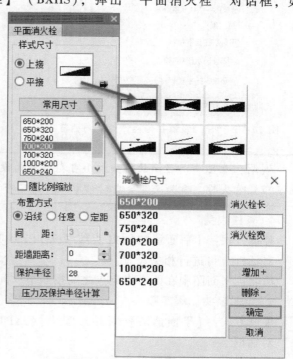

图 14-17　"平面消火栓"对话框

6）压力及保护半径计算：计算消火栓的栓口压力、保护半径和充实水柱，如图 14-18 所示。

2．连消火栓

菜单方式：【平面消防】⇨【连消火栓】（LXHS）。

功能：连接消火栓和立管。

执行该命令后，命令行提示如下：

请选择消火栓<退出>：

请选择消防立管<退出>：

请输入支管标高（0.8m）<退出>：

请系统自动就近连消火栓<Y>：

3．任意喷头

菜单方式：【平面消防】⇨【任意喷头】（RYPT），弹出如图 14-19 所示的"任意布置喷头"对话框。

功能：在图中自由插入喷头。

图 14-18　"压力及保护半径计算"对话框　　　图 14-19　"任意布置喷头"对话框

> 说明：在图中所显示的喷头大小可在【初始设置】中进行设定。当需要在已布置喷头上继续布置喷头时，喷头间距会自动读取上一对已布置喷头间的距离，非常适用于不规则房间。

4．直线喷头

菜单方式：【平面消防】⇨【直线喷头】（ZXPT），弹出如图 14-20 所示的"两点均布喷头"对话框，可进行相关设置。

功能：平面图中在两个指定点之间按照最大间距沿一条直线均匀布置喷头。

5．矩形喷头、等距喷头

菜单方式：【平面消防】⇨【矩形喷头】（JXPT），弹出如图 14-21 所示的"矩形布置喷头"对话框。

功能：在区域内按矩形或菱形布置喷头。

图 14-20　"两点均布喷头"对话框　　　　图 14-21　"矩形布置喷头"对话框

"矩形布置喷头"对话框的选项介绍如下。

1）按"已知行列"布置：设置喷头的"行数""列数"和"行向角度"。

2）按"已知间距"布置：设置"行最大间距""列最大间距和"行向角度"。

3）"行向角度"文本框：用于输入绘制喷头时管线的旋转角度，用户可以从布置设备时的预演中随时调整设备的旋转角度。可以直接在该文本框中输入或通过上下箭头选择角度数值。

4）"接管方式"下拉列表框：用以选择喷头与管道的连接方式，分为"行向接""列向接"和"不连接"三种。

5）"预演保护半径"：选中此复选框后，喷头的保护半径变为可编辑状态，用户可从中选择喷头的保护半径，在绘制喷头时可以对喷头的保护半径进行预演。

6）"管标高"：用于直接设置绘制管线和设备的标高。

【等距喷头】与【矩形喷头】的操作相似。

说明：当房间成角度倾斜时，可在"行向角度"文本框中输入角度，也可在房间的行向墙线上直接点取，系统会自动读取墙线的行向角度，再由起点、终点布置喷头。

---

6. 喷头尺寸

菜单方式：【平面消防】⇨【喷头尺寸】（PTCC）。

功能：标注喷头间距尺寸。

在菜单中选取该命令后，可以框选所有要标注尺寸的喷头，系统会自动读取喷头间距，只需用鼠标点取标注的放置位置即可，本命令在极大程度上简化了标注的过程，减少了工作量。此外，也可用传统的逐点标注的命令来对喷头进行尺寸标注。标注效果如图 14-22 所示。

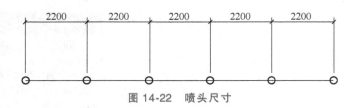

图 14-22　喷头尺寸

7. 喷淋管径

菜单方式：【平面消防】⇨【喷淋管径】（PLGJ），弹出如图 14-23 所示的"根据喷头数计算管径"对话框。

功能：计算喷淋管径并标注于图中。

"根据喷头数计算管径"对话框的选项介绍如下。

1）"管径与喷头数对应关系"选项组：用户可以使用原有系统的设置，也可根据需要手动修改不同管径连接的喷头数。

2）"轻危险级""中危险级""严重危险"单选按钮：用以选择建筑物的危险等级。选择不同危险等级时，对应喷头数会发生相应变化。用户进行设定后，回车确认，命令行提示如下：

请选择喷淋干管<退出>：

用鼠标点取要标注的喷淋干管，系统会自动生成与沿干管向支管的水流方向相同管径标注。如果喷淋系统在标注管径时发现系统存在回路，那么，此命令将结束，同时以虚线方式显示回路管段。

图 14-23　"根据喷头数
计算管径"对话框

14.5　系统图的绘制

绘制系统图的方法有 4 种：系统生成、绘原理图、绘展开图和自绘系统图。

14.5.1　系统生成

菜单方式：【系统】⇨【系统生成】（XTSC），弹出如图 14-24 所示的"平面图生成系统图"对话框。

功能：根据平面图生成系统轴测图，也可以生成多楼层管道的系统图。

"平面图生成系统图"对话框选项介绍如下。

1）"管道类型"：用于选择所生成系统

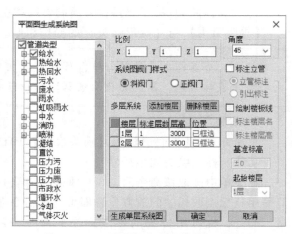

图 14-24　"平面图生成系统图"对话框

图的管道类型（注：此选项必须与被转换平面图内的管道类型相一致）。

2）"角度"：可依据用户需要选择生成系统图的角度，有 30° 和 45° 两种。

3）添加楼层、删除楼层：可添加或删除相同楼层的种类数量。

4）生成单层系统图：用于只生成单层系统图。

5）"楼层""标准层数""层高""位置"：显示相同楼层种类的序号；可输入同形式楼层的数量；输入层高；用于确定生成系统图的平面图的范围，以及生成多层系统图时的相连立管接线点位置。注意：在未确定所选平面范围及连接基点前，"位置"显示"未指定"；而已经选定的，则显示"已框选"。

6）"绘制楼板线"：选择是否在系统图上绘制楼板线。

7）"基准标高"：在系统图上显示为首层地面标高，单位为 m。

8）"起始楼层"：可设置系统图中的起始楼层的层数及显示方式。

14.5.2　绘原理图

1. 住宅给水

菜单方式：【系统】⇨【住宅给水】（GSYL），弹出如图 14-25 所示的"绘制住宅给水原理图"对话框。

功能：进行住宅给水原理图的绘制，支持多立管给水原理图。

"绘制住宅给水原理图"对话框选项介绍如下。

1）定义层高：在该按钮右侧的文本栏中输入每层高度，也可使用默认值；如果只想改变某一层或几层高度，单击定义层高按钮，系统会弹出如图 14-26 所示的"定义楼层间距"对话框。

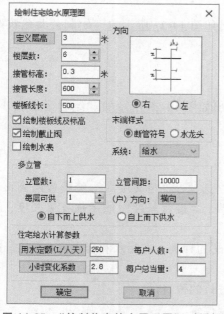

图 14-25　"绘制住宅给水原理图"对话框

图 14-26　"定义楼层间距"对话框

2）"楼层数"：用于设置建筑物的层数，可通过上下箭头增加或减少楼层数，也可直接输入。如果想生成带有地下室的建筑物，就需要把地下和地上的楼层总数输入该文本框中。

3）"接管标高"：用于修改接入管的起始标高。

4）"接管长度"：可改变接出管的长度。

5）"楼板线长"：可以修改楼板线的长度。

6）"绘制楼板线及标高"：该复选框选择是否在原理图上绘制楼板线及标高。

7）"绘制截止阀"：该复选框选择是否在原理图上绘制截止阀。

8）"绘制水表"：该复选框选择是否在原理图上绘制水表。

9）"方向"：该选项组用于选择系统图的方向。

10）"末端样式"：选择在管线末端绘制水龙头或者断管符号。

11）"系统"：选择管道类型。

> 说明：如果想生成带有地下室的建筑物，需要把地下和地上的楼层总数填入文本框中。先点取要修改层高的楼层，此时在"楼层高"的文本框中会出现此层的高度，输入新的楼层高后，按 修改楼层高 完成修改；单击 每层总当量 按钮，会弹出"定义各楼层当量"的对话框，可直接在对应楼层的当量文本框中修改，也可从当量值表查询、计算对话框中设定。如果想把原理图作为系统图，就要进行必要的修改和补充，先要补充完整的管线系统图（如阵列立管，绘制横管线），如删掉计算节点处的标注，补充立管编号、标高、管径和应有的管线等。

12）"住宅给水计算参数"：该选项组用于设定住宅给水管的计算参数，绘出计算简图。同时结合修改当量等命令，进行每层当量的设定，自动完成计算并标注管径，出 Word 计算书。

2．公建给水

菜单方式：【系统】➪【公建给水】（GJGS），弹出如图 14-27 所示的"绘制公共建筑给水原理图"对话框，可进行相应设置。

功能：进行公建给水原理图的绘制。

3．排水原理

菜单方式：【系统】➪【排水原理】（WSYL），弹出如图 14-28 所示的"绘制污水展开图"对话框。

功能：绘制排水原理图。

该对话框中的选项介绍如下。

1）建筑信息：包括是否"绘制楼板线及标高"选项；"定义层高"编辑楼层高；"楼层数"确定楼层数量；"接管标高"表示横支管标高；"接管长度"表示横支管长度；"楼板线长"输入楼板线长度。

2）系统形式："系统"下拉列表中选择排水系统的种类，有污水和废水；"方向"选项组确定原理图的方向。

3）"检查口"：该选项组用于选择自动生成检查口的位置。

4）"通气"：该选项组用于选择通气类型和绘制位置。

5）"排水计算参数"：该选项组确定排水当量、定额流量、计算管材参数。

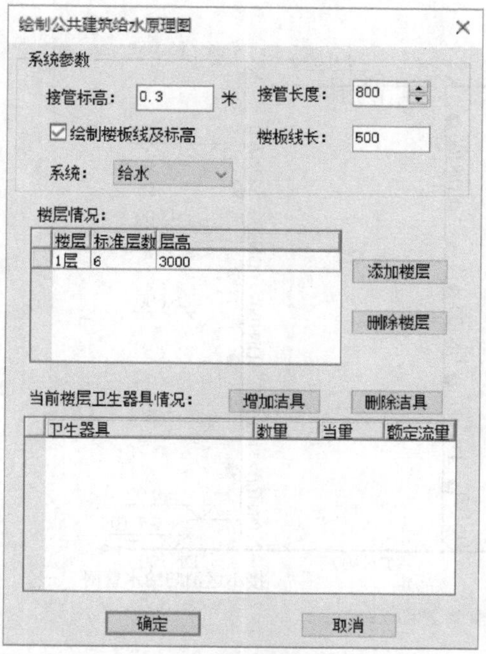

图 14-27 "绘制公共建筑给水原理图" 对话框

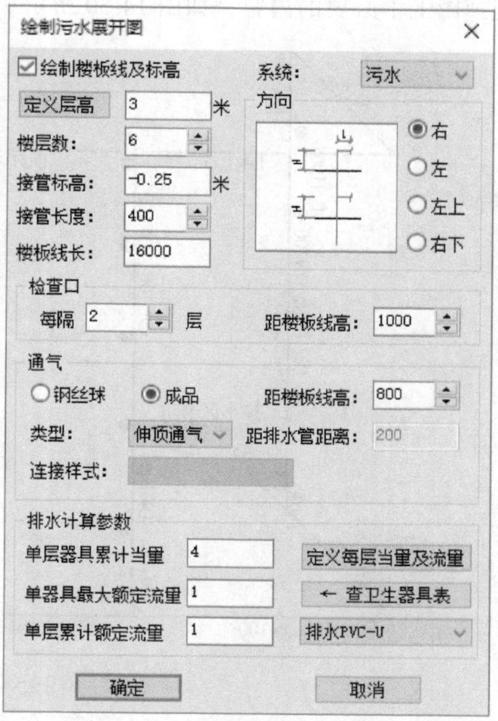

图 14-28 "绘制污水展开图" 对话框

如果每层计算参数相同，则只需在文本框中输入数据即可。而当每层不同时，需要单击 定义每层当量及流量 按钮进入"定义各楼层当量"对话框，再通过该对话框对每层的排水当量、流量进行设定（单击当量值后面的按钮，就能调出对话框）。

进入排水当量查询、计算，只要双击表中所需的排水洁具，就能计算出当量、流量总值并从中选出最大洁具额定流量。

> 说明：如果想把原理图作为系统图出图，就要进行必要的修改和补充。先要补充完整的管线系统图（如阵列立管，绘制横管线），如删掉计算节点处的标注，补充立管编号、标高、管径和应有的管线等。

4. 消防系统

菜单方式：【系统】⇨【消防系统】(XFXT)，弹出如图 14-29 所示的"消火栓系统"对话框。

功能：绘制消防系统图。

若出系统图，则要进行必要的修改和补充。先要补充完整的管线系统图（如阵列立管，绘制横管线），补充立管编号、标高、管径和应有的管线等，

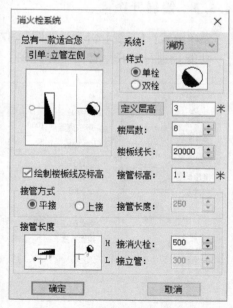

图 14-29 "消火栓系统" 对话框

删掉图上不必要的内容，如图 14-30 所示。

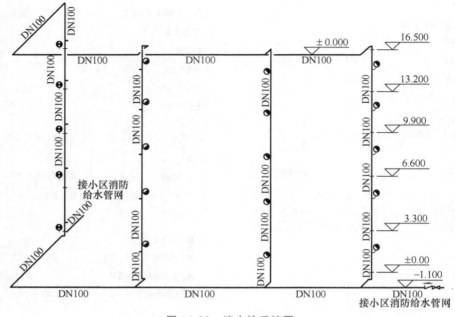

图 14-30　消火栓系统图

5. 喷洒系统

菜单方式：【系统】⇨【喷洒系统】（PSXT），弹出如图 14-31 所示的"喷洒系统"对话框，可进行相应设置。

功能：绘制喷洒系统图。

14.5.3　绘展开图

菜单方式：【系统】⇨【绘展开图】（HZKT），弹出如图 14-32 所示的"绘制展开图"对话框。

功能：进行展开立管图（原理图）的绘制。

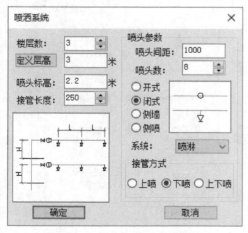

图 14-31　"喷洒系统"对话框

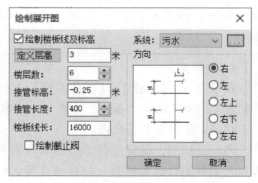

图 14-32　"绘制展开图"对话框

操作步骤：

1）先选好所需"系统"，如污水。

2）在各参数文本框中输入合适的参数后，插入到图中，再配合【通气帽】【管线倒角】【绘制管线】命令就可快速绘制出多层排水系统图。

3）若出系统图，则要进行必要的修改和补充。先要补充完整的管线系统图（如阵列立管，绘制横管线），再补充立管编号、标高、管径和应有的管线等，删掉图上不必要的内容。

> 说明：对于住宅的绘展开图，不能在此图上进行给水计算。

14.5.4 自绘系统图

操作步骤：

1）绘制立管和横管（绘制管线命令，若多根立管可阵列，图形对称可镜像）。

2）绘制楼板线。

3）添加必要的系统附件或设备，如检查口、消火栓、系统附件等，它们的使用方法如下。

① 通气帽。

菜单方式：【系统】⇨【通气帽】（TQM）。

功能：在管线末端绘制通气帽，并标注尺寸。

执行该命令后，命令行提示如下：

请选择需要插入通气帽的管线<退出>： （可以单独点选或者多根管线框选）

请输入通气帽管长<800>： （输入通气帽的管长，或使用默认值）

请点取尺寸线位置<退出>： （通过单击鼠标，给出尺寸线的方向即可）

② 检查口。

菜单方式：【系统】⇨【检查口】（JCK）。

功能：在距地面一定高度插入检查口，并标注尺寸。

执行该命令后，命令行提示如下：

请输入检查口距地面距离<1000>： （输入检查口距地面的高度，或用鼠标右键读取默认值 1m）

请点取检查口所在地面位置：<退出> （选取所要插入检查口的管线与地面楼板线的相交位置，系统会自动生成检查口并拖拽出标注尺寸线）

请点取尺寸线位置<退出>： （点取尺寸线的放置位置，即可完成标注。注意：直接单击鼠标右键不标注尺寸）

请点取检查口所在地面位置：<退出> （可继续点取插入，此时将按已插入的样式同时绘制检查口及尺寸）

③ 消火栓。

菜单方式：【系统】⇨【消火栓】（XHS）。

功能：布置单/双消火栓。

执行该命令后，命令行提示如下：

请点取消火栓插入点{放大"E"/缩小"D"/左右翻转"F"/双栓"S"/平接管"1"/上接管"2"/不接管"3"}

<完成>： （用鼠标点取插入消火栓）

键入 "E" "D" "F" "S" 可以分别调整消火栓的放大、缩小、左右翻转及单双栓形式。

键入 "1" "2" "3" 来选择接管方式，如图 14-33 所示。

图 14-33　接管方式

④ 系统附件。

菜单方式：【系统】⇨【系统附件】(XTFJ)，弹出 "T20 天正给排水软件图块" 对话框，不同附件及设备的设置界面分别如图 14-15、图 14-16 所示。

功能：在系统图上绘制各种系统附件。

⑤ 改楼层线。

菜单方式：【系统】⇨【改楼层线】(GLCX)。

功能：对楼层进行镜像或者移动。

执行该命令后，命令行提示如下：

请选择需要镜像的楼层线、标高：<退出>

当选择楼层线、标高后，命令行提示：

请选择镜像的参考线（立管）：<上下移位>

选择立管镜像示意图如图 14-34 所示。

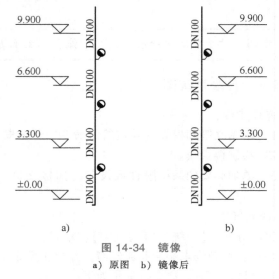
图 14-34　镜像
a）原图　　b）镜像后

> 说明：如果绘制出的图形不够理想，那么可以利用附件翻转、系统缩放和系统选择等命令加以修改完善。

14.6　专业计算

14.6.1　用水量计算

1. 冷水量的计算

菜单方式：【计算】⇨【用水量】(YSL)，弹出如图 14-35 所示的 "最高日，最大时用水量计算" 对话框。

功能：计算建筑物的最高日用水量、高日高时用水量以及最大日平均时用水量。

单击 增加 按钮后，弹出的 "选择用水部位类型" 对话框，如图 14-36 所示。

选择相应类型的用水部位后，参考值会显示在下面的文本框中，用户可在此填入数量，按 确定 按钮后，结果显示在用水量计算的表格中，如图 14-37 所示。

1）修改：选择一种类型的建筑物，单击该按钮后，弹出 "选择用水部位类型" 对话框，文本框中显示该用水部位的各项参数值，可在此进行修改。数量可以直接单击相应的表格进行修改。

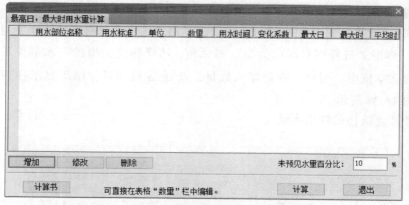

图 14-35 "最高日,最大时用水量计算"对话框

图 14-36 "选择用水部位类型"对话框

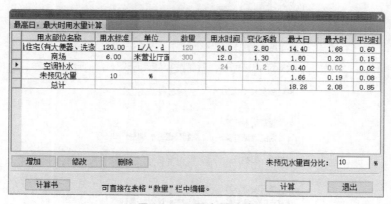

图 14-37 用水量计算

2) 删除:选择一种类型的建筑物,单击该按钮后,该项被删除。

3) "未预见水量百分比":考虑管网流失和未预见水量的系数,取 10%～15%。

2. 热水量的计算

菜单方式：【计算】➪【热用水量】（RYSL），弹出"热水小时用水量计算"对话框，单击 增加 按钮后，弹出"选择用水部位类型"对话框，选择相应类型的用水部位后，参考值会显示在下面的文本框中，用户可在此填入数量，按 确定 按钮后，结果显示在用水量计算的表格中，如图 14-38 所示。

功能：计算建筑物的热用水量。

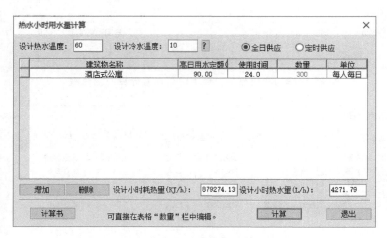

图 14-38　"热水小时用水量计算"对话框

14.6.2　建筑给水排水系统计算

1. 建筑给水系统计算

菜单方式：【计算】➪【给水计算】，弹出"给水计算"对话框，如图 14-39 所示。

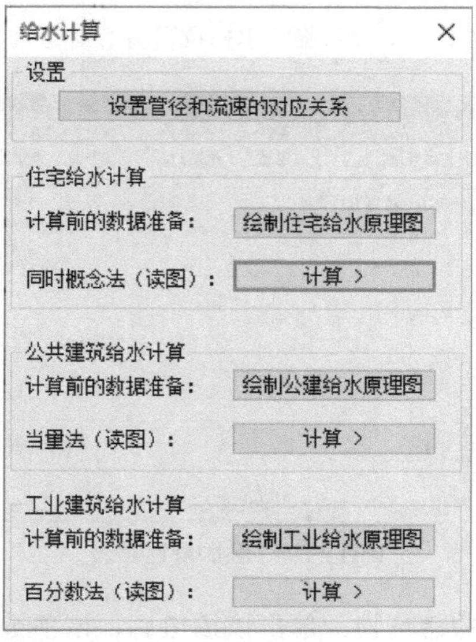

图 14-39　"给水计算"对话框

功能：绘制给水原理图，修改当量；从图面读取，对公共建筑或住宅的给水系统进行水力计算，并自动标注各管段管径。

2. 建筑排水系统计算

菜单方式：【计算】⇨【排水计算】（WSJS）。执行该命令后，选择排水系统图或原理图的排水出口，将弹出"排水计算"对话框，选择 α 系数和通气管类型后进行计算并完成管径标注，如图 14-40 所示。

功能：室内排水系统水力计算。

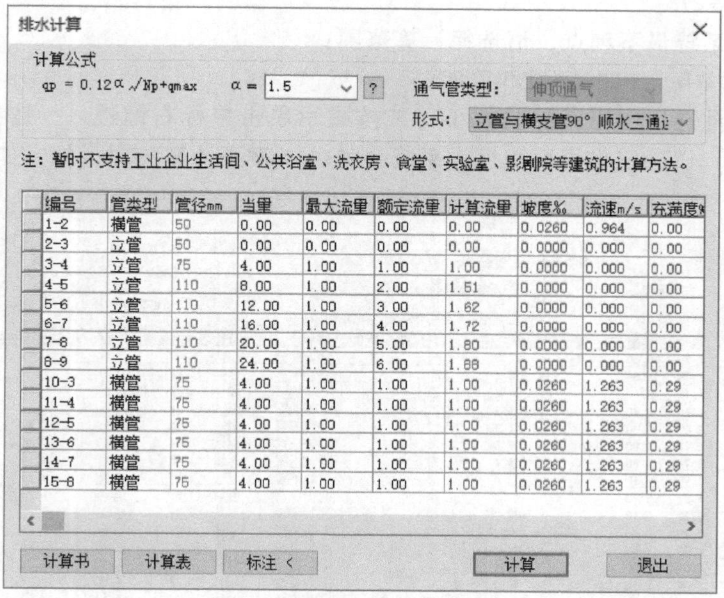

排水计算

计算公式

$q_P = 0.12\alpha \sqrt{N_p} + q_{max}$　α = 1.5　通气管类型：伸顶通气

形式：立管与横支管90°顺水三通接

注：暂时不支持工业企业生活间、公共浴室、洗衣房、食堂、实验室、影剧院等建筑的计算方法。

编号	管类型	管径mm	当量	最大流量	额定流量	计算流量	坡度%	流速m/s	充满度%
1-2	横管	50	0.00	0.00	0.00	0.00	0.0260	0.964	0.00
2-3	立管	50	0.00	0.00	0.00	0.00	0.0000	0.000	0.00
3-4	立管	75	4.00	1.00	1.00	1.00	0.0000	0.000	0.00
4-5	立管	110	8.00	1.00	2.00	1.51	0.0000	0.000	0.00
5-6	立管	110	12.00	1.00	3.00	1.62	0.0000	0.000	0.00
6-7	立管	110	16.00	1.00	4.00	1.72	0.0000	0.000	0.00
7-8	立管	110	20.00	1.00	5.00	1.80	0.0000	0.000	0.00
8-9	立管	110	24.00	1.00	6.00	1.88	0.0000	0.000	0.00
10-3	横管	75	4.00	1.00	1.00	1.00	0.0260	1.263	0.29
11-4	横管	75	4.00	1.00	1.00	1.00	0.0260	1.263	0.29
12-5	横管	75	4.00	1.00	1.00	1.00	0.0260	1.263	0.29
13-6	横管	75	4.00	1.00	1.00	1.00	0.0260	1.263	0.29
14-7	横管	75	4.00	1.00	1.00	1.00	0.0260	1.263	0.29
15-8	横管	75	4.00	1.00	1.00	1.00	0.0260	1.263	0.29

计算书　计算表　标注 <　　计算　　退出

图 14-40 "排水计算"对话框

14.6.3 消火栓系统水力计算

菜单方式：【计算】⇨【消防计算】（XFJS）。

功能：消防系统水力计算。

执行该命令后，由提示"请选择消火栓干管<退出>"选择消火栓给水系统的入口水管，然后屏幕上出现如图 14-41 所示的"消火栓水力计算"对话框。

设定好"水龙带长度""水龙带材料""水龙带直径""水枪喷嘴口径""充实水柱长度"和"水枪最小流量"，点 校核流量 ，确保消防栓动压满足规范要求，再由提示"请选择作用消火栓<退出>"进行右键确认即可完成。

说明：本程序不再计算管径值，系统图给出立管管径为 100、支管管径为 70，如有需要，用户可用"管径标注"命令重新定义。

图 14-41 "消火栓水力计算"
对话框

14.6.4　喷淋系统水力计算

菜单方式：【计算】⇨【喷淋计算】(PLJS)。

功能：对自动喷淋系统进行水力计算。

注意：此命令在执行完"喷淋管径"或用户已经给管线设定好管径后进行。

在菜单上执行该命令后，鼠标指针变为选择方框，命令行提示如下：

请选择喷淋干管<退出>：

请输入起点编号<1>：

图中红叉为系统最不利点，请选择计算范围：

选择第一点<选取闭合 PLINE 决定作用面积>：

用鼠标直接框选出作用面积的大小（或按提示单击鼠标右键进入，选择已绘制的闭合 PLINE 作为面积）以确定作用面积后，系统会弹出"喷洒计算"对话框，如图 14-42 所示。

喷洒计算

水力坡降公式：新规范2017　?　　危险等级：轻危险级　　　计算模式
默认特性系数K：80　　作用面积：160　　海澄威廉系数　　○入口压力(mH20)：20
☑当量长度仅考虑水流情况　喷水强度：4　　□采用管道经济流速　设置　　◉最不利喷头压力(mH20)：7

管段号	起点压力	流量L/s	管长(m)	当量长度	管径(mm)	管内径(mm)	海澄威廉系数(Ch)	管材	特性K	水力坡降	流速m/s	水头损失mH20	高差损失mH20	终点压力
1-2	7.00	1.11	2.75	0.80	25	27.3	120	镀锌钢管	默认	2.07	1.90	0.75	0.00	7.75
2-3	7.75	2.28	2.75	1.80	32	35.4	120	镀锌钢管	默认	2.21	2.32	1.02	0.00	8.77
3-4	8.77	3.52	2.75	2.10	32	35.4	120	镀锌钢管	默认	4.93	3.58	2.44	0.00	11.21
4-5	11.21	4.93	1.23	2.40	40	41.3	120	镀锌钢管	默认	4.34	3.68	1.61	0.00	12.82
5-6	12.82	4.93	2.80	1.50	40	41.3	120	镀锌钢管	默认	4.34	3.68	1.90	0.00	14.72
30-31	7.98	1.19	2.75	1.80	25	27.3	120	镀锌钢管	默认	2.34	2.03	0.85	0.00	8.83
31-32	8.83	2.43	2.75	1.80	32	35.4	120	镀锌钢管	默认	2.49	2.47	1.16	0.00	9.98
32-33	9.98	3.76	2.75	1.80	32	35.4	120	镀锌钢管	默认	5.57	3.82	2.75	0.00	12.74
33-6	12.74	5.26	1.23	2.70	40	41.3	120	镀锌钢管	默认	4.69	3.93	1.96	0.00	14.70
6-7	14.72	10.19	0.32	3.10	50	52.7	120	镀锌钢管	默认	5.07	4.67	1.77	0.00	16.49
7-8	16.49	10.19	2.78	2.30	150	159.3	120	镀锌钢管	默认	0.02	0.51	0.01	0.00	16.50
34-35	8.97	1.26	2.90	1.80	25	27.3	120	镀锌钢管	默认	2.60	2.15	0.98	0.00	9.95
35-36	9.95	2.58	2.90	1.80	32	35.4	120	镀锌钢管	默认	2.78	2.62	1.33	0.00	11.28
36-37	11.28	3.99	2.90	1.80	32	35.4	120	镀锌钢管	默认	6.22	4.06	3.17	0.00	14.45
37-8	14.45	5.59	0.63	3.00	40	41.3	120	镀锌钢管	默认	5.47	4.17	2.03	0.00	16.48
8-9	16.50	15.78	3.00	7.60	125	131.7	120	镀锌钢管	默认	0.13	1.16	0.14	0.00	16.64
38-39	9.08	1.27	2.90	1.80	25	27.3	120	镀锌钢管	默认	2.63	2.16	0.99	0.00	10.07
39-40	10.07	2.60	2.90	1.80	32	35.4	120	镀锌钢管	默认	2.81	2.64	1.35	0.00	11.42

计算结果

所作用面积(m2)：1804.07　　总流量(L/s)：249.62　　平均喷水强度(L/min*m2)：8.31　　最不利点喷头压力(mH20)：7.00

水头损失(mH20)：43591.11　　高差损失(mH20)：0.00　　安全系数K：1.20　?　　计算设计扬程(mH20)：

计算表　计算书　图面赋值　喷头敷定管径　四喷头校核　校正管径　复算　退出

图 14-42　"喷洒计算" 对话框

该对话框部分选项介绍如下。

1)"水力坡降公式"：海澄-威廉公式对应为新规范 2017。舍为列夫公式对应为旧规范。

2)"默认特性系数 K"：输入喷头的特性系数。（提示：可以修改喷头对应的喷头特性系数 K）。

3)"采用管道经济流速"：勾选此复选框时，计算表中"流速"一列将会按照经济流速设置规则显示颜色。

4)"计算模式"：提供根据最不利点喷头压力计算入口压力和提供入口压力反算最不利点喷头压力两种计算方法。

5) 计算列表区域：黑色为图面参数读入数值，不可修改；红色为图面读入的管径，可修改；蓝色为计算结果，不可修改。

6）<u>计算书</u>：单击该按钮可输入 Word 计算书。

7）<u>图面赋值</u>：将计算得到的管径赋值到管道并标注。

8）<u>复算</u>：修改管径、更改计算模式及其数值、调整特性系数后，都要单击<u>复算</u>按钮，以保证计算结果的正确性；管径修改后图面自动完成更新。

9）<u>四喷头校核</u>：可进行四喷头校核。单击该按钮命令行提示：

请选择 4 个相邻喷头：<退出>；

选择 4 个喷头后确定，命令行提示：

请输入保护面积[闭合 PLINE 确定面积(S)](10.720)；

点击确定或输入面积，弹出对话框提示校核结果。

14.6.5   水箱计算

菜单方式：【计算】⇨【水箱计算】(SXJS)，弹出如图 14-43 所示的"水箱容积计算"对话框。

功能：计算水箱的容积。

"用途"：水箱的用途有三种，即生活专用、消防专用、生活消防合用。

"运行方式"：分水泵自动、水泵人工和单设水箱三种，分别会显示不同的公式和参数，输入相关参数得出生活用水容积。水泵自动运行方式时，有两种计算方式，一种是精确的计算，另一种是估算，分别对应不同的公式。

单击"计算"按钮后，水箱总容积即为生活用水容积。

14.6.6   贮水池计算

菜单方式：【计算】⇨【贮水池】(ZSC)，弹出"贮水池"对话框，如图 14-44 所示。

功能：计算生活贮水池、消防贮水池和生活消防合用贮水池的容积。

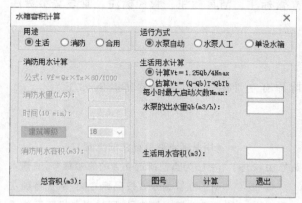

图 14-43   "水箱容积计算"对话框

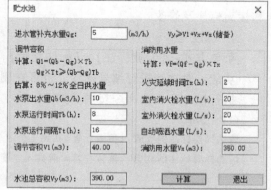

图 14-44   "贮水池"对话框

14.6.7   气压给水设备计算

菜单方式：【计算】⇨【气压水罐】(QYSG)，弹出如图 14-45 所示的"建筑气压水罐计算"对话框。

功能：计算气压水罐的最高、最低工作压力，以及气压水罐的总容积。

该对话框分两部分，左边为气压水罐最高、最低工作压力的计算，右边为气压水罐容积的计算。单击 计算 按钮后，分别根据各自的公式和输入的参数计算出结果。

14.6.8　减压孔板的计算

菜单方式：【计算】⇨【减压孔板】(JYKB)，弹出如图 14-46 所示的 "减压孔板计算" 对话框。

功能：计算减压孔板孔径或者要减压力，即水流通过孔板时的水头损失。

图 14-45　"建筑气压水罐计算" 对话框　　　图 14-46　"减压孔板计算" 对话框

14.7　专业标注

天正的标注包括尺寸标注、符号标注和专业标注三部分，尺寸标注和符号标注与天正建筑相同，在此不再做介绍。专业标注可进行立管标注、洁具标注、管径标注、管线文字标注和标高标注及修改。

1. 标注立管

菜单方式：【专业标注】⇨【标注立管】。

功能：对立管进行编号标注，也可在删除原有立管标注后，重新添加新的标注。

执行该命令后，命令行提示如下：

命令：bzlg

请选择要标注的立管：<搜索立管>找到 1 个　　　　　　（用鼠标点取要标注的立管）

请选择要标注的立管：<搜索立管> 请输入立管编号 JL-<1>：　　（<1>为当前所选立管的原始标号，或输入新的立管编号后按鼠标右键，系统将确定或改变原立管编号，同时在鼠标所至位置出现一个待定文字框）

请输入立管所属楼号：

请选择其他需要标注的立管(可多选)：<退出>

立管平面和系统标注示例如图 14-47 所示。

2. 入户管号

菜单方式：【专业标注】⇨【入户管号】，弹出如图 14-48 所示的 "入户管号标注" 对话框。

功能：标注管线的入户管号。

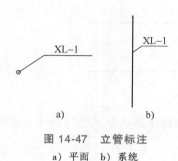

图 14-47 立管标注
a）平面 b）系统

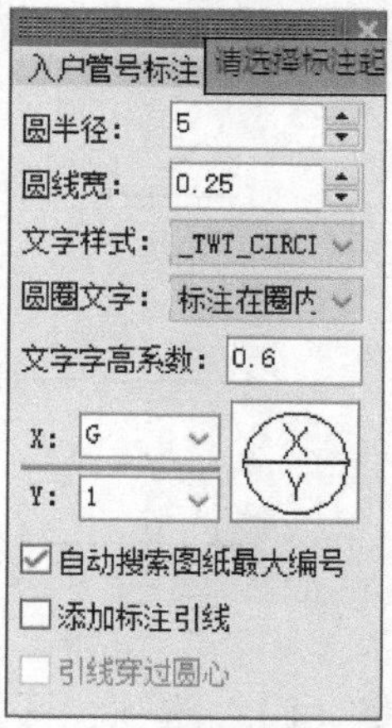

图 14-48 "入户管号标注"对话框

"入户管号标注"对话框中的各选项介绍如下。

1）"圆半径"：用以改变所插入管号标注的圆半径尺寸，可利用上下箭头来改变或手动直接输入半径值。

2）"圆线宽"：用以调整管号标注的外圆线条粗细程度。

3）"文字样式"：用户可根据自己的需要在选项栏中选择文字的样式。

4）"X:""Y:"：用以改变标注内容，在"X:"和"Y:"的下拉列表框中选择所插入的管号标注内容，也可以手动输入需要的内容。

3. 管线文字

菜单方式：【专业标注】⇨【管线文字】。

功能：在管线上逐个或多选标注管线类型的文字，如"H"；也可以整体更改替换已标注的文字；使管线被文字遮挡。

用鼠标或右键执行相关命令后，命令行提示如下：

请输入文字内容<自动读取>：

输入添加的管线文字内容，按右键确认。直接按右键，系统将自动读取所要标注管线的类型并进行标注。命令行提示：

请点取要插入文字管线的位置"多选管线(M)/两点栏选(T)/修改文字(F)"<退出>：

用鼠标点取要标注的管线，按左键完成文字标注，文字覆盖在管线之上并将管线打断，当将管线上的文字标注删除之后，被打断的管线会自动恢复连接。

"多选管线（M）"选项：可进行多选标注。框选所要标注的管线，单击右键确认后，由命令行提示输入文字间的最小间距，右键再次确认后，即完成标注，如图 14-49 所示。

图 14-49 多选标注

"两点栏选（T）"选项：可通过鼠标画线与管线相交进行多管标注，如图 14-50 所示。

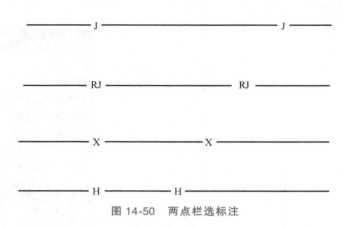

图 14-50　两点栏选标注

"修改文字（F）"选项：可整体修改已标注文字，由提示输入新的标注内容，并选择系统上其中一根管线，即完成更改。效果如图 14-51 所示。

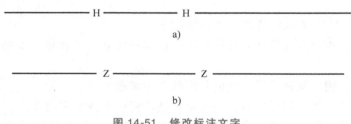

图 14-51　修改标注文字

a）输入前的文字　b）修改标注后

说明：管线文字标注中自动读取的文字是在天正初始设置中定义的。

---

4. 单管管径、多管管径

菜单方式：【专业标注】⇨【单管管径】或【多管管径】，弹出如图 14-52 所示的对话框。

功能：在单条管线上或多条管线上标注管径并可以指定统一修改管径值相同的管线。

5. 单注标高

菜单方式：【专业标注】⇨【单注标高】，弹出如图 14-53 所示的"单注标高"对话框。

功能：一次只标注一个标高，通常用于平面标高标注。

插入标高过程中可在该对话框中修改各项标注内容。双击标注可进入"标高标注"对话框修改，如图 14-54 所示，双击标注文字可进入在位编辑。

6. 连注标高

菜单方式：【专业标注】⇨【连注标高】。

功能：本命令适用于平面图的楼面标高与地坪标高标注，可标注绝对标高和相对标高，也可用于立剖面图标注楼面标高。标高三角符号为空心或实心填充，通过按钮可选，两种类型的按钮的功能是互锁的。其他按钮控制标高的标注样式。

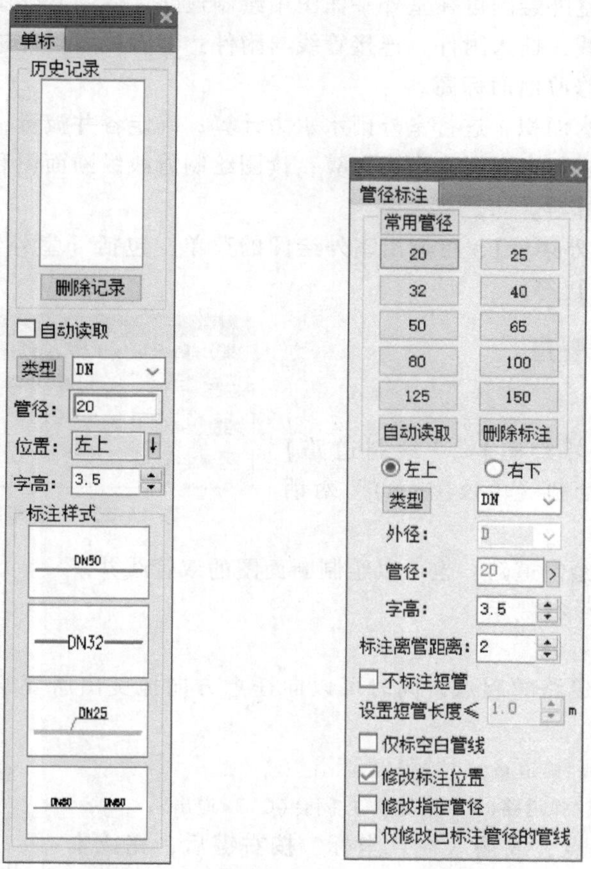

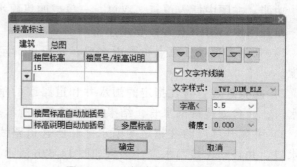

图 14-52　管径对话框

a) 单管标注　b) 多管标注

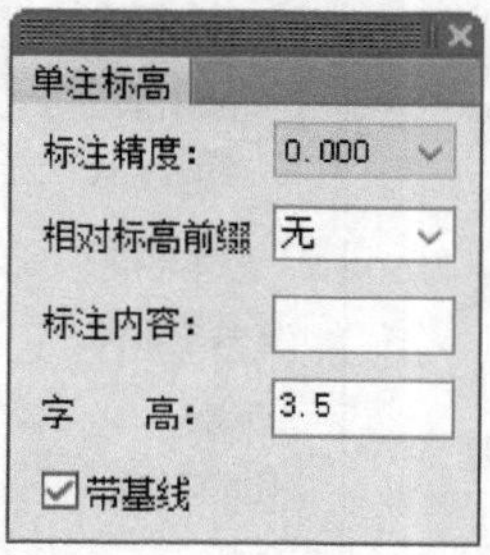

图 14-53　"单注标高" 对话框

图 14-54　"标高标注" 对话框

14.8 室外绘图与计算

天正给排水软件的室外绘图可在室外平面图中绘制道路，使用室外图库插入绘制总平面图所需的图标；绘制管线，插入附件，连接管线与附件；对管线、附件进行坡度、标号等标注或修改，还可标注、修改地面标高。

室外计算可划分汇水面积，进行室外雨水水力计算；确定各井流量，进行小区污水水力计算；划分服务面积，进行市政污水水力计算；读图绘制管线纵断面图和高程表；雨水、污水单管水力和化粪池计算器。

单击【设置】⇨【室外菜单】，可调出室外绘图的菜单，包括【室外绘图】【室外标注】【室外计算】【纵断面图】等。

14.8.1 道路与室外管道

1. 绘制道路

菜单方式：【室外绘图】⇨【绘制道路】（HZDL），弹出"道路绘制（单位：mm）"对话框，如图 14-55 所示。

图 14-55 "道路绘制"对话框

功能：在平面图中绘制道路，也可以绘制断面图的双管线井。

执行该命令后，命令行提示：

请点取道路起点<退出>：

用鼠标在图中点取道路的起点，同时可以向任意方向拖曳出所要绘制的道路，命令行提示：

请点取道路的下一点或"弧道路（A）"<退出>：

请点取道路的下一点或"弧道路（A）/回退（U）/闭合（C）"<退出>：

用鼠标选择一个终点，或输入终点坐标，按右键后，完成本段道路的绘制。

2. 雨水口

菜单方式：【室外绘图】⇨【雨水口】（YSK），弹出如图 14-56 所示的"雨水口"对话框。

功能：在图中插入单箅、双箅、三箅或四箅雨水口。

布置雨水口有以下 5 种形式。

1）任意布置：任意点布置雨水口，并可以指定雨水口的布置角度。

2）垂直连线：将在指定的雨水井和道路线的垂直交点处布置雨水口，并自动连接雨水管，结果如图 14-57a 所示。

3）井斜连线：将在指定的雨水井和所选道路线上一点处布置雨水口，并自动连接雨水管，结果如图 14-57b 所示。

4）沿线单布：沿线点插以布置雨水口，可以将 Line、Pline、Ace 线等作为参考线进行雨水口布置。

图 14-56 "雨水口"对话框

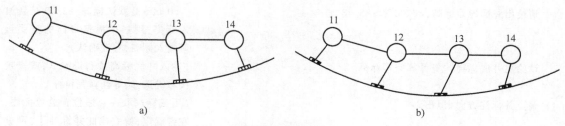

图 14-57　雨水口连线

a）垂直连线　b）井斜连线

5）沿线定距：沿线并控制间距以批量布置雨水口，可以将 Line、PLine、Ace 线等作为参考线进行雨水口布置，结果如图 14-58 所示。

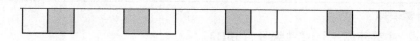

图 14-58　沿线定距

说明：【雨水口】还包括"替换"功能，即对已布置完成的雨水口进行替换。

---

3. 布置池

菜单方式：【室外绘图】⇨【布置池】（BZC）。

功能：在图中插入化粪池、隔油井、沉淀池、降温池、中和池。

4. 布置井

菜单方式：【室外绘图】⇨【布置井】（BZJ）。

功能：在图中布置检查井（圆形、方形）、阀门井、跌水井、水封井，并自动标示出井号，且依据布井方向定义管道坡度方向。

5. 雨水连井

菜单方式：【室外绘图】⇨【雨水连井】（YSLJ）。

功能：将选中的雨水口与最近的雨水室外井用管线连接起来。

6. 出户连井

菜单方式：【室外绘图】⇨【出户连井】（CHLJ）。

功能：延长出户管至室外管网，并在相交处自动插入检查井。

7. 管道坡度

菜单方式：【室外标注】⇨【管道坡度】（GDPD）。

功能：标注管道坡度，可动态决定箭头方向。

8. 井底标注

菜单方式：【室外标注】⇨【井底标注】（JBZ）。

功能：修改井地面标高，标注井标高信息。

执行该命令后，命令行提示：

请选择要标注的井"多选,参考上次标注(M)设置(S)":<退出>　　　（用鼠标选择要标注的井）

请给出井面地面标高:<0.00 米>85.40 ↵	(<0.00>是默认标高,85.40 是新输入标高,用户可根据自己的需要重新输入标高,右键确认)
请给出井底标高:<等计算完再标>	(输入井底标高按右键确认,或直接按右键选择,等计算完再标)
请点井标注方向<退出>:	(用鼠标选取一合适位置放置标注,左键确定,就完成此井标注了,可进行下一个井的标注,也可右键退出)

> 说明:标注上面记录地面标高,下面记录管底标高。如果选择【纵断面图】命令,那么系统计算完成后,能更新标注的管底标高内容。如果需要修改标注内容,那么双击即可。软件中所标注的"管底标高"实际为"管内底标高"。

9. 井编号标注

菜单方式:【室外标注】⇨【井编号】(JBH)。

功能:修改井编号,并更新标注。

10. 地面标高

菜单方式:【室外标注】⇨【地面标高】(DMBG)。

功能:可同时定义多个井的地面标高,也可同时修改多个标注。

14.8.2 室外雨水

1. 屋面雨水

菜单方式:【室外计算】⇨【屋面雨水】(WMYS)。

功能:计算屋面雨水水量。

2. 汇流面积

菜单方式:【室外计算】⇨【汇流面积】(HLMJ)。

功能:在进行室外雨水水力计算前,计算每一个井的汇流面积。

执行该命令后,命令行提示如下:

请选择雨水井:<退出>

1) 选取单井定义面积:

请勾绘封闭汇流面积:或"点取图中曲线(P)/点取参考点(R)"<退出>:

在图中用鼠标直接点取井的面积区域,绘制面积区域内最后一条边时可单击右键,面积自动闭合并标注上计算数值;或选取图中已经绘好的 PLINE 线,面积大小会自动显示在命令行中:

汇流面积 = 1012.48(平方米)

拖动此面积上的夹点可以动态调整汇流区域的大小,显示的面积数值自动更新。

2) 框选多井定义面积:

请给出单井汇流面积(平方米)<退出>:1000 ↵   (输入面积值)

3. 雨水参数

菜单方式:【室外计算】⇨【雨水参数】(YSCS)。

功能:在进行室外雨水水力计算之前,可对指定井输入径流系数、重现期和汇水时间。

执行该命令后,命令行提示如下:

请选择要输入的雨水井参数 1:径流系数　2:重现期　3:汇水时间<径流系数>:

输入所要确定井参数的项目编号，根据命令行提示选择对应的雨水井。

选择"1"：

请给出单井径流系数(如:绿地 0.15,沥青路面 0.6 等)<默认>：

选择"2"：

请给出重现期<默认>：

选择"3"：

请给出汇水时间(5-15 分钟)<默认>：(用于支管线起始端汇流时间的确定)

4. 雨水水力

菜单方式：【室外计算】⇨【雨水水力】(YSSL)。

功能：室外雨水水力计算。

执行该命令后，命令行提示如下：

请选择排出干管<退出>：

点取排出干管后，系统会自动选出管网最远点并标注在图中，如果要更改最远点，则可按命令行提示选择新的最远点：

请选择最远井<系统搜索>：

请输入最远井汇流时间<15 分钟>：15 ↵

输入汇流时间后，进入"室外雨水计算"对话框，如图 14-59 所示。在"室外雨水计算"对话框中选择所在城市的暴雨强度公式（也可按照需要编辑"新建城市"），查询重现期及径流系数后填入数值（文本框右侧的按钮）。单击 初算 按钮，系统自动完成水力计算。如果对此结果不满意，则可直接在红色数值栏中编辑管径和坡度，然后单击 复算 按钮完成蓝色数值栏中其余水力参数的校核计算。如果已知管道坡度（由地面坡度得出），则直接填入对应的文本框，单击 复算 2 完成管径、流量、流速等参数的计算。单击 标注< 按钮可将坡度、管径标注在图中，最后出 Word 计算书。

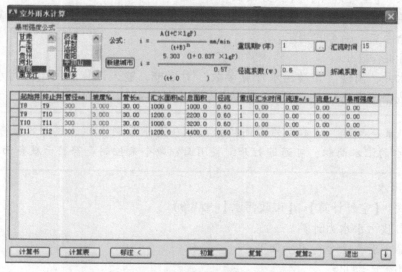

图 14-59 "室外雨水计算"对话框

14.8.3 污井流量和小区污水

1. 污井流量

菜单方式：【室外计算】⇨【污井流量】（WJLL）。

功能：在进行室外污水计算之前，确定井的污水流量。

执行该命令后，命令行提示：

请选择污水井：<退出>　　　　　　　　　　　　　　　　（单选或框选要输入流量的污水井）

请给出流入污水井的流量（L/s）（注意不包括转输流量）<退出>：　（给出每口井的流量）

再单击鼠标右键，污水流量会显示在井上，可以方便查阅井流量的定义情况或直接修改井流量。

> 说明：显示的污井流量待命令结束后会自动消失，不会显示在图中。

2. 小区污水

菜单方式：【室外计算】⇨【小区污水】（XQWS）。

功能：进行室外污水水力计算。

执行该命令后，命令行提示如下：

请选择排出干管<退出>

选择干管后，弹出"小区污水水力计算"对话框，单击 初算 按钮计算管径。可根据需要调整对话框中的红色数值，再执行 复算（副）方式，校核其他水力参数是否满足规范要求。最后将计算结果标注在图上，选择出 Word 计算书。

14.8.4 服务面积和市政污水

1. 服务面积

菜单方式：【室外计算】⇨【服务面积】（FWMJ）。

功能：给出每一个井的服务面积、人口密度、污水定额等市政污水水力计算参数。

执行该命令后，命令行提示：

请选择污水井：<退出>

选择污水井，出现"市政污水计算参数"对话框，输入计算居民生活污水平均日流量的参数，或依据实际情况填入集中流量数值，可完成各井的流量分配。

> 说明："服务面积"文本框的右侧按钮用于在图中绘制、标注该井的服务面积，使用方法类似雨水的汇水面积，可通过打开、关闭面积命令来控制是否显示服务面积。

2. 市政污水

菜单方式：【室外计算】⇨【市政污水】（SZWS）。

功能：市政污水水力计算。

执行该命令后，命令行提示如下：

请选择排出干管<退出>

点取排出干管后，系统会将计算管段变成虚线显示，右键确定后，进入"市政污水水力计算"对话框。其中，黑色数值是从图中读取的，不可修改；红色数值可用于编辑，蓝色数值是计算结果。首先进行 初算 ，确定管径、坡度、流量、流速和充满度，用户可根据实际情况修改管径、坡度，然后单击 复算 按钮来校核其他水力参数，最后将结果标注在图中，出 Word 计算书。

14.8.5　纵断面图

1. 绘纵断面图

菜单方式：【纵断面图】⇨【纵断面图】（ZDMT）。

功能：提取图面信息进行纵断面的计算和绘图。

用户在选定起始井之后，系统会自动搜索管线流向路径，所选中的井以及管线会虚线亮显，管线流向按管道坡度标注所示，如果没有标注，那么默认按管线从起始点到终止点。当井连通 3 段以上管线时，要注意流向唯一性。

执行该命令后，命令行提示如下：

请选择起点井:<退出>

选择起点井后，命令行提示：

请选择终止井:<自动搜索>

直接用鼠标点取顺流管线的终点井，或单击鼠标右键由系统根据流向唯一性确定一条最长的路径，此时起点井与终止井之间的管线变为虚线显示，命令行提示如下：

需要计算的管网系统已高亮显示:<计算>

单击鼠标右键后直接进入"纵断面图-雨污系统"对话框，如图 14-60 所示。

该对话框中部分选项介绍如下。

1）"绘图设置"：确定纵断面图的横向、纵向绘图比例。

2）"计算设置"：选择纵断面图中管道连接方式，分为管顶平接、管底平接、水面平接。

3）"输入起点埋深（m）"：输入起点井的埋深。

4）绘高程表 ：根据表格内容绘制高程表。

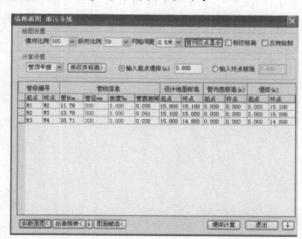

图 14-60　"纵断面图-雨污系统"对话框

5）修改井标高 ：进入相应对话框，修改井面标高，确定跌水井及其井底标高。

6）图面赋值 ：在平面管线图中赋管径、坡度、管底标高值或更新这些标注。

7）埋深计算 ：计算管底标高和埋深值。

正确的操作方法：读取图面信息⇨进入对话框⇨选择计算模式、给出埋深（调整管径、坡度）⇨进行埋深计算⇨图面赋值⇨输入绘图比例⇨绘高程表或纵断面图。如果是多支路的管网系统，则先读取各条支路的信息，将埋深计算的结果赋值到图面上，根据需要出纵断面图或高程表；然后再进行主管线的计算标注并完成纵断面图，系统会自动考虑汇入井断面的绘制处理。

> 说明：1）如果改变该对话框中任意一个参数的设定，那么在绘高程表、纵断面图、图面赋值之前都要进行埋深计算，以确保输出结果的正确性。
>
> 2）用一分为二命令将整体纵断面图分割为两段，用于纵断分页出图；用纵断标高命令编辑纵断面图各井的井面标高和跌水井的井底标高；用单元修改命令修改纵断面图上各个井或管线的信息；用纵断表头命令修改纵断面图的表头或对其进行初始设置。
>
> 3）可运用"单元修改"命令对管线或井进行修改。完成后，再次单击 图面赋值 按钮即可。

2. 计算管网埋深

菜单方式：【室外计算】➪【管网埋深】。

功能：对排水管道进行整体埋深计算。

执行该命令后，命令行提示：

请选择排出井<退出>：

请选择需要设置管径坡度的管段<退出>：

若不用设置管径，则按回车键或空格键进入埋深计算。

> 说明：【管网埋深】可以进行包括支管在内的整条管道线路的埋深计算，而【纵断面图】只能针对每条干管线路进行单独计算，相比而言，【管网埋深】更加方便。

第 15 章

鸿业市政管线软件

本章内容是基于鸿业三维智能管线设计系统 V13.0 最新版本（管立得 2020）编写的，符合《室外排水设计标准》（GB 50013—2018）、《城镇给水排水技术规范》（GB 50788—2012）和专业制图标准。管立得 2020 是在鸿业市政管线软件基础上开发的管线设计系列软件，包括给排水管线、燃气管线等设计模块，可进行各种地形图识别、管线平面和竖向可视化智能设计、自动标注、自动出图和自动表格绘制。管线以二维方式表现平面管线，转换视角可表现为三维方式，能够直观查看管线与周围地形、地物、建构筑物的关系。竖向设计可以将管道、检查井、阀门等转化为真实的三维形式，进行三维碰撞检查，可满足规划设计、方案设计、施工图设计等不同设计阶段的需要。该软件的主要功能见表 15-1。

表 15-1　鸿业三维智能管线设计系统主要功能

软件名称	功　　能
给水管网设计	条件图处理，给水管线的平面、竖向设计，给水管网平差计算、给水节点图设计，管线、节点、井管等标注，管道高程表、检查井表、材料表、管道土方表等
排水管网设计	条件图处理，雨污水管线的平面、竖向设计，雨污水计算，管线、节点、井管等标注，管道高程表、检查井表、材料表、管道土方表等
燃气管网设计	条件图处理，燃气管线的平面、竖向设计，管线、节点、井管等标注，管道高程表、检查井表、材料表、管道土方表等
市政电气管网设计	条件图处理，电力电信管线的平面、竖向设计，路灯设计，管线、节点、井管等标注，管道高程表、检查井表、材料表、管道土方表等
热力管网设计	条件图处理，热力管线的平面、竖向设计，支座支架布置，负荷块统计、热力水力计算、热力管道应力计算，管线、节点、井管等标注，管道高程表、检查井表、材料表、管道土方表等

15.1　软件界面

鸿业三维智能管线设计系统 V13.0 启动后的界面如图 15-1 所示，在 AutoCAD 2018 的界面上仅增加了一个鸿业软件菜单。鸿业软件菜单并不是 AutoCAD 的 menu 菜单，而是一个对话框，可以随意拖拽停靠在屏幕的左侧或右侧，默认位置是把菜单放置在 AutoCAD 工具条的下面，也可以拖拽成一个独立的对话框。

若鸿业软件菜单没有显示出来，可以使用"选项"对话框，选择"PipingLeader 2020"配置项，单击 置为当前 按钮并按 确定 按钮，如图 15-2 所示。或者删除"PipingLeader2020"配置项，重启"管立得 2020"。打开"选项"对话框，可执行 OPtions 或 config 命令，或在命令窗口单击 自定义 按钮，选择"选项"，如图 15-3 所示。

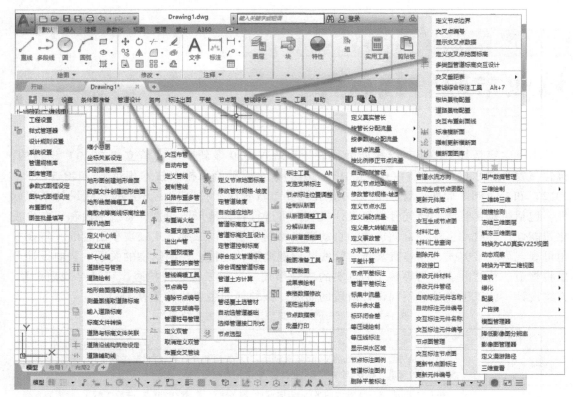

图 15-1　软件界面

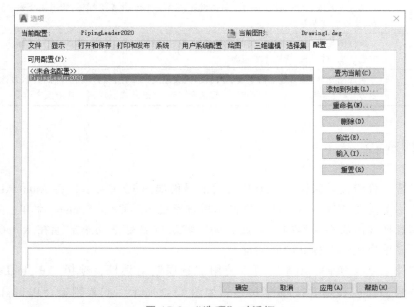

图 15-2　"选项"对话框

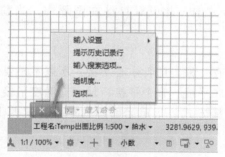

图 15-3　命令窗口"自定义"按钮

15.2　软件设置

15.2.1　工程设置

执行菜单【设置】⇨【工程设置】，弹出"工程设置"对话框，如图 15-4 所示。可对绘图参数进行设置，包括出图比例、当前模板、标注参考方向、管道平接方式和管顶覆土。管立得 2020 默认给定一个出图比例、程序标注的默认文字样式、文本高度等。

1. 出图比例

在市政管线软件中，地形图的 1 个CAD 单位等于 1m，即在模型空间绘制一条 100 长的直线可以表示管线的长度为 100m，这样设计过程非常方便，不需要换算比例。图形向绘图机上输出时，是按出图比例进行缩放的。若出图比例为 1∶500，则在模型空间里的 100

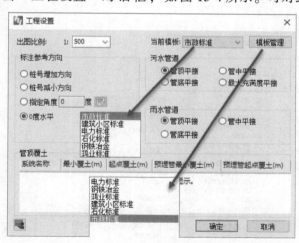

图 15-4　"工程设置"对话框

个 CAD 单位长的管线即 100m 长，在绘图机上的长度为 $100\text{m} \times \dfrac{1}{500} = 0.2\text{m} = 200\text{mm}$，或者说绘图机上 1mm 等于图形上的 500/1000＝0.5 个绘图单位。

对出图比例的理解，关键是把绘图单位统一起来，即 CAD 的单位与图纸的单位要一致，在市政工程设计中，CAD 的单位为 m，图纸的长度单位也要用 m 进行理解。不过，图纸的长度单位一般使用 mm，则可以把 CAD 的单位换算为 mm 来理解出图比例，出图比例也是图的比例。

2. 标注参考方向

如果当前图中没有桩号线的话，可设置为默认的标注参考方向是"0 度水平"方向。若用到裁图的功能，软件总是参考桩号的前进方向来进行操作，应设置为"桩号增加方向"，以获取最佳的裁图效果。"桩号减小方向""指定角度"两个设置只在特殊的情况下使用。

指定当前图的标注参考方向，此设置存储在图形中，当前设置不会影响已经标注的对象。

3. 管道平接方式

给水管道的平接方式只有一种，即管中心平接，所以不需要进行设置。污水管道的平接方式可设置为管顶平接、管底平接、管中平接、最大充满度平接四种方式，雨水管道可设置为管顶、管底、管中三种平接方式。指定当前图的排水管道的平接方式，此设置存储在图形中。

4. 管顶覆土

"管顶覆土"选项组用来设置当前图面不同类型管道的最小覆土和起点覆土值。每种管道的管顶最小覆土默认值是在"样式管理器"对话框的"管道系统定义"中确定的，可以在那里进行修改。

15.2.2　样式管理器

"样式管理器"管理各种管道标注样式、节点和井管标注样式、纵（横）断样式、平面裁图样式和表格样式等。主要进行图面标注、纵断表头、材料表等出图习惯的设置，如图15-5 所示。

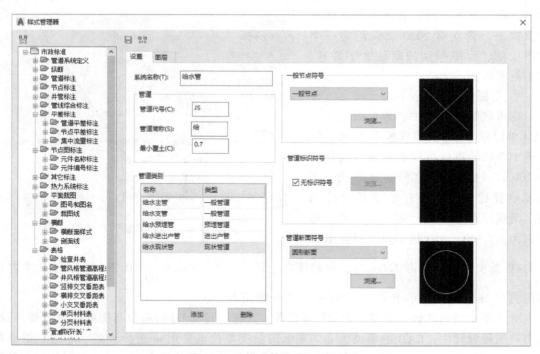

图 15-5　"样式管理器"对话框

1. 管道系统定义

默认提供了 21 种管道系统的定义，将鼠标放在"管道系统定义"上单击鼠标右键，会显示下拉菜单，可选择【新建】和【显示顺序】，新建一个新的管道系统和调整显示顺序，把常用的管道系统放在前面，便于使用。

将鼠标放置在某个管道系统上面，单击鼠标右键，可以选择以该管道系统为基础复制新的管道系统，新复制的管道系统与当前管道系统的管道类型一致。也可以删除该管道系统。

单击某个管道系统，可以在右侧窗口中修改该管道系统的相关参数。例如系统名称、节点符号、断面符号、管代号、管简称、最小覆土、相关图层的名称以及颜色和线型等。

2. 纵断

对各种管道系统的纵断图中的表头栏目、常规、特性线、管道类型、标注和显示特性等内容进行设置，默认提供了"标准"样式，如同"管道系统定义"的操作一样，可以新建、复制、删除某一样式。

若单击"纵断"⇨"雨水纵断"新增的"济南工程"样式，右侧面板切换到表头栏目页面，如图 15-6 所示。

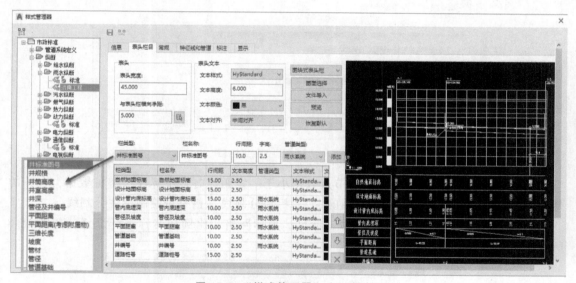

图 15-6 "样式管理器"之"纵断"

1）纵断-表头栏目可以是图块，也可以在绘制纵断面时按照设置进行参数化绘制。如果选择"图块式表头栏"，纵断表头图块可以通过 图面选择 按钮选择当面图形的块，或通过 文件导入 按钮选择块文件这两种方式制作。如果没有现成的纵断表头图，可以单击 预览 按钮，程序生成表头，修改后做成块再调用 图面选择 。

"纵断"-"表头栏目"内容可以添加、删除和调整绘制的顺序，如果选择"参数化表头栏"，可以修改栏的名称，但修改的栏名称对"图块式表头栏"方式无效。

"纵断"-"表头栏目"中的各个项目都可以双击打开进行编辑，在此以"设计地面标高"项为例：

如双击"设计地面标高"项，则弹出"设计地面标高"对话框，如图 15-7 所示。

切换到"数据"页面，可以选择标注位置。列出指定位置处可以配置的字段类型，双击添加到标注内容中。选择插入特殊符号。

切换到"参数"页面，可以选择自然地面线、设计地面线、地下水位线等特征线类型。

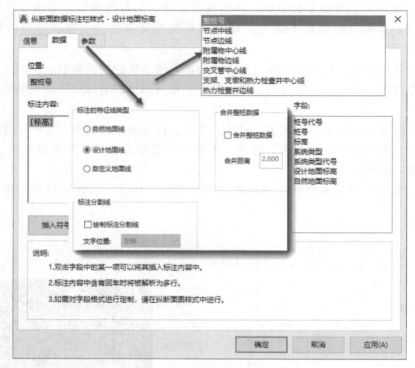

图 15-7　"纵断"-"表头栏目"

"合并整桩数据"指的是整桩数据与节点数据小于一定距离时，不标注该整桩数据，合并的最小距离由"合并距离"后面的数值确定。"标注分割线"指是否绘制标注分割线。

2）"纵断"-"常规"是对整桩号、标尺、坐标网格、比例和名称进行设置，如图 15-8 所示。

图 15-8　"纵断"-"常规"

"标注整桩"复选框控制在整桩号处是否标注，在"整桩号间隔"标签输入整桩号间隔控制了纵断面中所有涉及整桩号的项目。"主标尺样式"下拉组合框可选择北京、济南、国标单柱和国标双柱等样式，并可单击▣图标进行交互编辑。"上部预留"可设置标尺上部超出纵断（纵断管道和纵断特征线）最高点的高度，"下部预留"设置标尺下部超出纵断最低点的高度。"标注比例"和"标注名称"的样式也可以进行交互编辑。

3）"纵断"-"特征线和管道"主要设置自然地面、设计地面和自定义地面这三种纵断特征线的绘制样式及标注样式，并可单击▣图标进行交互编辑。

4）"纵断"-"标注"主要设置在纵断面图上的标注方式，主要有跌水标注、节点标注、网格下方标注、特征线统一标注等样式，以及主管道、支管和交叉管的标注，可以选择或编辑不同的标注样式。其中管道标注可选的基础标注样式有国标、上海、天津、大连、武汉、西安、成都、天津市政，对初学者可以直接选择其中一个标注样式即可，如图 15-9 所示。

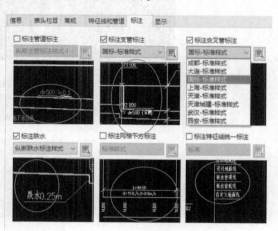

图 15-9　"纵断"-"标注"

3. 管道标注

"管道标注"是对图面上所有管道相关标注内容及样式的设定，包括管道线侧标注、管道线上标注、管道线端标注、管代号标注和管符号标注等。

1）管道线侧标注：主要有标准和雨水口管线侧标注两种样式，两者的区别是管线的节点符号不同。标注内容默认是［规格名称］［坡度］［二维长度］，非重力管道会标注水流方向，坡度箭头位置可设定与文字同侧、文字异侧、管道上或下游端以及任意位置。标注内容可进行增加、删除等编辑。

2）管代号标注和管符号标注：用管道的代号和符号对管道进行标注，对图面上管代号和管符号标注样式进行设置，标注内容与参照特征线标注样式一致。

管立得 2020 还提供了很多的对象标注规定，如节点标注、井管标注、管线综合标注、平差标注、节点图标注、平面裁图、横断、表格等，可结合 AutoCAD 的样式概念和前面的纵断标注、管道标注进行设置和修改，或者选择默认的样式进行标注。

15.2.3　图框

"图框"提供了参数式图框和图块式图框两种功能独立的图框。

1. 参数式图框

参数式图框采用自定义实体实现，子实体有：外框、内框、对中线、标尺线、图签、会签，所有子实体均位于同一个图层上，如图 15-10 所示。

外框与内框可以对颜色、线型、线宽进行定制，外框的尺寸与图框的大小一致，内框的大小根据左右上下边距计算；对中线、标尺线的颜色与内框一致，其他绘制设置采用程序内

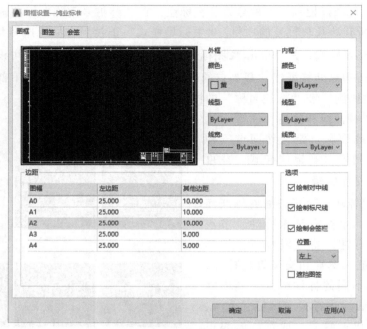

图 15-10 参数式图框

定值；图签、会签可以让用户以图块的方式进行定制，定制图签时需要同时指定填写的位置和填写内容的类型。

2. 图块式图框

图块式图框提供了 A0、A1、A2、A3、A4 这 5 种图纸规格的图框块，每种类型有 6 种样式可供选择，也可以添加、删除、修改任意多个自定义图框，如图 15-11 所示。当前采用（选中）的图框缩略图上会显示一个对勾标记"√"。

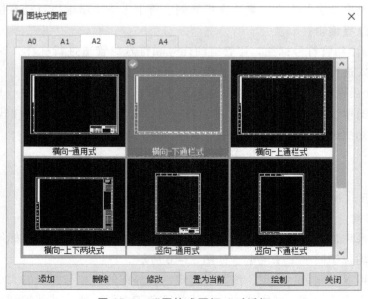

图 15-11 "图块式图框"对话框

3. 布置图框

这是一个操作功能，可在图面上按照设置原则自动成组布置图框，使图框布置的效率的非常高，如图 15-12 所示。

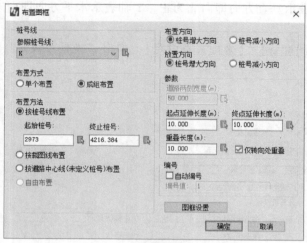

图 15-12　"布置图框"对话框

在图面上选择要布置图框的桩号线，如 K 桩号，可沿 K 桩号线进行成组布置一次完成图框的布置，或按设计意图单个布置。若按裁图线布置图框，需执行菜单【标注出图】⇨【裁图准备工具】布置和编辑裁图线，才能进行"按裁图线布置"的操作。

4. 图签批量填写

选择需要进行填写的图框，出现"图签填写"对话框，列出了所有图签和会签填写项，然后添加或编辑填写项的值，如项目名称、日期、项目编号、设计者、校核等。可以理解为批量修改块的属性值。

15.2.4　其他设置

在菜单【设置】中，还有一些其他设置，如子菜单【设计规则设置】包括了管道最小净距、管径覆土选管材、排水管径坡度对应表、污水计算限制条件、管件阀门选型方案等。在二维、三维碰撞检查时，要用到管道最小净距规则，软件初始值为规范值，一般不要修改。布置和计算排水管道时，涉及的管道坡度、流速以及充满度的水力条件，还有最小坡度的限制，在此都提供了设计规则。阀门选型方案中提供了一些生产厂家的电子样本和规格参数，可在设计中直接选择。

所有设置完成后，可以单击图 15-5 所示"样式管理器"对话框面板顶部的三个按钮，分别是 ▦ 保存并更新当前图形-所有样式、▤ 保存当前样式、▦ 更新当前项目到图形。

15.3　条件图准备

15.3.1　坐标关系设定

AutoCAD 采用世界坐标系（WCS），也就是笛卡儿坐标系，有一个绝对的原点，X 轴为水平方向，Y 轴为垂直方向。在工程上常用平面直角测量坐标系，X 轴和 Y 轴表示的方向与 AutoCAD 正好相反，X 轴表示垂直方向即向北为正，Y 轴表示水平方向即向东为正，原点可以是采用国家大地坐标系的大地原点，也可以采用相对的原点。施工坐标系也是工程上常用的独立坐标系，X 轴表示垂直方向即向北为正，Y 轴表示水平方向即向东为正，原点为相对坐标点。

执行菜单【条件图准备】⇨【坐标关系设定】，弹出"坐标系设定"对话框，如图 15-13 所示。

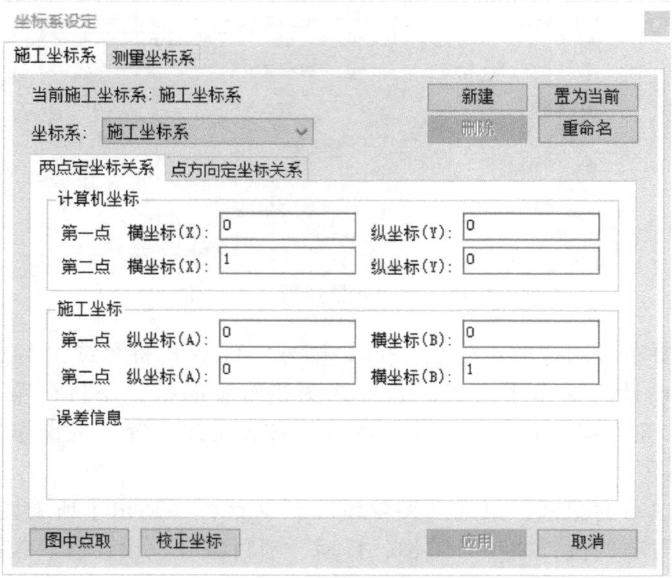

图 15-13 "坐标系设定"对话框

对于"两点定坐标关系"来说，在文本框中分别输入计算机坐标的两个点坐标和施工（测量）坐标的两个点坐标，就建立了两者的坐标关系换算。对于"点方向定坐标关系"来说，仅需输入一个点的计算机坐标和施工（测量）坐标，以及施工（测量）坐标系的正北方向，即自动实现计算机坐标系与施工（测量）坐标系之间的转换。如果图面上已标注了某一已知点的施工（测量）坐标，可以单击 图中点取 按钮，选择已知的点，软件会自动读取计算机坐标值，然后选择施工（测量）坐标标注的文字，程序会自动去除标注文字的前缀和后缀，获取数字值。

一个图形仅有一个测量坐标系，但可以有多个施工坐标系，可以针对不同的设计区域采用各自的施工坐标（将该施工坐标设为当前）。在"施工坐标系"选项卡中可以新建并存储，删除和重命名施工坐标系，还可以将某个施工坐标系置为当前图面使用的坐标系。

在菜单【标注出图】⇨【标注工具】弹出的工具栏中，选择"其他标注"标签，可以进行测量坐标标注和施工坐标标注。若把 300×360 的矩形旋转 30°，设定测量和施工坐标系的原点为左下角，标注矩形四个角的测量和施工坐标如图 15-14 所示。

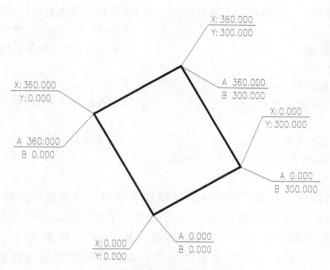

图 15-14　测量和施工坐标的标注

15.3.2　地形图创建地形曲面

地形图创建地形曲面命令是指通过地形图上的高程点信息和等高线创建地形曲面，执行该命令后，弹出如图 15-15 所示的"地形图创建地形曲面"对话框。

"地形图创建地形曲面"对话框中的"地形类识"选项组内的选项，可以选择对自然地形和设计地形进行识别。如果勾选"自动添加到曲面"复选框，则会将图面的高程点自动添加到曲面，如不勾选，将不会形成曲面。"高程范围"可以设置标高最小值和最大值，用于检查和筛选无效的高程点，单击 参数设置 按钮弹出"离散参数设定"对话框，可以设置"顶点消除因子"和"顶点补充因子"用于等高线的离散。

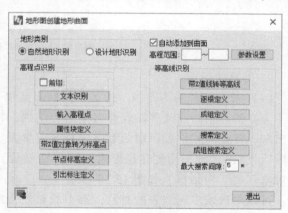

图 15-15　"地形图创建地形曲面"对话框

1. 高程点识别

该功能是将地形图中存在的高程点标注方式，通过字自动辨别读取 Z 值，创建管立得认知的点，包括文本识别、块的属性读取、带 Z 值对象的 Z 值读取等。

对地形图中的标高文字自动辨别，根据不同的文本定位方式转化为可识别的离散点的自然标高。

命令：　　　　　　　　　　　　　　　　（单击"地形图创建地形曲面"对话框中的 文本识别 按钮）

选择表示高程点高程的任一文字：　　　　（单选图面中的一文字）

指定定位方式[点定位(P)/块定位(B)/圆定位(C)/圆环定位(R)/椭圆定位(E)/点取定位(G)/标注引线定位(W)]<文字插入点>:<u>B</u>↵   (选择"块定位(B)"定位方式)

选择用于定位的块实体: (单选靠近文字的块实体)

图层:OBJECT,块名:161

文字和定位实体最远距离: 16.000

选择 OBJECT 图层上的高程文字:<u>all</u> ↵   (选择所有文字或部分文字)

找到 962 个

选择 OBJECT 图层上的高程文字: ↵   (回车结束)

共选择 962 个高程文字,转换成功 374 个,失败 588 个----

转换完毕!

　　文本识别默认的定位方式为文字插入点,即如果图面上只有标注高程文字,而没有定位的对象,则标高的定位点为文字插入点。"点定位(P)"就是点所在的位置,"块定位(B)"是块的插入点,"圆定位(C)""圆环定位(R)"和"椭圆定位(E)"是圆心位置,如图 15-16 所示。"点取定位(G)"是根据用户点取位置和文字的偏移量决定高程点位置。在进行转换时,程序把每个文字插入点加上该偏移量后当作高程点的位置。"标注引线定位(W)"是根据引线标注的引线指向位置决定高程点位置。

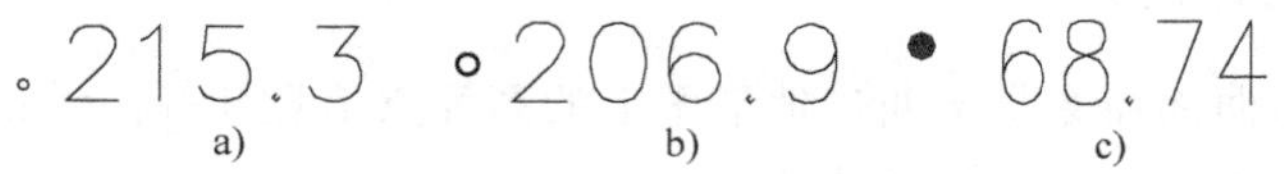

$$\circ 215.3 \quad \circ 206.9 \quad \bullet 68.74$$
a)   b)   c)

图 15-16 文字识别定位方式

a)圆定位　b)圆环定位　c)块定位

2. 等高线识别

（1）带 Z 值线转等高线　带 Z 值线转等高线是将图形中具有 Z 值不为 0 的样条曲线或多段线等对象进行识别,将其标高值自动提取出来,转化为软件可识别的等高线并形成曲面。若设置了"高程范围",退出"地形图创建地形曲面"对话框后,还会弹出"未识别对象列表"对话框,如图 15-17 所示。

图 15-17 "未识别对象列表"对话框

　　可以单选或多选列表的对象,选中的对象会定位并亮显,方便查看和检查。|移出列表|按钮将选中的对象移出列表,|直接识别|按钮将选中的对象加入曲面或者定义为等高线,|修改识别|按钮将选择的对象修改标高值,并加入曲面或者定义为等高线。

（2）逐根定义和搜索定义　一般情况下,原地形图等高线是由若干多段线、样条曲线或直线段构成,搜索定义是任选等高线上某一段,程序自动搜索与该段线相连的所有线段,合并为一条多段线,然后赋标高值。而逐根定义只是对单选或多选的线段进行标高定义,没有搜索功能,可以同时选择多条线段赋予相同的标高值。

（3）成组定义和成组搜索定义　等高线之间的等高距都是一样的,可以按等高距递增或递减的顺序选择一组等高线,定义首根等高线的标高和等高距,这样程序自动将等高线按顺序依次定义。成组搜索定义可以搜索相连的多条线段合并为一条等高线,提高了效率,如

图 15-18 所示。

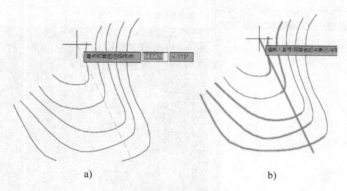

图 15-18　成组搜索定义

a）画一个篱笆　b）篱笆选择的等高线

命令：

请点取篱笆选择起点：

请点取篱笆选择终点：

请输入首根（距篱笆起点最近）与篱笆相交的等高线标高<200.0000>：220 ↵

输入等高距（m）[去除误选线段（X）]<5.0000>：10 ↵

请点取篱笆选择起点：↵

15.3.3　离散点等高线标高检查

离散点等高线标高检查是为了检查图面上的离散点和等高线的高程值是否在设定的范围内。在界面中选择要检查内容和项目，设置标高检查范围，确定后，选择要检查的离散点和等高线，对不满足要求的离散点或等高线，图面将高亮显示，并提示是否删除。

15.3.4　联机地图

联机地图功能提供了在线卫星照片的下载，利用卫星影像数据提取等高线数据。

1. 坐标定位

"联机地图-坐标定位"对话框如图 15-19 所示。

通过"快速定位"下拉列表列出了我国主要省、直辖市、自治区的名称，可以选择某一个名称快速定位。在"位置（维度、经度）"文本框输入经度和纬度，单击 搜索 按钮可进行精确定位。在"坐标关系"选项组里，支持点方向法和两点定位法进行 CAD 图形坐标与地图坐标的坐标关系定位，可以直接输入 CAD 图形坐标值和经纬度，也可以进行图面点取程序自动拾取坐标和经纬度。

单击 指定下载范围 按钮后在地图上框选要下载数据的范围，然后按 确定 按钮，程序开始下载地图数据，自动形成"自然地形曲面"，如图 15-20 所示。

执行菜单【条件图准备】⇨【地形曲面编辑工具】可以对曲面进行编辑，曲面开关 可控制曲面是否显示，地形三维查看 可显示地形曲面的三维视图，也可以进行高程检查、查询和修改等。

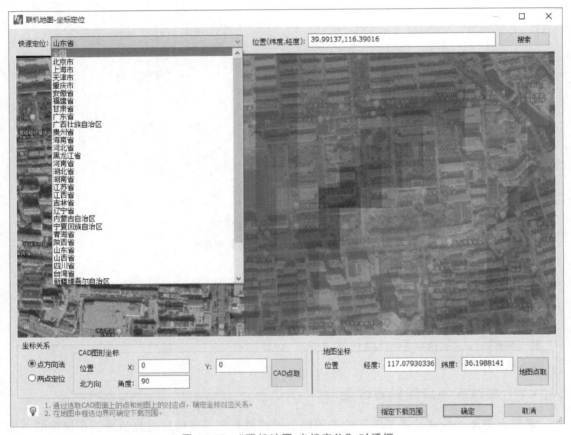

图 15-19　"联机地图-坐标定位"对话框

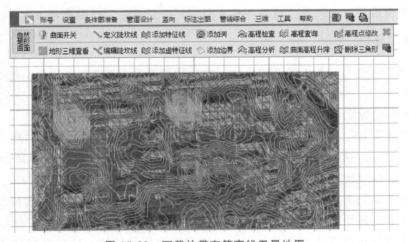

图 15-20　下载的带有等高线卫星地图

　　说明：对地形曲面执行两次分解 eXplode 命令，可以冻结"自然地形曲面"图层，可得到带 Z 值的等高线。

2. 下载地图

当 CAD 图纸和地图的坐标关系进行过坐标定位之后，也可以在 CAD 的绘图区域划定下载的范围，程序会根据 CAD 和地图的坐标关系，下载相对应的卫星地图数据。执行这个命令需在 CAD 的绘图区域绘制一个闭合区域，然后执行该命令：

命令：

确定边界 点取闭合区域内任一点或 [由多段线创建(P)/选图素构造边界(X)]：　　　（默认单击闭合区域内的一点）

变虚的线是边界线吗？[是(Y)/否(N)] <Y>：Y ↵

＊＊＊ 曲面高程点数量:916 个。

15.3.5　道路与标高

1. 绘制道路

管立得提供了绘制简单道路的命令，如执行菜单【条件图准备】⇨【定义中心线】可把直线、弧、复合线识别为道路中心线，【定义红线】用来识别道路红线，道路中心线识别后应执行【断中心线】菜单。

执行菜单【条件图准备】⇨【道路绘制】⇨【路中线生成道路】，提示"选择道路桩号线:"，弹出如图 15-21 所示的"路中心生成道路"对话框。对桩号的标高进行定义，会自动形成三维道路。

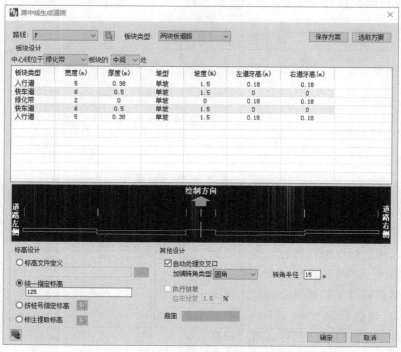

图 15-21　"路中线生成道路"对话框

另外，可在图 15-22 所示的"道路桩号管理"对话框中，单击 定义道路特征线 按钮，将在 CAD 上绘制的线条按道路中心线、道路边线及道路红线等要素层依次转换到相对应的鸿业软件识别的图层上，以满足下一步的定义桩号和标高的设计需要。

2. 道路和管道桩号管理

执行菜单【条件图准备】⇨【道路桩号管理】，弹出如图 15-22 所示的"道路桩号管理"对话框。

单击 定义桩号线 按钮，选择一条道路中心线，定义道路桩号。单击 图面标注 按钮可按照"桩号列表"中的数据进行批量标注，也可对任意一条曲线进行道路桩号定义，如图 15-23 所示。

菜单【条件图准备】⇨【道路桩号管理】⇨【路边线生成桩号线】，是根据道路边线（人行道边线）自动生成道路中心线，并且定义桩号。【管道生成道路桩号线】是根据管道自动生成道路中心线，并且定义桩号。对于

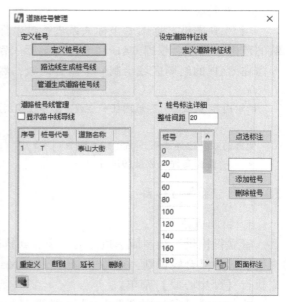

图 15-22　"道路桩号管理"对话框

野外的输水管线，常常会出现局部对自然地面填挖的情况，这时会出现两个标高（自然和设计），为了更好地表现设计内容，可以生成道路中心线，按照路中桩断面进行设计。

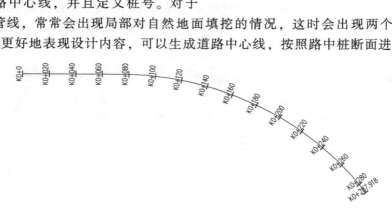

图 15-23　道路中心线定义桩号

3. 道路标高

道路标高的定义主要是通过将道路与相关标高文件关联起来，管立得软件自动提取图面上所有的道路桩号，并显示其标高文件的关联状态。每条道路都可以关联相对应的自然标高文件（*.bgz）、设计标高文件（*.bgs）以及综合标高文件（*.gx），并且可以用"记事本"程序查看或者编辑关联的自然或设计标高文件。执行菜单【条件图准备】⇨【道路与标高文件关联】弹出"道路桩号与标高文件关联"对话框，如图 15-24 所示。关联了设计标

图 15-24　"道路桩号与标高文件关联"对话框

高文件后，可以指定道路横坡或关联道路横断文件（＊．hdm），当没有横断文件时，可单击【新建】按钮，弹出"创建横断文件"对话框，进行横断文件的配置。

定义道路标高的其他方式，包括：菜单【条件图准备】⇨【地形曲面提取道路标高】，是从已创建的地形曲面上自动提取道路桩号线的自然标高文件及设计标高文件；【输入道路标高】，是手动输入道路设计标高文件或自然标高文件；【测量图提取道路标高】，是根据测量单位提供的自然地面线或设计中心线纵断面图，选取并确定的某一参考点的标高，可以自动提取桩号中心线的自然标高。一般测量图的形式如图 15-25 所示。

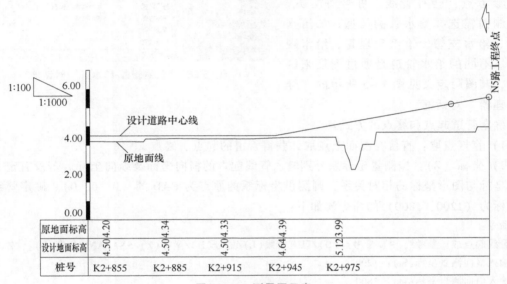

图 15-25　测量图示意

15.4　市政给水管道设计

市政给水管道的设计分为输水管和环状配水管，需完成管径的计算后才能进行管道的绘制。一般情况下，输水管的流量只有一个数值，鸿业管立得提供了【工具】⇨【专业管道计算】菜单可完成计算。环状配水管需按【平差】菜单完成复杂的计算，才能确定合理的管径。输水管和环状配水管除管径计算有区别外，其他的设计是一样的，包括平面设计、标高设计、平面标注、纵断面图和节点详图设计等，污水管道和雨水管道的设计内容也大致相同。

平面设计用来完成在野外和道路上的给水管道的平面定线、井类布置和管径定义。标高设计是根据地形图、测量图和道路中心标高，进行节点地面标高定义和管道标高定义。平面标注和纵断面图用来绘制给水管道的平面图和纵断面图，并进行裁图。节点详图设计则采用自动或交互方式来进行给水管道节点详图的设计。

15.4.1　布置给水管道

平面图上布置给水管道有交互布管、自动布管、定义管线、复制管线等方式。

1. 交互布管

执行菜单【管道设计】⇨【交互布管】，弹出"创建管道-给水管"对话框，如图 15-26 所示。

交互布管就是交互确定管道起点和终点的过程，起点和终点的确定方式是一样的，有图面直接点取、坐标、参考线、参考点、已有管线、桩号等方式。在绘制前需选择给水管的类型，如给水主管、给水支管、给水预埋管、给水现状管。不同的给水管道是通过图层来区分的，其图层定义见图 15-5 所示的"样式管理器"对话框。

图 15-26　"创建管道-给水管"对话框

确定管道起点和终点的方式：

1）直接点取：直接在图面上点取，获得管道的起点、终点。

2）坐标（Z）：按测量坐标系分别输入管线起点的横向坐标及纵向坐标。若没有定义过测量坐标与图形坐标的相对关系，则测量坐标系的原点为 CAD 的（0，0，0）。确定管线起点坐标为（1200，1800）的命令流如下：

命令：

管线起点或［参考线(P)/参考点(D)/已有管线(L)/桩号(H)/坐标(Z)/SNAPANG 角度(S)］：<u>Z</u>↵

输入横向测量坐标(m)：<u>1200</u>↵

输入纵向测量坐标(m)：<u>1800</u>↵

到点或［回退(U)/参考点(D)/方向和距离(F)/管线上(L)/桩号(H)/坐标(Z)/SNAPANG 角度(S)]：<u>D</u>↵

3）参考线（P）和参考点（D）：采用参考线定位时，选定的图元必须是直线、多段线、管线和三维多段线这四种类型，这种方式确定的管道起点不是很准，但离参考线的垂直距离是通过输入数值确定的；采用参考点定位时，选择参考点后，程序在选择点显示一个坐标系标志，在该坐标系下输入目标点离参考点的 X 和 Y 的距离。但坐标系 X 方向默认为 0 度，可以重新定义坐标系角度，以保证目标点的定位更准确。绘制如图 15-27 所示的管线命令流如下：

命令：

管线起点或［参考线(P)/参考点(D)/已有管线(L)/桩号(H)/坐标(Z)/SNAPANG 角度(S)］：<u>P</u>↵

选择参考线：　　　　　　　　　　　　（选取 AB 参考线）

输入起点和参考线的距离(m)：<u>10</u>↵

指定管道起点：　　　　　　　　　　　（在 AB 参考线的右侧指定 E 点，则管道起点确定为 C 点。C 点位于 E 点向参考线 AB 的垂线上，且距参考线 AB 的垂直距离为指定的 10）

到点或［回退(U)/参考点(D)/方向和距离(F)/管线上(L)/桩号(H)/坐标(Z)/SNAPANG 角度(S)]：<u>D</u>↵

指定参考点：　　　　　　　　　　　　（选取 AB 参考线上的 B 点为指定参考点）

输入目标点与参考点 X 向距离(m)或［重新定义坐标系角度(Z)］：<u>Z</u>↵

　　　　　　　　　　　　　　　　　　（因默认的参考系其 X 方向为 0 度,故重新定义角度）

输入坐标系角度或[选择平行线（X）]：X ↵　　　（选择坐标系的角度与平行线一致）

选择参考线：　　　　　　　　　　　　　　（选择 AB 参考线，则坐标系的角度与 AB 线一致）

输入目标点与参考点 X 向距离：0 ↵　　　　（X 向距离不能准确确定管线在平行参考线 AB 方向
　　　　　　　　　　　　　　　　　　　　　的位置）

输入目标点与参考点 Y 向距离（m）：10 ↵　（管线终点 D 离 AB 参考线的垂直距离为 10）

到点或[回退（U）/参考点（D）/方向和距离（F）/管线上（L）/桩号（H）/坐标（Z）/SNAPANG 角度（S）]：↵

4）已有管线（L）：提示"选择同系统的管线："，直接回车，则选择点为管道的起点；"靠近选择点端点（E）"选项，把选择管段中距选择点较近的端点作为管线起点；"相对尺寸定位（D）"选项，在"输入距该管段较近端的距离"提示下输入数值，由程序计算出起点位置，为管道起点与距选择点较近端点的距离。

5）桩号（H）：根据提示，输入管道起点对应的桩号、管道起点与道路中心线的距离、管道起点位于道路的哪一侧。其命令流如下。

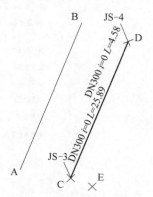

图 15-27　以参考线和
参考点交互布管

命令：

管线起点或[参考线（P）/参考点（D）/已有管线（L）/桩号（H）/坐标（Z）/SNAPANG 角度（S）]：H ↵

输入布置桩号（0~32）：0 ↵

输入起点与桩号线距离<10>：12 ↵

指定管线布置方向：　　　　　　（点选绘制的管线在桩号线的哪一侧，类似 OFFSET 命令的操作）

到点或[回退（U）/参考点（D）/方向和距离（F）/管线上（L）/桩号（H）/坐标（Z）/SNAPANG 角度（S）]：↵

6）方向和距离（F）：在绘制管线的下一点时，选择了该选项，可以指定下一段管线的方向，然后"输入距离（m）："，就可以绘出该段管道，类似于用直线距离法绘制直线。也可以[选择平行线（X）]，再"指定管线布置方向："，再"输入距离（m）："确定该段管道。如果下一管段有转弯，也可以根据选项"指定管线布置方向[选择平行线（X）/90 度弯（J）/60 度弯（L）/45 度弯（F）/30 度弯（T）/22.5 度弯（O）/输入转弯角（R）]："，输入转弯角度，再"指定管线布置方向："，再"输入距离（m）："确定该段管道。

2. 自动布管

可参照 CAD 的直线、多段线和沿桩号线自动布管，管道创建方式有自动布管、参考平行线布管、参照道路特征线布管、数据文件创建管道。布管的同时可以进行标注节点、标注管道、施工图风格、自动布设消火栓等设置。

执行菜单【管道设计】⇨【自动布管】，弹出"自动布管"对话框，如图 15-28 所示。

布置管道时，首先要通过如图 15-28 所示的对话框设置"参数"，确定管道类型、管代号、管材、规格等。对于"自动布管"创建方式，可选择"沿普通线"和"沿路桩号线"两种定义方式：

（1）"沿普通线"自动布管

1）首先在"选择参考线"项，单击 选择参考线 按钮，选择 CAD 的直线或多段线为参考线，选择后会显示"已选择参考线"。

2）在"距参考线距离"项，输入与参考线相距的垂直距离，可根据"布置位置"确定管道是在参考线右侧或左侧，同时选择"布置方式"是"起始布置"还是"接续布置"。

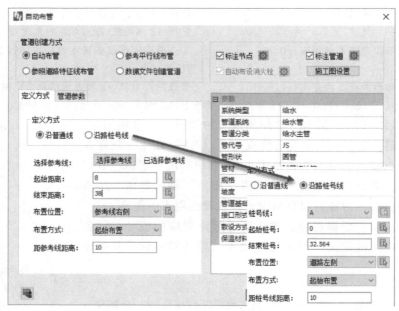

图 15-28 "自动布管"对话框（给水）

接续布置是指定已知管道，程序会选离用户选择点最近的检查井开始接续布置管道。

3）选中参考线后，会自动填充"起始距离"和"终止距离"的默认值。"起始距离"的默认值为0，表示管线的起点与参考线的起始端点平行，可以修改起始距离或者根据参考线选取起始点。"终止距离"的默认值为参考线的长度，即参考线终点的位置，也可以进行修改。

（2）"沿路桩号线"自动布管

1）首先下拉"桩号线"项右侧的文本框，选择要参照的桩号线，或者单击 选取 按钮，选择图面上的桩号线为参照。

2）选中桩号线后，会自动填充"起始桩号"和"结束桩号"的真实值，经修改或在图面上选取桩号后，布管的长度就等于"起始桩号"和"结束桩号"的差值。"距桩号线距离""布置位置""布置方式"与"沿普通线"定义方式相同。

（3）"管道参数"设置 "管道参数"的设置如图15-29所示。在"路拐弯处布置标准"选项组中设置包括：井间距按桩号差、井间距按管长、井间距按雨水口三种方式，在"布管选项"选项组中可以勾选"无管径""管径关联坡度""节点间管道采用路中心曲线""交叉管自动连接"等复选框进行布管，可以对"末端补齐方式"进行选择，包括不补齐、修正末端节点、末端添加管道三种方式。

图 15-29 "自动布管"对话框之
"管道参数"

说明：

其他的布管形式有：

1）"参考道路特征线布管"是指根据部分道路特征线偏移一定距离布置管道；

2）"参考平行线布管"是指根据图面上已有的一些特征线偏移一定距离布置管道。适用于沿路边线等特征线布线，不一定连续（交叉口处）；也适用于小区内平行于建筑边线，外侧多少米定位绘制。

3）"数据文件创建管道"是指可导入固定格式的 Excel 格式的管道勘测文件，包括坐标、节点编号、管材、管径、竖向标高等信息，生产带属性的平面管道。

3. 定义管线

定义管线就是把图面的 LINE、PLINE、ARC 转化成专业上的管线，并在起终点处添加节点。定义管道有四种方式：任意选择、点选两端相连线路自动选择、某图层定义、多图层对应定义。

执行菜单【管道设计】⇨【定义管线】，弹出"选择管道定义方式"对话框，如图 15-30 所示。

（1）"任意选择"定义方式 单选图面的 LINE、PLINE、ARC 转化生成管道，CAD 实体的端点转化为节点。交叉的线路生成管道时需要打断，交叉处布置节点。若是平面布置环状管网，首尾相连的线连接处只布置一个节点。

（2）"某图层定义" 可以将某一图层上的所有的 LINE、PLINE、ARC 转化成专业上的管线，并在起终点处添加节点。

（3）"点选两端相连线路自动选择"定义方式 先选择图面上的一个 LINE、PLINE、ARC 实体，程序得到 CAD 实体的两个端点，然后在端点处按一定精度（距离小于 0.2m）图面搜索与该实

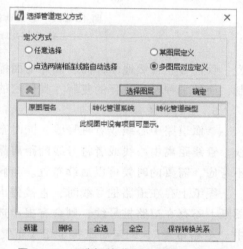

图 15-30 "选择管道定义方式"对话框

体连接的全部 CAD 实体，向两边递归选择，直到没有在精度范围内相连的 CAD 实体，已选择的 CAD 实体高亮显示。操作效果如图 15-31 所示，图 15-31a 所示为 CAD 实体选择后亮显，图 15-31b 所示为转化的管线。

得到选择管道的起终点，在端点处按一定精度（距离小于 0.2m）图面搜索与该曲线连接的全部曲线，向两边递归选择，直到没有在精度范围内相连的曲线。

（4）"多图层对应定义" 可以一次性将多个图层上的所有 LINE、PLINE、ARC 转化成专业上的管线，并在起终点处添加节点。图层的对应关系也可以存储为模板，便于以后再次使用。

4. 复制管线

在宽的道路的一侧已布置了管线，执行复制管线命令后，以道路中心线为镜像线，在道路的另一侧复制一条相同的管道。新生成管道保持原管道所有信息，复制前后长度变化，但保持坡度和管道起点标高，终点标高按照坡度计算。新生成的节点保持有：管道系统、井类

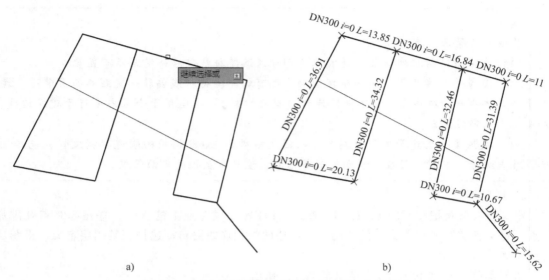

a)　　　　　　　　　　　　　　　　b)

图 15-31　"点选两端相连线路自动选择"定义方式
a) CAD 实体自动选择　b) CAD 实体转化为管道

型、管代号、自然地面标高、设计地面标高、井规格等信息。复制管线并不是一种原样的复制，而是一种设计过程的复制，类似宏的运行。

5. 沿路布置多管

参照道路中心线或者桩号线，同时布置多条平行道路中心线或者桩号线的不同类型的管线。管线距离中心线或者桩号线的距离需设置，布置的管线只确定起点和终点，中间节点暂不考虑，需要的时候可以后续布置。与同系统管道相交时，会自动断线并增加节点。

图纸上存在道路桩号线时，直接弹出"沿路布置多管"对话框，如图 15-32 所示。如果图纸上不存在道路桩号线，则会有提示选择道路中心线并指定管线偏移距离正方向。如果选中"全路布置"，确定后直接全路线布置管道。如果未选中"全路布置"，确定后将提醒指定管道起点和终点位置。图面拾取 按钮可以选择道路桩号线，也可以选择道路中心线。选择道路中心线时，可以选择多条相连但不能交叉的中心线。

系统类型	管道系统	管道分类	中心距	管代号	形状	管材	规格	坡度	井形状
雨水	雨水管	雨水主管	11	Y	圆管	II级钢筋混凝土管	500	0.002	圆形井
污水	污水管	污水主管	13	P	圆管	II级钢筋混凝土管	300	0.002	圆形井
给水	给水管	给水主管	17	JS	圆管	球墨铸铁管	200	0	一般节

图 15-32　"沿路布置多管"对话框

说明：1）如果 CAD 图纸上已有布置好的给水管线，则不用重新布置，只需通过定义给水管命令对管线进行转化即可。

2）由于 CAD 图线宽太大等问题，可能会在转化后出现管线不相交、节点过多等一系列问题，因此，可以通过【工具】⇨【其他工具命令】⇨【改线型线宽颜色】、【三维】⇨【碰撞检测】、【工具】⇨【二维碰撞检测】等命令进行手工修改。

3）对于没有道路中心线的底图，若要采用自动布管命令进行布管，应先通过定义中心线等命令确定道路中心线并标注桩号后，再进行布管。

15.4.2　布置节点

1. 布置节点

不同的管道类型布置的节点也不同，根据专业设计要求，在给水管线上需布置消火栓、阀门井、排泥井、排气井、水表井等给水节点，也可以在管线增加一个给水节点。

执行菜单命令：【管道设计】⇨【布置节点】，弹出如图 15-33 所示的 "布置节点" 对话框。

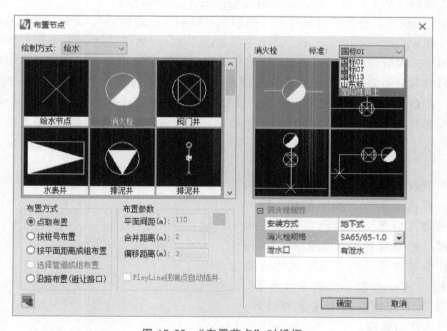

图 15-33　"布置节点" 对话框

单击选择要布置的节点类型，修改其属性。选择 "点取布置" "按桩号布置" "按平面距离成组布置" "选择管道成组布置" "沿路布置（避让路口）" 方式进行布置。其中 "沿路布置（避让路口）" 这种方法只适用于给水管道布置消火栓。

布置消火栓时可以选择地上式支管安装、地上式干管安装Ⅰ、地上式干管安装Ⅱ、地下式支管安装、地下式干管安装等类型。不同类型的消火栓支持的平面表示形式也不相同，可根据需要选择适当的表示形式，并输入布置参数。

2. 节点编号

给水管道的节点类型多，节点编号也是一个比较麻烦的工作。节点编号方式有自动节点编号（环状）、自动节点编号（无回路）、主节点编号、附节点编号。节点编号的效果有全部按主节点、分支按附节点、分类节点编号。执行菜单【管道设计】⇨【节点编号】，弹出如图 15-34 所示的"节点编号"对话框。

（1）节点编号方式　选择"自动节点编号"方式，选择编号的起始节点，程序自动搜索图面进行编号，包括所有节点统一编号和分类编号。选择"主节点编号"方式，程序只对主干道的节点进行编号，分支节点不予考虑。"清除节点编号"是把节点中记录的编号数据清除，更新相关的标注。

（2）自动编号选项　"全部按主节点编号"选项是按照编号的顺序从起始编号开始依次加 1 作为节点的编号。"分支按附节点编号"选项是采用附节点编号即分级编号，第一级编号值取分支连接的主节点的编号，如果该主节点的分支节点都未编号，则二级编号从 1 开始，如果已有编号则把最大二级编号加 1，作为开始编号。分支节点又有分支则编为三级编号。根据设计习惯，三级编号采用小写字母编号即 a、b、…、y、z、za、zb、…、zy、zz、…。如果三级编号仍然不够用，继续进行四级编号，四级编号仍然采用数字。"分类节点编号"选项是不同类型的节点可以由用户设置不同的编号前缀，例如，编号为 3 的节点如果设置的前缀为"XH"，那么该节点的节点编号为"XH3"，如果是一般节点或没有设置前缀则采用管代号与数字组合。分类节点编号时，如果有分支管道，全都按主节点编号按顺序加 1 进行编号，不考虑附节点的方式。

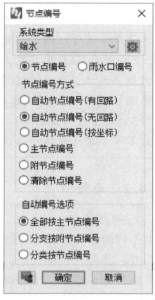

图 15-34　"节点编号"对话框

15.4.3　定义节点地面标高

管道的节点地面标高是一个很重要的设计参数，若获取了节点地面标高，则可以根据管道埋深或覆土深度确定管道的标高，也就可以绘制管道的纵断面图了。另外，选择井标准图号、消火栓形式也需要节点地面标高这一参数。没有节点标高，就无法对节点压力和自由水压进行计算，也无法确定水泵的扬程。

给水管道是一种压力管，其埋深由管道最小覆土深度和当地的最大冻土深度来决定的，若埋深已知，其节点标高就很容易确定。定义节点地面标高是给水管道设计首先进行的设计工作，也是必须要做的。

执行菜单命令【竖向】⇨【定义节点地面标高】，弹出如图 15-35 所示的"定义节

图 15-35　"定义节点地面标高"对话框

点地面标高"对话框。

1. 标高类型

选择当前定义的标高类型，尤其是设计地面标高是必须定义的。

2. 定义方法

1）曲面高程模型计算：根据管立得和路立得的三维高程模型计算出节点自然地面标高和设计地面标高。

2）总图场地模型计算：从总图场地模型中获取节点的设计地面标高，由用户选择要计算标高的节点即可，但不能得到自然地面标高。

3）路立得模型：定义节点地面标高是根据路立得模型所对应的路线计算得到的。

4）标高文件计算：选择道路桩号线或管道里程桩号线，选择所对应的道路标高文件或管道里程桩号标高文件。不同的标高类型，其标高文件的扩展名也不同，要根据所定义的标高类型选择相对应的标高文件。自然地面标高文件扩展名为 *.bgz，设计地面标高文件扩展名为 *.bgs。

5）综合标高文件计算：道路综合标高文件是鸿业道路软件自动生成的一个文件，里面包含了竖曲线、超高、加宽等设计信息和自然标高信息。根据道路综合标高文件计算节点地面标高时，要求节点在道路设计范围内，道路中心线必须定义过桩号。

6）小区路标高计算：在小区设计中，小区道路的标高设计不像市政道路标高在变坡点设置竖曲线，因此，小区道路上的节点标高设计是不一样的。根据小区路标高计算节点地面标高时，首先将道路设计标高定义为标高离散点，然后，依次选择要计算的节点以及和它们相关的标高离散点。选择时，一次只能选择相互连续的不构成环状的道路标高点和节点标志。

7）控制点定义：控制点定义节点地面标高就是仅选择几个控制点并输入它们所在地面标高，程序自动找出它们之间的节点，根据它们之间的管道长度采用线性内插的方式计算出各节点标高。这时，要求管网为枝状。如果管网有环状，那么程序会自动求得两个相邻控制点间的最短路径，再根据线性差值定义控制点间的管道；若管网中某相邻节点间有多于一条的管道，程序将随机选择一条管道参与计算，但在自动查找节点时具有不确定性。图 15-36 中的 JS-10、JS-12、JS-14 为控制点，其自然标高和设计标高都是自定义的，而 JS-11、JS-13 节点的标高是线性内插自动计算出来的。

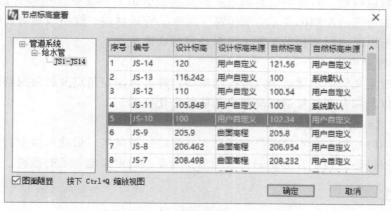

图 15-36 "节点标高查看"对话框

8）选择定义：自由定义节点地面标高的方法，可以一次选择多个地面标高相同的节点，同时定义其地面标高。

对当前定义的标高类型定义了节点地面标高后，可以单击 查看节点标高详情 按钮，弹出如图 15-36 所示的对话框。

选中一个节点，可查看图面上每一个节点的地面标高定义来源，如道路标高文件定义、路立得模型、系统默认、用户自定义等。若选中"图面随显"，可根据选中的节点，在绘图区定位该节点。

15.4.4　定义管道标高

在【竖向】主菜单中，提供了定义管道标高的功能，主要是调整管道的标高，而不是地面标高。

1. 自动适应地形

此功能仅适用于存在三维地形曲面的情况，主要针对野外长距离输水管道，可以根据三维地形曲面以及覆土、坡度等限制条件确定管道的拐点和标高从而自动确定管道的竖向布置，设计人员只需要调整个别细节的地方即可。

2. 管道标高定义工具

使用工具条的命令形式，对重力管和非重力管确定标高，提供了管中埋深定标高、管底埋深定标高、管顶覆土定标高、输入管高、输入节点处管高、输入管端标高、控制点定标高、按坡度定标高等方式，可根据不同类型的管道和已知条件，选择合适的方式来确定管道标高。

3. 管高交互设计

管高交互设计功能是软件中用来定义、编辑管道标高的核心功能，集合了管道标高定义工具中的所有功能，以及纵断调整的部分功能。此功能采用全新的设计界面，平面视口、纵断视口与管道参数视口同时显示，每个视口都可以最大化显示，并且纵断视口和管道参数视口可以拖放停靠在任意位置或扩展到屏幕上去。

平面图工具主要是对平面管道的标高定义的工具，根据选择的管道类型不同显示不同的管道标高定义工具。纵断编辑器显示的是所选管道的纵断视口，提供了纵断调整的一些工具，根据所选管道类型不同，显示的纵断编辑工具也不同。在纵断编辑器中进行的纵断调整会实时与平面数据联动。管道参数界面显示的是所选管道及其支管或相连管道的管道信息。管道参数界面中管道的左侧标高、右侧标高、坡度、管道材料、规格项是可以修改的，此界面数据的修改与纵断编辑器和平面管道数据是实时联动的。

4. 定管道控制标高

此功能可以定义管网中管道端点的控制标高，并可标注控制点及删除控制点，是与综合定义管道标高以及综合调整管道标高两个功能结合使用的。

5. 综合定义和调整管道标高

该功能可同时处理多个不同管类型管网，并自动处理碰撞。借此可以全自动确定各种管道的标高，也可以将某些已有标高的管道类型作为参照确定其他管道的标高。

15.4.5　标注

管立得 2020 把标注命令集成到一个工具条上，包括"管线标注"和"其他标注"两个页面，执行菜单命令【标注出图】⇨【标注工具】，工具条如图 15-37 所示。当图面已有标注时，单击 更新标注出图比例 按钮，可以修改出图比例，更新图面标注的大小。

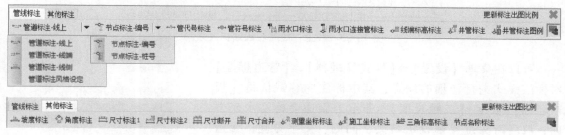

图 15-37　标注工具条

1. 管道标注和节点标注

在进行管道标注之前，先对管道标注风格进行设定，单击 管道标注风格设定 按钮后，弹出"管道标注样式选择"对话框，如图 15-38 所示。

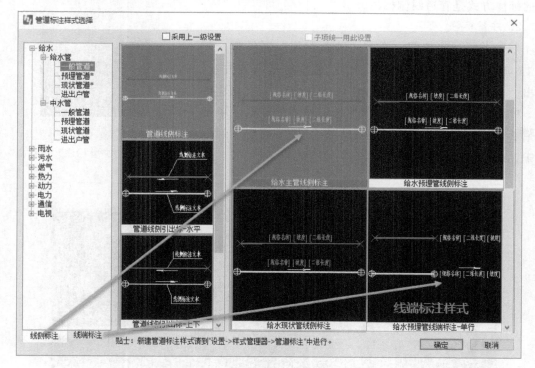

图 15-38　"管道标注样式选择"对话框

在图 15-37 所示标注工具条中，可以选择管道线上标注、管道线端标注、管道线侧标注方式。管道线上标注是在管线上打开一个缺口，标注内容写在管线的缺口里。线端和线侧标注可以在"管道标注风格设定"对话框选择不同的标注风格，注意线端和线侧标注的切换按钮位于对话框的左下角。

节点标注包括节点编号标注和节点桩号标注，与管道标注一样，可以单选和组选，标注效果如图 15-39 所示。

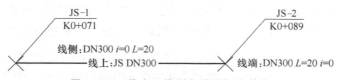

图 15-39　线上、线侧和线端标注效果

可以在菜单【设置】⇨【样式管理器】⇨【管道标注】对标注样式进行详细的设定，其中标注内容默认是［规格名称］［坡度］［二维长度］。非重力管道会标注水流方向，坡度箭头位置可设定与文字同侧、文字异侧、管道上或下游端以及任意位置。标注内容可进行增加、删除等编辑。

不过，管立得 2020 在布管时，默认设置了管线标注和节点标注，管线绘制出来就已标注了管线和节点，默认的标注方式是管道线侧标注。

2. 井管标注

单击 井管标注 按钮，弹出 "井管标注" 对话框，如图 15-40 所示。选择 "管道系统"，单击 标注风格 按钮，弹出 "选择样式" 对话框，如图 15-41 所示，定义标注样式，可以勾选 "设为默认" 作为长期使用的样式。单击 井管标注图例 按钮，根据选择的样式，把图例插入到图面中，如图 15-42 所示。

图 15-40　"井管标注" 对话框

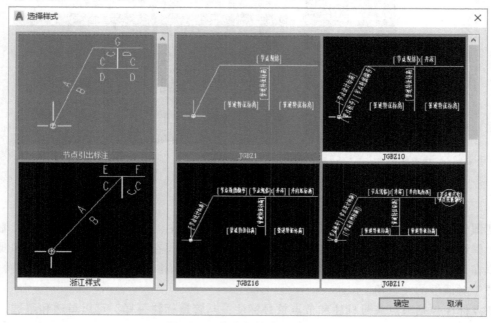

图 15-41　"选择样式" 对话框

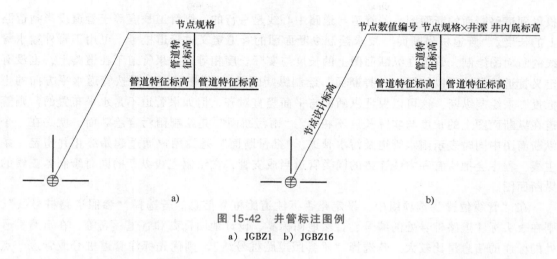

图 15-42 井管标注图例

a) JGBZ1 b) JGBZ16

15.4.6 出图

1. 纵断面绘制

执行菜单【标注出图】⇨【绘制纵断图】，弹出"选择断面裁图-基本"对话框，如图 15-43 所示。

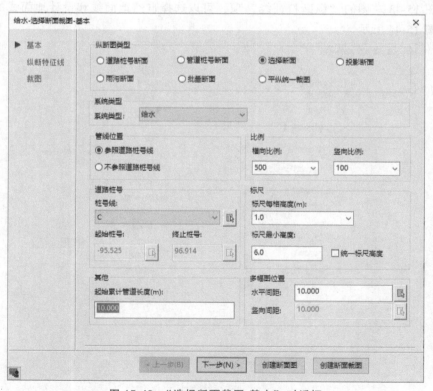

图 15-43 "选择断面裁图-基本"对话框

在"纵断面类型"选项组中，"道路桩号断面"是管道沿路绘制断面，可以理解为管道投影到道路断面的断面图，若管道与道路中心线是平行的，则管道长度等于管道投影到道路上的长度。"管道桩号断面"要求绘制纵断面图的管道定义过管道桩号，可用于野外输水管线的断面图绘制，管道在纵断面图上的长度与实际长度相等。如果管道不在道路上，也没有定义管道桩号，可以使用"选择断面"绘制纵断面图。"投影断面"是按管道水平方向的坐标投影来绘制纵断，这可以保证纵断面与平面竖直对齐，但如果管道不是水平布置的，则管道在纵断面图上的长度与实际长度不相等。"雨污断面"是绘制雨污合绘断面，就是在一个纵断面图中同时表示雨水管道及污水管道。"批量断面"是指用户通过起始终止并指定一条主线，程序会把所有和主线连接的同类管道当成支管，在绘制主线纵断的同时绘制各支线的纵断面图。

在"管线位置"选项组中，设定是否标注道路桩号信息。若选择"参照道路桩号线"，则在表头标注道路桩号处的编号、自然地面标高、设计地面标高和管道标高等，在道路桩号处的标注的信息量比较大。若选择"不参照道路桩号线"，则优先标注管道桩号或管道节点编号，而不标注道路桩号相对应的标高信息。若没有定义管道桩号，则表头的"道路桩号"项为空，纵断面图只标注节点编号。

"指定起始累计管道长度"只有纵断表头里面有"累计长度"项时，在"管桩号断面"中"起始管线累计长度"文本框才可用。假设该段管线之前还有长度，需要在这个长度之上进行累计时采用的。

单击图 15-43 左侧的"纵断特征线"项，可以选择自然地面线和设计地面线的标高获取方式，如图 15-44 所示。

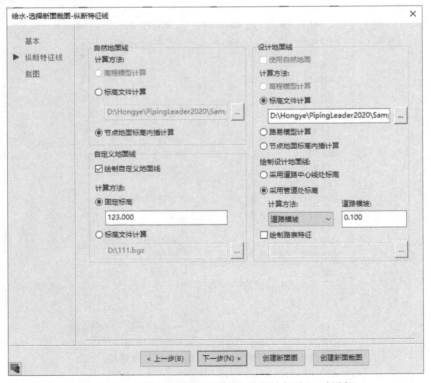

图 15-44 "给水-选择断面裁图-纵断特征线"对话框

若没有高程模型和标高文件，可以通过节点的地面标高内插计算获取地面线，也可以自定义地面线。

2. 纵断面裁图

市政管线设计常常把整条路或一根管道的平面作为一个整体来进行设计，设计完成后再裁成一定图纸规格的幅面，程序提供了自动裁图功能，如图 15-45 所示。

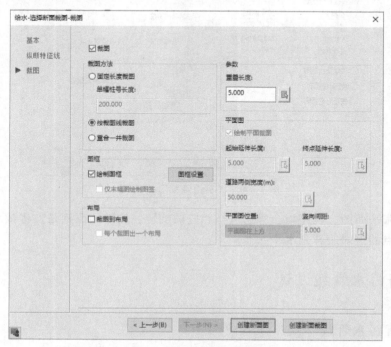

图 15-45 "给水-选择断面裁图-裁图" 对话框

"裁图方法" 可选 "固定长度裁图" "按裁图线裁图" "重合一井裁图"。"固定长度裁图" 需要同时确定 "单幅桩号长度" 及图框参数。"按裁图线裁图" 需要选择裁图线，程序会自动根据纵断面图的区域匹配合适的图框。裁图线可用菜单【标注出图】⇨【裁图准备工具】的【交互布置裁图线】【自动布置裁图线】命令布置。"重合一井裁图" 需要在 "图框设置" 中设置好要利用的图框，程序按照图框有效绘图区域进行断面裁图，当管道系统为重力流管道时，固定图框裁图会对裁图进行相应的处理，以达到重合一井效果。

在 "布局" 选项组中勾选 "裁图到布局" 和 "裁图到布局空间"，可把裁图自动布置到布局里，布局的名称自动生成。而 "平纵统一裁图" 类型只能裁到布局空间。

3. 平面裁图

执行菜单【标注出图】⇨【平面裁图】，弹出 "平面裁图" 对话框，如图 15-46 所示。

平面裁图方法与纵断面图相似，可选 "按桩号线裁图" "按裁图线裁图" "按图框裁图" "按矩形框裁图"。"按桩号线裁图" 是可以选择固定长度和固定图幅，选择固定长度时需要知道单幅桩号长度。"按矩形框裁图" 是用户可以用软件提供的布置矩形框的功能在图面上布置好矩形框，然后选择布置的矩形框，程序会根据框选的矩形框自动匹配到合适的图框进行裁图。

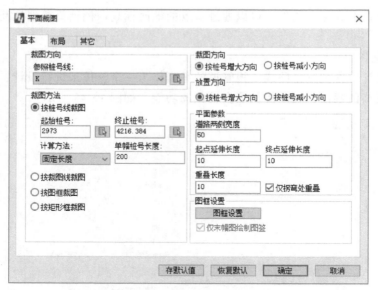

图 15-46 "平面裁图"对话框

　　裁出的每张平面图，程序均会对它进行相应的旋转，旋转的原则是：将裁出的道路中心线的起点到终点的连线旋转到水平状态。

15.5　道路污水管线设计

15.5.1　布置污水管线

　　首先打开道路平面图，如图 15-47 所示。

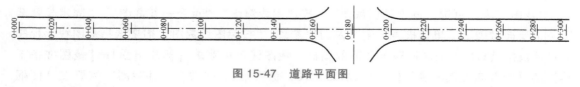

图 15-47 道路平面图

　　如果道路平面图是由鸿业管立得软件设计的，则管立得软件会识别自家的图，可直接布置污水管道。如果使用的道路平面图不是由鸿业道路软件绘制，可利用【条件图准备】菜单提供的转换功能，转换为管立得可以识别的图，再进行管线设计工作。在【条件图准备】主菜单下，提供了【定义中心线】【定义红线】【道路桩号管理】【道路绘制】【输入道路标高】等子菜单，可以实现道路的基本绘制，能够为管线设计提供条件图。

　　在道路上布置污水管，可选择"自动布管"方式，选择参考线为道路特征线或桩号线，设置污水管的规格、坡度等参数，按照偏移参考线的距离进行自动布置污水管线，如图 15-48 所示。

　　本例选择了道路红线为参考线，起点检查井与红线距离为 4m，井间距按管长 30m 布置，如图 15-49 所示。

　　自动布管后，管线的节点（检查井）会自动编号，也可用【管道设计】⇨【节点编号】对污水检查井进行重新编号，如图 15-50 所示。

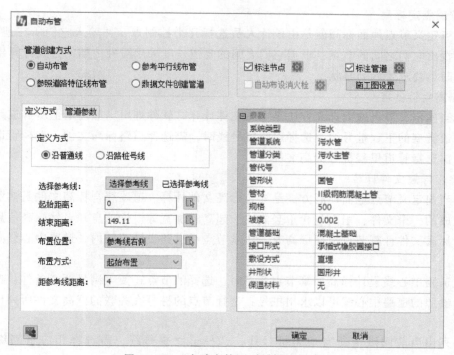

图 15-48　"自动布管"对话框（污水）

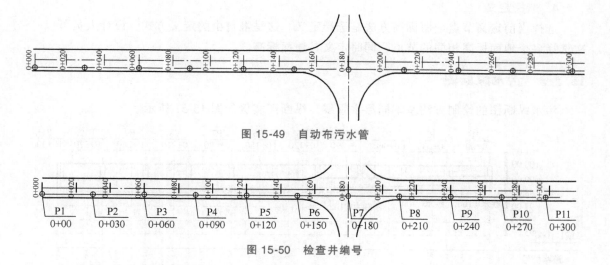

图 15-49　自动布污水管

图 15-50　检查井编号

15.5.2　定井地面标高

菜单方式：【竖向】⇨【定义节点地面标高】。

在本软件中，地面的标高定义在节点上面，后续的选择井标准图号、绘制选择断面、投影断面等功能均要求有节点地面标高。

定义节点地面标高的方式有：道路标高文件计算、道路综合标高文件计算、控制点定义和选择定义。

1. 控制点定标高

控制点定义节点地面标高就是由设计人员选择几个控制点，并输入它们所在地面标高，程序自动找出它们之间的节点，根据它们之间的管道长度采用线性内插的方式计算出各节点标高，这时，要求管网为枝状。

2. 标高文件计算

选择当前定义节点地面标高方法是标高文件计算。软件列出当前图纸上所有道路桩号线和当前管道类型的里程桩号线。选择道路桩号线时，需选择道路标高文件；选择管道里程桩号线时，需选择管道里程桩号标高文件。

3. 综合标高文件计算

选择当前定义节点地面标高方法是综合标高文件计算。道路综合标高文件是鸿业道路软件自动生成的一个文件，里面包含了竖曲线、超高、加宽等设计信息和自然标高信息。根据道路综合标高文件计算节点地面标高时，要求节点在道路设计范围内，道路中心线必须定义过桩号。

通过道路中心线设计标高计算节点标高时，选择的节点还要再满足两个条件：选择的节点相对于参照的道路中心线可以求出桩号；选择节点的桩号在关联的标高文件所列出的桩号范围内。

软件列出当前图纸上所有道路桩号线，选择道路桩号线，需选择相应道路综合标高文件。

4. 选择定义

选择当前定义节点地面标高方法是选择定义。这是最自由的定义方式，设计人员可以一次选择多个地面标高相同的节点，同时定义其地面标高。

15.5.3 污水纵断图

污水纵断图的绘制方法基本同给水管线。纵断图实例如图 15-51 所示。

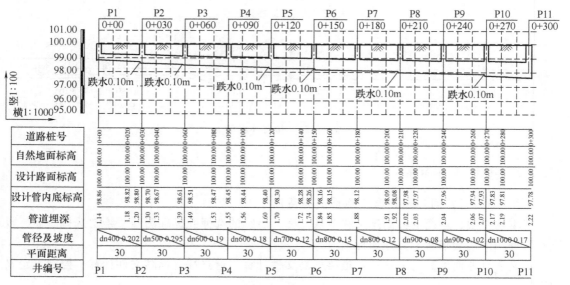

图 15-51 污水纵断图

15.6　市政雨水管道设计

15.6.1　布雨水口

打开道路平面图，执行菜单【管道设计】⇨【雨水口】⇨【布置雨水口】，弹出如图 15-52 所示的"选择雨水口"对话框。

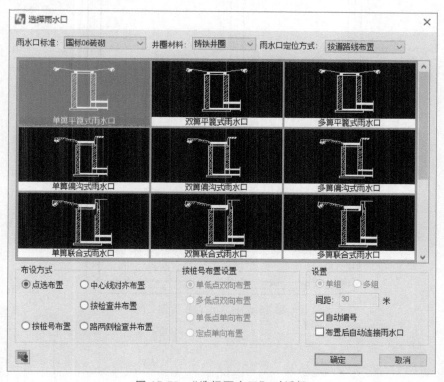

图 15-52　"选择雨水口"对话框

在"选择雨水口"对话框中，选择雨水口标准、井圈材料和雨水口定位方式，选择"点选布置"布设方式，设置雨水口间距，自动布置雨水口，如图 15-53 所示。

15.6.2　布雨水管

执行菜单【管道设计】⇨【自动布管】，"定义方式"选择"沿普通线"，"选择参考线"为道路中心线，距参考线距离为 3。"管道参数"设置井间距为 25，得到如图 15-54 雨水管道布置图。

然后执行菜单【管道设计】⇨【雨水口】⇨【连接雨水口】，定义管材种类和自动连接方式，将雨水口连接到检查井。

15.6.3　计算预处理

执行菜单【竖向】⇨【计算预处理】⇨【自动划分面积】，进行以下设置：

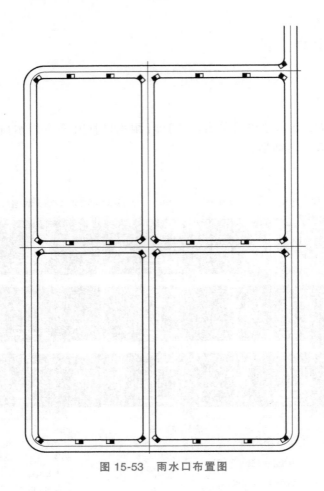

图 15-53　雨水口布置图

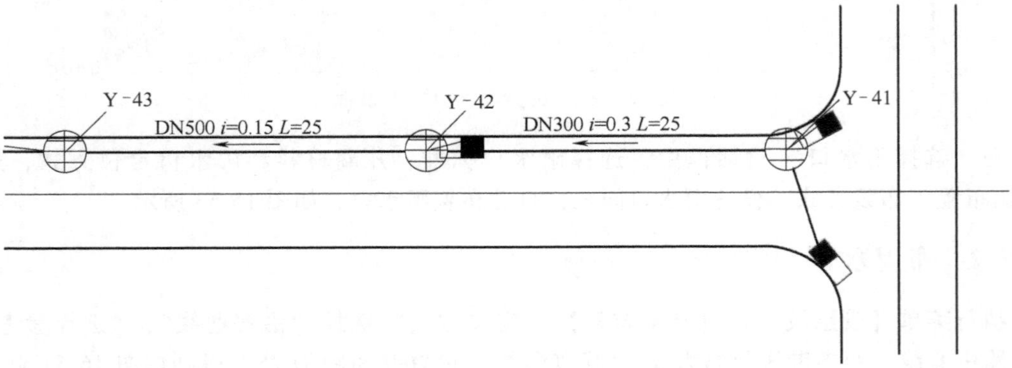

图 15-54　雨水管道布置图

1）自动划分雨水汇流区域：参照内容选道路红线，单击 确定 按钮后，选择道路中心线和选择河流边线为框选区域。

2）定汇水/供水界线：选择道路中心线作为边界线，因雨水包括了道路雨水。

3）自动布置参数块：框选整个图，系统会自动搜索闭合区域，然后在闭合区域的几何中心插入参数块（径流系数、集中流量、汇流面积），参数块中的汇流面积将自动计算出。

4）编辑参数块：对在自动布置参数块径流系数、集中流量需要改变时使用此命令。

5）连接参数块到节点：布置连接管，连接参数块到雨水检查井。

6）定义汇流时间：地面汇流时间指每个检查井直接汇入面积范围内最远点雨水流入该井的时间，单位为分钟。一般来说，只要定义每条支线上的起点井，若是分支线按 5 分钟，若是干管则需要考虑地面汇流时间和管道水流时间。

7）定义重现期：可以通过本命令定义图面上的管道采用不同的暴雨重现期。本实例所有管道采用统一的重现期，在计算界面上设置统一的重现期为 1 年。

经过计算预处理设置后，得到如图 15-55 所示的雨水汇水面积图。

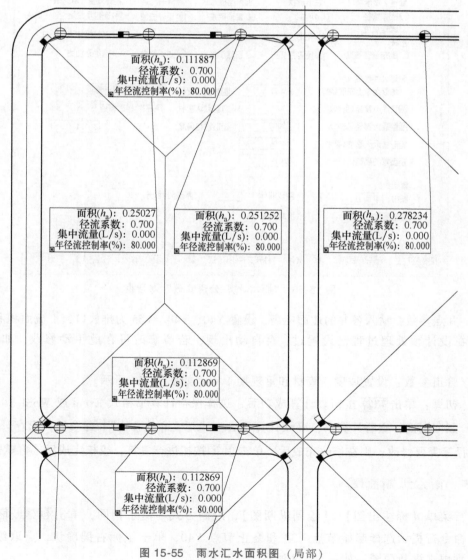

图 15-55　雨水汇水面积图（局部）

15.6.4 雨水计算

执行菜单【竖向】⇨【雨水计算】，弹出"雨水计算"对话框，打开"公用参数"选项卡如图 15-56 所示。

1）图面提取：单击 图面提取 按钮，返回相应界面，选取需要计算的管段，此图中全是新设计的雨水管道，所以采用框选的方法。

2）设置公用参数：如图 15-56 所示。

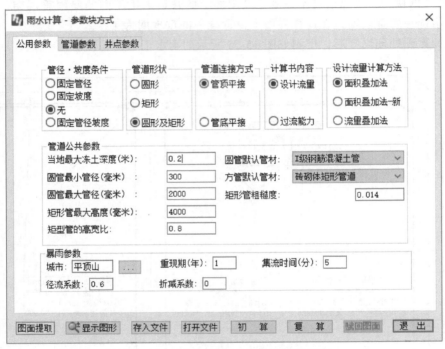

图 15-56 "雨水计算-公用参数"对话框

3）井点参数：输入各井的地面标高，设置 Y40、Y48、Y55 为排放口，汇流面积和地面集流时间在设计预处理过程已设置过，会自动出现，若要修改可在此手动修改，如图 15-57 所示。

4）管道参数：设置坡度、管材和重现期 1 年。如图 15-58 所示。

5）初算：单击 初算 按钮。计算成功后，选择保存计算书格式 Excel 或 Word。

6）赋回图面：查看计算书，确认计算符合要求后，单击 赋回图面 按钮，保存计算结果。若对管径等需要修改，则在修改完成后，单击 复算 按钮进行复算，校核完成后，再赋回图面。

15.6.5 雨水纵断面图

执行菜单【标注出图】⇨【绘制纵断图】，绘制方式与给水相同，单击 创建断面图 按钮后，按命令行提示选择起始节点 Y34 和终止节点 Y40，单击鼠标右键确认，点取纵断面位置，得到雨水纵断面图，如图 15-59 所示。

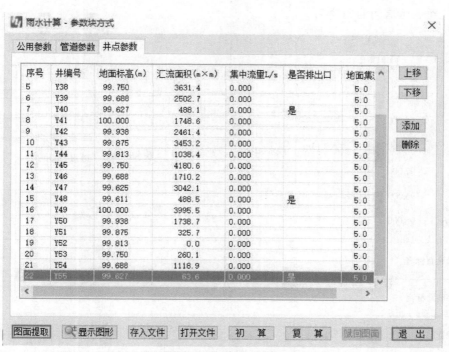

图 15-57　"雨水计算-井点参数"对话框

图 15-58　"雨水计算-管道参数"对话框

本章介绍了给水管道、污水管道和雨水管道的主要设计内容，其他内容如土方计算、管线综合和三维，读者可自行学习。

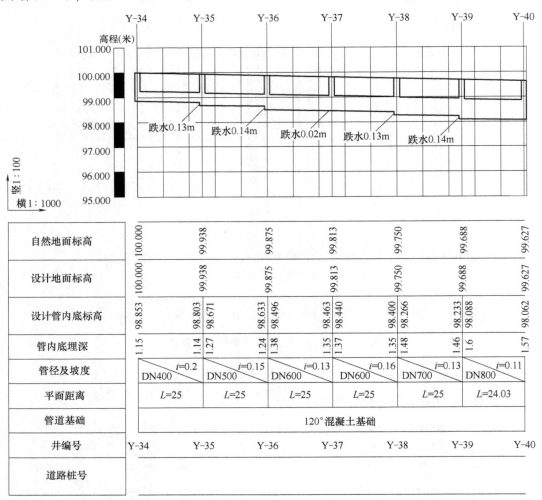

图15-59 雨水纵断面图

附录

AutoCAD 上机实验指导

1. 实验内容

实验一：AutoCAD 界面熟悉和基本操作（基本验证性实验 2 学时）

实验二：简单图形的绘制（基本验证性实验 2 学时）

实验三：坐标及捕捉（基本验证性实验 2 学时）

实验四：图形编辑（基本验证性实验 2 学时）

实验五：图形设置与管理、创建复杂图形对象（基本验证性实验 2 学时）

实验六：布局与打印（基本验证性实验 2 学时）

实验七：文本及标注（基本验证性实验 2 学时）

实验八：三维模型的创建与编辑（基本验证性实验 2 学时）

实验九：建筑平面图绘制（综合设计性实验 2 学时）

实验十：图形打印输出（综合设计性实验 2 学时）

2. 实验教学要求

本门课程建立在学生对计算机知识有一定认识的基础上，要求学生了解 AutoCAD 软件，熟练掌握 AutoCAD 的基本命令，能够用该软件完成中等复杂程度的土木工程施工图。利用计算机绘图软件绘制给水排水工程设计图，了解计算机在工程制图中的应用发展概况，熟悉常见图形文件格式。在理论教学的同时，需要配合相应的实验来巩固讲课内容，使学生更好地理解和运用所学知识，达到良好的教学效果。

3. 实验管理方面的要求

注意安全，遵守学校规定的上机实验纪律，爱护计算机房设施；认真填写实验报告，随课程平时作业一起验收；上机按学号入座，上机完毕请整理自己的座位并关闭计算机。

实验一：AutoCAD 界面熟悉和基本操作（基本验证性实验 2 学时）

1. 实验目的

要求学生了解 AutoCAD 界面的构成、各组成部分的主要用途，掌握改变绘图窗口颜色和十字光标大小的方法以及如何设置绘图环境，掌握 AutoCAD 基本操作。

2. 实验操作方法

1）启动 AutoCAD。

2）熟悉 AutoCAD 的工作界面。

3）配置用户绘图环境。

4）图层颜色和线型设置。

5）定义图形属性。

6）保存文件，退出 AutoCAD。

3. 实验内容

1）在本机 D 盘中建立一个默认目录，目录名：学号加姓名（如：00000000 张三）。以后练习文件均保存在此目录。

2）启动和退出 AutoCAD 系统。

3）熟悉 AutoCAD 命令的菜单及工具栏操作。

4）熟悉操作界面，建立一个样板文件，将其保存为样板文件（文件名：学号-01. dwt），并置于上面创建的目录中。要求图形界限 594×420；图形窗口颜色为黑色；点样式设置为×；不同图层需不同颜色，颜色设定可使用相近色，图层要求见下表。

图层	图层名	颜色	线型	线宽
1	粗实线	白色	实线	0.5
2	参照线	红色	实线	0.25
3	中实线	紫色	实线	0.35
4	细实线	橙色	实线	0.25
5	点画线	蓝色	点画线	0.25
6	虚线	青色	虚线	0.25
7	尺寸	绿色	实线	0.25
8	文字	黄色	实线	0.25

5）绘制简单几何图形。打开样板文件，绘制边长为 20 的正方形和直径为 20 的圆，并将结果（文件名：学号-01. dwg）保存在上面创建的目录中。

实验二：简单图形的绘制（基本验证性实验 2 学时）

1. 实验目的

熟练掌握二维对象的绘制命令，其中包括点、直线、射线、构造线、矩形、多边形、圆、圆弧、椭圆、椭圆弧、样条曲线、多线等。

2. 实验操作方法

1）熟练掌握软件基本图形的绘制，如点、直线、射线、矩形、正多边形、圆、圆弧、椭圆、样条曲线、多段线、多线等的操作步骤和要点。

2）面域的建立，重点掌握直线、圆、矩形、多段线的画法，以及多线的设置。

3. 实验内容

1）绘制 A2（594×420）图纸大小的图框，不加尺寸标注，保存结果为：图框 . dwg。

2）绘制如下图所示的标题栏，不进行文字及尺寸标注，保存结果为：标题栏 . dwg。

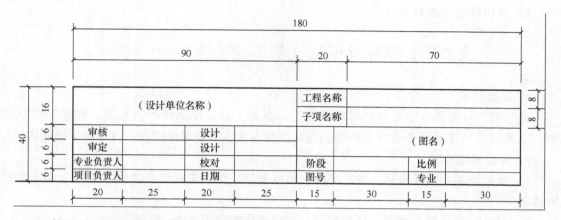

3）使用绘图命令绘制以下图形，并保存结果（文件名：学号-02.dwg）。

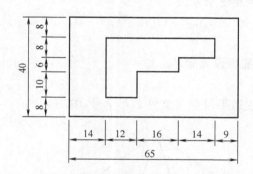
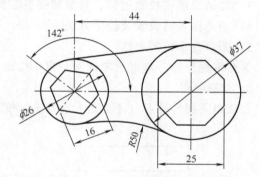

4）用构造线绘制轴线，如下图所示（不必进行尺寸标注），保存结果（文件名：学号-021.dwg）。

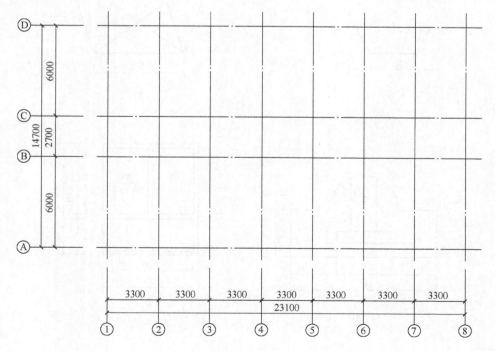

5）自由练习绘图命令。

实验三：坐标及捕捉（基本验证性实验 2 学时）

1. 实验目的

熟悉用户与世界坐标系和"对象捕捉"工具栏。通过绘制图形，熟悉"绘图"工具栏和"对象捕捉"工具栏中各个按钮的功能和操作方法，掌握对象捕捉和自动跟踪的操作。

2. 实验操作方法

1）坐标分类：世界坐标、用户坐标、相对坐标、绝对坐标、极坐标、直角坐标及使用方法。

2）对象捕捉：单点捕捉、自动捕捉、临时捕捉的使用方法。

3）自动追踪：极轴追踪、对象捕捉追踪设置及使用方法。

4）动态输入的设置及使用方法。

5）图形显示控制方法。

重点掌握坐标、单点对象捕捉、自动追踪、捕捉设置和动态输入。

3. 实验内容

完成以下图形练习（不必进行标注），将完成结果保存（文件名：学号-03.dwg）。

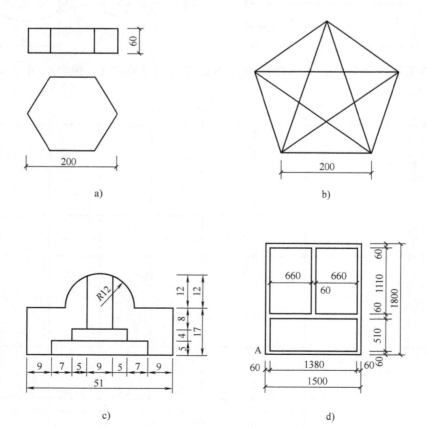

a)   b)

c)   d)

实验四：图形编辑（基本验证性实验 2 学时）

1. 实验目的

练习常用绘图工具和编辑工具的使用，学习编辑图形和填充的基本方法。

2. 实验操作方法

1）对象选择：逐个选择、选择多个对象、快速选择、对象编组的方法。

2）图形修改命令：删除、复制、镜像、阵列、拉伸、比例缩放、延伸、修剪、倒角、圆角、移动、旋转、分解和断开。

3）夹点编辑。

4）编辑对象属性。

5）绘制实例。

主要掌握对象选择、编辑工具栏上常用编辑命令、编辑对象属性。

3. 实验内容

1）完成以下图形练习（不必进行标注），将完成结果保存（文件名：学号-04.dwg）。

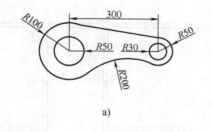

a)

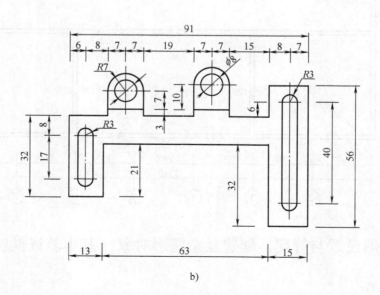

b)

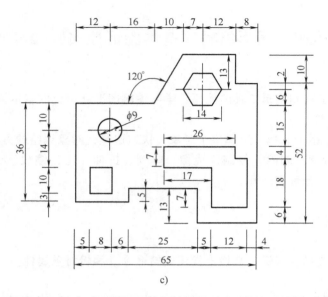

c)

2）打开文件"学号-021.dwg"，按下图绘制厚度为240的墙线（不必进行尺寸标注），并保存结果（文件名：学号-041.dwg）。

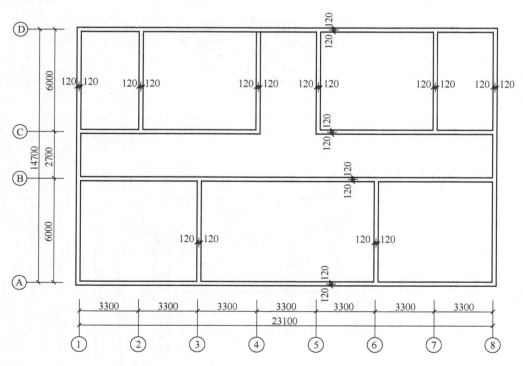

实验五：图形设置与管理、创建复杂图形对象（基本验证性实验 2学时）

1. 实验目的
熟练掌握用户绘图环境配置以及创建和管理图层的方法，熟悉块的定义及使用，学会使用设计中心和外部参照，掌握利用多线、样条曲线等高级图形对象绘图命令创建复杂图形的方法。

2. 实验操作方法

1）使用样板文件创建图形文件，设置绘图样板。

2）创建和管理图层，线性比例的设定。

3）使用设计中心管理图形文件。

4）块的创建和使用，编辑块的属性，块属性使用，建立块（Block），将图形文件作为块插入，将图形对象写入文件块（Wblock）。

5）外部参照的插入、更新和绑定。

6）绘制复杂二维图形：绘制编辑多线，绘制点与等分点，绘制编辑样条曲线，插入表格。

7）使用面域和图案填充：创建面域，面域布尔计算，图案填充。

3. 实验内容

1）熟悉基本图形的设置，打开已建立的样板文件（文件名：学号-01. dwt），建立建筑平面图应有的图层信息，样板图另存为学号-05. dwt。图层一般可参考下表。

图层	图层名	颜色	线型	线宽
1	轴线	白色	点画线	0.25
2	墙体	红色	实线	0.5
3	柱	紫色	实线	0.25
4	门窗	橙色	实线	0.25
5	辅助线	蓝色	实线	0.35
6	文字	青色	实线	0.25
7	标注	绿色	实线	0.25
8	楼梯	黄色	实线	0.25
9	管线	黄色	实线	0.5

2）将实验二中标题栏和图框定义成带有属性的块，采用块插入的方法输入属性值，将修改后的样板图（学号-05-01. dwg）保存。

3）完成以下图形绘制，并给予填充图形，将完成结果保存（文件名：学号-05-02. dwg）。

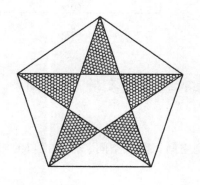 

4）将下列的标高符号设置为块，将完成结果保存（文件名：学号-05-03.dwg）。

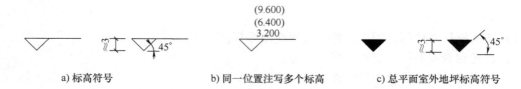

a) 标高符号　　　　　　　　b) 同一位置注写多个标高　　　　c) 总平面室外地坪标高符号

5）绘制下图 a 所示图形，将其设置为块，并使用块的操作命令完成下图 b 所示的图形，将完成结果保存（文件名：学号-05-04.dwg）。

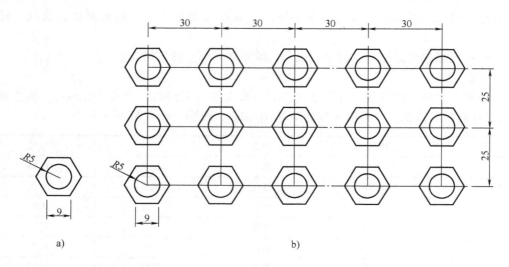

a)　　　　　　　　　　　　　　　　b)

6）先绘制下图 a 所示图形，再用 DIVIDE 等命令将其完善为下图 b 所示图形，将完成结果保存（文件名：学号-05-05.dwg）。

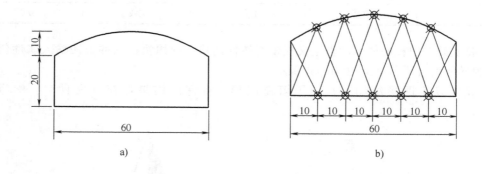

a)　　　　　　　　　　　　　　　　b)

实验六：布局与打印（基本验证性实验 2 学时）

1. 实验目的

熟练掌握布局的创建和管理方法，理解模型空间、图纸空间、浮动视口的概念，灵活运用浮动视口。学会图形打印的操作方法。

2．实验操作方法

1）使用向导创建新布局，对布局进行复制、删除、移动、保存、命名、页面管理等。

2）在创建的布局中创建、删除、编辑浮动视口。

3）使用浮动视口：调整浮动视口显示比例，锁定视口比例。

4）使用模型空间打印。

5）使用布局打印。

3．实验内容

1）打开文件"学号-041.dwg"，制作一个 A3 图框（297×420），另存为学号-06.dwg，在模型空间按 1∶100 打印出来。

2）打开文件"学号-05-04.dwg"，用布局将图按 1∶1 打印在 A4（210×297）图纸上。

3）打开文件"学号-05-04.dwg"，用布局将图分别按 1∶1 和 1∶0.5 打印在同一张 A4（210×297）图纸上。

实验七：文本及标注（基本验证性实验 2 学时）

1．实验目的

掌握定义文字样式和文字的标注方法。在标注文字时，掌握注写中文的方法、对齐方式和注写特殊字符的方法。掌握标注样式，包括使用标注样式管理器、新建或修改标注样式，根据图形的复杂程度和尺寸类型决定设置标注的样式种类：长度型尺寸标注、标注直径/半径和圆心、角度型尺寸标注、引线注释图形、坐标标注、弯折标注等。掌握编辑标注的方法。

2．实验操作方法

1）单行文件的输入及修改。

2）多行文件的输入及修改。

3）特殊符号的输入。

4）文本、标注样式的设置。

5）标注的方法。

6）标注的修改。

重点是文本样式和标注样式的设置及使用。

3．实验内容

1）建立 1∶100 和 1∶10 的标注样式，样式名称分别为"100"和"10"。要求"固定长度的延伸线"的长度为 15，线性标注的箭头为"建筑标记"类型，而其他标注的箭头为"实心闭合"类型，"文字高度"设为 3。

2）完成下面图形绘制练习，并按 1∶10 进行标注，将完成结果保存为图形文件（文件名：学号-07-01.dwg）。

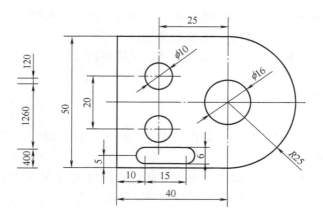

3）完成下面图形绘制练习，并按 1：100 标注尺寸，将完成结果保存为图形文件（文件名：学号-07-02. dwg）。

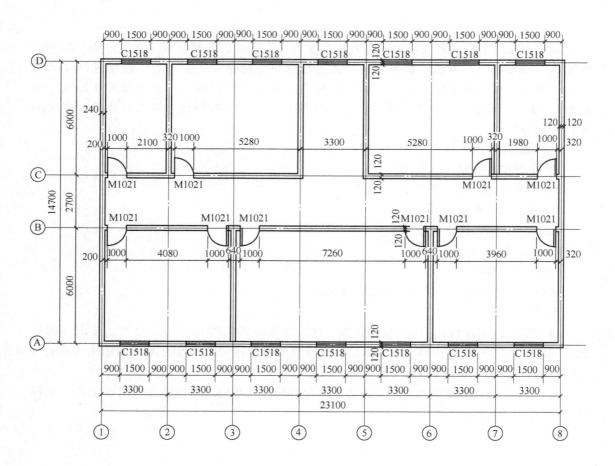

实验八：三维模型的创建与编辑（基本验证性实验 2 学时）

1. 实验目的

掌握用户坐标系（UCS）的概念，可以根据建模的需要，应用 UCS 命令建立用户坐标系；掌握创建三维实体的命令，特别是将面域进行拉伸、旋转创建三维实体的命令及其用法；掌握实体编辑和三维操作命令，特别是并集、交集、差集操作；可以将二维操作中介绍的各种命令和辅助工具，特别是圆角、倒角命令应用于三维实体建模；初步掌握在 AutoCAD 中进行三维实体建模的方法与步骤，创建三维实体；了解三维实体的显示控制与渲染。

2. 实验操作方法

1）设置三维环境。

2）设置三维视图。

3）三维实体模型的创建与编辑。

3. 实验内容

1）创建一个外径×内径×高度为 φ300×φ200×500 的筒形实体，将完成结果保存为图形文件（文件名：学号-08-01.dwg）。

2）完成下图所示的曲面体表面模型绘制，将完成结果保存为图形文件（文件名：学号-08-02.dwg）。

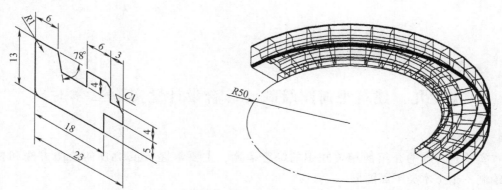

3）完成下图所示的组合体实体模型绘制，将完成结果保存为图形文件（文件名：学号-08-03.dwg）。

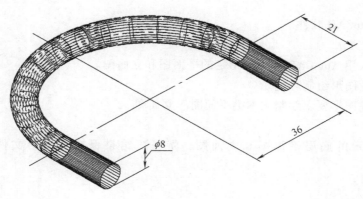

4）利用布尔运算完成下图所示的组合体实体模型绘制，将完成结果保存为图形文件（文件名：学号-08-04.dwg）。

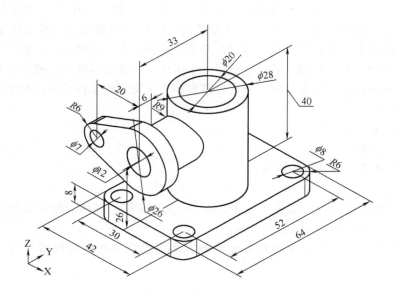

实验九：建筑平面图绘制（综合设计性实验 2 学时）

1. 实验目的

本实验是对本书介绍的相关知识的综合运用，主要掌握 AutoCAD 的绘图方法和技巧，单独绘制一个土木类平面图形。

2. 实验方法

命令讲解+上机操作。

3. 实验仪器

计算机、AutoCAD 软件。

4. 实验操作方法

1）要求每人用 AutoCAD 画一个指定的平面图和立面图。

2）建立专业图形绘制环境。

3）按照专业图形要求绘制土木类平面图、立面图。

5. 实验内容

完成下图所示的底层平面图和立面图，将完成结果保存为图形文件（文件名：学号-09.dwg）。

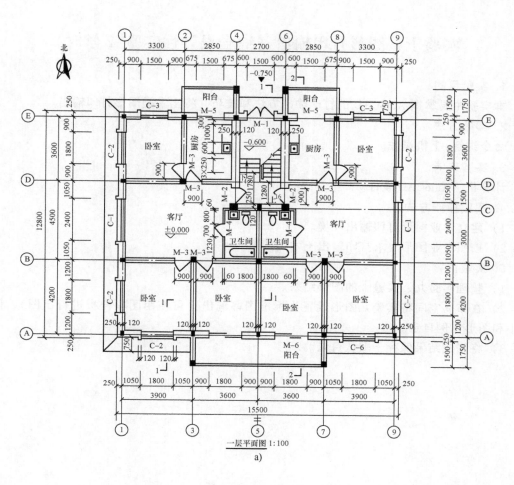

一层平面图 1:100

a)

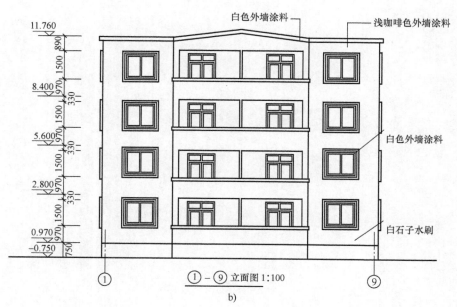

①－⑨ 立面图 1:100

b)

实验十：图形打印输出（综合设计性实验 2 学时）

1. 实验目的

本实验主要掌握 AutoCAD 的打印输出方法和技巧，将土木类图形打印输出。

2. 实验方法

命令讲解+上机操作。

3. 实验仪器

计算机、AutoCAD 软件。

4. 实验操作方法

1）建立专业图形打印输出环境。

2）按照专业图形要求打印输出土木类图形。

5. 实验内容

1）整理实验九、实验十的图形结果。

2）在布局空间将实验九图形设置为标准图幅输出（可使用图幅样板进行出图），图幅大小和图形比例自定。

3）将完成结果保存于默认目录。

参 考 文 献

[1] 赵星明. 给水排水工程 CAD [M]. 2 版. 北京：机械工业出版社，2014.

[2] 赵星明. AutoCAD 2009 土木工程 CAD [M]. 北京：化学工业出版社，2010.

[3] 程绪琦，王建华. AutoCAD 2007 中文版标准教程 [M]. 北京：电子工业出版社，2006.

[4] 薄继康，张强华. AutoCAD 2006 实用教程 [M]. 北京：电子工业出版社，2006.

[5] 王定，王芳. AutoCAD 2004 实用培训教程 [M]. 北京：清华大学出版社，2003.

[6] OMURA. AutoCAD 2004 与 AutoCAD LT 2004 从入门到精通 [M]. 冯华英，等译. 北京：电子工业出版社，2004.

[7] 叶丽明，吴伟涛，李江华. AutoCAD 2004 基础及应用 [M]. 北京：化学工业出版社，2005.

[8] 孙海粟. 建筑 CAD [M]. 北京：化学工业出版社，2004.

[9] 李磊，李雪. 中文版 AutoCAD 2006 三维图形设计 [M]. 北京：清华大学出版社，2005.

[10] 黄娟，卢章平. Autodesk AutoCAD 2006/2007 初级工程师认证考前辅导 [M]. 北京：化学工业出版社，2006.

[11] 侯永涛，卢章平. Autodesk AutoCAD 2006/2007 工程师认证培训教程 [M]. 北京：化学工业出版社，2006.

[12] 袁浩，卢章平. Autodesk AutoCAD 2006/2007 工程师认证考前辅导 [M]. 北京：化学工业出版社，2006.

[13] 杨松林. 水处理工程 CAD 技术应用及实例 [M]. 北京：化学工业出版社，2002.

[14] 袁太生，金萍，江冰. 计算机辅助设计教程 [M]. 北京：中国电力出版社，2002.

[15] 姜勇，程俊峰，等. AutoCAD 2006 中文版机械制图习题精解 [M]. 北京：人民邮电出版社，2007.

[16] 中华人民共和国住房和城乡建设部. 房屋建筑制图统一标准：GB/T 50001—2017 [S]. 北京：中国建筑工业出版社，2018.

[17] 中华人民共和国住房和城乡建设部. 建筑给水排水制图标准：GB/T 50106—2010 [S]. 北京：中国建筑工业出版社，2010.

[18] 郑玉金. AutoCAD 2004 中文版应用实例与技巧 [M]. 成都：电子科技大学出版社，2004.

[19] 北京博彦科技发展有限责任公司. AutoCAD 数码工程师综合提高 [M]. 北京：北京大学出版社，2001.

[20] 尤嘉庆，懈颖颖，金赞. AutoCAD 应用答疑解惑：AutoCAD2000/R14 工程与建筑篇 [M]. 北京：机械工业出版社，2000.